CHANYE ZHUANLI
FENXI BAOGAO

产业专利分析报告

(第80册)——生活垃圾、医疗垃圾处理与利用

国家知识产权局学术委员会◎组织编写

知识产权出版社
全国百佳图书出版单位
—北京—

图书在版编目（CIP）数据

产业专利分析报告. 第 80 册，生活垃圾、医疗垃圾处理与利用/国家知识产权局学术委员会组织编写. —北京：知识产权出版社，2021.7
ISBN 978 – 7 – 5130 – 7607 – 4

Ⅰ.①产… Ⅱ.①国… Ⅲ.①专利—研究报告—世界②生活废物—垃圾处理—专利—研究报告—世界③医用废弃物—处理—专利—研究报告—世界 Ⅳ.①G306.71②X799.3③X799.5

中国版本图书馆 CIP 数据核字（2021）第 134805 号

内容提要

本书是生活垃圾、医疗垃圾处理与利用技术的专利分析报告。报告从该行业的专利（国内、国外）申请、授权、申请人的已有专利状态、其他先进国家的专利状况、同领域领先企业的专利壁垒等方面入手，充分结合相关数据，展开分析，并得出分析结果。本书是了解该行业技术发展现状并预测未来走向，帮助企业做好专利预警的必备工具书。

责任编辑：卢海鹰　王玉茂　　　　　责任校对：谷　洋
执行编辑：章鹿野　　　　　　　　　责任印制：刘译文
封面设计：博华创意·张冀

产业专利分析报告（第 80 册）
——生活垃圾、医疗垃圾处理与利用
国家知识产权局学术委员会　组织编写

出版发行：	知识产权出版社有限责任公司	网　　址：	http://www.ipph.cn
社　　址：	北京市海淀区气象路 50 号院	邮　　编：	100081
责编电话：	010 – 82000860 转 8541	责编邮箱：	wangyumao@cnipr.com
发行电话：	010 – 82000860 转 8101/8102	发行传真：	010 – 82000893/82005070/82000270
印　　刷：	天津嘉恒印务有限公司	经　　销：	各大网上书店、新华书店及相关专业书店
开　　本：	787mm×1092mm　1/16	印　　张：	17.5
版　　次：	2021 年 7 月第 1 版	印　　次：	2021 年 7 月第 1 次印刷
字　　数：	376 千字	定　　价：	80.00 元
ISBN 978 – 7 – 5130 – 7607 – 4			

出版权专有　侵权必究
如有印装质量问题，本社负责调换。

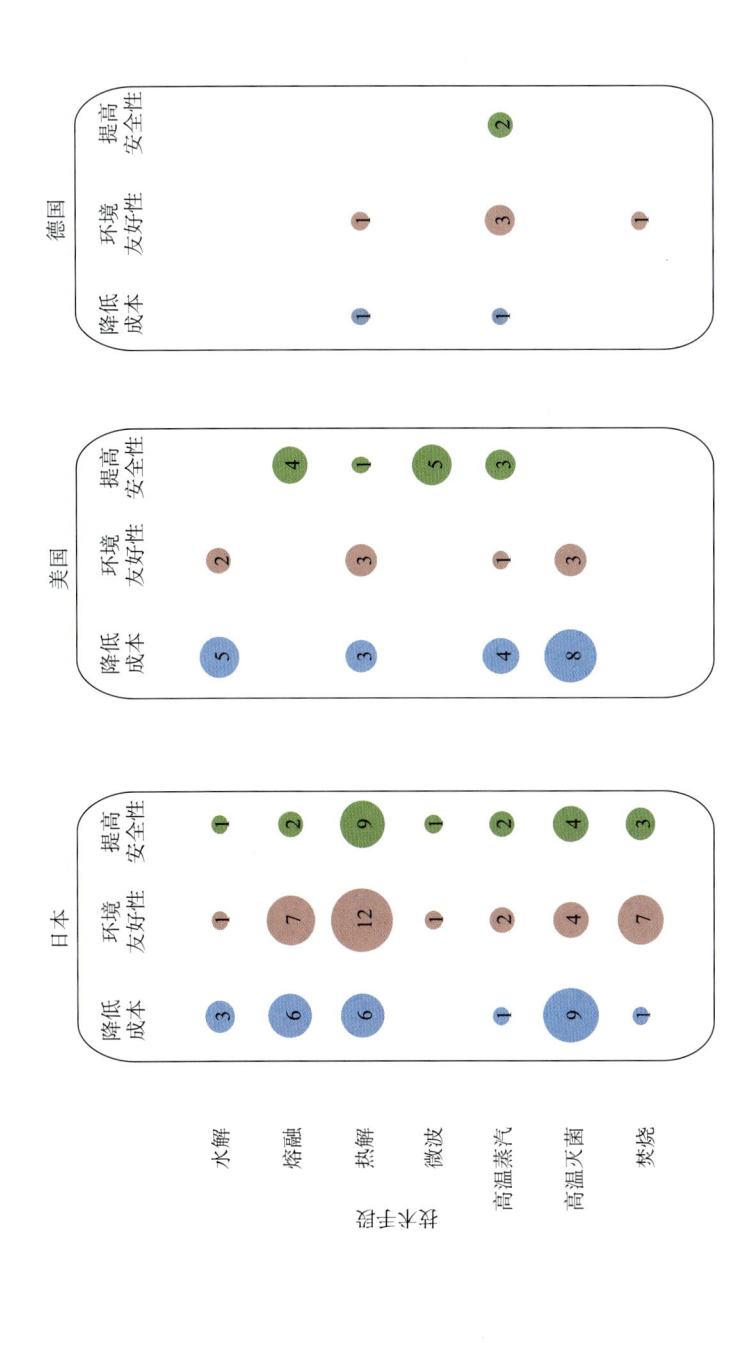

图2-3-5 日本、美国、德国感染性废物处理技术功效对照
（正文说明见第22页）

注：图中数字表示申请量，单位为项。

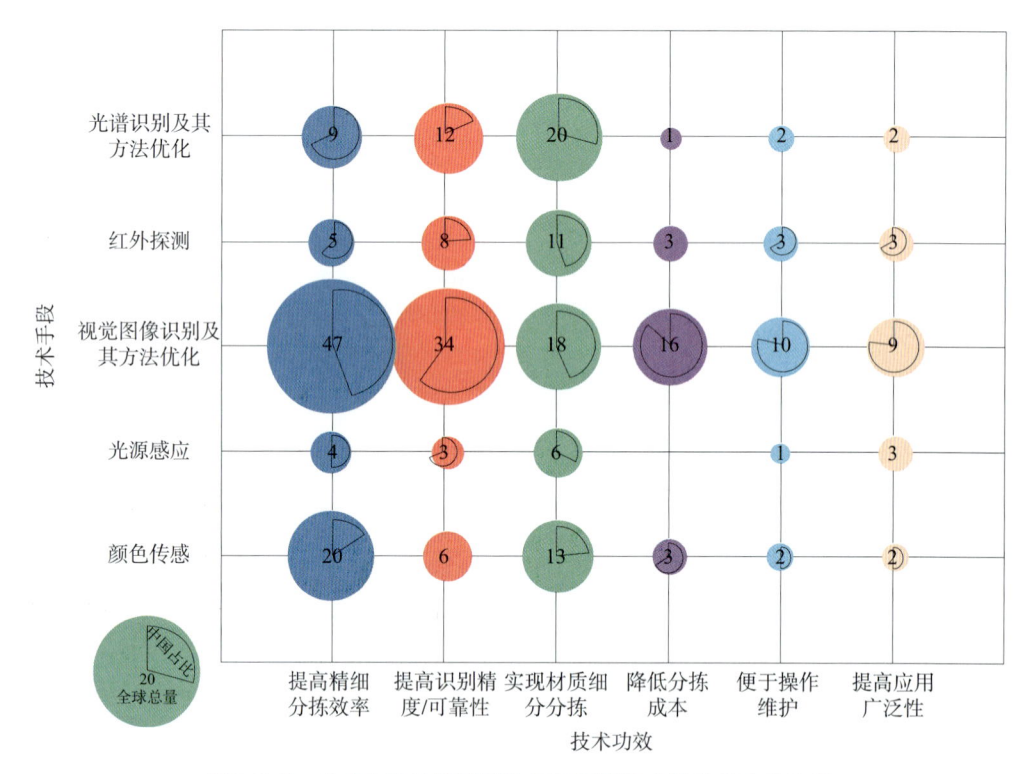

图3-2-5 全球自动分拣装置的光学探测技术的技术功效分析

（正文说明见第57页）

注：图中数字表示申请量，单位为项；扇形大小表示中国申请量占比多少。

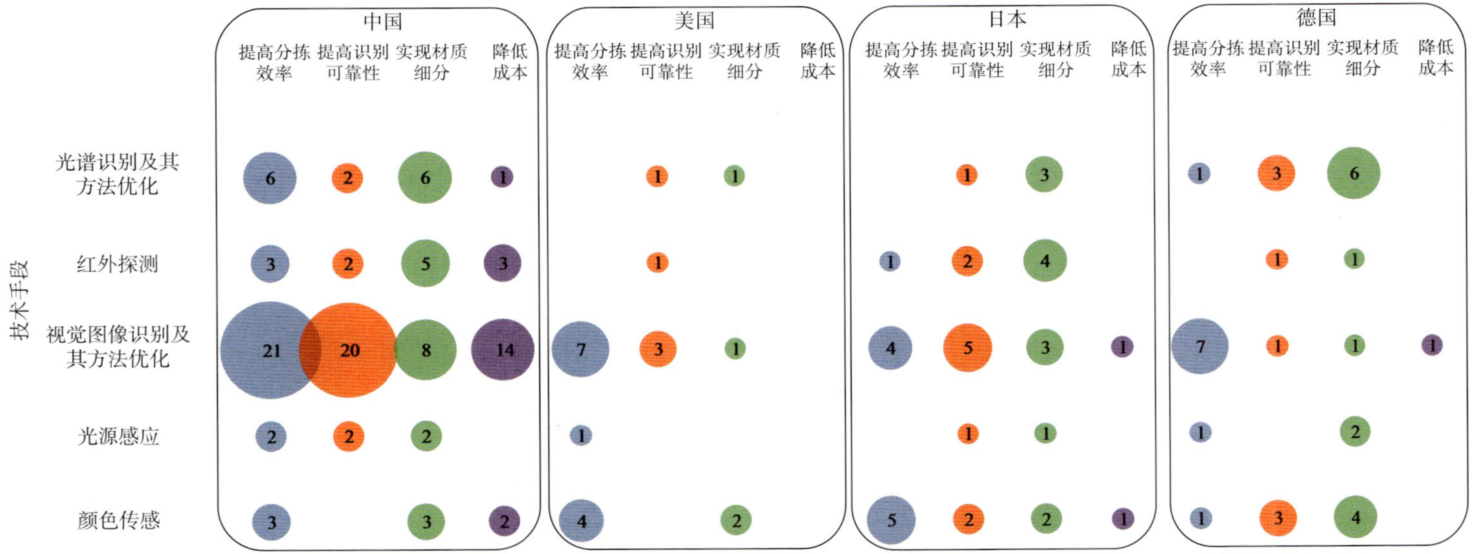

图3-2-6 中国、美国、日本、德国自动分拣装置的光学探测技术功效对比分析

（正文说明见第57页）

注：图中数字表示申请量，单位为项。

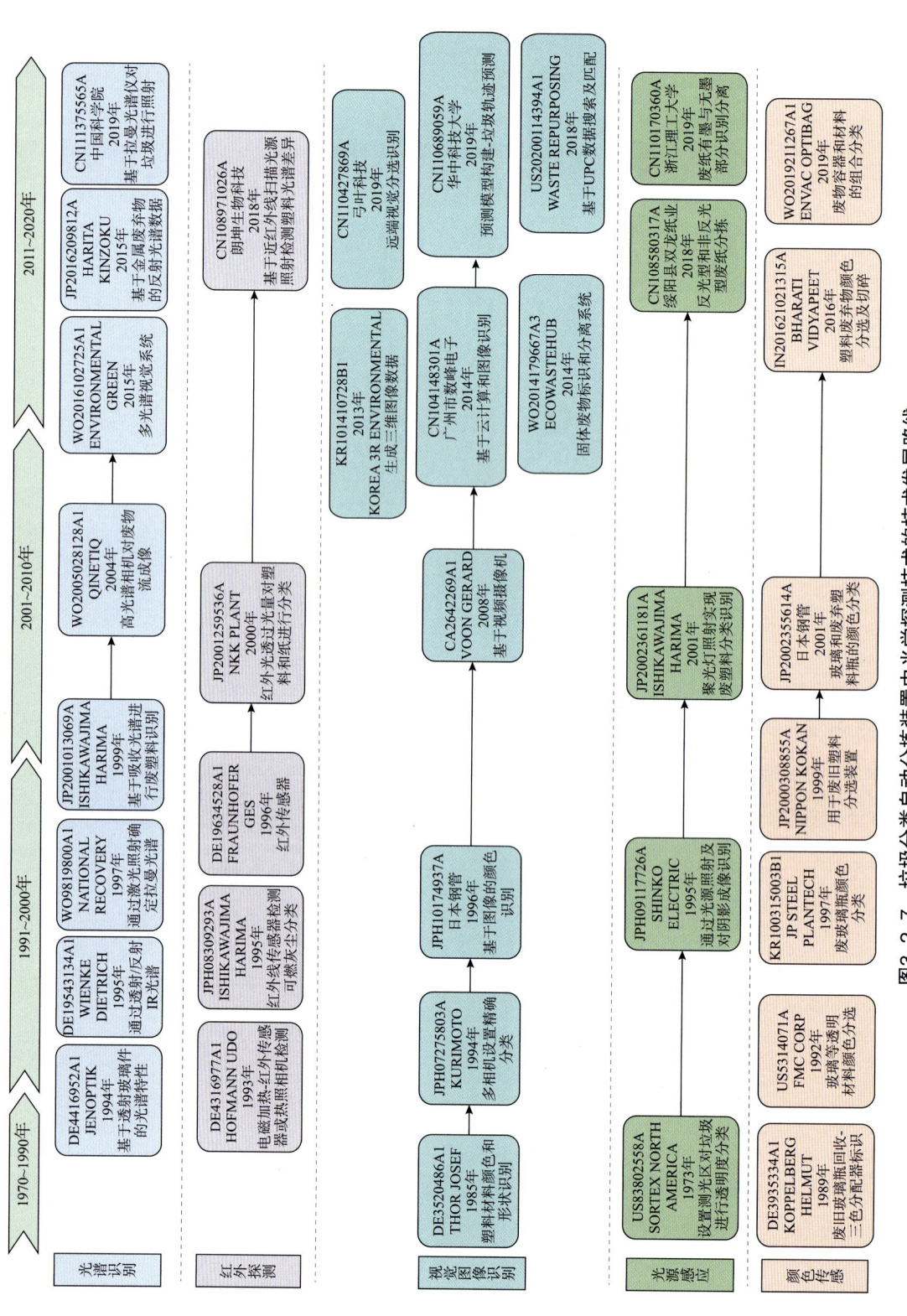

图3-2-7 垃圾分类自动分拣装置中光学探测技术的技术发展路线

光谱识别

1970~1990年
- DE4416952A1 JENOPTIK 1994年 基于透射玻璃件的光谱特性

1991~2000年
- DE19543134A1 WIENKE DIETRICH 1995年 通过透射/反射IR光谱
- WO9819800A1 NATIONAL RECOVERY 1997年 通过激光照射确定拉曼光谱
- JP2001013069A ISHIKAWAJIMA HARIMA 1999年 基于吸收光谱进行塑料识别

2001~2010年
- WO2005028128A1 QINETIQ 2004年 高光谱相机对废物流成像

2011~2020年
- WO2016102725A1 ENVIRONMENTAL GREEN 2015年 多光谱视觉系统
- JP2016209812A HARITA KINZOKU 2015年 基于金属废弃物的反射光谱数据
- CN111375565A 中国科学院 2019年 基于拉曼光谱仪对垃圾进行照射

红外探测

- DE4316977A1 HOFMANN UDO 1993年 电磁加热红外传感器或热照相机检测
- DE19634528A1 FRAUNHOFER GES 1996年 红外传感器
- DE8309293A1 ISHIKAWAJIMA HARIMA 1995年 红外线传感器可燃灰尘分类
- JP2001259536A NKK PLANT 2000年 红外光透过光量对塑料纸张进行分类
- CN108971026A 朗坤生物科技 2018年 基于近红外线扫描光源照射检测塑料光谱差异

视觉图像识别

- DE3520486A1 THOR JOSEF 1985年 塑料材料颜色和形状识别
- JPH07275803A KURIMOTO 1994年 多相机设置精确分类
- JPH1074937A 日本钢管 1996年 基于图像的颜色识别
- CA2642269A1 VOON GERARD 2008年 基于视频摄像机
- CN104148301A 广州市数峰电子 2014年 基于云计算和视频图像数据
- KR101410728B1 KOREA 3R ENVIRONMENTAL 2013年 生成三维图像数据
- CN11042869A 弓叶科技 2019年 远端视觉分选识别
- CN110689059A 华中科技大学 2019年 预测模型构建-垃圾投递预测
- WO2014179667A3 ECOWASTEHUB 2014年 固体废物标识和分离系统
- US20200114394A1 WASTE REPURPOSING 2018年 基于UPC数据搜索及匹配

光源感应

- US3380255A SORTEX NORTH AMERICA 1973年 设置测光区对垃圾进行透明度分类
- JPH09117726A SHINKO ELECTRIC 1995年 通过光源照射及对阴影成像识别
- JP2002361181A ISHIKAWAJIMA HARIMA 2001年 聚光灯照射发现废塑料分类识别
- CN108580317A 绥阳县双龙纸业 2018年 反光型和非反光型废纸分拣
- CN110170360A 浙江理工大学 2019年 废纸有墨与无墨部分识别分离

颜色传感

- DE3935334A1 KOPPELBERG HELMUT 1989年 废旧玻璃瓶回收三色分配器标识
- US5314071A FMC CORP 1992年 玻璃等透明材料颜色分选
- KR100315003B1 JP STEEL PLANTECH 1997年 废玻璃瓶颜色分类
- JP2000308855A NIPPON KOKAN 1999年 用于废旧塑料分选装置
- JP2002355614A 日本钢管 2001年 玻璃有色废弃塑料瓶的颜色分类
- IN201621021315A BHARATI VIDYAPEET 2016年 塑料废弃物颜色分选及切碎
- WO2019211267A1 ENVAC OPTIBAG 2019年 废物容器和材料的组合分类

（正文说明见第59页）

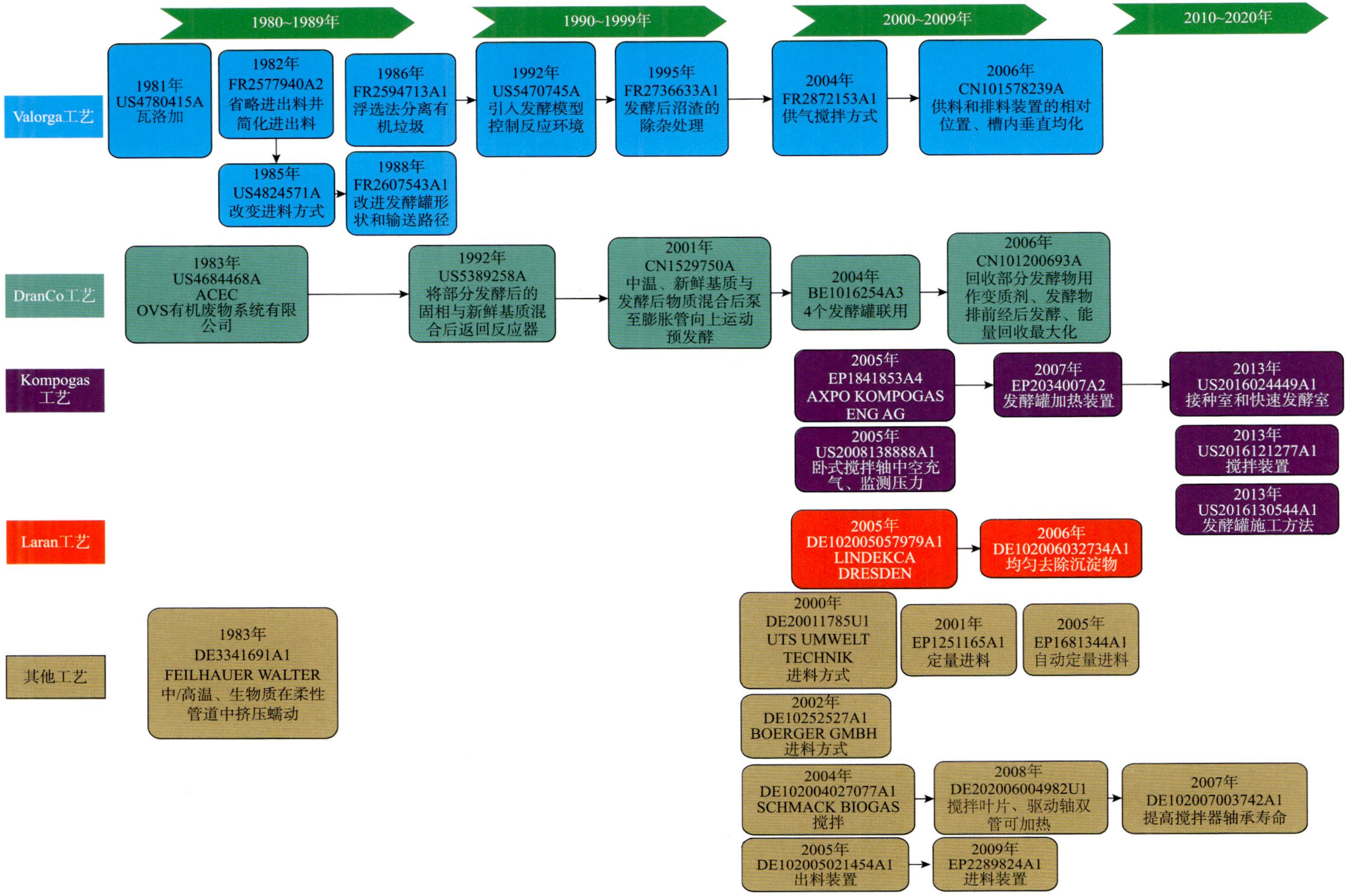

图4-6-4 欧洲连续干式厌氧发酵工艺技术路线

（正文说明见第118页）

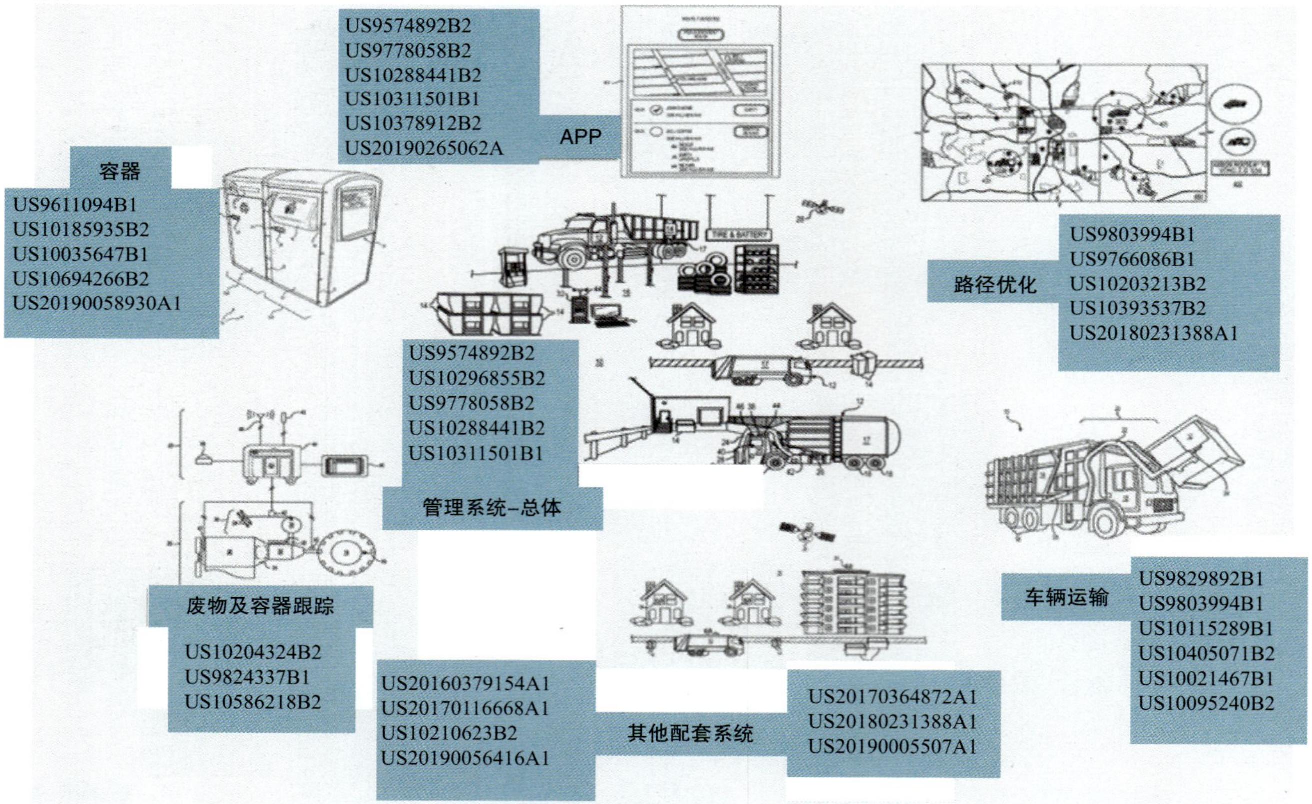

图7-1-9 Rubicon公司废物管理系统专利申请布局

（正文说明见第209页）

编委会

主　任：廖　涛

副主任：胡文辉　魏保志

编　委：雷春海　吴红秀　刘　彬　田　虹
　　　　李秀琴　张小凤　孙　琨

前 言

为深入学习贯彻习近平新时代中国特色社会主义思想，深入领会习近平总书记在中央政治局第二十五次集体学习时的重要讲话精神，特别是"要加强关键领域自主知识产权创造和储备"的重要指示精神，国家知识产权局学术委员会紧紧围绕国家重点产业和关键领域创新发展的新形势、新需求，进一步强化专利分析运用与关键核心技术保护的协同效应，每年组织开展一批重大专利分析课题研究，取得了一批有广度、有高度、有深度、有应用、有效益的优秀课题成果，出版了一批《产业专利分析报告》，为促进创新起点提高、创新效益提升、创新决策科学有效提供了有力指引，充分发挥了专利情报对加强自主知识产权保护、提升产业竞争优势的智力支撑作用。

2020 年，国家知识产权局学术委员会按照"源于产业、依靠产业、推动产业"的原则，在广泛调研产业需求基础上，重点围绕高端医疗器械、生物医药、新一代信息技术、关键基础材料、资源循环再利用等 5 个重大产业方向，确定 12 项专利课题研究，组织 20 余家企事业单位近 180 名研究人员，圆满完成了各项课题研究任务，形成一批凸显行业特色的研究成果。按照课题成果的示范性和价值度，选取其中 5 项成果集结成册，继续以《产业专利分析报告》（第 79~83 册）系列丛书的形式出版，所涉及的产业方向包括群体智能技术，生活垃圾、医疗垃圾处理与利用，应用于即时检测关键技术，基因治疗药物，高性能吸附分离树脂及应用等。课题成果的顺利出版离不开社会各界一如既往的支持帮助，各省市知识产权局、行业协会、科研院所等为课题的顺利开展贡献巨大力量，来自近百名行业和技术专家参与课题指导工作。

  《产业专利分析报告》（第 79～83 册）凝聚着社会各界的智慧，希望各方能够充分吸收，积极利用专利分析成果助力关键核心技术自主知识产权创造和储备。由于报告中专利文献的数据采集范围和专利分析工具的限制，加之研究人员水平有限，因此报告的数据、结论和建议仅供社会各界借鉴研究。

《产业专利分析报告》丛书编委会
2021 年 7 月

生活垃圾、医疗垃圾处理与利用产业专利分析课题研究团队

一、项目管理

国家知识产权局专利局：张小凤　孙　琨

二、课题组

承 担 单 位：国家知识产权局专利局专利审查协作北京中心

课题负责人：田　虹

课题组组长：李意平

统　稿　人：李意平　陈正军

主要执笔人：陈正军　李　博　李良孔　陈　怡　杨　硕　林　玉
　　　　　　刘　昶

课题组成员：田　虹　李意平　陈正军　李　博　李良孔　陈　怡
　　　　　　杨　硕　林　玉　刘　昶　梁林琳　王　楠　姜玉梅
　　　　　　赵　蕾　董　伟　王　勇

三、研究分工

数据检索：陈　怡　李良孔　杨　硕　林　玉　刘　昶　梁林琳
　　　　　王　楠　姜玉梅　赵　蕾　董　伟　王　勇　陈正军
　　　　　李　博

数据清理：陈　怡　李良孔　杨　硕　林　玉　刘　昶　梁林琳
　　　　　王　楠　姜玉梅　赵　蕾　董　伟　王　勇　陈正军
　　　　　李　博

数据标引：陈　怡　李良孔　杨　硕　林　玉　刘　昶　梁林琳
　　　　　王　楠　姜玉梅　赵　蕾　董　伟　王　勇　陈正军
　　　　　李　博

图表制作：王　楠　李良孔　陈　怡　杨　硕　刘　昶　梁林琳
　　　　　姜玉梅　赵　蕾　董　伟　王　勇　陈正军　李　博

报告执笔：陈正军　李　博　李良孔　陈　怡　杨　硕　林　玉

刘 昶 梁林琳 王 楠 姜玉梅 赵 蕾 董 伟
王 勇

报告统稿：李意平 陈正军

报告编辑：陈正军 林 玉 董 伟 李 博 李良孔 陈 怡
杨 硕 刘 昶 梁林琳 王 楠 姜玉梅 赵 蕾
王 勇

报告审校：李意平 陈正军 林 玉

四、报告撰稿

陈正军：主要执笔第1章、第7章和第8章

杨 硕：主要执笔第2章第2.1~2.2节、第2.6节，参与执笔第2章第2.5节

赵 蕾：主要执笔第2章第2.4节，参与执笔第2章第2.5节

王 楠：主要执笔第2章第2.3节

李 博：主要执笔第3章第3.1~3.2节

李良孔：主要执笔第3章第3.3~3.4节

陈 怡：主要执笔第4章第4.1节、第4.6节和第4.8节，参与执笔第4章第4.4节

董 伟：主要执笔第4章第4.2~4.3节，参与执笔第4章第4.8节

姜玉梅：主要执笔第4章第4.5节和第4.7节，参与执笔第4章第4.4节

梁林琳：主要执笔第5章第5.1节、第5.3节

刘 昶：主要执笔第5章第5.2~5.3节

王 勇：主要执笔第6.1~6.2节

林 玉：主要执笔第6.3节

五、指导专家

行业专家

白 力　上海康恒环境股份有限公司

沈咏烈　上海康恒环境股份有限公司

崔民明　中国天楹股份有限公司

技术专家
徐海云　中国城市建设研究院有限公司
岳　波　中国环境科学研究院

专利分析专家
张　勇　国家专利导航项目（企业）研究和推广中心
张　博　国家知识产权局专利局专利审查协作北京中心
柳　玲　国家知识产权局专利局专利审查协作北京中心
马宏珺　国家知识产权局专利局专利审查协作北京中心

六、合作单位
中国环境科学研究院
上海康恒环境股份有限公司
苏州美生环保科技有限公司
中国天楹股份有限公司
广东弓叶科技有限公司

目 录

第1章 绪　论 / 1
　1.1　研究背景 / 1
　　1.1.1　政策市场及技术背景 / 1
　　1.1.2　产业主题定义 / 3
　1.2　技术发展概况 / 4
　1.3　产业现状及发展趋势 / 7
　　1.3.1　产业现状及趋势 / 7
　　1.3.2　行业需求 / 10
　1.4　研究对象和方法 / 10
　　1.4.1　研究对象 / 10
　　1.4.2　研究方法 / 12
　　1.4.3　相关事项和约定 / 14
第2章 医疗垃圾处理技术专利分析 / 16
　2.1　技术概况 / 16
　2.2　全球专利状况分析 / 16
　　2.2.1　全球申请趋势 / 16
　　2.2.2　全球主要申请国家分布 / 18
　2.3　感染性废物处理技术专利分析 / 19
　　2.3.1　国外感染性废物处理技术功效分析 / 19
　　2.3.2　中国感染性废物处理技术专利分析 / 23
　2.4　重点专利分析 / 27
　　2.4.1　提高感染性废物处理环境友好性的重点专利 / 27
　　2.4.2　提高感染性废物处理安全性的重点专利 / 32
　　2.4.3　采用高温蒸汽技术手段的重点专利 / 35
　2.5　其他类型医疗垃圾处理技术专利分析 / 41
　　2.5.1　损伤性废物处理 / 41
　　2.5.2　病理性废物处理 / 42
　　2.5.3　化学性废物处理 / 44

2.5.4　药物性废物处理 / 46
2.6　小　　结 / 47

第3章　垃圾分类收集关键技术专利分析 / 48
　　3.1　垃圾分类收集专利总体态势 / 48
　　　　3.1.1　申请总体状况 / 48
　　　　3.1.2　申请人分析 / 50
　　　　3.1.3　技术构成分析 / 52
　　　　3.1.4　中国申请人申请量主要省市分布分析 / 53
　　3.2　自动分拣装置专利分析 / 54
　　　　3.2.1　专利申请趋势 / 54
　　　　3.2.2　专利技术分布 / 56
　　　　3.2.3　全球主要申请人分析 / 56
　　　　3.2.4　技术功效分析 / 57
　　　　3.2.5　技术发展路线分析 / 58
　　　　3.2.6　重要专利分析 / 59
　　3.3　"互联网+"垃圾分类收集运营专利分析 / 62
　　　　3.3.1　专利申请趋势 / 62
　　　　3.3.2　技术构成分析 / 63
　　　　3.3.3　重要申请人分析 / 64
　　　　3.3.4　技术分支发展分析 / 65
　　　　3.3.5　重要专利分析 / 67
　　　　3.3.6　国内重要市场主体分析 / 75
　　　　3.3.7　发展建议 / 79
　　3.4　小　　结 / 80

第4章　餐厨垃圾处理技术分析 / 82
　　4.1　技术概况 / 82
　　4.2　全球专利申请 / 83
　　　　4.2.1　全球申请趋势分析 / 83
　　　　4.2.2　全球地域布局分析 / 85
　　　　4.2.3　全球技术分布 / 86
　　　　4.2.4　全球创新主体分析 / 87
　　4.3　在华专利申请 / 88
　　　　4.3.1　在华申请趋势分析 / 88
　　　　4.3.2　在华法律状态分析 / 89
　　　　4.3.3　在华申请区域分析 / 90
　　　　4.3.4　在华技术分布分析 / 93
　　　　4.3.5　在华创新主体分析 / 94

4.4 餐厨垃圾厌氧消化技术分析 / 98
　4.4.1 技术分析 / 98
　4.4.2 全球专利申请分析 / 99
　4.4.3 在华专利申请分布 / 104
4.5 重点技术分支——餐厨垃圾湿式厌氧发酵技术 / 108
　4.5.1 日本厌氧消化处理技术专利申请分析 / 109
　4.5.2 日本湿式厌氧发酵技术分析 / 111
4.6 重点技术分支——餐厨垃圾干式厌氧发酵处理技术 / 116
　4.6.1 欧洲厌氧发酵处理技术专利申请分析 / 116
　4.6.2 欧洲干式厌氧发酵技术路线 / 118
4.7 发展热点——焚烧与厌氧发酵协同处理 / 125
4.8 小　结 / 128
　4.8.1 全球和在华餐厨垃圾后端处置技术方面 / 128
　4.8.2 餐厨垃圾厌氧消化处理技术方面 / 128

第5章 再生资源回收利用专利分析 / 131

5.1 废弃塑料回收利用专利分析 / 131
　5.1.1 全球专利分析 / 131
　5.1.2 中国专利分析 / 140
5.2 废弃电器电子产品回收利用产业专利分析 / 145
　5.2.1 全球专利分析 / 145
　5.2.2 中国专利分析 / 153
5.3 小　结 / 166
　5.3.1 废弃塑料回收利用技术领域 / 166
　5.3.2 废弃电器电子产品回收利用技术领域 / 167

第6章 垃圾处理政策标准与专利分析 / 169

6.1 垃圾处理法律与政策 / 169
　6.1.1 国外法律与政策 / 169
　6.1.2 中国法律与政策 / 170
　6.1.3 政策与标准的变化 / 171
6.2 垃圾焚烧排放与飞灰无害化处理现状 / 176
　6.2.1 国内主要垃圾焚烧企业专利技术现状 / 176
　6.2.2 国内飞灰无害化处理分析 / 185
6.3 小　结 / 198

第7章 初创公司与传统巨头的经营策略——Rubicon公司和美国废物管理公司 / 200

7.1 初创公司成功之道 / 200
　7.1.1 Rubicon公司概况 / 200
　7.1.2 专利申请情况 / 203

7.1.3　Rubicon 公司美国专利申请策略 / 205
7.1.4　专利布局分析 / 208
7.1.5　专利质押融资 / 209
7.1.6　重点专利介绍 / 211
7.2　行业巨头发展之路——WM 公司 / 214
7.2.1　公司概况 / 214
7.2.2　专利申请概况 / 215
7.2.3　并购分析 / 216
7.2.4　创新商业模式 / 219
7.2.5　WM 知识产权控股公司 / 220
7.3　小　　结 / 224

第 8 章　主要结论和建议 / 226

8.1　主要结论 / 226
8.1.1　医疗垃圾处理技术分析 / 226
8.1.2　垃圾分类收集关键技术分析 / 226
8.1.3　餐厨垃圾处理技术分析 / 228
8.1.4　再生资源回收利用技术分析 / 229
8.1.5　垃圾焚烧处理政策与专利相关性分析 / 230
8.2　主要建议 / 231
8.2.1　政策建议 / 231
8.2.2　技术建议 / 232
8.2.3　专利建议 / 234

附录　主要申请人名称约定表 / 236
图索引 / 248
表索引 / 253

第 1 章 绪　　论

1.1　研究背景

1.1.1　政策市场及技术背景

1.1.1.1　政策方面

习近平总书记对垃圾分类工作作出重要指示："实行垃圾分类，关系广大人民群众生活环境，关系节约使用资源，也是社会文明水平的一个重要体现。"2019 年 6 月，住房和城乡建设部等 9 部门发布了《关于在全国地级及以上城市全面开展生活垃圾分类工作的通知》，要求到 2020 年，全国 46 个重点城市基本建成垃圾分类处理系统，到 2025 年，全国地级及以上城市基本建成垃圾分类处理系统。国家发展和改革委员会发布的《关于创新和完善促进绿色发展价格机制的意见》进一步完善城镇生活垃圾分类和减量化激励机制，并实行分类垃圾与混合垃圾差别化收费等政策，鼓励城镇生活垃圾收集、运输、处理市场化运营，实行双方协商定价等。2020 年 9 月 1 日实施的《中华人民共和国固体废物污染环境防治法》（以下简称《固体废物污染环境防治法》）强化工业固体废物产生者的责任，完善排污许可制度，要求加快建立生活垃圾分类投放、收集、运输、处理系统。

此外，随着我国对生态环境关注度的不断增强和医疗卫生行业的不断发展，医疗垃圾也开始得到了越来越多的关注。医疗垃圾的产生不仅对环境有严重污染，部分注射针头、实验室病毒培养基等废品，如果未得到有效处置可造成部分传染疾病的扩散。2020 年 1 月，新型冠状病毒肺炎（以下简称"新冠肺炎"）疫情暴发以来，患者人数不断攀升，导致涉疫医疗垃圾产生量激增。从各地监管部门公布的监督检查结果来看，疫情期间各地医疗垃圾处置量普遍增加 10%～20%，部分重灾区超过 100%，迅速提升的医疗废物处置需求使医疗废物处置行业压力陡增。❶ 同年 1 月 21 日，生态环境部印发《关于做好新型冠状病毒感染的肺炎疫情医疗废物环境管理工作的通知》，随后又印发《新型冠状病毒感染的肺炎疫情医疗废物应急处置管理与技术指南（试行）》，要求确保医疗废物得到及时、有序、高效、无害化处置，阻止疫情传播。2020 年 2 月 26 日，国家卫生健康委员会等 10 部门印发《医疗机构废弃物综合治理工作方案》，要求：①规范分类，加强源头管理，将医疗机构产生的医疗废物、生活垃圾、输液瓶（袋）

---

❶ 李凯．刘霁晖．浴火重生——新冠肺炎疫情下医废处置行业的担当与谋变［EB/OL］.（2020 - 03 - 20）［2020 - 03 - 27］. https：//huanbao. bjx. com. cn/news/20200302/1049402. shtml.

等进行分类管理；②加强集中处置设施建设，要在 2020 年底前实现每个地级以上城市至少建成一个符合要求的医疗废物集中处置设施；到 2022 年 6 月底，实现每个县（市）都建成医疗废物收集转运处置体系；③做好输液瓶（袋）回收利用，由地方出台政策措施，确保辖区内分别至少有 1 家回收和利用企业或 1 家回收利用一体化企业；④针对医疗机构及医疗废物处置单位的不规范行为，开展多部门专项整治。2020 年 4 月 30 日，国家发展和改革委员会、国家卫生健康委员会、生态环境部研究制定并印发了《医疗废物集中处置设施能力建设实施方案》，提出争取通过 1~2 年努力，实现大城市、特大城市具备充足应急处理能力；每个地级以上城市至少建成一个符合运行要求的医疗废物集中处置设施；每个县（市）都建成医疗废物收集、转运处置体系，实现县级以上医疗废物全收集、全处理，并逐步覆盖到建制镇，争取农村地区医疗废物得到规范处置，全面补齐医疗废物集中处置设施短板。提高医疗垃圾处理技术，提升医疗垃圾的循环利用率并尽可能地降低其对于环境的污染也成为亟待解决的问题。

1.1.1.2 市场方面

垃圾分类推动整个固体废物（以下简称"固废"）产业链的协同发展，整体行业趋势已经形成，环卫设备制造商、垃圾中转及处置企业、湿垃圾处置企业及再生资源回收企业均将受益，带动巨大投资空间释放。根据《"十三五"全国城镇生活垃圾无害化处理设施建设规划》（以下简称"'十三五'规划"）要求，"十三五"期间投资总额累计达到 2518.4 亿元。2020 年环卫设备市场规模将超 700 亿元，餐厨垃圾处理市场规模将近 900 亿元，2018~2020 年生活垃圾焚烧发电设施建设投入规模超 1500 亿元，市场空间较为广阔。预测后"十三五"时期，再生资源回收体系制度将逐步完善，市场化程度也将逐步提高，行业有延续景气度，2020 年实现回收量 3.87 亿吨，回收总值达 11512 亿元。与之对应的是，全国环卫车辆生产企业有几百家，市场参与者较多，但普遍规模较小，年产量超过 7000 辆的只有 3 家（不含垃圾中转站装备），而进口环卫清洁及垃圾收转装备价格为国内同类产品的 4~7 倍。❶ 国内餐厨垃圾处理市场竞争格局较为分散，尚未出现具有明显优势的行业龙头，集中度不高。

2020 年，美国市政固废市场规模约为 4000 亿元，是国内市场规模的两倍。从海外固废龙头公司发展经验看，固废龙头公司最终会走向涵盖前端收运和后端处理的全产业链布局之路，而目前国内市场容量大且市场化率仍处于较低水平，固废市场下一阶段存在巨大的成长空间。在垃圾分类处理全产业链的源头和中间环节理顺后，完成分类的垃圾涌向末端，对末端处理能力面临较大挑战，这些对国内环保技术研发企业也是一次难得的机遇。

1.1.1.3 技术方面

生活及医疗垃圾资源综合利用全流程的各个环节都离不开专利技术，涉及工具、设备、系统、流程、工艺等多种类型。从专利申请分布情况来看，国内企业之间并未

---

❶ 2019 年 4 月中国环卫服务发展现状、环卫设备竞争格局及环卫设备发展趋势分析［EB/OL］.（2019-09-10）［2020-03-27］. https：//www.chyxx.com/industry/201909/781555.html.

拉开差距，还没有出现1家或若干家专利技术积累的巨头。传统国外企业尽管近年来专利申请量和活跃度有所下降，但其技术积累和专利数量上的优势尚未被撼动。我国生活及医疗垃圾资源综合利用行业做大做强任重道远，而作为执其牛耳的创新能力在重新构建其价值链位置和竞争格局尤为重要，本课题旨在揭示垃圾处理产业在欧、美、日等国家和地区技术发展方向和知识产权布局的优劣，尤其借鉴日本、美国、德国等国家的垃圾处理专利技术以及在资源回收、末端处理和垃圾分类奖惩机制建设等方面的经验，提高我国垃圾处理行业技术水平、专利运用能力等，助力我国该领域的创新力和竞争力提升。

1.1.2 产业主题定义

根据《固体废物污染环境防治法》第124条第（3）项规定，生活垃圾，是指在日常生活中或者为日常生活提供服务的活动中产生的固体废物，以及法律、行政法规规定视为生活垃圾的固体废物。目前学术界通常也采用上述定义，生活垃圾分类具有广义和狭义之分，广义的垃圾分类，指一个完整的垃圾分类处理体系，包括前端分类、中端收运、末端处理3个部分。狭义的垃圾分类特指居民源头分类投放行为。

按照通常的前端垃圾分类，主要分为可回收垃圾（再生资源）、餐厨垃圾、干垃圾和有害垃圾（医疗垃圾）。中端收运主要是垃圾的中转运输；而末端处理主要是针对不同的垃圾进行不同的处理。本书主要针对前端的垃圾分类收集以及医疗垃圾、餐厨垃圾和再生资源回收利用的后端处理技术进行分析。

医疗垃圾是指医疗卫生机构在医疗、预防、保健以及其他相关活动中产生的具有直接或者间接感染性、生物毒性以及其他危害性的废物。2003年，卫生部、国家环境保护总局发布的《医疗废物分类目录》将医疗废物分为感染性废物、损伤性废物、病理性废物、化学性废物、药物性废物5类。医疗废物具有空间传染、急性传染和潜伏性传染等特征，其病毒菌的危害是生活垃圾的几十倍甚至上百倍，是一种影响广泛、危害较大的特殊废弃物。医疗垃圾通常含有大量传染性病原体，危害性明显高于普通生活垃圾，若管理不严或处置不当，医疗废物极易造成对水体、土壤和空气的污染，极易成为传染病毒的源头，造成疫情的扩散。随着医学科学的不断发展，医疗垃圾的产生、管理及其对社会造成的危害，已是一个不容忽视的问题。

垃圾分类收集是破解"垃圾围城"、推动资源再循环利用的关键一环，它指的是根据不同垃圾处理要求在垃圾产生的源头开始进行分类收集，再通过相应方式进行回收或处置，从而达到垃圾减量化、资源再利用、减少环境污染等目的，属于垃圾分类回收利用的前端。

餐厨垃圾，即湿垃圾，是生活垃圾的一部分。根据2012年住房和城乡建设部出台的《餐厨垃圾处理技术规范》中的定义，餐厨垃圾分为餐饮垃圾、厨余垃圾两类。餐饮垃圾，主要是餐馆、饭店、单位食堂等的饮食剩余物以及后厨的果蔬、肉食、油脂、面点等的加工过程废弃物。厨余垃圾，指家庭日常生活中丢弃的食物下脚料、剩饭剩菜、瓜果皮等易腐有机垃圾。餐厨垃圾兼具资源属性和污染物属性。我国餐厨垃圾具有高有机物含量（有机物含量约占干物质质量的80%）、高含水率（80%~90%）、高油、高盐分等特点。❶ 同时，餐厨垃圾具有难保存、易腐败、难收集、易堵塞、难清理、易散味道、难转运、易生虫的污染物属性特点。餐饮垃圾以饭后残余为主，其特点为产量大、来源多、分布广。厨余垃圾以餐前垃圾为主，其油脂含量不及餐饮垃圾，因而资源属性不如餐饮垃圾强❷。

可再生资源是在人类的生产、生活、科教、交通、国防等各项活动中被开发利用一次并报废后，还可反复回收加工再利用的物质资源，它包括以矿物为原料生产并报废的钢铁、有色金属、稀有金属、合金、无机非金属、塑料、橡胶、纤维、纸张等。再生资源覆盖了商品和资源在生产和生活环节流通的全过程，从开采和生产过程的尾矿、伴生矿、工业废渣等，到流通环节的包装、运输，再到终端消费环节产生的各种废弃物。从类型来看，再生资源主要包括金属类再生资源、非金属类再生资源和废旧电子电气机械设备三大类。

1.2 技术发展概况

医疗垃圾的处理方法主要包括焚烧、高温蒸汽、热解、微波等，其处理工艺的影响参数不同也各具优缺点。

我国生活垃圾的主要处理方式之一为混合填埋，这种处理方式存在严重不足。一方面，渗滤液是垃圾填埋场的一大难题，若采用混合收集，直接填埋，垃圾的成分复杂，有毒有害物质含量高，同时在地下也可能发生化学作用，产生更多有害物质。另一方面，垃圾的运输成本不容低估。以某市为例，城市生活垃圾都是在分别收集后，送到城市中的若干中转站进行压缩后，通过专用车运往垃圾填埋场。实行垃圾分类收集，不但能有效降低垃圾运输及直接填埋量，还可以减少垃圾渗滤液及有毒有害物质的处理量，保障环境安全。

垃圾分类收集环节中，分类垃圾桶属于百姓日常生活中较为常见的装置。我国垃圾分类政策的实施以及专利知识的普及，相应地促进了更多的创新主体对分类垃圾箱本身进行改进，国内相关专利申请数量在2019年也出现了激增。但分类垃圾桶结构较为简单，对其进行改进的空间有限，虽然近年来也有得到授权的专利，但其并未直接转化产生较大的市场价值。其中一个可参考的依据是，2001~2020年3月所公开的各类型专利中，仅有0.007%被提起无效宣告，且并无发明或实用新型专利侵权诉讼。本报告主要针对自动分拣装置以及"互联网+"垃圾分类收集运营技术进行分析。

在餐厨垃圾处理技术方面，主要包括粉碎直排、焚烧处理、填埋处理、堆肥化处理、厌氧消化处理、饲料化、生化处理（油脂分离制备生物柴油）等技术。粉碎直排

---

❶ 2020垃圾处理报告分析：餐厨垃圾现状总结报告［EB/OL］.（2020-03-14）［2020-03-27］. https://www.sohu.com/a/379971228_100090680.

❷ 庞文亮. 垃圾分类大力推广，餐厨垃圾处理进入景气期［EB/OL］.（2019-12-16）［2020-03-27］. http://pg.jrj.com.cn/acc/Res/CN_RES/INDUS/2019/12/20/0f1634ce-8678-48c0-a6bb-b74232142445.PDF.

法在国外起步较早且较为成熟，该方法是在餐厨垃圾发生点直接将餐厨垃圾置于搅拌器或剪切破碎器进行破碎、粉碎处理，然后采用水力冲刷，物料通过城市污水管网直接排放，与城市污水合并进入城市污水处理厂进行集中处理。

粉碎直排法对于处理少量分散产生的餐厨垃圾如家庭厨余垃圾，具有价格便宜、技术简便等优点，能降低城市垃圾的含水率，减少收集量，有利于提高城市垃圾的发热量。但也存在诸多不足之处：第一是用水量较大，增大城市污水的产生量和处理量；第二是破碎的垃圾进入市政管网容易腐烂变质成为污泥，淤塞管道并有大量臭气逸散，污染环境，增加病菌、蚊蝇的滋生和疾病的传播；第三是餐厨垃圾中有机组分不能得到资源利用，同时增加了城市污水处理厂的处理负荷；第四是不利于大规模的餐厨垃圾的处理处置[1]。

焚烧法是将餐厨垃圾进行一定的预处理，经筛选并降低垃圾水分后混合一定燃料进行燃烧或与垃圾焚烧厂协同处置[2]。焚烧法处理餐厨垃圾主要利用了餐厨垃圾中含有较高的有机质及油脂等易燃组分，该方法使餐厨垃圾中的有机可燃成分彻底氧化为灰烬，极大减小垃圾的体积，土地占用量小，对垃圾的减量效果显著，还可以消灭各种病原体，产生的热能可转换成蒸汽或电能。但由于餐厨垃圾含水率高，热值较低，需要添加一定助燃剂，不符合规模化处理的经济性要求。且在直接采取燃烧过程中容易造成焚烧不充分、炉内温度不符合要求而产生一定的污染性气体。此外，餐厨垃圾焚烧法处理的不足之处是，容易产生二氧化硫、氮氧化物、二噁英等有毒有害气体，以及粉尘等有害物质，易造成二次环境污染[3]。因此，该方法应用受到了一定限制，在国内外利用均不广泛。近年来，由于在餐厨垃圾处理项目的工程实践中存在投资与运行成本高等问题，将生活垃圾焚烧项目与餐厨垃圾的协同处理成为国内新的研究方向，通过资源共享，可以有效提高废物处理效率，降低项目投资与运行成本，并且对于破解当前面临的设施建设的"邻避效应"问题具有重要意义。

填埋法是将城市餐厨垃圾通过统一收集后，集中于专门的垃圾处理场进行卫生填埋。我国很多地区的餐厨垃圾都是与普通垃圾一起送入填埋场进行填埋处理的。填埋是大多数国家餐厨垃圾无害化处理的主要处理方式。由于餐厨垃圾中含有大量的可降解组分，稳定时间短，有利于垃圾填埋。但填埋法的不足之处是，填埋后会产生大量污染性气体和渗滤液，处理不当容易造成二次污染，同时会占用大量土地、产生的恶臭气味难以控制。此外，餐厨垃圾中所含有的铅、汞等有害物质也会随着餐厨垃圾填埋产生的渗滤液流入周边水体中，会给周边水体等造成污染，因此，餐厨垃圾填埋法与垃圾资源化、无害化处理的理念不符。随着更加科学有效的处理方式出现，该方法

---

[1] 吴修文，魏奎，沙莎，等. 国内外餐厨垃圾处理现状及发展趋势[J]. 农业装备与车辆工程，2011 (12)：49-52，62.

[2] 杜志勇. 城市餐厨垃圾处理技术现状与展望[J]. 农业工程，2020，10 (5)：52-56.

[3] 王丽华，李宇宸，韩聪. 城市餐厨垃圾处理技术分析及思路分析[J]. 中国资源综合利用，2018，36 (12)：73-75.

在一些国家和地区已经被限制或停止使用❶。

堆肥化处理城市餐厨垃圾是利用自然界广泛分布的细菌、放线菌、真菌等微生物，辅助以人工控制技术，有控制地促进可被生物降解的有机物向稳定的腐殖质转化的生物化学过程❷。餐厨垃圾由于其组分比较固定，无机杂质含量少，有机组分含量丰富，具备植物所需的常量营养元素（氮、磷、钾）和必需的微量元素（铜、锌、铁、锰），因此是堆肥化比较优良的原料，适合进行堆肥化处理。

厌氧消化处理是指在特定的厌氧条件下，微生物将有机垃圾进行分解，其中的碳、氢、氧转化为甲烷和二氧化碳，而氮、磷、钾等元素则存留于残留物中，并转化为易被动植物吸收利用的形式。有机垃圾厌氧消化工艺按固体含量多少分为湿式厌氧发酵与干式厌氧发酵；按进料方式不同分为序批式与连续式；按整个消化过程是否在一个反应器中进行分为单相与多相；按消化温度不同分为常温、中温以及高温。

对废弃塑料回收与再生利用方法的研究和推广越来越趋向于污染小、效率高、易操作、经济效益好的技术和工艺。对废弃塑料资源化处置方式的多样化使比较和分析不同再利用方法显得格外重要。选择合理的处理方法可使其对环境污染最小化、资源回收利用效率最大化，同时具有良好的经济效益、环境效益和社会效益。①直接利用法应用广泛并且工艺成熟，但是只能再生单一品种的塑料，制成品力学性能下降较大，不宜制作档次较高的制品。②改性再生法在该法的基础上对废塑料改性再利用，产品性能得到提高，可获得良好的经济效益，值得广泛应用和推广。③裂解油化技术可处理混合塑料制品，但是很多企业生产出的油品质量差，达不到相关标准，并且生产成本高，产品不能实现其应有的经济价值。另外，催化剂的选择也制约了裂解油化技术的发展。④气化技术可处理混合塑料制品，并且气化效率较高，同时可抑制二噁英的产生。⑤解聚单体化技术对废塑料的纯度要求高，增加了分离的成本，同时需要在溶液中反应，消耗大量的试剂并且会有后续的污水需要处理，大规模工业应用不适用于所有的塑料品类。⑥废弃塑料在炼钢、炼铁、水泥制造等过程中替代还原剂或化学原料的应用技术，投资小、成本低，而且可以对混合塑料进行处理，避免产生有害气体，可有效降低二氧化碳的排放，具有良好的经济效益和环境效益，应该大力鼓励和推广。最好的废塑料再利用方法不是单一的方法，要综合利用多种方法才能达到最好的效果。因为不同的方法适用不同的废塑料，各有其优缺点。

随着社会的发展和科学技术的不断进步，人们对电子废物二次资源处理的要求也越来越高。但真正做到对电子废物中所有材料资源化，处理过程中无害化的工艺方法还没有出现。未来处理电子废物技术的发展趋势应该是：处理形式产业化，资源回收最大化，处理技术科学化。针对电子废物来源广、成分范围波动大、多金属共存甚至多种金属和多种非金属材料（如多种有机高分子材料）共存的特点，必须研究涉及其分离、提纯与资源再循环再利用过程的化学理论问题，包括宏量金属的物理分离和化

---

❶ 杜志勇. 城市餐厨垃圾处理技术现状与展望 [J]. 农业工程, 2020, 10 (5): 52-56.
❷ 陈世和, 张所明. 城市垃圾堆肥原理与工艺 [M]. 上海: 复旦大学出版社, 1990: 1-6.

学分离，微量贵重金属的高效富集和提取，体系多组分性能差异及其选择性调控原理，为电子废物二次资源的有效循环利用和无害化回收提供理论支撑和技术支持。

1.3　产业现状及发展趋势

1.3.1　产业现状及趋势

生活垃圾分类处理主要包括分类环节、收集转运环节以及处理处置环节 3 个环节。下面介绍本书重点涉及的医疗垃圾处理、垃圾分类收集、餐厨垃圾处理和再生资源回收利用的产业发展现状与趋势。

1.3.1.1　医疗垃圾

新冠肺炎疫情的暴发，导致感染性医疗废物数量迅速增长。无论是感染者产生的垃圾还是医护人员使用过的口罩、防护服等防护用品，均有被含有新冠肺炎病毒的体液或血液污染的可能，如果不能及时对这些感染性废物进行处理，会使病毒进一步扩散蔓延，将之前为抗击疫情所付出的努力付诸东流。在这次疫情的考验下，医疗废物处理的行业热点集中到了感染性废物的处理。

感染性废物大致需经过收集、转运、贮存、处理等环节。产生的源头发生在医疗机构，经收集转运后运送至集中处置的医疗废物处理机构进行最终无害化处理。根据国务院于 2003 年 6 月 16 日颁布的《医疗废物管理条例》的规定，感染性废物由于含有会导致传染性疾病的病原体，在上述处理的全流程均应做到防污染防泄漏。其中最终的处理环节为实现消杀灭菌的关键环节，为本书重点关注的重要领域。

按照处理方式分类，焚烧、高温蒸汽具有处理迅速、灭菌彻底的优点，仍然是目前主要的感染性废物处理方式。值得一提的是，由于疫情传播迅速，感染性废物产生的速度十分惊人，如果不能及时处理造成堆积，会造成病毒的二次传播。因此，如何以最快的速度实现垃圾的消解，是感染性废物处理装置的研究重点和难点。根据这一需求，一些企业（航天凯天）开发了可以就地进行热解和焚烧医疗垃圾的移动式处理设备，能够实现医疗废物及时迅速的消解，大大加快垃圾处理速度的同时还可以避免转运过程中垃圾对环境的污染和对工作人员的伤害风险。这也体现了焚烧、高温蒸汽的处理方法对规模的限制较小、灵活度高的处理优点。综上，对感染性废物进行重点关注不仅能够有效应对目前的新冠肺炎疫情，同时也能适应未来公共卫生事业的发展需求，是医疗垃圾处理领域的热点。

1.3.1.2　垃圾分类收集

事实上，垃圾分类收集在我国并不是一个新名词、新概念，早在 1957 年，《北京日报》头版头条刊发的《垃圾要分类收集》中就提出垃圾分类收集理念。1992 年，国务院在《城市市容和环境卫生管理条例》（国务院令〔1992〕101 号）中首次以官方文件的方式提出"对城市生活废弃物应当逐步做到分类收集、运输和处理"要求。此后，国家多次推动生活垃圾分类收集。2000 年，建设部确定上海等 8 个城市为"生活垃圾分类收集试点城市"，但试点一段时间后很多城市试点"名存实亡"；2010年之后，北京、南京、广州、上海等地陆续推动生活垃圾分类试点，生活垃圾分类收集开始逐渐形成一批创新经验及推广模式，但公众参与并不活跃；2016年12月，习近平总书记主持召开中央财经领导小组会议研究普遍推行垃圾分类制度；2017年3月，国务院提出"部分范围内先行实施生活垃圾强制分类"，北京、上海等城市开始在公共机构试点强制分类；2019年7月，上海生活垃圾强制分类开始全面推行。住房和城乡建设部提出，2025年之前，全国地级及以上城市要基本建成垃圾分类处理系统。可以说，城市生活垃圾分类收集已经是大势所趋、无法回避。充分认识我国城市生活垃圾分类收集面临的主要难点，准确掌握其难点产生的相关原因，对于现阶段北京、上海等城市推动生活垃圾强制分类收集，下一步我国城市生活垃圾分类全面铺开，最终推动垃圾减量、资源循环利用，对实现中华民族永续发展具有重要意义。

1.3.1.3 餐厨垃圾处理

相对于欧、美、日等国家或地区而言，我国对餐厨垃圾的关注和处理起步比较晚。2010年5月，国家发展和改革委员会、住房和城乡建设部、环境保护部、农业部四部委联合发布《关于组织开展城市餐厨废弃物资源化利用和无害化处理试点工作的通知》（发改办环资〔2010〕1020号），正式拉开餐厨废弃物资源化利用和无害化处理城市试点工作的大幕。2012年，我国首次提出了《餐厨垃圾处理技术规范》，与此同时，各地也纷纷出台地方规章保障餐厨垃圾收运体系。

虽然政策的强化和社会关注的提升让餐厨垃圾处理迎来一次发展热潮，但餐厨垃圾处理发展不及预期，餐厨垃圾试点受阻。国家发展和改革委员会等部门于2011年7月~2015年5月，先后公示了5批累计100个餐厨垃圾处理试点城市（区），验收工作自2016年开始，截至2019年6月30日，47个城市通过试点验收，15个城市被撤销试点（4个主动撤销），一线城市广州也在撤销之列，撤销主要原因是未达到餐厨垃圾资源化标准能力的90%，深层次原因则是由于项目营利较差，企业投资意愿不强。"十三五"规划提出，到2020年底，新增3.44万吨/日的餐厨垃圾处理能力，到2020年底达到4.71万吨/日。❶ 随着餐饮行业的高速发展和城镇化水平的提高，我国餐厨垃圾的产生量激增，2019年全国餐厨垃圾产生量突破1.2亿吨。❷ 我国餐厨垃圾处理的现状是产生量大，处理率低，处理缺口大。餐厨垃圾处理除受处理能力不足限制外，还受到分类不足、流向不明等因素困扰。由于过去未强制实施垃圾分类，厨余垃圾全部以干垃圾形式被焚烧或填埋，导致进入焚烧处理厂的垃圾水分较高，热值低，处理成本较高。另外，餐饮垃圾长期存在非法利益链条，许多餐厅选择将餐饮垃圾卖给黑作坊提炼地沟油，重回餐桌。

---

❶ 2019年上半年中国餐厨垃圾处理受阻分析及餐厨垃圾处理前景分析［EB/OL］.（2019-09-11）［2020-03-27］. https://www.chyxx.com/industry/201909/781980.html.

❷ 吴小燕. 2020年中国餐厨垃圾处理行业发展现状与趋势分析 新增建设项目数量增长势头迅猛、市场下沉趋势渐显［EB/OL］.（2020-04-17）［2020-06-19］. https://www.qianzhan.com/analyst/detail/220/200416-619c41c8.html.

我国餐厨垃圾处理行业整体还处于起步阶段，并表现出以下六大特点。第一，餐厨垃圾处理率仍然较低。即使按照"十二五"规划来计算，2015年末，我国餐厨垃圾的处理率也只有18%。第二，相关政策不够完善。关于餐厨垃圾处理方面的政策、法规、规范、标准还比较欠缺。第三，处理技术工艺要求高。餐厨垃圾组分复杂，对规模化处理带来了一定的技术困难。第四，运营模式不成熟，有待探索。没有形成一个长久的运营机制，财政负担重。第五，竞争格局较为分散。行业竞争格局较为分散，单家企业处置规模相对较小。第六，建设进度逐步加快。城市餐厨垃圾增长加快，政府环保压力大，大批餐厨垃圾项目上马建设。

1.3.1.4 再生资源回收利用

2002年，国家经济贸易委员会出台的《关于印发再生资源回收利用"十五"规划的通知》提出，要"积极推动再生资源回收利用体系建设"，引导各地建立以社区回收网点为基础的点多面广和服务功能齐全的回收网络。2008年，由商务部主导的再生资源回收体系建设试点工程进入初步验收阶段。"十三五"期间，我国固体废物资源化科技创新进入攻坚阶段，减量化、高值化、无害化成为新趋势。针对大宗工业固体废物，特别是重污染工业固体废物，亟须厘清固体废物的产生与利用特征，以源头减量与循环利用为重点，突破大规模源头减量与高效利用系列关键共性技术，形成市场普遍接受的技术与产品标准，支撑区域与企业转型发展。针对生物质废弃物，要重点突破源头减量与分质预处理、高参数焚烧发电、高级厌氧消化、二次废物安全处置等关键技术与设备。针对城市矿产，亟须开展产品可循环设计、废弃产品的拆解、分选技术、再制造以及稀贵金属的高效回收技术。

固废行业的发展，基本是逐渐完善固废最大化利用产业链的过程。德国和日本作为行业领先的翘楚，固废行业发展已较为成熟，在固废综合管理及利用方面属国际领先水平。而因两国地理情况、文化差异等因素的不同，它们在利用方式上也存在明显不同。日本的主流固废处理方式是垃圾焚烧，焚烧处理率常年维持稳定，2016年达78%；德国的主流方式则是回收利用，回收利用率从1993年的不足30%增长到2016年的66%。两国在固废行业发展上有着共同的特点——去填埋化。哪怕是卫生化填埋，也存在占用土地资源、垃圾利用率较低等缺点。日本的填埋处理率持续降低，自2008年起已低于2%；德国更是在2009年基本实现了垃圾零填埋。美国在经历了1980～2000年大规模的"去填埋化"后，近年来固废处理方式较为稳定，填埋仍是其主流处理方式，2014年占比近53%，垃圾焚烧和回收利用占比分别为13%和34%。❶ 由于垃圾焚烧存在处理成本较高、"邻避效应"等不利因素，该处理方式恐较难在美国进一步发展。目前，回收利用虽因分拣环节成本较高，导致其在美国的发展速度有所放缓，但随着垃圾分类观念的进一步普及和龙头企业市场化力度的进一步加大，回收利用处理占比有望进一步提升。与以上国家相比，垃圾焚烧和县城垃圾无害化处理是我国生

---

❶ 国内外固废行业发展对比及固废龙头企业对比分析 [EB/OL]. (2018-06-21) [2020-03-27]. https://www.sohu.com/a/237026532_465250.

活固废处理行业近几年的发展趋势,而精细化处理则是固废行业未来的发展目标。我国的城市垃圾无害化处理率经过近几年的发展,在 2016 年达到 96.68%,而县城垃圾无害化处理率在 2016 年为 85.22%,已提前完成"十三五"规划目标。处理方式方面,随着无害化处理量的增长,我国的垃圾填埋量和垃圾焚烧量均实现了快速增长,垃圾焚烧占比稳步提升,2017 年已达 41%。❶

1.3.2 行业需求

巨大的市场需求、显著的经济和社会效益的驱动,使全球主要国家和地区倾注了大量财力、人力和物力,来推动垃圾处理与利用技术的研究和开发。

本书课题组对国内产业现状进行了充分的调研,发现国内企业存在多方面的研究需求,主要包括核心技术突破、专利申请布局水平提高以及知识产权运营经验学习等 3 个方面。因此,课题组从专利角度全面多方位研究垃圾处理与利用产业创新发展的相关策略。

1.4 研究对象和方法

1.4.1 研究对象

本书将研究广义的垃圾分类处理,主要针对其中前端的垃圾分类收集以及医疗垃圾、餐厨垃圾和再生资源回收利用等后端处理技术进行分析。

医疗垃圾处理主要根据《医疗废物分类目录》中对医疗废物的分类,从感染性废物、损伤性废物、病理性废物、化学性废物、药物性废物 5 个分支进行研究,如表 1-4-1 所示。

表 1-4-1 医疗垃圾分支技术分解

一级分支	二级分支
医疗垃圾	感染性废物
	损伤性废物
	病理性废物
	化学性废物
	药物性废物

垃圾分类收集主要关注了智能分类投放垃圾桶/站、自动分拣装置、厨余分类预处理装置、自动分类清扫车和"互联网+"垃圾分类收集运营,如表 1-4-2 所示。

---

❶ 国内外固废行业发展对比及固废龙头企业对比分析 [EB/OL]. (2018-06-21) [2020-03-27]. https://www.sohu.com/a/237026532_465250.

表1-4-2 垃圾分类收集分支技术分解

一级分类	二级分类	三级分类
垃圾分类收集	智能分类投放垃圾桶/站	—
	自动分拣装置	基于物理属性
		基于光学探测/视觉识别
		基于声学探测识别
		复合手段探测识别
		深度学习
		其他
	厨余分类预处理装置	—
	自动分类清扫车	—
	"互联网+"垃圾分类收集运营	分类软件/平台
		整体运维
		分类服务运营模式

餐厨垃圾处理主要包括粉碎直排、焚烧处理、填埋处理、堆肥化处理、厌氧消化处理、饲料化、生化处理，如表1-4-3所示。

表1-4-3 餐厨垃圾处理分支技术分解

一级分类	二级分类	三级分类
餐厨垃圾	粉碎直排	—
	焚烧处理	—
	填埋处理	—
	堆肥化处理	—
	厌氧消化处理	湿式厌氧发酵
		干式厌氧发酵
	饲料化	—
	生化处理	—

生活领域可再生资源主要包括废弃塑料、废纸、废弃电器电子产品等。本书主要研究废弃塑料的再生和回收利用，技术手段主要包括化学回收、机械回收以及能量回收，如表1-4-4所示。

表1-4-4 废弃塑料再生回收利用分支技术分解

一级分类	二级分类	三级分类
废弃塑料再生回收利用	化学回收	热裂解
		催化裂解
		气化裂解
		溶剂解
		超临界流体分解
		与其他物质共裂解
	机械回收	简单再生
		改性再生
	能量回收	高炉喷吹
		固体燃料

1.4.2 研究方法

1.4.2.1 研究方法介绍

本课题组的专利分析工作以中国国家知识产权局提供的专利数据库中所获得的专利文献数据为依托，结合行业内技术标准、竞争等相关数据，综合运用了定量和定性分析方法。具体研究内容包括：专利技术整体态势分析，全球、中国专利申请分布状况，主要申请人专利申请状况，关键技术专利申请分布状况，重要专利分析、技术发展路线，专利申请与布局策略，初创企业及行业巨头运营战略等多个方面。

首先划分技术分支以及制定相应的检索策略，平衡查全率和查准率，得到依托的专利文献，接着进行标引和分类，结合产业市场数据，对各标引项进行统计分析，获得技术、产业和市场的发展趋势。

进一步阅读专利文献的具体技术内容，找出某些重要技术方向下被关注专利文献，进行详尽分析，以期得到研究方向、技术演进等方面的结论。

1.4.2.2 数据检索

本报告的专利文献数据主要来自中国国家知识产权局专利检索与服务系统（以下简称"S系统"）以及incoPat。

课题组对本报告所要研究的关键技术采用总分模式，主要借助关键词与分类号相结合的方式进行检索。采用摘要库和全文库分别进行检索后汇总的方式，提高数据的全面性。通过使用同位算符、全文检索中频次、多种分类号有效去噪。最后，再次对获得的大量检索结果进行人工浏览和手工去噪。虽然牺牲了一定的效率，但是能够获得较好的查全率和查准率结果。

（1）专利文献来源

主要来自德温特世界专利索引数据库（DWPI）；中国专利文摘数据库（CNABS）；

Incopat 数据库。

（2）非专利文献来源

中文文献来自百度搜索引擎；外文文献来自谷歌搜索引擎。

（3）法律状态查询

中文法律状态数据来自 CNPAT 数据库。

（4）引用频次查询

引文数据来自德温特引文数据库（DII）和 Soopat 网站。

（5）诉讼相关数据

主要来自 Innography 专利分析平台、中国台湾的"财团法人××实验研究院科技政策研究与资讯中心"的公开资料，以及中国知识产权裁判文书网、中国法院网、广东法院网等公开信息。

检索结果专利文献量如表 1-4-5 所示。

表 1-4-5 技术分支专利检索汇总

技术分支	检索截止时间	全球申请量/件	中国申请量/件
医疗垃圾	2020-07-31	3563	1668
垃圾分类收集	2020-08-01	7128	4625
餐厨垃圾	2020-08-22	14384	6277
废弃塑料再生回收利用	2020-08-09	29049	15718

（6）查全率和查准率评估

查全率和查准率是评估检索结果优劣的指标。查全率用来评估检索结果的全面性；查准率用来衡量检索结果的准确性。设 S 为待验证的待评估查全专利文献集合，P 为查全样本专利文献集合（P 集合中的每一篇文献都必须与要分析的主题相关，即"有效文献"），则查全率 $r = num(P \cap S)/num(P)$，其中 $P \cap S$ 表示 P 与 S 的交集，$num(\ )$ 表示集合中元素的数量。设 S 为待评估专利文献集合中的抽样样本，S' 为 S 中与分析主题相关的专利文献，则查准率 $p = num(S')/num(S)$。本报告各技术分支的查全率和查准率如表 1-4-6 所示。

表 1-4-6 查全查准率

技术分支	查全率	查准率
医疗垃圾	中：94；外：93%	中：92%；外：82%
垃圾分类收集	中：94%；外：87%（智能分类投放垃圾桶/站）	中：95%；外：85%（智能分类投放垃圾桶/站）
	中：94%；外：90%（自动分拣装置）	中：100%；外：100%（自动分拣装置）

续表

技术分支	查全率	查准率
垃圾分类收集	中：89%；外：89%（分类预处理装置）	中：90%；外：83%（分类预处理装置）
	中：86%；外：96%（自动分类清扫车）	中：95%；外：86%（自动分类清扫车）
	中：89%；外：88%（"互联网+"垃圾分类收集运营）	中：100%；外：100%（"互联网+"垃圾分类收集运营）
餐厨垃圾	中：95%；外：88%（粉碎直排）	中：96%；外：90%（粉碎直排）
	中：91%；外：89%（焚烧处理）	中：88%；外：84%（焚烧处理）
	中：91%；外：86%（填埋处理）	中：90%；外：81.1%（填埋处理）
	中：90%；外：92%（堆肥化处理）	中：93%；外：90%（堆肥化处理）
	中：94%；外：96%（厌氧消化处理）	中：100%；外：82%（厌氧消化处理）
	中：91%；外：88%（饲料化）	中：92%；外：90%（饲料化）
	中：94%；外：90%（生化处理）	中：90%；外：87.5%（生化处理）
可再生利用	91.1%（塑料）中：88%；外：84.2%	88.5%（塑料）中：95.7%；外：91.6%
	86%（废弃电子）中：91%；外：81%	100%（废弃电子）中：100%；外：100%

注："中"表示中文专利库检索；"外"表示外文数据库检索。

1.4.3 相关事项和约定

1.4.3.1 主要申请人名称约定

由于在 CNABS 数据库与 DWPI 数据库中，同一申请人存在多种不同的表述方式，或者同一申请人在多个国家或地区拥有多家子公司，为了正确统计各申请人实际拥有的申请量与专利权数量，本节对数据库中出现的主要申请人进行统一约定，并约定在报告中均使用标准化后的申请人名称。其中，在 DWPI 数据库中同一公司代码约定为相同公司；依据 Lexis Nexis 商业数据库中母子公司的关系约定为母公司；依据各公司官网上有关收购、子公司建立等信息，将子公司和收购的公司约定为母公司；公司合并的情况，以合并后的公司作为统一约定的申请人。在此本报告对出现频次较高的重要申请人的名称进行统一的约定，以便于本课题组分析的规范，主要申请人名称约定参见附录。

1.4.3.2 技术术语约定

本节对本报告中反复出现的各种专利术语或现象，一并给出如下解释：

专利所属国家或地区：在本报告中，专利所属的国家或地区是以专利申请的首次申请优先权国别来确定的，没有优先权的专利申请以该项申请的最早申请国别确定。

项：同一项发明可能在多个国家或地区提出专利申请，DWPI 数据库将这些相关申请作为一条记录收录。在进行专利申请数据统计时，对于数据库中以一族（同族）数据的形式出现的一系列专利文献，计算为"1 项"。一般情况下，专利申请的项数对应于技术的数目。

件：在进行专利统计时，例如为了分析申请人在不同国家、地区或组织所提出的专利申请的分布情况，将同族专利申请分开进行统计，所得到的结果对应于申请的件数。1 项专利申请可能对应于 1 件或多件专利申请。

专利族、同族专利：同一项发明创造在多个国家或地区申请专利而产生的一组内容相同或基本相同的专利文献，成为一个专利族或同族专利。从技术角度看，属于同一专利族的多件专利申请可视为同一项技术。在本报告中，针对技术和专利首次申请国家和地区分析时对同族专利进行了合并统计，针对专利在国家或地区的公开情况进行分析时对各件专利进行了单独统计。

专利被引频次：专利文献被在后申请的其他专利文献引用的次数。

国内申请：中国申请人在中国国家知识产权局的专利申请。

在中国申请：申请人在中国国家知识产权局的专利申请。

有效：在本报告中，"有效"专利是指到检索截止日期，专利权处于有效状态的专利申请。

无效：在本报告中，"无效"专利是指到检索截止日期，已经丧失专利权的专利或者自始至终未获得授权的专利申请，包括专利申请被视为撤回或撤回、专利申请被驳回、专利权被无效、放弃专利权、专利权因费用终止、专利权届满等。

图表数据说明：由于 2019 年或 2020 年数据不完整，其不能完全代表真正的专利申请趋势，因此，在与年份有关的趋势图和表中未全部给出 2019 年或 2020 年数据段。

第 2 章 医疗垃圾处理技术专利分析

医疗垃圾具有极强的传染性、生物毒性和腐蚀性，未经处理或处理不彻底的医疗垃圾，极易造成对水体、土壤和空气的污染，对人体产生直接危害。新型冠状病毒具有极强的传染性，其污染物如何处理，也是应当引起重视的问题。本章针对医疗垃圾处理全球专利状况、医疗垃圾处理技术功效、重点专利进行分析，有助于对类似新型冠状病毒污染物的处理研究，也有助于我国医疗垃圾产业的发展，提升其市场竞争力。

2.1 技术概况

医疗垃圾的处理方法主要包括焚烧、热解、高温蒸汽、微波等。

焚烧是一个深度氧化的化学过程，在高温火焰的作用下，将焚烧设备内的医疗垃圾转化成残渣和气体，医疗垃圾中的传染源和有害物质在焚烧过程中可以被有效破坏❶。

热解的原理是将医疗垃圾有机成分在无氧或贫氧的条件下加热到 600~900℃，用热能使化学物的化学键断裂，使大分子量的有机物转变为可燃性气体、液体燃料和焦炭的过程❷。

高温蒸汽的原理是利用高温蒸汽杀灭传播媒介上所有微生物的湿热处置方法，将医疗垃圾暴露于一定温度的水蒸气氛围中并停留一定的时间，利用水蒸气释放的潜热，使医疗垃圾中的致病微生物发生蛋白质变性和凝固，进而安全地实现医疗垃圾无害化❸。

微波灭菌的原理是利用微波可以快速穿透生物体并且直接使生物体内部分子摩擦产热，导致细菌死亡。当生物体处于微波场中时，生物细胞受到冲击和震荡，细胞外层结构被破坏，使细胞通透性增强，破坏了细胞内外的物质平衡，细胞肿胀进而出现细胞质崩解融合导致细胞死亡❹。

2.2 全球专利状况分析

2.2.1 全球申请趋势

图 2-2-1 展示的是医疗垃圾处理领域在全球及中国的专利申请趋势，从图 2-2-1

---

❶❷ 黄正文，余波，张斌，等. 医疗废物的处理技术探讨 [J]. 环境保护，2008 (2)：73-75.

❸ 罗锦程，李淑媛，周强，等. 感染性医疗废物非焚烧处理技术述评：以微波消毒技术为例 [J]. 环境与可持续发展，2020，45 (4)：136-140.

❹ 李玉. 微波消毒技术在医疗废物处理中的应用 [J]. 中国战略新兴产业，2018 (40)：70.

可以看出医疗垃圾处理全球专利申请趋势可分为4个阶段：

（1）萌芽期（1987年以前）：这一时期，全球每年仅有零星的专利申请。

（2）第一快速发展期（1987~1991年）：这一时期，医疗垃圾处理的申请量实现了从每年几件到每年数百件的突破，有了飞跃式的上升。

（3）平稳发展期（1992~2015年）：这一时期，医疗垃圾处理的专利申请先呈下降趋势后来趋于平稳。

（4）第二快速发展期（2016年至今）：这一时期，医疗垃圾处理的申请量有了第二次飞跃式的上升，这一时期的申请量主要集中在中国，随着中国对于医疗废物处理的逐渐重视，对于医疗废物处理的研发投入也大幅增加。

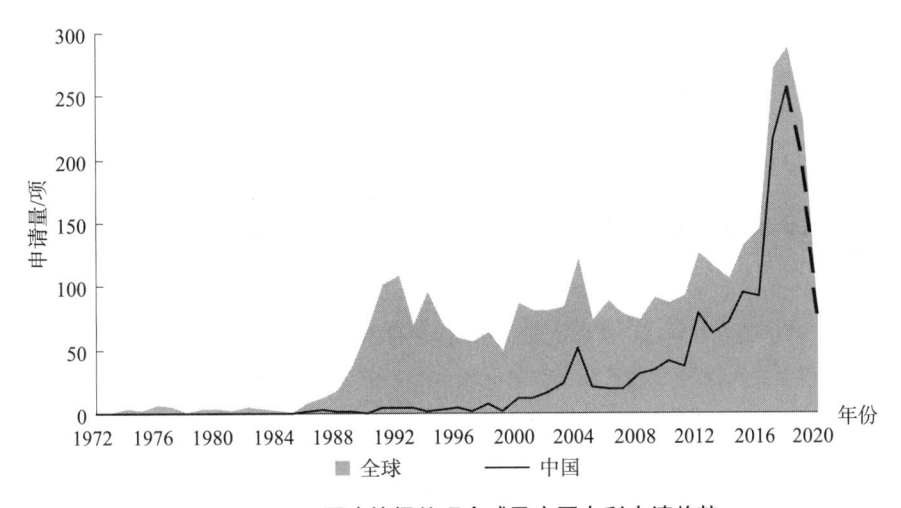

图2-2-1 医疗垃圾处理全球及中国专利申请趋势

从图2-2-1还可以看出中国专利的申请趋势，可大致分为4个阶段：

（1）缓慢发展期（1999年以前）：这一时期中国每年只有几件申请，可以看出跟发达国家相比，我国在医疗垃圾处理方面发展还是相对落后的。

（2）稳定发展期（1999~2004年）：从1999年开始中国申请量有一个明显的上升趋势，在2004年达到一个高峰，由于重症急性呼吸综合征（以下简称"非典"）的暴发导致社会对医疗垃圾处理的需求增加，2003年6月16日，国务院发布了《医疗废物管理条例》，同年8月卫生部发布了《医疗卫生机构医疗废物管理办法》，推动了医疗垃圾处理体系在全国逐步建立，使企业在这方面的研发投入加大，医疗垃圾处理在中国越来越受到关注。

（3）波动发展期（2005~2016年）：随着非典疫情的结束，医疗废物处理的研究热潮逐渐退去，专利申请量在2005年有所下降，随后专利申请量呈波动上升趋势。

（4）快速发展期（2017年至今）：这一阶段中国的申请量快速上升，2018年申请量达到257件，中国申请人在政策的推动下，对专利的认识不断深入，加大了在医疗垃圾处理领域的投入，同时申请专利来保护研发成果。

图2-2-2展示的是美国、日本、德国的医疗垃圾处理的专利申请趋势，从图中

可以看出第一快速发展期（20世纪90年代初期）专利申请量的增加主要是由美国、日本、德国等国家推动的，后来以上国家的专利申请量断崖式下跌，趋于稳定。此外，日本和美国均在2001年的时候专利申请量出现了一个小高峰，究其原因，20世纪90年代初期，联合国世界卫生组织通过对多个国家焚烧医疗垃圾情况的调查结论表明，焚烧处理是产生二噁英等高度致癌物质的重要来源，因此这些国家开始重视焚烧带来的严重危害后果，逐步采用无焚烧的先进处理技术和设备。

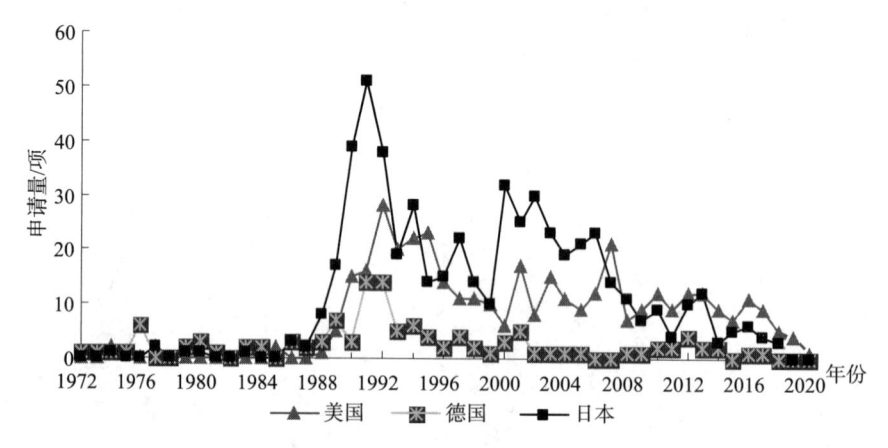

图2-2-2 医疗垃圾处理美国、日本、德国专利申请趋势

2.2.2 全球主要申请国家分布

图2-2-3显示了医疗垃圾全球主要申请国家排名，可以看出，中国是医疗垃圾处理的申请大国，其申请量远超排名第二的美国，后面依次为日本、韩国和德国。可见我国的医疗垃圾处理投入研发比较大，并且积极将研发成果申请专利进行保护。

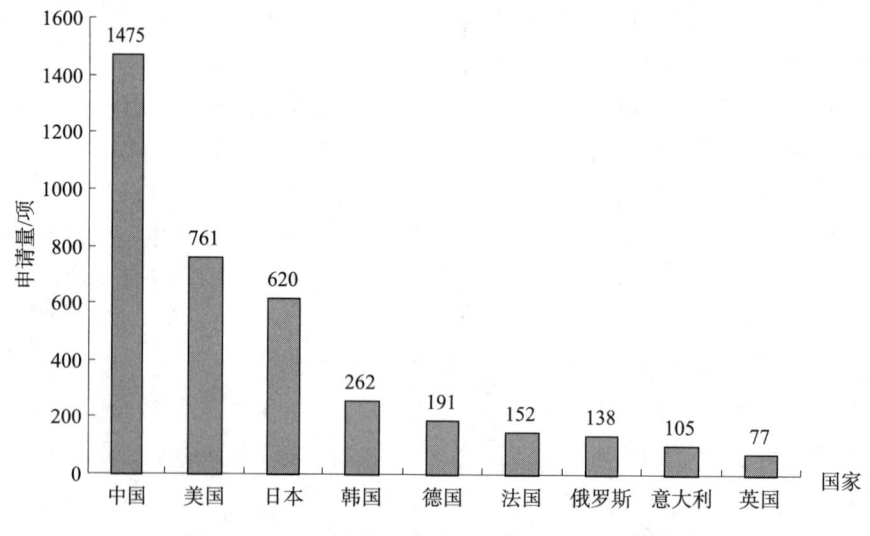

图2-2-3 医疗垃圾全球主要国家专利申请排名

2.3 感染性废物处理技术专利分析

感染性废物的最终无害化需经过收集、转运、贮存、处理等环节,产生的源头发生在医疗机构,经收集转运后运送至集中处置的医疗废物处理机构进行最终无害化处理。根据国务院于 2003 年 6 月 16 日颁布的《医疗废物管理条例》的规定,感染性废物由于含有会导致传染性疾病的病原体,在上述处理的全流程均应做到防污染防泄漏。其中最终的处理环节为实现消杀灭菌的关键环节,为本课题组重点关注的重要领域。

2.3.1 国外感染性废物处理技术功效分析

2.3.1.1 技术手段和技术功效

根据国外感染性废物这一技术分支在无害化处置过程中的具体处理手段,将技术手段确定为处理手段中的以下几种:焚烧、高温灭菌、高温蒸汽、微波、热解、熔融、水解以及其他。

通过阅读专利文献,将技术效果从安全、成本、环保、效果等方面进行分割,其中安全方面具体表现为提高处理设备以及处理手段的安全性;成本方面具体表现为降低成本;环保方面具体分为环境友好性和提高资源利用率;效果方面具体分为提高处理效率、提高处理质量和处理的及时性。

从图 2-3-1 可以看出,国外感染性废物处理过程中对各项技术功效的总体需求以降低成本、环境友好性、提高安全性以及提高处理效率为主,对提高处理质量、提高资源利用率、处理的及时性这三方面技术功效的需求占比相对较低。其中对于降低成本和环境友好性这两方面的关注度最高,对处理及时性的关注度最低。

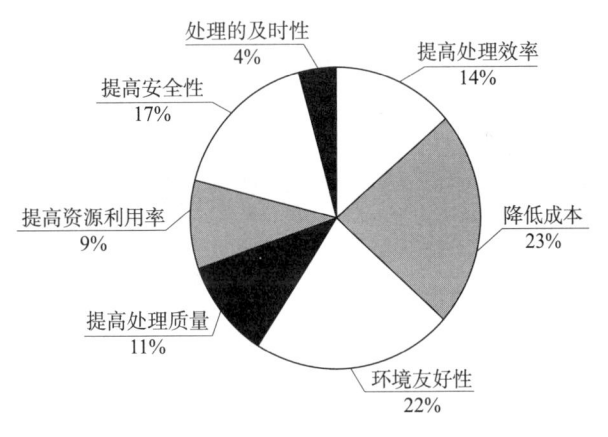

图 2-3-1 国外感染性废物技术功效占比

控制成本是企业日常运营当中的普遍需求,国外企业对研发技术以推动成本控制方面的关注度一直很高。环境保护也是国外废物处理行业的普遍关注点之一,因此关于降低成本和环境友好性的专利数量较多。同时,感染性废物自身具有危险性,为防止其造成二次污染,提高安全性也是重要的关注点。而由于感染性废物的处理一般在专门的处理场所进行,对其日常处理有普遍的流程,只有在疫情暴发等感染性废物产量大大增加的特殊时期,才需要考虑对感染性废物进行更加及时的无害化处理,因此关于处理及时性的专利数量较少。

从图2-3-2可以反映出，在降低成本这一重点关注的技术功效上，各项技术手段中，与该项需求对应的主要技术手段为高温灭菌，其次为高温蒸汽。高温灭菌通过将感染性废物加热到较高温度来实现无害化处置，只需在设备内设置加热装置即可实现。国外企业对于高温的实现手段较为多样，设备结构比较简单。而高温蒸汽这项技术手段是采用水蒸气实现灭菌处理，只需将水加热形成蒸汽，所采用的加热手段和蒸汽传输手段同样简单易得，成本较低。因此高温灭菌和高温蒸汽采用的设备成本较低，与降低成本这一技术功效对应更加紧密。

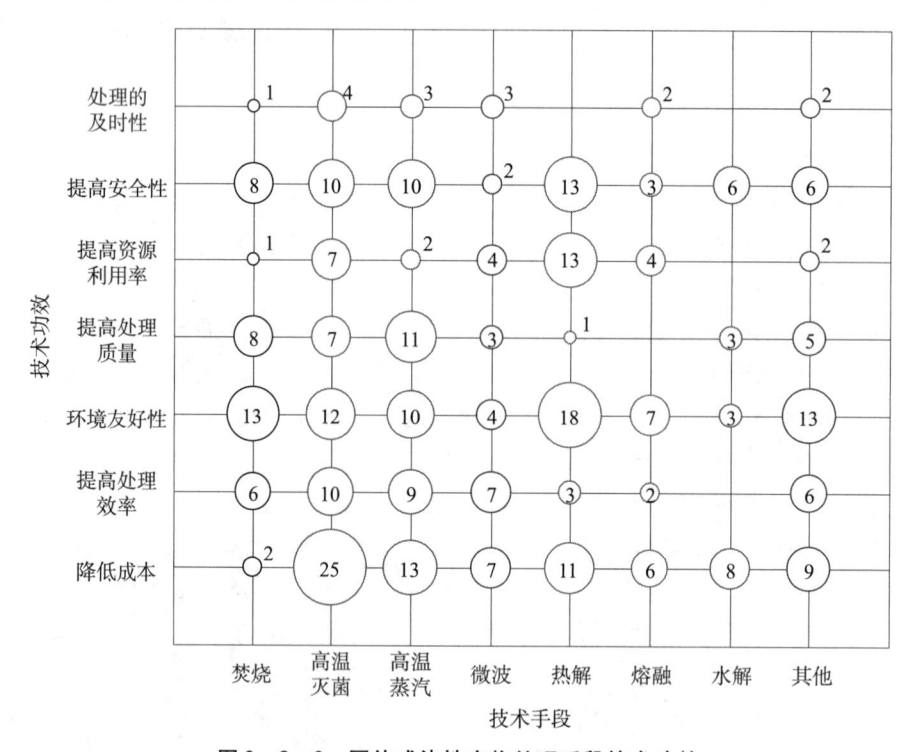

技术功效 \ 技术手段	焚烧	高温灭菌	高温蒸汽	微波	热解	熔融	水解	其他
处理的及时性	1	4	3	3		2		2
提高安全性	8	10	10	2	13	3	6	6
提高资源利用率	1	7	2	4	13	4		2
提高处理质量	8	7	11	3	1		3	5
环境友好性	13	12	10	4	18	7	4	13
提高处理效率	6	10	9	7	3	2		6
降低成本	2	25	13	7	11	6	8	9

图2-3-2 国外感染性废物处理手段技术功效

注：图中数字表示申请量，单位为项。

环境友好性是另一项普遍关注的技术功效，热解是与该技术功效对应性最高的技术手段。这一技术手段的气体产物会通过二次燃烧实现彻底燃尽，不会释放到空气中对环境造成污染，因此其与环境友好性的关联性较高。

对于提高安全性以及提高处理效率这两项技术功效，各种处理手段的分布较为平均。

图2-3-3反映出国外感染性废物处理的技术手段的变化趋势。各项处理手段中，高温灭菌、高温蒸汽、焚烧和热解的总体占比相对较高，熔融、水解和微波总体占比相对较低。

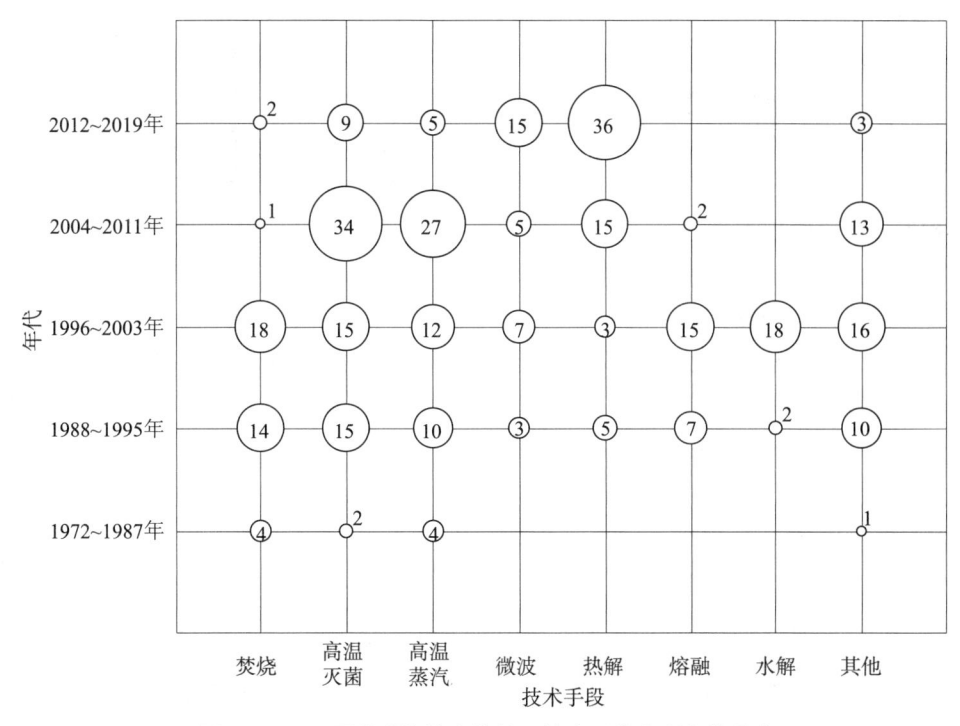

图2-3-3 国外感染性废物处理技术手段专利年代分布

注：图中数字表示申请量，单位为项。

对于高温灭菌和高温蒸汽这两项处理手段，于1972~1987年开始起步，1988~2003年为稳步发展期，2004~2011年为飞速发展期，2012~2019年进入降速期。可见这两项处理技术由于技术难度较低，起步较早，并且逐渐稳步发展成熟，于2004~2011年达到技术发展的高峰。但是由于这两项处理技术在灭菌后仍需要填埋等处理，无法实现处理过程的一步到位，因此在2012~2019年专利数量大幅回落，不再是感染性废物处理的主流技术手段。

而焚烧是感染性废物处理手段中起步较早的类型，与高温灭菌和高温蒸汽相同，同样于1972~1987年开始起步，1988~2003年保持稳定发展，但是2004~2011年专利数量锐减进入衰落期。这与焚烧这项处理手段自身的特性息息相关，焚烧处理可以实现感染性废物的完全消解，无须后续填埋等过程，同时其处置手段更加简单，只需简单燃烧即可，因此在国外是感染性废物处理早期主要的处理手段。但是由于焚烧会产生高温烟气，同时存在飞灰和气体污染物这两种会对环境造成影响的最终产物，随着国外企业对环保问题的关注度逐步提高，该项技术迅速走向衰落。

热解这一技术手段相对于高温灭菌、高温蒸汽、焚烧而言起步较晚，1988~2003年开始少量采用该技术手段，2004~2011年专利数量逐渐上扬，到2012~2019年，正式成为感染性废物处理行业的绝对主角。热解虽然由于自身技术的复杂性而起步较晚，但是其既可以像焚烧一样对感染性废物进行彻底消解灭菌，同时在处理感染性废物时产生的气体产物能够进行二次燃烧，不会产生危害环境的有害物质，兼具其他处理手段的长处。因此在该项技术自身逐步发展的前提下，逐渐取代其他技术手段成为感染性废物处理的关注热点。

由图2-3-4可见，降低成本和环境友好性是国外感染性废物处理持续关注度极高的功效指标。早在1988~1995年已经有一定数量的专利申请开始关注降低成本和环境友好性这两项功效。尤其是降低成本这一技术功效，在1996~2019年这20多年的发展历程中，均持续保持较高数量的专利申请。可见，降低成本是国外感染性废物处理长期关注的热点。对应环境友好性这一功效指标的专利申请数量在1988~2003年很高，2004~2019年逐渐下降。

提高安全性也是受关注程度较高的功效之一。在1996~2019年都持续保持着相对较高的关注度。

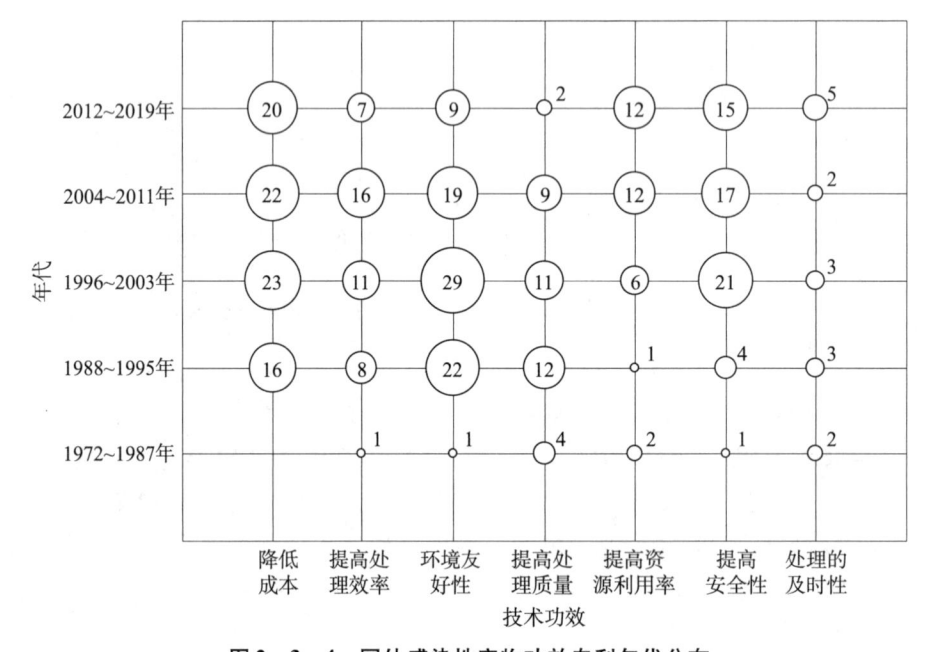

图2-3-4 国外感染性废物功效专利年代分布

注：图中数字表示申请量，单位为项。

2.3.1.2 日本、美国、德国专利技术分析

由图2-3-5（见文前彩色插图第1页）可知，日本、美国、德国在技术手段方面的关注点各有侧重。其中熔融这一技术手段主要在日本和美国使用，通过将感染性废物融化的方式实现减容，德国未采用这一技术手段。

日本在感染性废物处理领域的专利数量较大，对降低成本、环境友好性以及提高安全性这3个方面的功效关注度较为均衡，处理手段也是多种多样。对于技术手段而言，热解这一技术手段采用的相对更多。可见，日本对于感染性废物处理手段这一领域始终保持着较高的活性，从技术含量相对低、起步较早的焚烧和高温蒸汽、高温灭菌手段，到技术含量较高、近年极其活跃的热解手段，均有很高程度的参与度。而对于功效的关注则主要集中在环境友好性，降低成本方面关注稍低，再次是提高安全性。

这与日本环保法律体系完善以及企业对环保参与程度高密切相关。日本企业不仅严格遵守环保法律，还非常重视技术研发以主动提高环保水准，因此对环境友好性这一功效的关注也很高。

美国在技术手段方面对高温灭菌以及热解和水解的关注度相对较高，同时也采用了一些不同于这些普遍手段的其他少见技术手段。对于功效的关注点主要聚焦在降低成本，环境友好性和提高安全性次之。德国在感染性废物处理领域采取的处理手段主要为高温蒸汽，热解也稍有涉猎。技术功效方面相对更加关注环境友好性。

2.3.2 中国感染性废物处理技术专利分析

2.3.2.1 中国申请趋势

对于中国感染性废物处理，通过对专利申请量的数据进行分析，可得到申请量随年度的变化趋势，如图2-3-6所示。

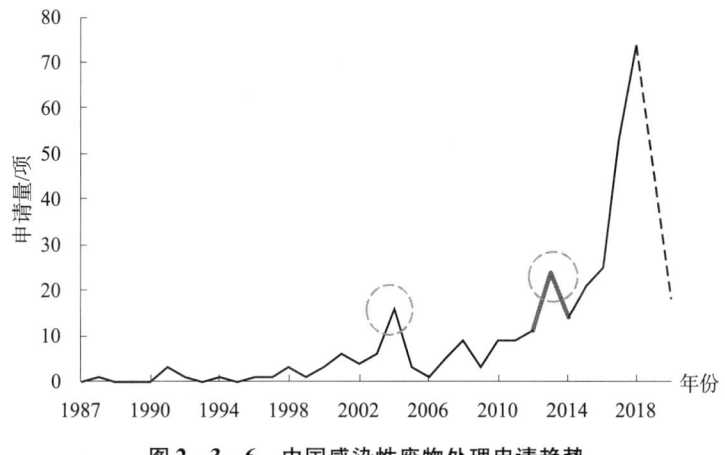

图2-3-6 中国感染性废物处理申请趋势

从专利申请趋势上看，中国在感染性废物处理领域的专利申请量大致可以分为下面4个阶段：

（1）萌芽期（1987~1999年）

20世纪80年代，我国逐步建立法律法规，对医疗废物的生产、运输、储存、处置等作了相应的规定，从1987年开始，有关感染性废物处理的专利申请开始出现，但这一阶段由于技术的不成熟以及管理法规的明显滞后，申请数量较少且发展缓慢。

（2）稳定发展期（2000~2004年）

这一时期，感染性废物处理专利申请量稳步增加。一方面，随着医疗水平的不断发展，每年所产生的医疗垃圾的数量显著增加，由于感染性废物具有特殊的污染性，其处理情况越来越受到重视；另一方面，20世纪90年代末，我国已初步形成大中型医疗卫生机构自行处置医疗废物的管理模式，医疗废物处理的技术和管理手段都有了一定的提升。特别是在2003年非典发生后，感染性废物的数量迅速增长，为保障环境安全和保护人体健康，国家相继颁布实施《医疗废物管理条例》《医疗卫生机构医疗废物管理办法》《医疗废物管理行政处罚办法》等,在政策和法律的驱动下,有关感染性废物处理的相关专利申请量也达到一个高峰。

(3) 波动发展期(2005~2014年)

这一时期,感染性废物处理专利申请量有所波动。随着非典疫情的结束,感染性废物处理的研究热潮逐渐退去,其专利申请量在之后的2年有所下降。"十一五"期间,国家出台了《医疗废物集中焚烧处置工程技术规范》《医疗废物化学消毒集中处理工程技术规范》等技术规范来推进和规范医疗垃圾处置设施的建设及运行管理,感染性废物处理的申请量在这期间有所增加;由于2013年H7N9禽流感的暴发,感染性废物的处理技术再次成为医疗垃圾处理行业的热点,其专利申请量迎来了第二个高峰。

(4) 快速发展期(2015年至今)

这一时期,感染性废物处理专利申请量处于一个快速发展期。随着社会生活水平的提升、医疗服务范围快速扩展且医疗水平急速提高,医疗垃圾产生量大幅度的增加,全国医疗废物经营单位的数量也越来越多;作为医疗垃圾处理的行业热点,感染性废物处理技术的专利申请量急速增加,在2018年,已达到74项。由于申请公开的滞后性,2019年和2020年的申请量数据还不完整,但从已公开的申请数量来看仍然十分可观,同时也说明,不论是技术发展还是专利布局,感染性废物处理领域的竞争将会越来越激烈,研发转换为专利保护的速度也越来越快,这与中国庞大的医疗垃圾处理市场需求是相匹配的,与国家医疗垃圾处理政策的推动是分不开的。

2.3.2.2 技术构成

图2-3-7显示出感染性废物处理中国专利申请技术手段构成情况,从图中可知,申请量最多的为焚烧领域,为71件,达到总专利申请数量的41%。由于医疗垃圾主要由有机化合物组成,且对于感染性废物来说,焚烧处理具有消灭彻底、消毒效果好等优点,因此高温焚烧方法一直是感染性废物处理的主要技术手段,专利申请量也最多。

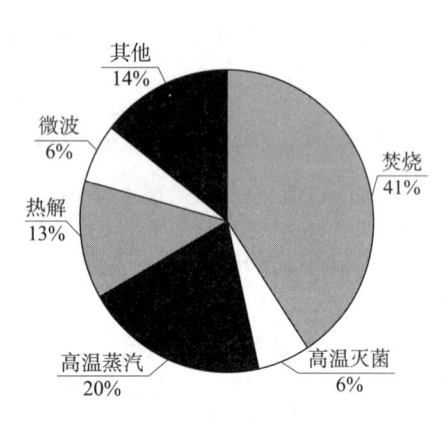

图2-3-7 中国感染性废物处理技术手段专利构成分布

其次为高温蒸汽灭菌领域,申请数量为35件,达到总专利申请数量的20%。消毒灭菌是处理感染性废物的重要步骤,也是判断处理质量的重要标准,灭菌技术的研究一直是中国申请人较为关注的技术领域。作为感染性废物处理的中间过程,高温蒸汽灭菌是利用高温蒸汽遇冷释放的潜热将病原微生物和病菌蛋白质凝固变性,达到灭菌的目的,由于投资少、操作费用低,高温蒸汽灭菌是感染性废物处理最常用的灭菌手段,其技术手段较为成熟,相关的专利申请量也较多。区别于高温蒸汽灭菌的其他高温灭菌手段,后者申请量较少,仅占总专利申请数量的6%。

热解技术的专利申请数量占比为13%,热解技术是为解决焚烧过程中产生的二噁英类问题而提出的一种新技术，由于具有处理彻底、成本低、产生有害物质少等优点，近5年来申请数量大幅度增加，受到医疗垃圾处理企业和研究机构的重视。

微波技术的申请量占比是6%，微波技术是利用一定的频率和波长产生的微波作用，通过微波激发预先破碎且润湿的废物以产生热量并释放出蒸汽，从而将大部分微生物杀死，它既可用于现场处理，也可以用于垃圾的转移处理；由于建设和运行成本较高，限制了我国部分医疗垃圾处理企业对微波技术的研究和应用，但其具有能大幅度降低废物体积、节约能源、在处理过程中不产生酸性气体及二噁英类持久性有机污染物等优点，微波技术也得到了企业的一定关注。

化学消毒法、电磁波灭菌法、等离子体法等其他感染性废物处理技术手段各有其优点，例如化学消毒法运行费用低、废物的减容率高，电磁波灭菌法环境污染小、毁形效果好，等离子体法高减容、高强度、处置效率高。我国企业虽然也有涉及上述技术手段，但总体来看专利申请数量相对较少，国内的专利布局并不十分成熟，还有待进一步挖掘和完善。

2.3.2.3 技术功效分析

图2-3-8展示了感染性废物处理中国技术功效占比和各技术功效申请趋势。通过对专利文献的阅读和梳理，将技术效果从以下几个方面进行分割，分别为降低成本、提高处理效率、环境友好性、提高处理质量、提高资源利用率、提高安全性、处理的及时性。

从图2-3-8可知，中国申请人关注最多的技术功效为环境友好性，有27%的专利申请涉及该功效，位居第一位，这与全球日趋严重的环境问题以及人民环保意识的逐渐增强有着很大的关系。提高处理质量也是中国申请人重点关注的技术功效，专利申请量占比19%，位居第二位，主要表现在技术手段上包括粉碎、灭菌等中间步骤的彻底性以及焚烧、热解等最终处理步骤的完全性等方面。居第三位的是涉及提高安全性的专利申请，占总专利申请数量的16%，主要表现在处理设备的操作安全、防止污染物以及处理产生的有害物质泄漏方面。提高处理效率和降低成本是医疗垃圾处理技术领域普遍存在的需求，不少专利申请均涉及这两个技术功效，分别占比总专利申请数量的14%和11%。在提高资源利用率这一功效中，技术手段集中在焚烧方面，主要表现在焚烧后热能的再利用，占总专利申请数量的9%。涉及处理的及时性的专利申请主要表现在分布式处置以及移动处置设备的相关改进，其申请量相对较少，仅占总专利申请数量的4%，从申请趋势可以看出，由于申请公开的滞后性，2019年和2020年的申请量数据还不完整导致其他技术功效的趋势后期呈下降趋势，然而涉及处理的及时性的技术功效专利申请却呈增长态势，一方面是由于新冠肺炎疫情的原因导致感染性废物数量迅速增长，对处理的及时性需求显著增大；另一方面，传统集中处置的医疗废物方式存在一定缺陷，而分布式处置以及移动处置设备在解决处置时限和区域限制等方面具有优势，考虑到紧急情况、偏远地区等场景下的需求以及集中处置项目的预备处置能力问题，目前正受到业内的进一步关注。

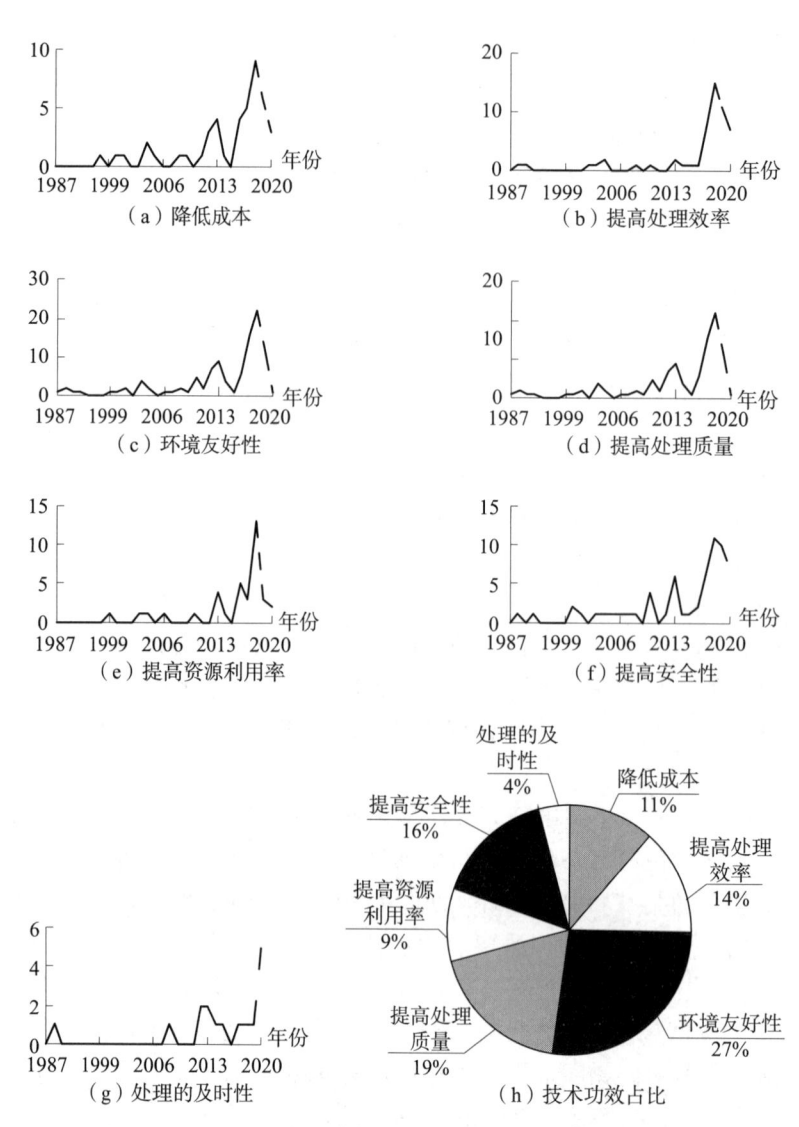

图 2-3-8 中国感染性废物处理技术功效占比以及申请趋势

注：趋势图中横坐标表示年份，纵轴坐标表示申请量，单位为项。

通过图 2-3-9 可以看出，在专利申请的整体布局上，中国专利申请的覆盖范围较广，各技术手段均有涉及，但是并不均衡，焚烧技术占据绝对的优势。焚烧易产生二噁英、多环芳香族化合物等有害气体，其对环境的污染性较大，但由于焚烧技术成熟、设备运动稳定，目前仍是感染性废物处理的主要手段。技术的成熟和环境的污染之间存在的矛盾，驱使申请人更注重焚烧技术的环境友好性这一技术效果。高温灭菌技术则主要关注环境友好性、提高处理质量和提高安全性。涉及高温蒸汽灭菌技术手段的专利申请中具有提高处理质量技术效果的专利申请数量最多，说明灭菌彻底的技术效果是高温蒸汽灭菌技术手段的技术优势。微波技术的改进主要在提高处理质量和安全性方面，申请数量最多。热解技术产生的烟气量明显少于焚烧，因此具有环境友好性这一技术效果的专利申请数量最多，同时其在降低成本、提高资源利用率方面也具有一定的优势。

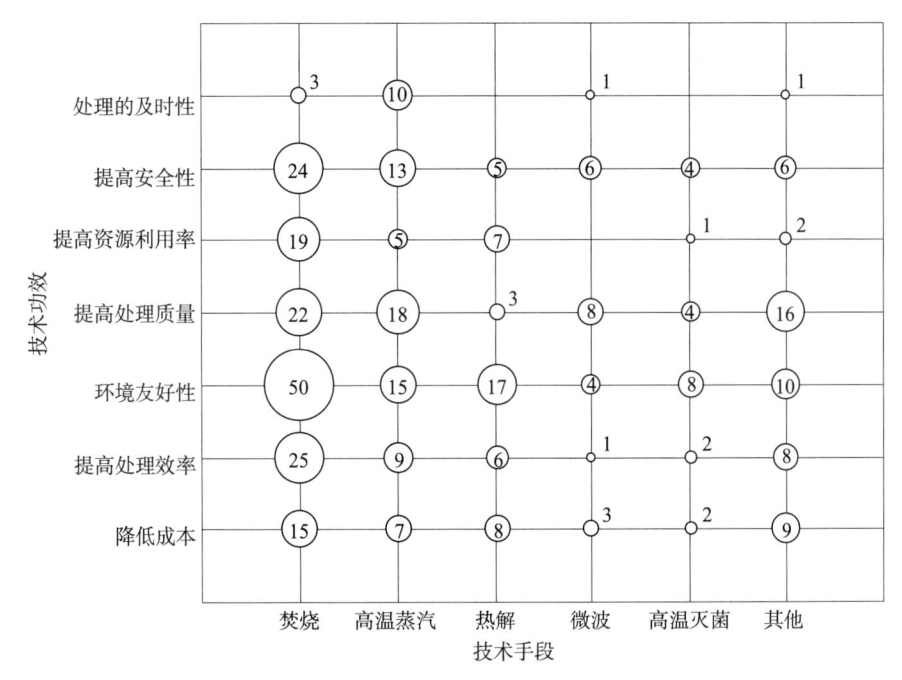

图 2-3-9 中国感染性废物专利申请技术手段和技术功效占比

注：图中数字表示申请量，单位为项。

2.4 重点专利分析

2.4.1 提高感染性废物处理环境友好性的重点专利

近年来，随着环境问题的日益严峻，对感染性废物处理技术也提出了更高的要求，尤其是减少环境污染方面。提高环境的友好性这一技术功效是感染性废物处理领域关注的重点之一，针对这一重点目标，根据改进方式不同，以下将具体介绍一些有代表性的重点专利。

（1）改进燃烧器结构防止燃烧不充分造成的环境污染

在对感染性废物进行焚烧处理时，如果焚烧炉中的燃烧过程在较低的温度下进行，将会导致燃烧不充分。感染性废物由于含有对人体健康具有危险性的感染性微生物，如果燃烧不充分会导致微生物残留，产生有害气体，进一步增加环境污染。因此，确保感染性废物在燃烧过程中充分燃烧是避免环境污染、提升环境友好性的重要手段之一。为了提高燃烧特性，升高燃烧温度使燃烧物暴露于极高的温度下，可以确保在燃烧感染性废物时没有未燃烧残余物，特别是没有活性的微生物残留。同时，通过改进燃烧器结构，使燃烧器的燃料充分推进搅拌，实现高温下的彻底燃烧，可以确保燃烧后的感染性废物没有微生物残留，也能避免因为不充分燃烧造成的有毒气体释放，从而提高环境友好性。该方法的典型专利如下：

公开号：DE2603206C3

申请人：ABFALLTECHNIK FROELING SIEGOFA GMBH

申请号：DE2603206A

申请日：1976-01-29

公开日：1983-01-05

图 2-4-1 示出了专利 DE2603206C3 的感染性废物焚烧设备结构，该燃烧设备中包括炉排 1 以及推动杆 2，该推动杆 2 对燃烧物料进行定量的前移。在各级炉排的下方，设有烧尽炉 6，为烧尽炉 6 配置推动杆 7 和支撑燃烧器 8，在烧尽炉 6 的端部上存在灰烬收容部 9，该灰烬收容部 9 具有设置在灰烬收容部下方的灰烬容器 10。将燃烧物料从填料斗通过推动杆 2 输送到炉排 1 的前端部上，并在此过程中被干燥和点燃。燃烧物料从炉排 1 上通过，借助推动杆 2 朝燃烧器方向输送的燃烧物料被燃烧器火焰充满，燃烧物料在此被充分搅拌并且

图 2-4-1 专利 DE2603206C3 附图

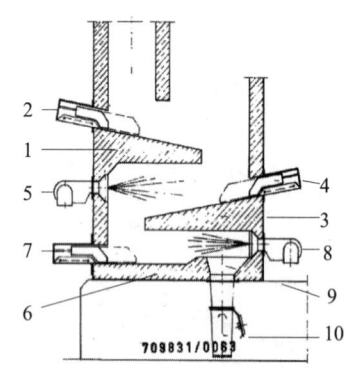

接着被推动到烧尽炉 6 上。支撑燃烧器 8 设置成使炉排 1 上的燃烧物能在与推进方向相反的方向上通过燃烧器，进而被带入炉排完全燃尽。该燃烧器结构确保了燃烧的快速和完全性，使燃烧可以连续进行，保持足够高的燃烧温度使感染性废物中的微生物被充分灭杀，以确保环境友好性。

（2）提高热解处理效率以及废气处理效果

当对感染性废物采用焚烧的方法进行处理时，需要将助燃的氧气与待处理的感染性废物一起引入焚烧系统中，燃烧过程中的氧会与碳形成一定量的一氧化碳有毒气体。同时，在处理过程中可能还会形成一定量的酸性气体以及其他污染物，这些有毒气体如果无法从废气流中除去而释放到环境中，会对环境造成污染。与焚烧处理和其他高温处理不同，热解反应是将感染性废物等有机材料在没有氧参与的前提下进行处理，由于处理过程中不含氧可以有效避免有毒气体的生成。另外，经过过滤器和分离器对产生的废气进行过滤和吸收，使废气在过滤器和分离器内停留尽量长的时间，吸附包括气体的有机化学物质，直到有机化学物质分解成无害的碳和氢。通过上述处理，确保较大的烃分子在反应器系统内将具有足够的时间完全分解成所需的最终产物，使潜在危险的气态烃分子释放到环境中的可能性大大降低。通过上述处理，排除了不完全燃烧过程形成的大多数毒性有机化合物副产物，杜绝了二噁英和呋喃等有害气体的形成，提高环境友好性。该方法的典型专利如下：

公开号：US5602298A

申请人：ADVANCED WASTE TREATMENT TECHNOLOGY INC

申请号：US19950418648A
申请日：1995-04-10
公开日：1997-02-11

图2-4-2示出了专利US5602298A采用热解处理方法对感染性废物进行处理的装置主体结构，该处理系统包括具有封闭的内部反应室18和反应器10，反应室18具有内壁和受控进入的入口22和出口。采用该处理系统的方法包括：升高反应室18的温度并维持在1100℃~1800℃，以诱导反应室18的内壁发射黑体辐射；作为来自内壁的辐射发射的结果而生成辐射场；通过入口22将感染性废物引入反应室中，以将感染性废物暴露于辐射场；将感染性废物保持在反应室内直到有机化学物质由于吸收来自辐射场的能量而分解成其碳和氢；通过出口从反应室中抽出由碳和氢组成的废气流；使废气流穿过旋风分离器58和过滤器62除去固体碳；将一部分废气流循环到反应室中。热解处理方法的封闭系统使释放到大气中的废气的总体积显著减少，并且消除了潜在的有毒物质向环境释放的可能。

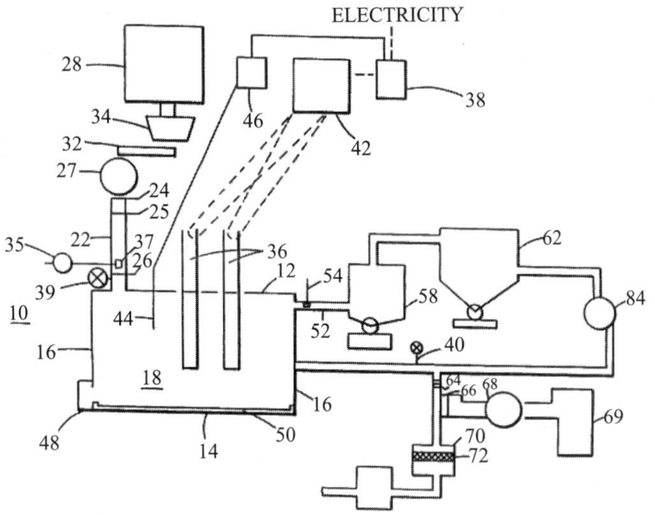

图2-4-2 专利US5602298A附图

（3）防止加热过程中的蒸汽回流和废气逸散

加热炉是废弃物处理的常见设备，然而感染性废物由于含有微生物、病原体等有害物质，如果将感染性废物直接输入加热炉中，由于感染性废物不可避免地含有水分，当采用加热炉对感染性废物进行处理时，会产生大量有毒蒸汽，如果这些蒸汽逸散到空气中，不可避免地会对环境造成危害。因此，为了防止有毒蒸汽向感染性废物投放口处回流和逸散，设置隧道式加热炉可以有效避免环境危害。该设备将压缩成型的感染性废物连续通过密闭的隧道式加热炉，在加热炉的持续加热下进行干燥、热分解、碳化的工序，再将得到的碳化生成物装入高温反应器内，通过具有燃烧、熔融不燃成分的工序进行处理，最终得到减量并无害的产物以实现感染性废物的处理。在将压缩成型物压入隧道式加热炉内的输入隧道内，压缩成型物通常被设计成与隧道式加热炉的内壁保持接触的状态，由此起到防止工艺内产生的蒸汽等向隧道式加热炉入口逆流的密封作用。另外，还通过改进隧道式加热炉的具体结构使加热炉保持正压，进一步防止有毒蒸汽向投入口处的回流，有效防止加热中的废气污染环境。该方法的典型专利如下：

公开号：JPH11218313A[1]
申请人：KAWASAKI STEEL CORP
申请号：JP3433498A
申请日：1998-01-31
公开日：1999-08-10

图2-4-3示出了专利JPH11218313A的隧道式加热炉结构，该隧道式加热炉使用压缩机1对从废物投入口20分批供给的感染性废物压缩，形成紧密的压缩成型物10a。接着，将该压缩成型物10a从外部推入被加热的细长的隧道式加热炉4中，压缩成型物10a在保持与隧道式加热炉4的内壁接触的状态下被推入。隧道式加热炉4从外部被加热，在压缩成型物10a的移动、升温过程中，将其干燥、热分解、碳化。未通过燃烧气化的残留物在高温反应器5中熔化，形成熔融物15，并从高温反应器5底部的熔融物排出口15H回收。还具有用于将容器密闭型废物直接装入到水平隧道式加热炉4内的装入装置30，该装入装置30具有上部密封阀31，与该上部密封阀31的下部连接的贮存室34，设置在该贮存室34下部的下部密封阀32。采用上述装置可以有效避免加热过程中产生的有毒蒸汽回流、逸散，提高环境友好性。

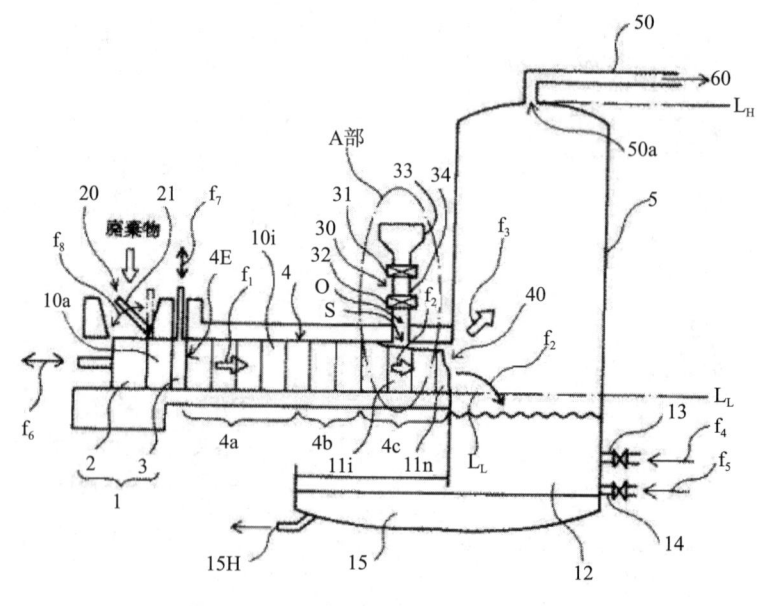

图2-4-3 专利JPH11218313A附图

---

[1] 本书涉及日本专利的公开号，有的写成JPH，有的写成JPS，实际上是为了方便读者检索，将其转换成可检索的形式，如正文所述，下文不再赘述。

(4) 回收塑料组分避免塑料燃烧造成污染

医疗垃圾中的感染性废物通常含有塑料、玻璃、金属、纱布和棉球等组分。纱布、棉球等组分可燃性极高，通过焚烧可以进行有效处理，玻璃、金属等非可燃性物质作为焚烧残渣失去感染性，可以通过卫生填埋的手段进行彻底无害化处理。而塑料作为可燃物质，通常也会作为可燃组分进行燃烧，但是塑料燃烧时不仅需要消耗大量的能源给环境造成负担，还会产生大量的有毒气体对空气造成污染，不利于环境保护。同时，由于医疗器械所使用的塑料产品的品质较高，如果全部燃烧无法重复利用，也会因为资源的过度消耗而不利于环境友好。因此，对感染性废物中的塑料组分进行回收，能避免塑料燃烧过程中造成的资源浪费和环境污染，实现有用资源回收重复利用，有效提高环境友好性。该方法的典型专利如下：

公开号：CN108826302A

申请人：山东科朗特微波设备有限公司

申请号：CN201810602987A

申请日：2016-11-28

公开日：2018-11-16

图2-4-4示出了专利CN108826302A对感染性废物无害化处理装置的结构，该设备包括熔化室1、燃烧室2和烟气处理装置3；熔化室1中设有第一微波发生器11、挤压输送机12和回收容器13，过滤网121设在回收容器13上方，感染性废物通过输送通道输送到挤压输送机12中，再通过挤压输送机12输入熔化室1中，第一微波发生器11通过微波加热感染性废物中的塑料制品熔化。同时，配合挤压输送机12挤压，使感染性废物中液态的塑料被压出并从过滤网121渗落到回收容器13中；燃烧室2中设置有加热棒21，燃烧室2的底部设置有残渣收集器22，挤压输送机12的出料口与燃烧室2连接，烟气处理装置包括旋风除尘器31和烟尘净化器32。通过熔化感染性废物中的塑料，并在燃烧开始前将其回收，可以有效防止塑料燃烧产生的二噁英，在实现无害化处理的同时实现塑料资源回收重复利用，大大提高感染性废物处理的环境友好性。

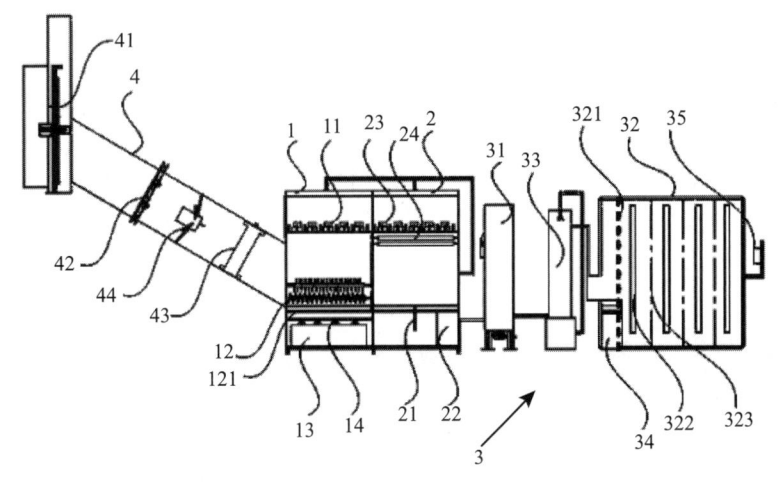

图2-4-4 专利CN108826302A附图

2.4.2 提高感染性废物处理安全性的重点专利

由于感染性废物具备普通固废的一般特性，因此其所采用的处理设备与固废采用的处理设备主体基本相同。但是感染性废物自身具备一定的危险性，在无害化过程中如果处理不当，会造成感染性废物的泄漏，泄漏的感染性废物将造成病菌或病原体的逸散，对操作人员或大气环境均具有极高的危害。尤其在非典和新冠肺炎等传染性疾病暴发的期间，当感染性废物从收集到运输再到最终的无害化过程中，如果对于感染性废物处置不当，会造成二次感染，对抗疫工作的开展造成极大困扰。针对感染性废物的危险特性，防止处理过程中的泄漏以提高安全性是感染性废物处理领域关注的重点之一，针对这一重点目标，根据处理设备的类型不同，以下将具体介绍一些有代表性的重点专利。

（1）设置密封的储存排出装置以防止搬运过程的安全风险

采用大型焚烧设备处理感染性废物时，感染性废物可能包含存在感染或负伤的危险性或者发生公害的物质，因此，在将感染性废物储存并投入焚烧炉过程中，对于将感染性废物向焚烧炉供给的方法，如果不采用感染性废物专用的方式而是与产业废弃物并用，很容易造成感染风险。这不仅会导致焚烧炉内的燃烧间歇性且不稳定，也会造成工作人员多次与感染性废物捆包或不完全焚烧物接触，无法避免被感染的危险。因而在焚烧炉系统中设置感染性废物的储存排出装置，可以避免因人工搬运造成的接触，防止搬运过程中可能引起的感染。该方法的典型专利如下：

公开号：JPH07101547A

申请人：PLANTEC KK

申请号：JP25052993A

申请日：1993-10-06

公开日：1995-04-18

图2-4-5示出了的感染性废物专利JPH07101547A的储存排出装置结构，该储存排出装置能够以多个垂直的阶段收容感染性废物的多个贮存槽体3，并设置下落限制装置6，在用开闭装置52、53打开最下端的排出口51时，仅排出位于最下端的排出口51上方的最下端的包装体2，并限制位于排出的包装体2上方的其他包装体2的下落。另外，在各出入口51的下方设置有将从出入口51排出的包装物2向焚烧炉搬运的搬运机构7，在主体3的上方设置有用于向主体供给包装物2的供给装置13、14。该

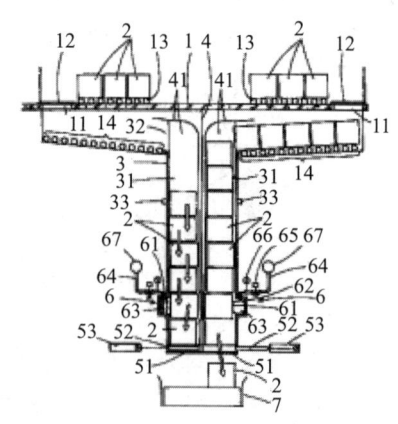

图2-4-5 专利JPH07101547A附图

储存排出装置可以在不损伤焚烧装置包装体的情况下，保管、排出感染性废物，保护作业者不受感染、伤害，并使焚烧装置的燃烧稳定、持续。

（2）设置冷藏存储装置并将焚烧设备与储存设备直接连接

由医疗机构收集并运输的感染性废物通过人工卸载，在冷藏储存室中临时储存，可以通过冷藏的方式减少病毒的传播和逸散。然后通过运输装置如叉车等从储存室再次装载，但是，如果临时储存室与焚烧炉设置在不同建筑内，为了将暂时保管的感染性废物再次拿出储存室外，由于盛装容器破损、密闭的不完全性，存在由病原菌感染的危险性，很可能对从事作业的人的健康管理、作业环境甚至对周围居民的健康、环境污染造成影响。因此，在将焚烧设备与储存设备直接连接是进一步防止感染性废物泄漏的有效方式。该方法的典型专利如下：

公开号：JP2003343822A
申请人：MEDICAL DESTROY FIRE KK
申请号：JP2002149182A
申请日：2002-05-23
公开日：2003-12-03

图2-4-6示出了专利JP2003343822A具有焚烧炉的建筑设施结构，该设施用于将感染性废物送到焚烧炉中。如图2-4-6所示，该典型专利将焚烧炉直接连接到冷藏供应设备14上，包括在10℃或更低的预定温度下将感染性废物临时储存在冷藏供应设备14中，焚烧炉9直接连接到冷藏供应设备14。并根据焚烧量采用冷藏供应设备14与冷藏保管室4以及焚烧炉9相连，因此即使将收集搬运的感染性废物暂时保管，感染性废物也不会直接暴露于室外环境。增强感染防御功能，抑制恶臭的产生，为感染性废物处理提供了安全的环境。

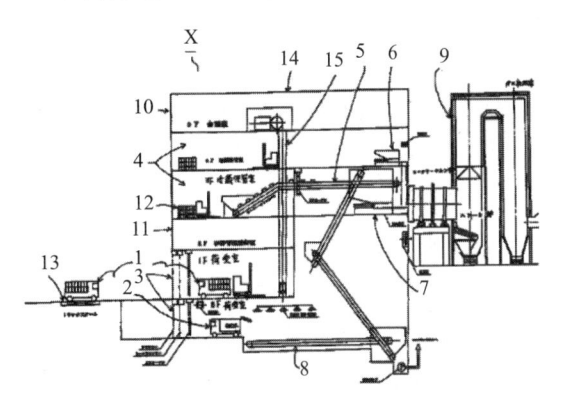

图2-4-6 专利JP2003343822A附图

（3）改进小型设备的处理介质以及结构强度进行原地消解

在采用大型焚烧设备对感染性废物进行焚烧的过程中，通过改进储存和传输机构可以有效防止焚烧搬运过程中造成的感染。但是，在医院这种感染性废物产生的源头场所，仍然需要由专业人员通过从医疗设施中收集感染性废物并放入专用的柜体中。不仅费时费力，而且收集所需的时间过长，容易产生有害环境等问题。转移注射针或手术刀等锐利的医疗器具时还存在工作人员手指等部位被刺伤的危险，导致工作人员操作的安全性大大降低。因此对于感染性废物处理规模较小的场合，为了使感染性废物能够及时、迅速的进行处理，采用小型设备进行原地消解是感染性废物产生的源头场所采取的有力措施之一。但是，这种原地消解设备对消解介质以及设备强度有一定的要求，如果消解设备强度不够和消解效率低，在处理注射针或手术刀等锐利的物品时会导致锐器的不完全消解，也可能造成感染性废物中如血液等液体的渗出或流出。

因此提高消解介质的处理能力以及提高设备强度是提高小型消解设备安全性的重要手段。该方法的典型专利如下：

公开号：JPH066145B2

申请人：MITSUBISHI STEEL MFG

申请号：JP33047691A

申请日：1991-12-13

公开日：1994-01-26

图2-4-7示出了专利JPH066145B2的感染性废物处理装置结构，将感染性废物封入由耐火材料构成的罐内，在该罐内装入具有脱氧反应性的铝和金属氧化物粉末，使其燃烧、熔融、固化，由此使感染性废物的无害化处理相对简单。该处理装置1包括由耐火材料制成的罐体，该罐体用金属罐2进行加固，外部装有绝热材料4，还包括由耐火材料制成的、用于打开或关闭金属罐2的加固盖6，以及用于打开或关闭盖6的脚踏联动系统10。通过连接系统10压下处理装置1的踏板11以打开盖6，将感染性废物放入金属罐2中，并将粉末状或颗粒状的铝热剂作为消解介质放在感染性废物上，利用产生的反应热将传染性病原菌杀死，同时将锐利的注射针、手术刀等或其他塑料医疗器具燃烧熔融进行处理，自然冷却固化的物质作为一般工业废弃物可以简单地处理。通过改进消解介质以及提高设备强度，在医疗设施内不需要焚烧炉那样的特别设备，并且感染性废物不需要转移也可以作为通常的一般工业废弃物进行简单的处理，大大提高了感染性废物处理的安全性。

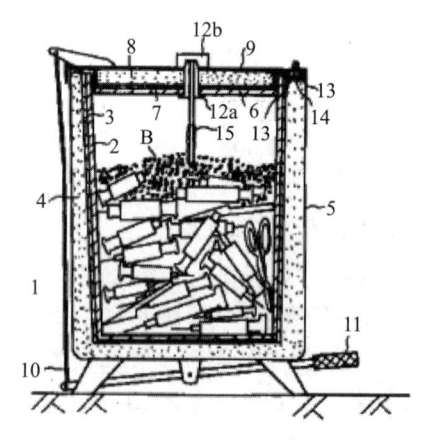

图2-4-7 专利JPH066145B2附图

（4）对感染性废物进行原位处理，杜绝运输中的污染

如果需要将感染性废物运送至集中处理场所，在运输过程中存在感染性废物泄漏的风险。在产生感染性废物的源头场所设置处理装置，可以防止运输搬运中发生事故引起的污染，并且通过将感染性废物进行熔融处理，通过熔融后缓慢冷却，分离得到含有金属质的金属和残渣。所得到的残渣经过焚烧处理，使通过熔融处理感染性废物进行焚烧处理时的残渣大幅度地减小体积，得到的完全无害的炉渣可以进行卫生填埋或再循环利用，所产生的废气进行安全处理。该装置通过在产生感染性废物的源头场所，如医院等医疗设施中进行原位处理，可以确保感染性废物不需要经过各种运输手段进行集中处理，既能够杜绝运输过程中的感染，又能够对残渣进行彻底处理以提高处理安全性。该方法的典型专利如下：

公开号：JP2006046879A

申请人：ESE KK

申请号：JP2004247544A
申请日：2004-08-02
公开日：2006-02-16

图2-4-8示出了专利JP2006046879A的感染性废物原位处理装置结构，将感染性废物放在熔融室1托盘上，关闭门开始运转，排气扇启动。二次燃烧室12的温度被自动控制在约820℃，接着熔融室1燃烧器开始点火，在升温过程中，感染性废物着火形成气化燃烧，燃烧结束后熔融室温度下降到400℃或更低，再次点燃熔融室喷枪，升高熔化温度到1400℃或更高，上限1700℃，直至感染性废物燃烧残渣完全变成熔渣而熄火。在输送燃烧空气的状态下进行冷却，焚烧熔化温度变为150℃或更低，装置停止。燃烧器将熔融室1的温度升高到1400℃或更高，以熔化焚烧残留物。熔化时冷却该室，将产生的废气通过气体出口排出到装有粒状熟石灰的反应冷却器13。产生的有害废气被输送到热交换器16，吸收装置18从混合物中吸收二噁英并通过排风扇19排出。采用该装置可以杜绝感染性废物的运输泄漏，从源头提高感染性废物处理的安全性。

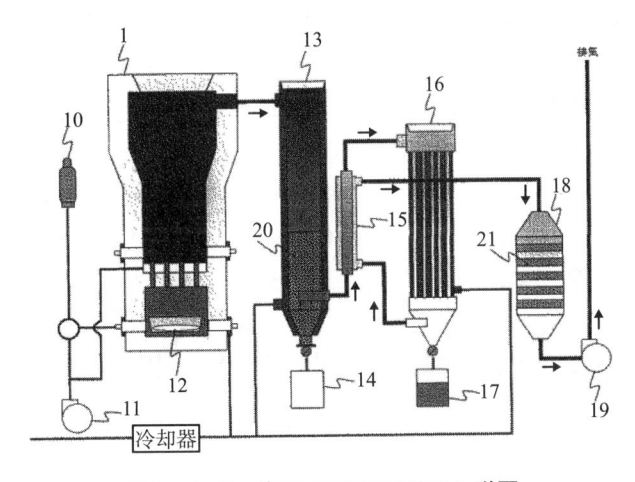

图2-4-8 专利JP2006046879A附图

2.4.3 采用高温蒸汽技术手段的重点专利

高温蒸汽技术具有投资低、操作费用低、易于检测、残留物危险性较低、消毒效果好、适宜的处理范围较广等优点，其一直是国内外感染性废物处理产业的重点手段，也是该领域的研究热点。主要国家和地区的申请人申请了一系列涉及高温蒸汽技术的专利申请，以下将具体介绍一些有代表性的重点专利。

（1）增大蒸汽接触面积实现彻底消毒

在采用蒸汽杀菌的过程中，首先对容器的空气进行抽真空，然后将热的蒸汽引入容器中，抽真空和蒸汽加热交替重复多次进行。抽真空去除空气可以确保随后引入的水蒸气能够引起广泛的杀菌，然后，借助于破碎机将除去病菌的感染性废物粉碎，并将其作为正常的废物处理掉。然而，感染性废物中存在大量的医用注射器、插管、小容器、盒子等内部存在气穴的废物，消毒过程中蒸汽不能充分地到达其内部进行消毒，容易导致消毒不充分，同时如果这些感染性废物的气穴不能释放，即使增加蒸汽反复加热的次数，也会由于气穴的存在导致蒸汽被稀释，在无法确保消毒效果的同时还会带来成本增加的弊端。因此，在基础的消毒后对感染性废物进行粉碎，粉碎后采用蒸汽进行反复消毒，在蒸汽消毒的同时对粉碎物料进行搅拌消除可能存在的气穴，防止蒸汽稀释，以提高消毒效果。该方法的典型专利如下：

公开号：DE4128854C1

申请人：GABLER MASCHINENBAU GMBH

申请号：DE4128854A

申请日：1991-08-30

公开日：1992-12-24

图2-4-9示出了专利DE4128854C1的高温蒸汽消毒设备结构，该设备包括废料接收容器1，其具有可严密封闭的、绝缘的容器盖2和输送装置3，该输送装置3绕水平轴线4旋转，以便搅拌感染性废弃物。与废料接收容器1的下端部连接的是粉碎机构7，该粉碎机构采用盘式粉碎机8作为粉碎元件，盘式粉碎机8位于水平轴9上并且被旋转地驱动。破碎机7下方连接有废物储存容器10，被粉碎的感染性废物从粉碎机构7落到废物容纳容器10中。废物储存容器10包括搅拌器11，对破碎后落入容器的感染性废物进行搅拌，从而确保对感染性废物进行全面的蒸汽处理和消毒。废料接收容器1、废物储存容器10连接有蒸汽发生装置和抽真空装置。将蒸汽发生装置产生的蒸汽引入废料接收容器1、废物储存容器10中，对感染性废物进行蒸汽消毒，并通过抽真空装置将完成消毒的蒸汽抽走，抽真空和输入蒸汽交替进行，对感染性废物进行彻底消毒。由于在二次蒸汽消毒前增加了粉碎步骤，在粉碎的废料中不再存在有核的气穴，从而实现了高效的消毒。如此除去病菌的废物可作为生活垃圾被处理，在随后的最终储存场所中也不是危险源。

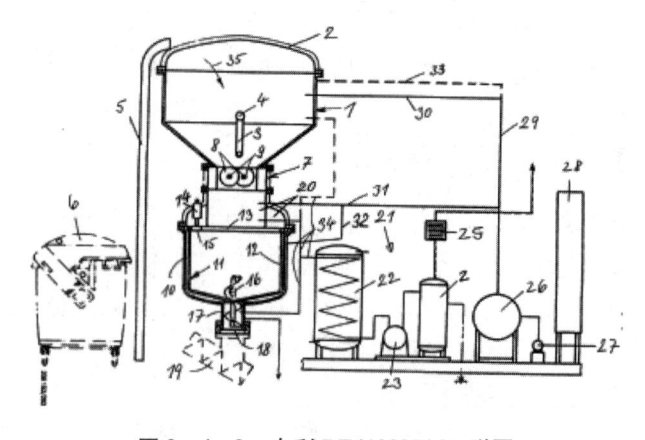

图2-4-9　专利DE4128854C1附图

（2）整合粉碎和消毒装置以精简结构

当采用高温蒸汽对感染性废物进行消毒处理时，可以采用单独的粉碎装置与消毒装置相连，将感染性废物进行粉碎后消毒。首先机械粉碎感染性废物，然后将其输送通过有消毒装置的腔室，在该密封腔室中进行持续预定时间的抽真空，对腔室中的物料施加高温蒸汽以实现连续处理，蒸汽通过粉碎的感染性废物，持续在该腔室中的停留预定时间。但是由于粉碎装置、输送装置和其他处理装置独立设置，导致处理结构复杂。各个独立设置的处理装置分开单独对感染性废物进行处理，容易增加感染性废物的逸散风险。如果在蒸汽加压循环期间，将蒸汽引入到粉碎、输送等装置内，又需要各个装置具有一定的抗压能力，对机械装置的性能要求较高。因此将粉碎装置与蒸汽消毒装置整合，不仅可以省去输送装置，还可以有效降低感染性废物处理的安全性，该方法的典型专利如下：

公开号：US5424033A

申请人：TEB HOLDING SA

申请号：US19930059238A

申请日：1993－05－07

公开日：1995－06－13

图2－4－10示出了专利US5424033A对感染性废物整合粉碎和消毒装置的结构，包括用于接收感染性废物的可密封处理室1；可连通地连接到可密封处理室1的泵送装置30，用于从可密封处理室1中去除气体；蒸汽发生和存储装置20，其与可密封处理室1可连通地连接，用于用饱和蒸汽对可密封处理室1加压；多个可旋转的粉碎装置110，其在可密封处理室1内沿一个共同的垂直轴设置，用于通过使可密封处理室1内的感染性废物以垂直轴向下的方式通过多个可旋转的粉碎装置110，同时用饱和蒸汽对可密封处理室1加压，以粉碎感染性废物；以及一个与可密封处理室1、泵送装置30和蒸汽发生和储存装置20可连通的可密封室，感染性废物在通过多个可旋转的粉碎装置110后被移入该可密封室。

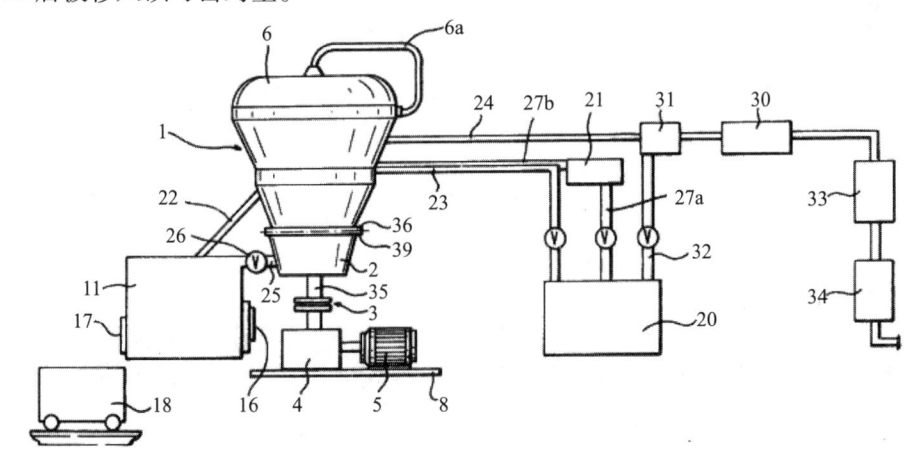

图2－4－10　专利US5424033A附图

（3）增加灭菌控制单元提高灭菌效果

当采用高温蒸汽灭菌装置对感染性废物进行消毒处理时，需要判断感染性废物的灭菌状态从而确定是否中止消毒作业。可以采用多种方式来判断，通常是利用附设于灭菌室温度计的温度显示来进行，但温度计存在故障的可能，因此操作人员可能无法判断温度计是否进行了正确的显示，从而影响对灭菌程度的判断。以此为依据停止消毒处理，将产生未灭菌处理物，存在安全隐患。另外，即使灭菌装置内部的温度达到一定的标准，也仅仅是对灭菌程度的粗略衡量，可能会因搅拌或剪切等设备的故障造成破碎不彻底等问题，从而引起部分感染性废物未完全灭菌的情况。因此，提供能够准确判断感染性废物是否被彻底灭菌的控制方法可以有效防止未完全灭菌的情况，杜绝感染性废物的操作风险和环境污染风险，该方法典型专利如下：

公开号：JP2007289548A

申请人：MATSUMOTO MASAYUKI、MEDI－SOLUTION KK

申请号：JP2006123048A

申请日：2006－04－27

公开日：2007－11－08

图2－4－11示出了专利JP2007289548A能够准确判断感染性废物是否被适当灭菌

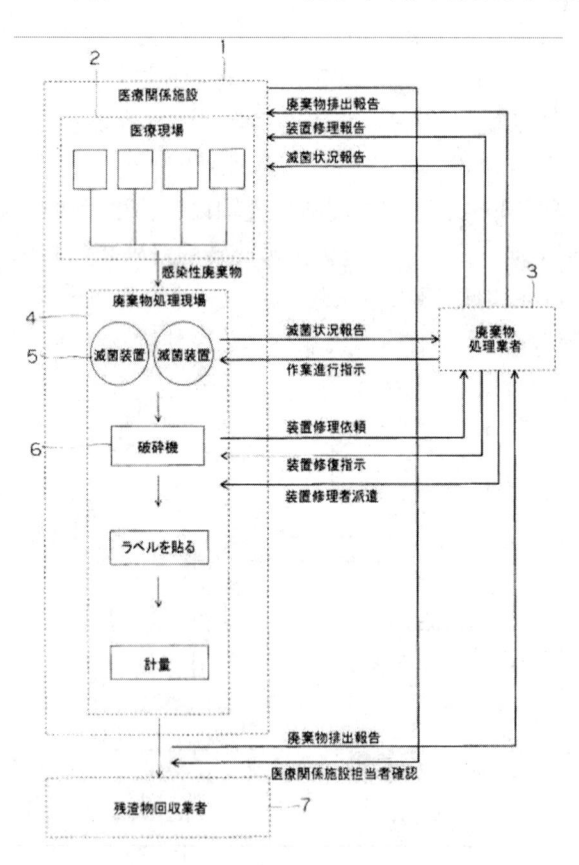

图2－4－11　专利JP2007289548A附图

处理的系统结构。在对从医疗相关设施 1 排出的感染性废物进行灭菌、破碎处理时，作业人员将感染性废物投入灭菌装置 5 内，并且投入灭菌指示工具，在灭菌处理后，通过灭菌指示工具判定灭菌或未灭菌，并将灭菌处理物送至破碎机 6。将破碎处理后的感染性废物残渣捆包并粘贴非感染性废物的标签，在计量后交给残渣物回收业者。通过确认灭菌指示工具所表示的内容，从而能准确地判断灭菌状态，并能消除未灭菌处理物的产生，从而防止感染性废物消毒不彻底即结束处理而危害工作人员的健康和生态环境。

（4）蒸汽消毒装置设置在移动式收集运输装置中

感染性废物采用集中式蒸汽消毒处理方式时，用于处理医疗废物的设备和方法包括收集废物、将废物储藏一段时间、将废物运输至废物处理中心以及通过蒸汽消毒的方法处置感染性废弃物。这一处理过程中，感染性废物在储存期间可能腐烂，并且在收集、运输以及处置这种废物时从其来源处转移到储存区域使处理者、设施和环境暴露，容易导致二次污染。将蒸汽消毒装置设置在移动的收集装置中，在运输过程中进行消毒处理，可以大大缩短病毒、微生物等危险来源在收集和运输过程中的存在时间，有效避免二次污染的可能，该方法的典型专利如下：

公开号：CN102699010A

申请人：栖霞中泰环保设备有限公司

申请号：CN201210197432.7

申请日：2012-06-15

公开日：2012-10-03

图 2-4-12 示出了专利 CN102699010A 对感染性废物移动式处理装置的结构，该移动式处理装置主要由感染性废物处理装置、感染性废物分离装置、临时储存及运输装置组成；感染性废物处理装置具有一消毒搅拌罐 13，消毒搅拌罐内部水平设有带螺旋浆叶的中空浆叶轴 15，且浆叶轴的壁上开设有多个排气孔 17；浆叶轴的一端连接一消毒搅拌罐马达 16，由该马达带动浆叶轴旋转；消毒搅拌罐 13 的上部安装有破碎机，破碎机的出料口对应消毒搅拌罐 13 的进料口；消毒搅拌罐 13 一端于浆叶轴的空心处对

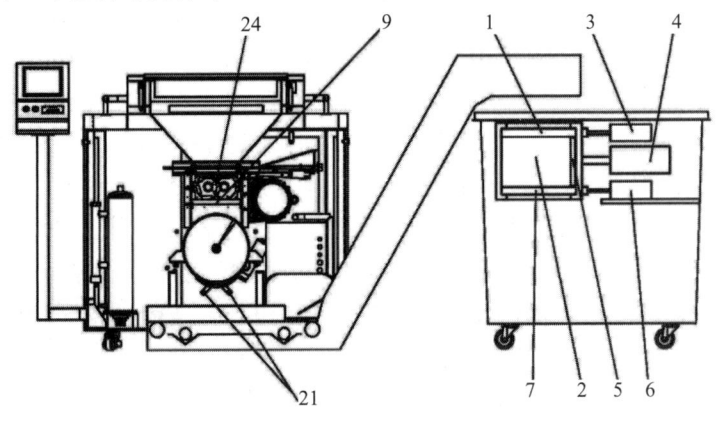

图 2-4-12 专利 CN102699010A 附图

应地与一进气口连接,该进气口与消毒搅拌罐13外部的高温蒸汽罐20连接;消毒搅拌罐13盖的下方设置有传送带22,传送带22延伸至一收集箱;临时储存及运输装置为一车厢密封的运输车,车厢尾部是一箱体盖26,箱体盖26连接车厢顶部安装的箱体盖马达,由该箱体盖马达控制开启和关闭箱体盖26;箱体盖26的顶端枢接压缩垃圾挡板28的顶端,箱体盖26的中部固定有压缩垃圾挡板驱动马达27,该压缩垃圾挡板驱动马达27控制压缩垃圾挡板28的开启和关闭;感染性废物分离装置把处理后的无害的感染性废物进行分离。该装置方便在医院和各种医疗场所现场安装好并进行无害化处理,不用集中焚烧或掩埋,减少了环境污染和运输过程的二次污染。

（5）小型轻型化设备在感染性废物源头进行处理

采用移动式处理设备在运输过程中对感染性废物进行处理能够有效避免在收集运输过程中发生二次污染的可能,但是该设备通常是大型、昂贵的,并且仍然需要由工作人员从来源处收集感染性废物。而工作人员可能没有充分接受过在感染性废物泄漏事故中所需的应急程序的科学训练,从而导致感染性废物的二次污染。同时这些大型设备结构复杂,操作和维护也需要专业培训。所以出现了更小且更适合存在于医院等感染性废物发生源头的处理设备,这些设备将感染性废物收集到专用的容器中直到充分填满,然后将其转移到处理区域并进行无害化处理。然而,这些设备通常需要专门的管道系统或专门的电力连接,一旦安装,在各个需要的区域之间进行移动的工作强度非常大。因此,对用于在来源处处理感染性废物的设备进一步的精简,使该设备尺寸设置成适应医疗环境并且可以由工作人员自由移动,可以在医院等感染性废物发生源头处快速处理感染性废物,杜绝危害操作人员健康以及污染环境的可能,该方法的典型专利如下:

公开号：CN107073143A

申请人：斯特里利斯有限责任公司

申请号：CN201580044721.5

申请日：2015-08-13

公开日：2017-08-18

图2-4-13示出了专利CN107073143A对感染性废物蒸汽灭菌装置的结构,该装置包含壳体1、第一可密封隔室10、输送部件12、顶盖14和底盖90,入口15允许将医疗废物引入到隔室10中,水储器22具有将水供应到底盖90中的蒸汽产生部件的水出口18,抽空泵36连接到第一可密封隔室10,用于将空气和/或多余的水分从室内抽出,通过过滤器机构32并且回到水储器22,一个或多个粉碎设备42设置在第一隔室10和第二隔室44之间。输送部分12示出具有顶部部分24、底部部分26和用于将底部部分移入和移出室的装置28。容纳待处理的医疗废物的袋子100放置在穿孔平台110上。水位于加热板120上,加热板120位于加热元件130的上方,将水变成蒸汽,蒸汽流动通过穿孔平台中的穿孔以对容纳在袋子中的医疗废物灭菌。

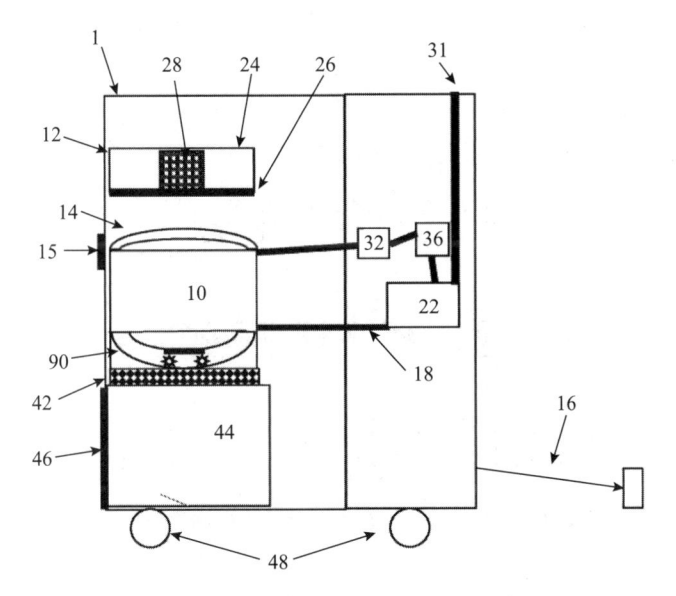

图 2-4-13 专利 CN107073143A 附图

2.5 其他类型医疗垃圾处理技术专利分析

2.5.1 损伤性废物处理

（1）技术概述

损伤性废物，是指能够刺伤或割伤人体的废弃的医用锐器，包括医用针、解剖刀、手术刀、玻璃试管、安瓿瓶等。常用的处理损伤性废物的方法有焚烧、化学消毒、破碎、高温蒸汽灭菌、紫外线灭菌等，并趋于多功能一体化发展。

（2）技术发展脉络

通过分析各时期的专利技术，可以发现，较早的专利文献显示，对于损伤性废物通常采用较为单一的销毁方式，例如专利 US5076178A、EP591362B1 均是将针头送入焚烧炉进行焚烧，还有电动销毁的方式，例如专利 US4628169A 涉及一种微型电动注射器针头销毁器，使用者将使用过的针头放在针头销毁装置，使两个电极针接触，此时两个电极短路从而销毁针头。后来随着对环境无害化的追求以及废物的复杂化，处理废物的方式不再是单一的，而是集多种手段于一体，例如将破碎销毁、消毒灭菌相结合。专利 JPH071944U 将医疗注射针切割后浸入灭菌溶液中或通过加热器加热并灭菌，CN104984980B 公开了一种针对手术钳之类的金属器件并可快速检修、更换刀片的医疗废物破碎及蒸汽处理一体化装置。

而消毒灭菌除了高温蒸汽灭菌外，常用的还有化学消毒、紫外线灭菌，采用紫外线灭菌的多是在收纳废物的同时进行消毒，体积小、便于携带，例如专利 JP2005028109A 公开了一种对穿刺针进行消毒的装置，手术刀器具具有放射 UV 线的激光或者由 LED 构成的放射源，即可对穿刺针进行消毒，这一装置使灭菌装置更加便携化。CN105455858A 公开了具有紫外线 LED 的放血器和杀菌盖，在使用放血器的同时给放血器内的放血针进行紫外线杀菌消毒。

损伤性废物处理技术专利发展路线如图 2-5-1 所示。

```
US4628169A        JPH071944U
US4877934A        CN104984980B
    │                 │
┌───┴───┬──────┬──────┴──────┬─────────────┐
│ 切割  │ 电流 │ 焚烧 │ 破碎、高温/菌液 │ 紫外线灭菌 │
└───┬───┴──────┴──────┬──────┴─────┬───────┘
    │                 │            │
US3914865A       US5076178A    JP2005028109A
US3785233A       EP591362B1    CN105455858A
```

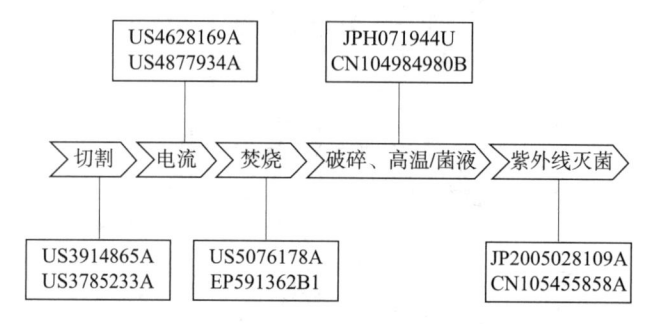

图 2-5-1　损伤性废物处理技术专利发展路线

（3）技术发展趋势

损伤性废物处理近年来受到越来越多的重视，处理的主流方式已由单一的焚烧演变为集破碎、消毒于一体的方式，根据实际需要可采用高温蒸汽、化学洗涤或紫外线等方式进行消毒灭菌。

2.5.2　病理性废物处理

2.5.2.1　技术概述

医疗废物中的病理性废物，是指诊疗过程中产生的人体废弃物和医学实验动物尸体等，主要包括手术及其他诊疗过程中产生的废弃人体组织、器官等；医学实验动物的组织、尸体；病理取材后废弃的人体或动物组织、切片时产生的病理组织碎屑、冷冻切片产生的新鲜病理组织碎片等。

目前在国内医院、医学研究机构中对于病理性废物的常规处理方式为将其收集装入不漏水的专用医疗垃圾袋，密闭消毒后进行集中焚毁。此外，针对病理性废物中含有丰富有机质的特点，同时为了满足对环境保护所提出的更高要求以及对资源再利用的需求，逐步发展出水解处理、电化学氧化处理、微波处理、等离子体处理、破碎与高温蒸汽相结合处理、热解处理以及多种处理技术相结合的处理方式。

2.5.2.2　技术发展脉络

（1）高温焚烧处理技术

该方法是本领域通用的处理方式，其优点是技术比较成熟，适用范围广，处理后的废物难以辨认，由于燃烧过程中病原体被彻底消灭，因此灭菌彻底，无害化程度高；且由于病理性废物中的蛋白质、脂肪等可燃成分被高温分解后，减容减量效果显著；此外，焚烧处理可全天候操作，不易受天气影响。KR100721130B1 公开了一种针对医学动物实验中产生的动物尸体进行处理的可移动式焚烧炉。该专利的专利权人是 DAEKYUNG ESCO CO LTD，于 2006 年申请，2007 年授权。该焚烧炉增设了驱动马达和车架移动装置,使焚烧炉可根据实际需求移动,提高了焚烧处理设备的灵活性。

(2) 水解处理

由于病理性废物包含大量的蛋白质、脂肪等有机物质,因此采用水解方式处理病理性废物也是一种常见的选择,具体来说可以细分为普通煮解、加碱水解、超(亚)临界水热法3类水解方式。

对于普通水解,专利 CN102958623B 的专利权人是 BIO – RESPONSE SOLUTIONS INC,该专利于 2011 年申请,2016 年授权,其同族申请在美国、欧洲、日本等国家和地区均获得授权。其主要公开了组织水解方法和设备,提供容易、安全和不昂贵的生物体组织的处理,例如动物的畜体和人类的尸体。普通水解虽然简单且成本低廉,但对于成分复杂的病理性废物在某些情况下不能做到彻底杀死细菌,在此情形下,本领域技术人员进一步进行探索。专利 US7829755B2 提供了一种(用医疗生物活性废物生产)安全的一次性终端产品的系统和方法,得到没有任何感染或生物危害元素的无菌溶液和无菌固体废物。

此外,还有研究机构针对特定需求而研发了适应性的水解方法,如专利文献 JP2005334695A 中就采用这种技术分解病理性废物,使处理装置的体积小型化。

(3) 电化学氧化处理技术

为避免有机物处理过程中产生的有害化学物质,C&M 集团有限责任公司的专利 CN1512967A(CN1236867C)公开了一种利用介导式电化学氧化以处理、氧化和分解医疗废物、感染性废物、病理性废物等。

(4) 热解处理技术

热解处理的原理是将医疗废物有机成分在无氧或贫氧的条件下高温加热,一般加热到 600~900℃,用热能使化合物的化学键断裂,使大分子量的有机物转变为可燃性的气体、液体燃料和焦炭的过程。这种处理技术与高温焚烧相比温度较低,无明火燃烧过程,重金属等多保持在残渣之中,可回收大量的热能,总体费用小。热解处理中存在由加热不均匀导致装置局部过热而引起的积垢问题,专利 CN1863606B 公开了一种用于在无氧的气氛下热处理有机废料的方法,其特点在于该处理在无氧的气氛下通过废料加热装置进行,所述废料加热装置由预先加热的钢球组成,并且该钢球与其所密切混合的所述废料同时在该热解炉中缓慢移动,钢球的移动和导热使加热均匀并提高能源利用率。

病理性废物处理技术专利发展路线如图 2 – 5 – 2 所示。

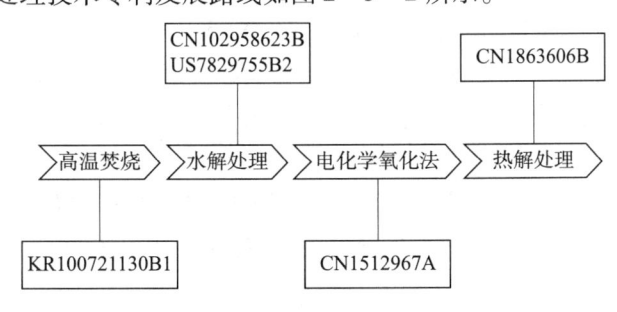

图 2 – 5 – 2 病理性废物处理技术专利发展路线

2.5.2.3 技术发展趋势

由于单一性处理手段存在或多或少的问题和不足，现已逐步发展出多种处理手段相结合的病理性废物处理方式，这也是现今病理性废物处理技术的发展趋势。对于病理性废物的处理，传统的高温焚烧处理技术和焚烧设备在不断的发展和改良，并在近年来涌现出诸如水解处理、电化学氧化处理、微波处理、热解处理等新的处理技术方式，此外，为了满足不同的条件限制、适应不同的处理需求，多种处理技术方式的组合也已成为研究热点方向。

其中一个热点是破碎与高温蒸汽处理相结合的处理方式。高压蒸汽灭菌处理技术是除高温焚烧以外应用最广的技术。其既可以用于高温焚烧前的预处理，在某些情况下也可以作为最终填埋处置前的处理手段。这种技术的优点是投资小、操作费用低、清毒效果好、残留物危险性低。但其缺点在于处理后的废物体积和外观基本没有改变，且易产生臭气。因此，当单独采用高压蒸汽灭菌处理病理性废物时无法满足使废物变得难以辨认并降低其臭气，以及大幅减少废物的体积和重量的处理要求。由此，针对病理性废物，发展出将破碎处理与高温蒸汽处理相结合的处理方式。代表性专利US8282892B2的专利权人是GLOBE-TEK LLC，于2008年申请，2012年授权，该专利公开了一种生物废物消毒器，其具有废物运输容器，可以用蒸汽间歇性地加热和加压，并且在废物运输时相互连接以提供多个消毒废物的途径。选择的消毒途径可能取决于废物的属性。该系统的废物输送特征可以制造得小型紧凑以节省空间，同时又能处理相对多的医疗废物。此外，根据不同的处理需求，还有一些其他的组合式处理技术，例如微波前处理与高温焚烧结合（代表性专利GB2032596B、EP1212569A1），热解与高温焚烧结合（代表性专利CN104613482A）等。

2.5.3 化学性废物处理

（1）技术概述

化学性废物是指具有毒性、腐蚀性、易燃易爆性的废弃化学物品。化学性医疗废物的常见来源包括废弃汞血压计、汞温度计；医学影像科、病理科等产生的废感光材料、福尔马林、二甲苯、显色剂等废弃化学试剂；废弃过氧乙酸、戊二醛等化学消毒剂。

（2）技术发展脉络

废弃汞血压计、汞温度计中含有金属汞，可对人体造成"三致"危害（致畸、致癌、致突变），进入水体可引起水环境恶化。防止金属汞污染的措施主要有如下两种：

① 改进汞温度计结构，降低汞泄漏风险。代表专利EP1271116B1，该专利在专利US3190436A（护套覆盖整个体温计的保护套的体温计）和专利CH684128A5（每一端具有一个黏附的闭合保护元件）的基础上，采用在水银贮液器的一端上紧密包裹有一管状减震包封元件，管状元件开口自由端延伸超过温度计本体的技术手段，吸收冲击，并防止汞的泄漏。

② 设置专用收集、无害化装置。代表专利CN201815536U，或者采用电子温度计等

其他更为安全的测量仪器代替含汞仪器。

③ 废液的处理技术。医学影像科产生的废显影液、定影液等感光材料废物中含有大量的卤化银及其他有毒有害物质，直接进入环境会到处迁移、扩散而污染自然水体，对水环境造成危害。医疗机构通过与危险废物集中处置单位签订协议把产生的废弃液纳入集中回收处置，使用专用盛器对废弃液进行收集，危险废物集中处置单位定期上门回收集中处理。医疗机构产生的废显影液、定影液等感光材料废物与摄影领域的感光材料废物相似，相关专利技术主要涉及摄影领域包含显影液、定影液等废液的处理技术。如图2-5-3所示，技术涉及化学沉淀法（US5288728A、US4445935A、US1446405A、US1545032A），微生物法（US4135976A、US5423988A），电解法（JPS50122054A、US4073705A），金属置换法（JPS55094452A、CN107385226A），提银后余液处理（CN107973438A）等。

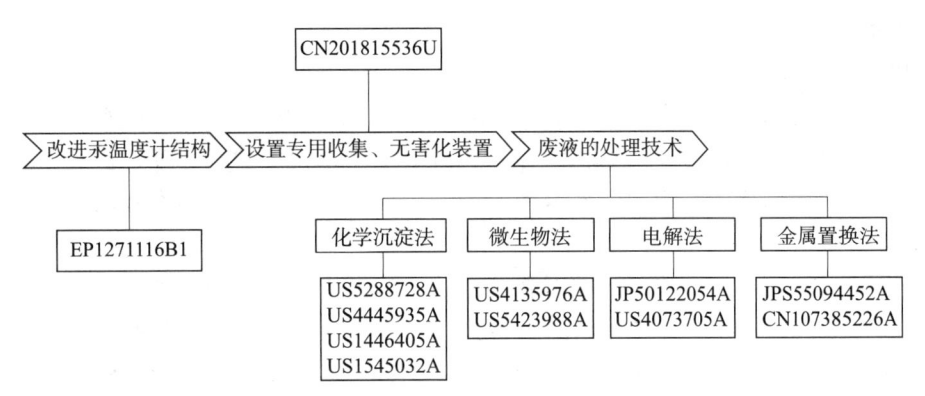

图2-5-3 化学性废物处理技术发展路线

（3）技术发展趋势

医疗卫生机构所产生的化学性废物不同种类之间理化性质差异较大，且随着替代技术的发展，很多化学性装置的应用已经逐渐减少。目前，减少含汞体温计及血压计的使用已经成为一种趋势。美国自2000年起，旧金山、波士顿和密歇根州等多个州和城市开始禁售水银温度计。2009年，水银温度计从欧洲市场上消失，欧盟也禁止这种温度计出口。2017年，《关于汞的水俣公约》对我国正式生效，公约要求缔约国自2020年起，禁止生产及进出口含汞体温计和含汞血压计。这意味着过去中国家庭常用的水银体温计将逐渐退出历史舞台。

医学影像科产生的化学性废物处理专利申请集中在1970~2000年，一方面，由于摄影领域的感光材料废液经历30多年的发展处理技术日趋成熟，另一方面，数字成像技术的普及减少了传统胶片使用，从源头减少了废物的产生。

病理科其他废弃化学试剂，如福尔马林、二甲苯、显色剂、有机溶剂等，目前主要采用集中收集的方式，对于可燃性物质，直接焚烧处理，其他废弃物则通过酸碱中和、充分稀释化学试剂后排入污水处理系统集中处理。按照化学试剂成分进行分类收集尚未广泛应用，针对医疗领域特定成分废弃化学试剂的处理技术也不活跃。其中，废弃福尔马林的有害成分主要为甲醛，其处理技术主要集中在含甲醛废水处理领域。全球含甲醛废水处理代表专利有 US4370241A、US4104162A、JP59046183A、US5244581A、CN101671098A、CN102260634A，上述专利均已经失效。

2.5.4 药物性废物处理

（1）技术概述

药物性废物，是指过期、淘汰、变质或被污染的废弃药品，包括废弃的一般性药物、废弃的细胞毒性药物和遗传毒性药物等。药物性废物的处理方式主要有单纯收集、收集过程中销毁或无害化、收集所进行的无害化或回收再利用处理。

（2）技术发展脉络

对于具有成瘾性的危险类药物，即时处理最为重要。对于该类药物性废物，即时销毁去除活性是其主要处理方式，主要的专利发展脉络为不断提升的销毁性能，从提醒使用者自行将药物冲洗入下水道发展为提供销毁用的容器，又进一步发展为提供更加便于使用的药物销毁的容器结构。提供销毁用容器的专利 US2009180936A1 针对可能会导致滥用成瘾的透皮治疗药物，该专利通过提供将未使用的或过期的药物与一定量的活性炭组合作为处理过程的一部分的系统和方法，降低了药物性废物污染环境的可能性。

但是由于采用容器盛装销毁用药物的方式，容易因为销毁药物的泄漏而失去灭活作用，因此又发展为更加便于使用的药物销毁结构。例如专利 CN102596438A，其技术方案采取了将销毁性成分制作为便于使用的黏附性层状结构，在透皮治疗药物使用后将该层状结构粘贴上，即可实现成瘾性药物的销毁，避免药物的滥用。该专利于 2016 年获得授权，处于有效状态。

收集药物性废物是家庭一般药物性废物处理的主要处理方式。例如专利 US7918776B2，其通过便携式的收集和销毁容器对药物性废物进行收集和销毁。该装置可以在收集的同时进行粉碎销毁，对药物处理彻底，不会导致药物被再次销售。但是这一类型的装置仍然需要较高的成本，对于家庭仍会造成一定的经济负担，因此只采用收集为处理手段的药物性废物收集装置也仍然占有一定的比例。

药物研发制造以及药物销售机构产生的药物性废物数量大，成批次，因此大规模集中销毁是其主要处理方式。具体处理手段可分为采用化学药剂销毁（例如采用酸性溶液的专利 US7918776B2）和采用辐射销毁等。

（3）技术发展趋势

对于具有成瘾性的、细胞毒害性的危险类药物性废物而言，实现药物的彻底灭活失效只是该领域最基本的要求，而更快、更稳定的灭活方式才是技术发展的前进方向。

对于药物研发制造以及药物销售机构集中产生的药物性废物可以通过大规模批量处理的方式集中灭活，也有许多行之有效的消解手段。但是其中部分消解手段仍然由于存在药物等原因会对环境造成一定的伤害，结合其他无害化手段将处理药物后的残余物质实现彻底对环境无害是主要的发展方向。

2.6 小　　结

全球医疗垃圾处理专利申请趋势可分为4个阶段：萌芽期（1987年以前）、第一快速发展期（1987~1991年）、平稳发展期（1992~2015年）、第二快速发展期（2016年至今），第一快速发展期的专利申请主要集中在美国、日本、德国等发达国家，中国在这方面则起步较晚，但是中国专利申请量后来居上，从1999年开始波动增加，到如今成为医疗废物处理专利申请总量最多的国家。

中国在感染性废物处理领域的专利申请趋势可以分为4个阶段：萌芽期（1987~1999年）、稳定发展期（2000~2004年）、波动发展期（2005~2014年）、快速发展期（2015年至今），其中专利申请量分别在2004年和2014年出现了两个高峰，考虑是分别由于非典和H7N9禽流感的暴发所导致社会对医疗废物处理的需求增加。

通过中国感染性废物处理的专利申请趋势和技术功效的分析可知，中国相关的专利申请主要集中在焚烧和高温蒸汽，从专利申请量来看，焚烧技术占据绝对的优势，但技术成熟和环境污染之间存在的矛盾，驱使有关焚烧技术的专利申请更注重环境友好性这一技术功效，涉及处理及时性技术功效的专利申请相对较少，但近年来增速较快。

通过国外感染性废物处理的专利申请趋势和技术功效的分析可知，各项技术手段中高温灭菌、高温蒸汽和焚烧起步较早，高温灭菌和高温蒸汽在2004~2011年为飞速发展期，2012~2019年进入降速期。焚烧在2004~2011年已经进入衰落期。热解起步较晚，但是目前主流处理手段。降低成本为国外持续重点关注的技术功效，对应的主要技术手段为高温灭菌和高温蒸汽。环境友好性是另一被普遍关注的技术功效，热解是与之对应的最有效的技术手段。

第3章 垃圾分类收集关键技术专利分析

垃圾分类收集是破解"垃圾围城"、推动资源再循环利用的关键一环，在垃圾源头开始进行分类收集，属于垃圾分类回收利用的前端。垃圾分类收集是实现垃圾减量化、资源化利用的重要环节，也是后期分类处理的基础，同时能够为减少环境污染提供有力保障。

近些年，随着经济快速发展，我国生活垃圾收集及处理问题也日益凸显。2017年3月，国务院提出"部分范围内先行实施生活垃圾强制分类"，北京、上海等城市开始在公共机构试点强制分类；2019年7月，上海生活垃圾强制分类开始全面推行。住房和城乡建设部提出，2025年以前，全国地级及以上城市要基本建成垃圾分类收集处理系统。

垃圾分类收集涵盖较为宽泛，本章主要关注智能分类垃圾桶/站、自动分拣装置、厨余分类预处理装置、自动分类清扫车和"互联网+"垃圾分类收集运营几个大的技术分支。本章从整体概况对垃圾分类收集进行了分析，并将自动分拣装置和"互联网+"垃圾分类收集运营两大技术分支作为重要分析对象进行详细研究。

3.1 垃圾分类收集专利总体态势

3.1.1 申请总体状况

截至2020年8月1日，全球的垃圾分类收集领域已公开的专利申请总量是7128项。

垃圾分类收集领域的申请总体上呈增长态势，如图3-1-1和图3-1-2所示。可以看出，垃圾分类收集领域的全球专利申请量经历了3个阶段。

（1）缓慢发展期（1999年以前）

这一阶段，全球整体申请量较为稳定，且申请数量较少，智能分类投放垃圾桶/站、自动分拣装置以及厨余分类预处理装置占据了绝大多数的比例，且三者在全球申请中的比例，随着厨余分类预处理装置在国外日益普及，由最初的数量较为平均（1991年，三者占总申请的比重分别为30.6%、36.7%、22.4%）逐渐发展为厨余分类预处理占据了绝对的优势（1999年，三者占总申请的比重分别为14.1%、26.5%、45.9%）。随着1990年底欧洲核子研究组织（CERN）开发出万维网（World-Wide Web，WWW），基于互联网初期概念的垃圾分类申请也开始出现。在这个阶段，我国相关专利申请数量较少，年申请量均为个位数。

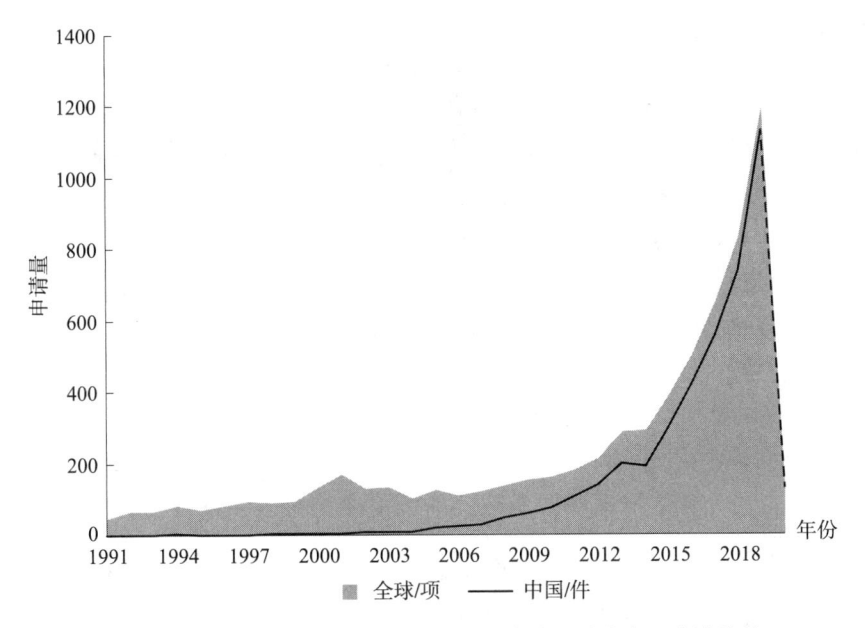

图 3-1-1　全球和中国近 30 年垃圾分类收集技术专利申请趋势

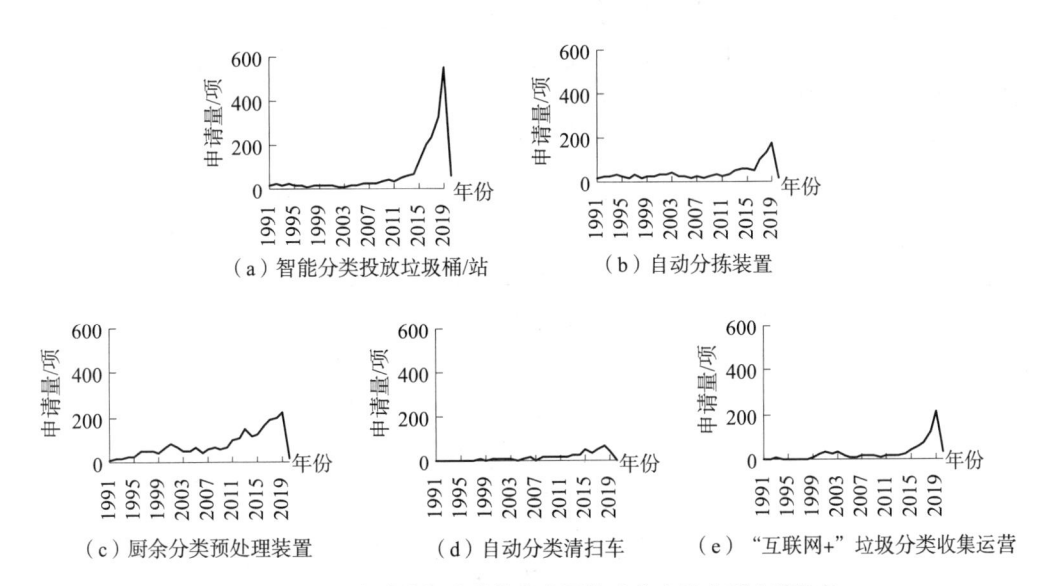

图 3-1-2　全球垃圾分类收集主要技术分支的专利申请趋势

(a) 智能分类投放垃圾桶/站　(b) 自动分拣装置　(c) 厨余分类预处理装置　(d) 自动分类清扫车　(e) "互联网+"垃圾分类收集运营

（2）持续增长期（2000～2011 年）

在该阶段，随着环境和资源问题日益严峻，垃圾分类收集技术逐渐受到关注，各类型的相关技术均获得了较大的增长，其中厨余分类预处理装置专利申请依然占据较大的比例，在互联网技术发展最为迅速的 2000～2003 年，"互联网+"垃圾分类收集运营相关专利申请也出现了一波热潮。在此阶段，中国专利申请数量和占比也有了大幅的增加，由 2000 年的 5 件（占比 3.68%），增长到 2011 年的 107 件（占比 58.8%）。

(3) 爆发式增长期（2012 年至今）

在该阶段，垃圾分类收集在我国得到迅速的发展，相应地带动了全球申请量的增长。国务院于 2011 年发布了《国务院批转住房城乡建设部等部门关于进一步加强城市生活垃圾处理工作意见的通知》，其中，在基本原则、发展目标、监督管理、政策支持等方面均强调了垃圾分类收集的重要性，相应的，在我国垃圾分类政策落实的过程中，近几年专利申请量和全球专利占比随之急速增长，由 2012 年的 139 件（占比 63.8%）增长至 2019 年的 1137 件（占比 94.6%）。其中增长最快的是门槛相对较低的智能分类投放垃圾桶/站和较为热门的"互联网＋"垃圾分类收集运营，2019 年上述两个分支专利分别为 2012 年申请数量的 11.9 倍和 12.6 倍。预计，在随后的一段时间内，垃圾分类前端的分类收集相关专利还会保持较高的增长势头，专利申请量会进一步增加。同样，自动分拣装置在该时期也出现了申请量增加明显的情况，特别是 2016 年以后呈急增态势。而自动分类清扫车申请量较其他分支要少很多，虽处于有序增长期，但并未出现如此大的增幅。

3.1.2 申请人分析

在垃圾分类收集领域申请量排名前 20 位的申请人中，日立作为世界 500 强综合跨国集团在多个领域处于行业领先地位，与专注于垃圾处理技术并发明了全球第一套自动垃圾收集系统的瑞典恩华特并驾齐驱，紧随其后的是另一家世界 500 强企业松下。2014 年成立的以城市公共事业综合运营管理系统的研发、应用、销售为主营业务的浙江联运，中国固废处置产业领域的专业公司启迪桑德，以及于 2018 年成立、致力于将人工智能和大数据技术应用于垃圾分类的弓叶科技，这些为我国该领域专利申请数量领先的企业，其中启迪桑德是较早在固废处置产业领域发展布局的企业，而浙江联运和弓叶科技则是近几年发展起来的新兴市场主体，虽然企业成立较晚，但是该类型的新兴市场主体在全国发展背景下具有较为广阔的发展空间和较强劲的发展势头。如图 3-1-3 所示，从申请人排名可以看出本领域的申请人分布呈以下两个特点：

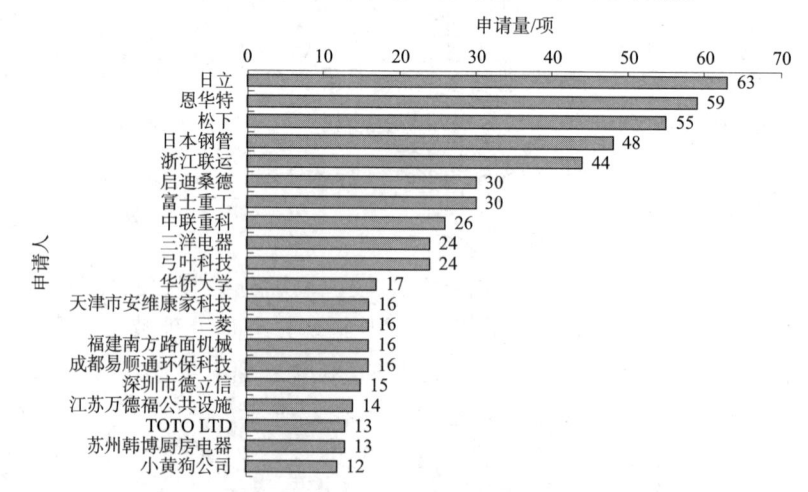

申请人	申请量/项
日立	63
恩华特	59
松下	55
日本钢管	48
浙江联运	44
启迪桑德	30
富士重工	30
中联重科	26
三洋电器	24
弓叶科技	24
华侨大学	17
天津市安维康家科技	16
三菱	16
福建南方路面机械	16
成都易顺通环保科技	16
深圳市德立信	15
江苏万德福公共设施	14
TOTO LTD	13
苏州韩博厨房电器	13
小黄狗公司	12

图 3-1-3 全球垃圾分类收集技术前 20 位申请人排名

(1) 技术的发展与国家政策的支持紧密联系

排名前 20 位的申请人中，1 家为瑞典企业，7 家为日本企业，12 家为中国企业。作为全球在垃圾处理方面具有最先进水平的国家之一，瑞典的垃圾回收率达到了 99%。[1] 1994 年，瑞典政府出台的废弃物收集与处置条例（Waste ordinance），详细规定了瑞典生活垃圾的分类、收运与处理，是瑞典生活垃圾分类的开端；1999 年，瑞典政府出台的国家环境保护法典（Environmental Code），规定生活垃圾管理的总原则、生活垃圾的基本概念以及政府在管理生活垃圾方面的职责，成为监管生活垃圾的主要法律。

日本关于垃圾分类的法律条文之多，量刑之重，在全球范围内都是数一数二的。在日本乱扔垃圾被称为"不法投弃"，将依法判处 5 年以下刑罚，或 1000 万日元以下罚款。日本关于垃圾分类的法律有 1970 年制定固体废弃物管理与公共清洁法，1995 年制定容器和包装再循环法，1998 年制定家用电器再循环法，1999 年制定循环型社会形成推进基本法，2000 年制定食品废物循环法等。

自 2016 年以来，我国多项垃圾分类相关政策发布，其中，《"十三五"全国城镇生活垃圾无害化处理设施建设规划》标志着中国正式开始垃圾分类工作，《生活垃圾分类制度实施方案》要求在重点城市先试行垃圾分类工作，《关于加快推进部分重点城市生活垃圾分类工作的通知》明确重点城市垃圾分类具体工作，大力推进工作进展。2019 年 6 月，住房和城乡建设部发布《关于在全国地级及以上城市全面开展生活垃圾分类工作的通知》，强制要求重点城市正式实施垃圾分类工作，至此，垃圾分类政策正式从试行阶段走向强制阶段。

(2) 企业参与度较高

排名前 20 位的申请人中，仅有华侨大学 1 家高校，其余均为企业。由此可见，一方面，该领域中需要新技术、高科技的支持，但更多的是与日常生活更为接近，其中的创新多数为基于日常需求而提出的，更侧重应用和改进，而非通常意义上的科学研究。另一方面，对我国而言，产学研的合作有待进一步提高，以加速企业创新产品的迭代速度。

另外，中国企业绝大多数为专门从事垃圾处理相关领域的企业，而日本企业则为涉足多个行业的企业，这与上述日本有诸多循环法相关。日立、松下、富士重工、三洋电器、三菱均为超大型的企业，其在电机研制、自动控制、系统集成等相关领域均有深厚的技术积淀，供应链和销售渠道也具有产业优势。1998 年日本颁布的家用电器循环法，规定制造商和进口商必须强制回收其生产的家用电器，并循环利用回收电器的零部件，零售商必须在规定的条件下收集废旧家电并运送给生产商或指定接收单位，消费者必须参与回收工作，将废旧家电运送给零售商、支付回收费用。因此，这些大型企业不得不在垃圾回收领域进行技术研发和布局。反观我国，同类型、同体量的企

---

[1] 瑞典垃圾回收率 99% 垃圾不够用需从别国进口［EB/OL］.（2019 – 07 – 10）［2020 – 04 – 20］. https://news.china.com/international/1000/20190710/36575923.html.

业数量则相对较少。我国同样拥有一定数量的在电子电器与制造领域均处于行业领先地位的企业，若这些企业能够以合作开发的方式进入垃圾分类收集行业中，必然会进一步加速垃圾分类技术的革新和应用。

3.1.3 技术构成分析

垃圾分类收集技术分支主要包括：智能分类投放垃圾桶/站、自动分拣装置、分类预处理装置、自动分类清扫车、"互联网+"垃圾分类收集运营。从图3－1－4中看出，占比最大的是厨余垃圾分类预处理装置，这与厨余垃圾、餐饮垃圾的高含水量、高油脂含量的特殊性有关，这就需要在分类收集的前期进行必要的预处理，以便于后续转运和深度处理的开展；其次是智能分类投放垃圾桶/站，其作为垃圾分类收集的主要设备，在申请量上也占有很大比例；自动分拣装置的申请量仅次于前两者，其主要是作为混合垃圾的自动分类和分类收集垃圾的进一步精细化分拣，可以很大程度地提高垃圾分类效率和回收利用率；另外，将自动分类清扫车作为研究技术分支之一，其能够在市政清扫的同时完成对路面废弃物自动分类；而"互联网+"垃圾分类收集运营是基于互联网技术的分类收集运营，近些年互联网技术的迅猛发展也很大程度上促进了垃圾分类收集运营的大力发展，是垃圾分类收集技术的重要技术分支。

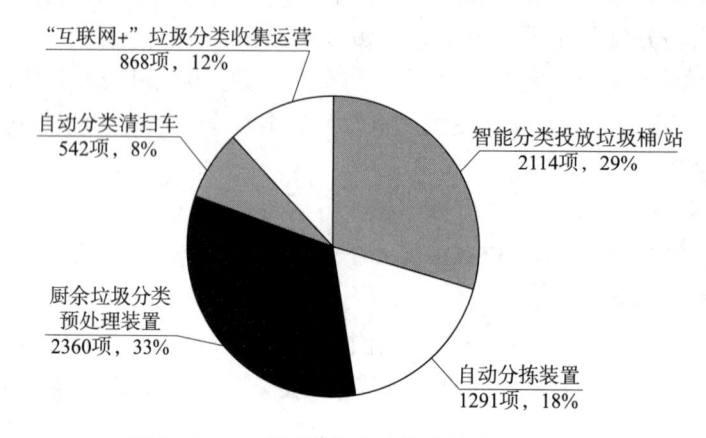

图3－1－4　全球垃圾分类收集技术构成分析

基于上述垃圾分类收集技术的申请人排名和技术构成分析，在此选取了申请量分别位于垃圾分类收集前两名的申请人，对其在各技术分支的专利布局情况进行分析，参见图3－1－5。其中，在专利申请量方面，恩华特在智能分类投放垃圾桶/站和自动分拣装置有较多申请，日立在自动分拣装置、厨余垃圾分类预处理装置和"互联网+"垃圾分类收集运营均布局有数量较多的申请；而国内申请量较大的启迪桑德以厨余垃圾分类预处理和"互联网+"垃圾分类收集运营为主，浙江联运主要申请方向为智能分类投放垃圾桶/站。可见，上述申请人重点布局的技术分支各有侧重。

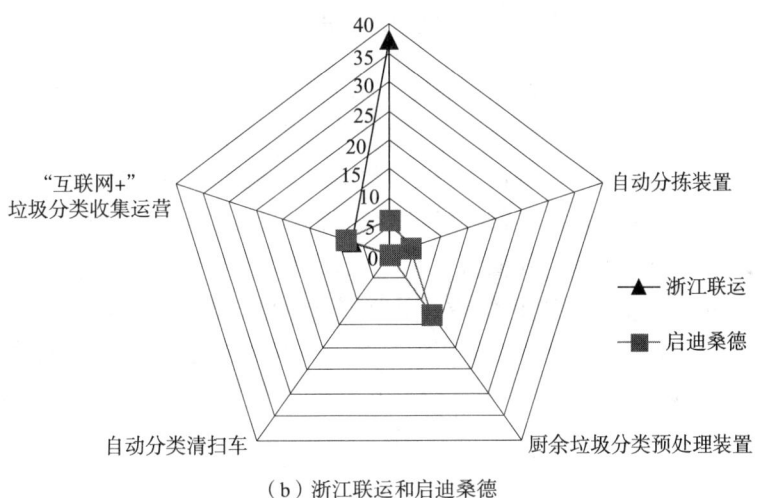

图 3-1-5 垃圾分类收集技术主要申请人的专利技术布局对比分析

注：图中数字表示申请量，单位为项。

3.1.4 中国申请人申请量主要省市分布分析

从国内申请量的分布来看，如图 3-1-6 所示，长三角、珠三角和京津冀三大城市群领跑全国，中部地区发展较为均衡，其他地区发展较为缓慢。

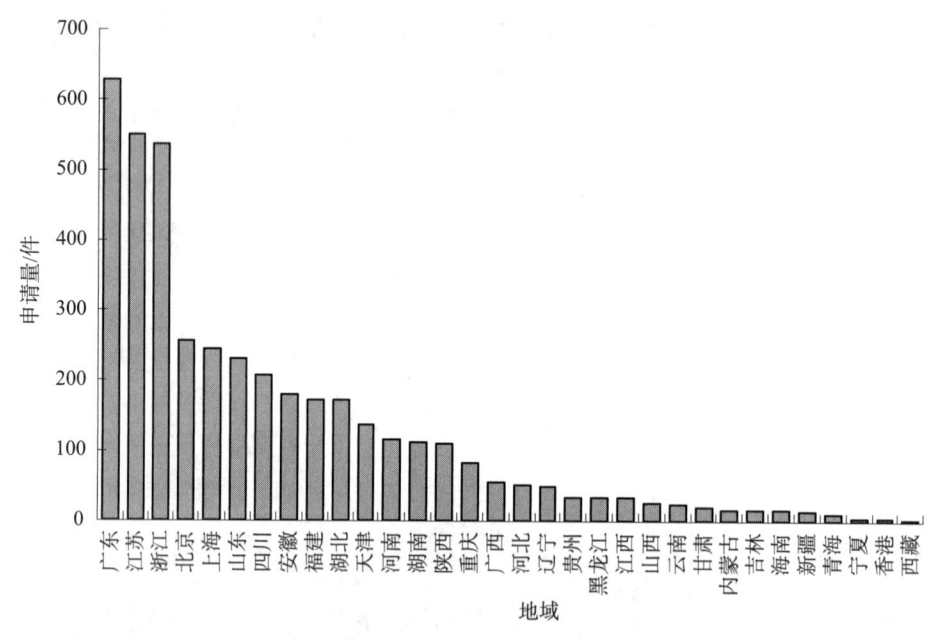

图 3-1-6 垃圾分类收集技术中国申请人申请量主要省市分布

一方面，三大城市群的经济总量较高，到 2015 年，占全国 GDP 的 40% 以上，[1] 其对于科研创新的支持力度更大，经济发展程度、市场活跃度与申请量之间存在正相关关系。另一方面，三大城市群常住人口约 3.3 亿人，城镇化率达 70%，[2] 人口居住密度大，产生的生活垃圾多，对其进行分类处理回收具有紧迫性、现实性，并且有利于进行集中处理以提高处理效率、降低成本。比较而言，中部地区人口分布相对均匀，西北、东北、西南地区人口相对稀少，对于垃圾分类收集处理的需求也随之降低。

此外，四川省的专利申请量高于周边省市，其与上述两点也不无关系，四川省 2019 年 GDP 为 4.66 万亿元，位列全国第六，科教实力雄厚，拥有普通高校百余所，且四川人口约 80% 集中在成都平原区域。[3]

3.2 自动分拣装置专利分析

3.2.1 专利申请趋势

分拣是城市生活垃圾分类收集中重要的环节，也是后续进行分类处理的基础，其

---

[1] 报告评估：三大城市群占全国经济总量 40% 以上 [EB/OL]. (2019-03-20) [2020-11-20]. http://m.people.cn/n4/2019/0320/c3604-12472929.html.
[2] 中国城市群发展潜力排名：2019 [EB/OL]. (2019-07-23) [2020-11-20]. http://www.xcf.cn/article/b5bd1b2dad1b11e9bf6f7cd30ac30fda.html.
[3] 2019 年四川 GDP 突破 4.66 万亿元 [EB/OL]. (2020-01-22) [2021-01-20]. https://epaper.scdaily.cn/shtml/scrb/20200122/230404.shtml.

一般用于对干垃圾识别和分选,从生活垃圾中回收各类塑料、纸、金属、玻璃等可回收材料,并同时识别出不可回收材料,将其送入填埋场或焚烧场进一步处理。而自动分拣则是基于自动识别手段和自动分拣装置实现待分类物分拣,是提高垃圾分类收集效率、降低分类成本的常规手段。

如图3-2-1和图3-2-2所示,垃圾分类自动分拣装置专利申请趋势与全球垃圾分类收集申请趋势类似,前期主要是日本、美国、德国等国家的申请量较大,这与上述国家实施垃圾分类较早有关,与垃圾分类自动分拣装置相关的专利申请也相对较早出现并得到发展。自2012年起,随着中国专利申请数量的增加,全球的自动分拣领域申请量随之上升。与之不同的是,自1991年起,全球除中国外的专利申请一直保持在较为平稳的数据量(年均20~30项),并无激增。

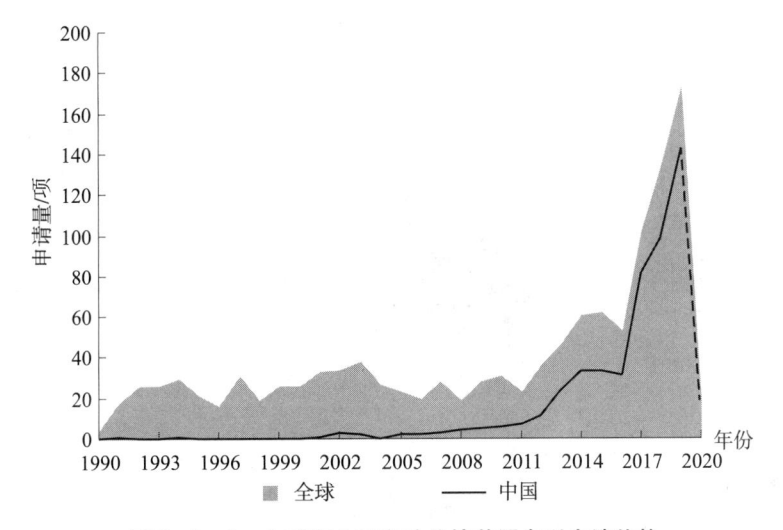

图3-2-1 全球和中国自动分拣装置专利申请趋势

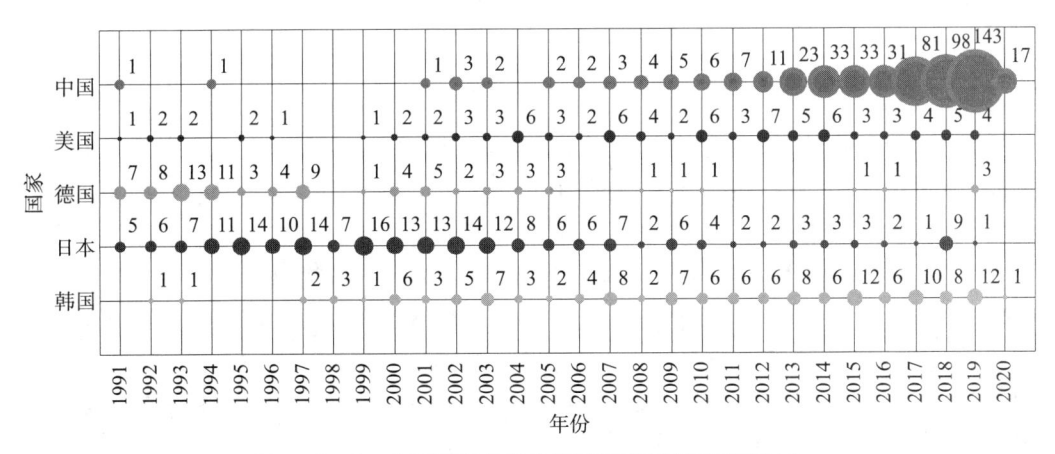

图3-2-2 主要国家自动分拣装置专利申请趋势对比

注:图中数字表示申请量,单位为项。

3.2.2 专利技术分布

自动分拣领域的专利技术分布如图 3-2-3 所示，主要包括基于密度、硬度、磁性等物理属性，基于光学探测/图像识别，复合手段探测识别，机器深度学习，基于声学探测识别以及基于预先设置的电子标签（RFID）、条形码等其他手段。其中基于密度、硬度、磁性等物理属性的申请量占比最大，主要是其分拣的技术手段简单，前期投入较小，因此，在分类精度需求不高时会普遍采用该类技术。其次是基于光学探测/图像识别，也是目前比较主流的智能分拣技术；而且围绕其识别的方法优化也在不断地发展和完善，例如在近些年出现机器深度学习方面的申请，这也是智能分拣技术不断发展的结果，并且可以预期随着智能程度的提高，该类申请的申请量会越来越大。而基于声学探测识别的自动分拣相对申请量较少，但在特定待分拣物中仍具有使用价值。另外，根据分拣效率和精度需求等实际情况，复合手段探测识别也越来越多的出现，因此，也是申请量占比较多的技术分支。

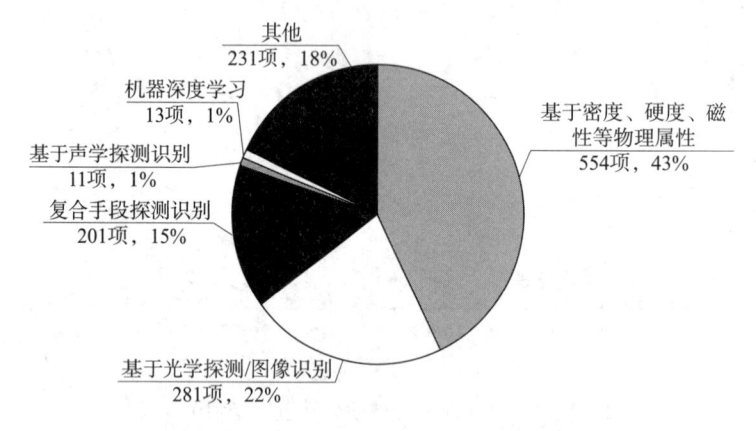

图 3-2-3 全球自动分拣装置的专利技术分支分布

3.2.3 全球主要申请人分析

自动分拣装置涉及传感器、特征比对、图像处理等技术，对于企业的研发能力要求较高。从图 3-2-4 可以看出，在前 20 位的专利申请人中，依然是企业占据了绝对的主导地位，国外申请人全部为公司，中国申请人占比相比较在垃圾分类收集专利申请中的占比有大幅度的下降（由 60% 降至 25%），可见我国对这一领域进行研究的企业数量较少，但排名靠前的华侨大学、福建南方路面机械以及弓叶科技在垃圾分类收集领域申请分别为 17 项、16 项、24 项，而在自动分拣装置技术分支的专利申请量分别为 17 项、16 项和 16 项，可见这 3 家企业主要研究领域即为自动分拣装置，是专注于该方向的垃圾分类收集创新主体。

申请量/项

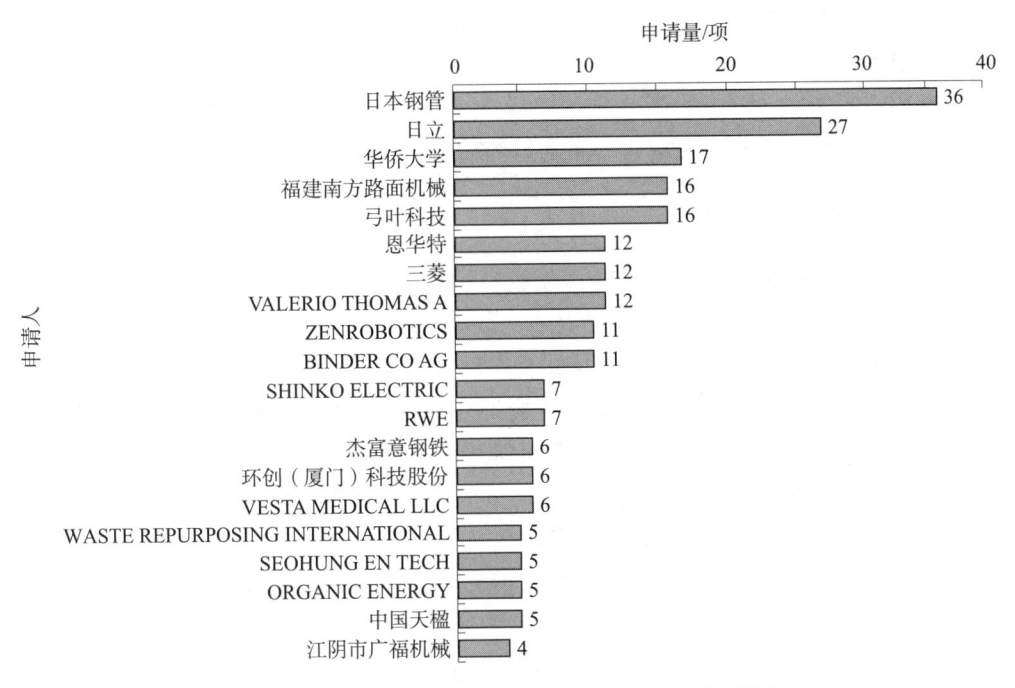

申请人	数量
日本钢管	36
日立	27
华侨大学	17
福建南方路面机械	16
弓叶科技	16
恩华特	12
三菱	12
VALERIO THOMAS A	12
ZENROBOTICS	11
BINDER CO AG	11
SHINKO ELECTRIC	7
RWE	7
杰富意钢铁	6
环创（厦门）科技股份	6
VESTA MEDICAL LLC	6
WASTE REPURPOSING INTERNATIONAL	5
SEOHUNG EN TECH	5
ORGANIC ENERGY	5
中国天楹	5
江阴市广福机械	4

图 3-2-4 全球自动分拣装置的前 20 位申请人排名

3.2.4 技术功效分析

自动分拣装置中，近年来，随着图像处理芯片计算速度的提高，基于光学探测/图像识别的自动分拣系统得到了广泛应用，上述识别方式与传统依靠密度、硬度、磁性等物理特征识别相比，具有效率高、精度高、成本低、避免接触而易于维护操作的特点，并且，根据图像建模类型的不同，可以采用同一套设备应用于不同领域。在该识别方式中，涉及视觉图像识别、颜色传感和光谱识别的专利申请数量较多，是本领域的研究和布局的热点；而红外探测识别和光源感应识别仅在特定回收物上有应用，例如光源感应在纸张有墨和无墨部分的识别，而红外探测识别主要是应用在能够实现热成像的回收物上，而且通常会设置热激励或光源部件对待分拣的回收物进行加热或照射处理。在功效方面，提高精细分拣效率、提高识别精度/可靠性和实现材质细分分拣是目前关注比较多的，也是本领域的重点需求；其中通过视觉图像识别及其方法优化来实现上述效果的专利申请占比最多，这主要是由于视觉图像识别可根据不同需求进行差异化图像模型构建，该技术手段具有普适性和便于优化改进的优点。另外，光谱识别及其方法优化也是实现材质细分分拣的主要技术手段。

结合图 3-2-5（见文前彩色插图第 2 页）和图 3-2-6（见文前彩色插图第 3 页）可知，中国申请中视觉图像识别、光谱识别和红外探测是布局较多的技术，特别是视觉图像识别在全球申请量的占比近半，可见视觉图像识别是我国研究热点，也是我国目前自动分拣装置所采用的主流方法；而在功效方面，提高分拣效率是中国申请人最关注的，这主要是由于我国人口基数大，垃圾分类量相对较大，因此提高分类效率是申请人考虑的首要目的。而美国、日本和德国各有侧重，其中美国申请在视觉图像识别、颜色传感识别的布局相对较多，而德国在视觉图像识别和光谱识别的申请较多；美国与中国相似，对于提高分拣效率最为关注，而日本和德国则更加重视材质细分，这也与精细化分类回收资源化利用的具体需求是相符的。

3.2.5 技术发展路线分析

光学探测技术是垃圾分类自动分拣装置自动识别的主要技术手段，如上述分析可知，颜色传感、光源感应、视觉图像识别、红外探测和光谱识别是主要的识别方式，其中视觉图像识别、光源感应和颜色传感是发展相对较早的。

颜色传感主要是应用到玻璃、塑料等废旧可回收物的分类识别，如1989年KOPPELBERG HELMUT等申请的废玻璃瓶回收专利中采用了三色分配器标识的方法（DE3935334A1），能够保证玻璃瓶在高吞吐量的情况下仍能保持较好的分选精度；专利US5314071A、KR100315003B1也是将颜色传感用于玻璃材料的感测识别，而专利JP2000308855A、IN201621021315A和JP2002355614A则是利用颜色传感手段来进行塑料废旧物品的识别及分类。整体而言，颜色传感具有实施成本低的优点，但同时其要求待分类物品具有明显的颜色特征，因此存在应用范围较窄的局限。

光源感应方面则主要是利用待分类物的透光度特征、反光特征进行差异化识别，因此在适用广度上，与上述颜色传感识别具有类似的情况，即需要根据待分类物的光学特性进行选用。早在1973年SORTEX CO OF NORTH AMERICA公司申请的专利中（US3802558A）设置测光区对垃圾进行透明度检测实现分类；SHINKO ELECTRIC公司申请的废瓶分选装置专利（JPH09117726A）中通过光源照射并对垃圾阴影成像实现自动识别。近些年则出现了根据待分类物的反光特性进行识别的专利技术，如绥阳县双龙纸业有限公司的废纸分拣机（CN108580317A）可实现反光型和非反光型废纸的分拣，而浙江理工大学申请的碎纸机及其碎纸方法（CN110170360A）可以实现废纸有墨与无墨部分的识别及分离。可见，光源感应虽然不是主流的识别手段，但在特定物品的分类识别中仍具有独特的优势。

视觉图像识别则是自动识别中采用最多、应用最为广泛的识别方式，并在专利文献中出现了一些具有代表性的技术，如早在1985年THOR JOSEF就申请了塑料垃圾分类装置，其通过设置摄像机来实现塑料材料颜色及形状识别（DE3520486A1）；而KURIMOTO公司在1994年申请的用于分选废瓶的装置和方法（JPH07275803A）中通过设置多个相机来实现精确分类。随着技术的发展，KOREA 3R ENVIRONMENTAL INDUSTRY于2013年申请的用于回收塑料废物的细分系统（KR101410728B1）中则通过生成三维图像数据来识别塑料废物；2014年，广州市数峰电子科技有限公司将云计算与图像识别联合应用于废旧塑料瓶的分拣中（CN104148301A）。2019年，弓叶科技申请了一种用于垃圾处理的远端视觉分选识别方法（CN110427869A），通过采用云端来收集远端装置中待识别的图片并对图片进行标识后，采用该图片对模型进行再训练，最后由远端装置下载并更新模型，从而取得一个工作人员即可管理多套远端装置的效果，减少了人工成本；同年，华中科技大学申请的垃圾自动分拣的方法（CN110689059A）首先构建预测模型，然后通过连续拍摄的待处理垃圾不同时刻的多张图像中质心的位置预测下一时刻的位置，根据预测的位置和垃圾的标签对垃圾进行分拣。可见，视觉图像识别的自动识别方法也在不断优化和发展中，可预期通过识别方法的优化能够使其自动化程度、精准度等方面都得到更好的提升。

红外探测通常是通过对待分类物进行加热，然后使用红外传感器或热照相机来进行检测识别（如DE4316977A1、JPH08309293A）；后来，NKK PLANT ENG公司于2000年申请的分类装置（JP2001259536A）中通过红外光透光量来实现对塑料和纸的分类；而深圳市朗坤生物科技有限公司申请了一种废弃塑料种类的分选装置及其分选方法（CN108971026A），其通过近红外线扫描光源照射不同塑料种类的光谱差异，对不同种类的废弃塑料进行分选，大大提高了废弃塑料的分类效率。

另外，光谱识别也是近些年来逐渐发展成熟和普遍使用的识别方法。如JENOPTIK JENA公司（DE4416952A1）、WIENKE DIETRICH（DE19543134A1）、HARITA KINZOKU株式会社（JP2016209812A）所申请的专利中均是基于物体对光透射/反射的光谱特性来进行识别的；随后，NATIONAL RECOVERY TECHNOLOGIES公司申请了应用拉曼光谱分析法的塑料回收识别和分拣系统（WO9819800A1），而中国科学院长春光学精密机械与物理研究所的垃圾分类系统（CN111375565A）则通过拉曼光谱仪对待分类垃圾进行照射并得到待分类垃圾的拉曼光谱以实现分类。当然，光谱识别通常配合于成像/视觉设备，如QINETIQ公司的废弃物分拣设备（WO2005028128A1）通过高光谱相机对废物流进行成像识别，而ENVIRONMENTAL GREEN ENGINEERING公司的塑料分拣设备（WO2016102725A1）中设置有多光谱视觉系统，用于记录输送带上塑料的图像以便于自动识别。

随着自动识别技术的不断发展，现有识别技术手段会得到进一步的提高和完善，而基于废弃物识别效率和精度的实际需求的不断提高，新的技术手段也会被尝试地应用到废弃物的分类识别中，这也是该领域的发展趋势。

垃圾分类自动分拣装置中光学探测技术专利发展路线如图3-2-7（见文前彩色插图第4页）所示。

3.2.6 重要专利分析

（1）一种将垃圾分类成其组分以便回收的方法和装置（公开号为US3650396A，公开日为1972年3月21日，申请人为SORTEX CO. OF NORTH AMERICA）

首先粉碎包含玻璃、金属、纸张等垃圾，并除去纤维浆部分；磁性材料通过磁力分离除去，而较轻的金属（如铝）通过在向上移动的空气柱中夹带轻金属部分从含玻璃的精矿中分离；然后，根据颜色对经过筛分、洗涤和干燥的含玻璃的部分进行分选，以通过检测玻璃的光学性质而将一种玻璃（例如燧石玻璃）与其他种类或颜色的玻璃分离，根据所检测到的光学性质的值而机械地分离玻璃颗粒（见图3-2-8）。

（2）一种用于透明材料尤其是玻璃碎片的分选装置（公开号为US5314071A，公开

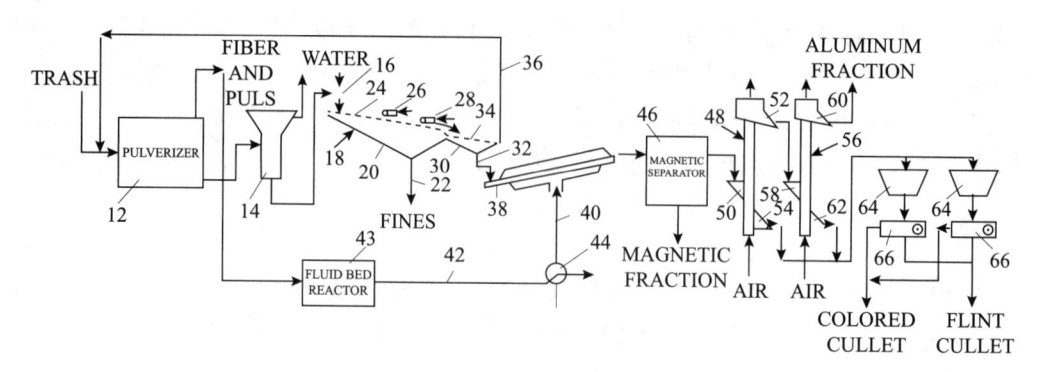

图 3-2-8　专利 US3650396A 附图

日为 1994 年 5 月 24 日，申请人为 FMC CORP ORATION）

包括控制模块；连接到所述模块的灯阵列（22）；传感器阵列（23），其连接到所述模块且与所述灯相对布置；用于将透明材料传送到灯和传感器上方的位置并随后将其引导到灯和传感器之间的装置；以及第一喷射器阵列（24），其连接到模块，用于响应于透射通过材料并由传感器感测的光而偏转落在灯和传感器之间的一些材料；该设备还包括一个破碎机，以将材料破碎成碎片。该装置用于从不透明材料中分选不同颜色的碎玻璃，还可以分类例如塑料等其他透明材料（见图 3-2-9）。

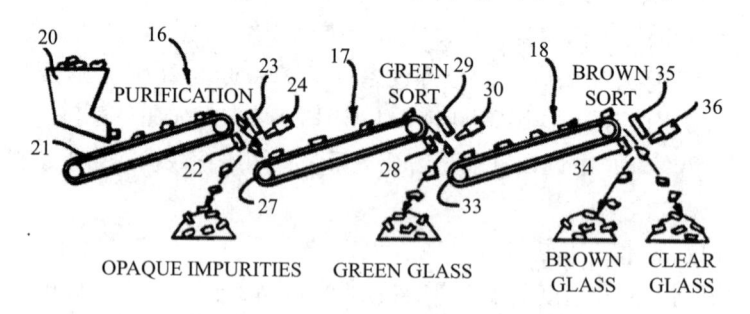

图 3-2-9　专利 US5314071A 附图

（3）一种快速自动识别和分类塑料垃圾的方法和系统（公开号为 US6313423B1，公开日为 2001 年 11 月 6 日，申请人为 NATIONAL RECOVERY TECHNOLOGIES INC）

通过输送至少一种这样的照射材料样品（10），用来自激光器的光（40）照射它以引起拉曼发射，收集从它反射的光，光谱分析收集的光以确定它的拉曼光谱，和通过比较该光谱与至少一种已知聚合物类型的光谱数据库来识别材料的聚合物类型，以便能够根据类型至少分类该材料，从而根据聚合物类型快速地分类不同的材料，以高效和低成本地回收不同塑料（见图 3-2-10）。

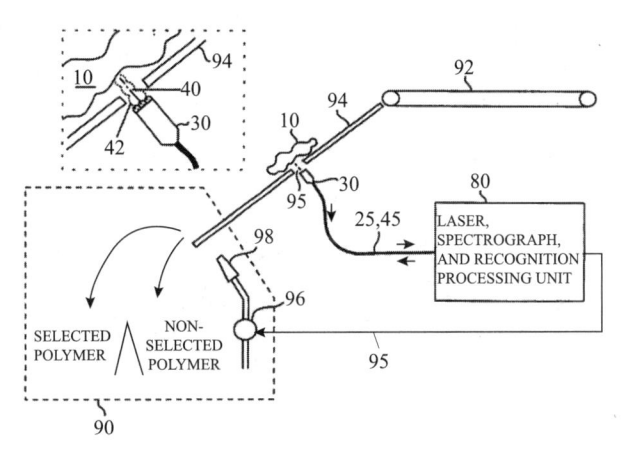

图 3-2-10 专利 US6313423B1 附图

（4）一种自动分类的垃圾桶（公开号为 CN101391693A，公开日为 2009 年 3 月 25 日，申请人为清华大学）

所述自动分类的垃圾桶是利用霍尔传感器接近开关探测金属；利用机械敲击，促使被测物发声，后续电路采集并处理声音信号，区分玻璃、塑料和其他类；同时将体积过小的垃圾和压缩性好的包装塑料袋或纸袋等回收价值不大的垃圾归作其他类垃圾进行处理；其组成包括带轮、光杠、机架、下压板、连接块、连杆、曲柄、丝杠、压紧板、运输箱、敲击杆、电磁铁。能够降低人的劳动强度，节约回收成本，提高垃圾分类准确性（见图 3-2-11）。

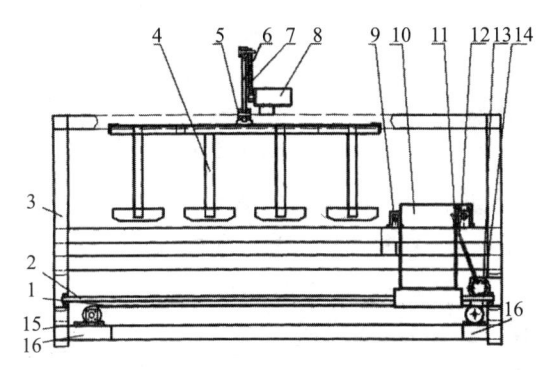

图 3-2-11 专利 CN101391693A 附图

（5）一种基于云计算和图像识别的废旧塑料瓶分拣装置及方法（公开号为 CN104148301A，公开日为 2014 年 11 月 19 日，申请人为广州市数峰电子科技有限公司）

分拣装置包括传送机构、识别单元及分拣机构；传送机构用于将堆积的废旧塑料瓶摊平后送入识别单元；识别单元包括识别箱、设置在识别箱上的图像采集器以及与所述图像采集器连接的服务器；而服务器设有条形码数据库及废旧塑料瓶分拣模块，废旧塑料瓶分拣模块对图像采集器采集的图像进行条形码定位识别，根据识别结果查询所述条形码数据库，确定塑料瓶颜色及材质；由分拣机构根据服务器所确定的塑料瓶颜色及材质，对塑料瓶进行分拣。该发明可同时识别塑料瓶的材质和颜色，从而对废旧塑料瓶进行分色及分材质的分拣，解决了现有技术中单一设备只能实行分色或分材质分拣的技术问题（见图 3-2-12）。

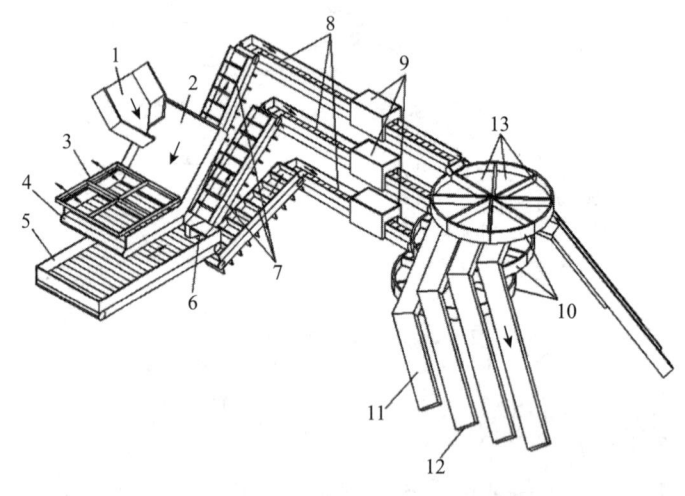

图 3-2-12　专利 CN104148301A 附图

（6）一种基于视觉及深度学习的垃圾分选系统和垃圾分选方法（公开号为 CN110743818A，公开日为 2020 年 2 月 4 日，申请人为苏州嘉诺环境工程有限公司）

基于视觉及深度学习的垃圾分选系统包括输送装置；图像获取装置，包括用以获取所述输送装置上的垃圾的 2D 图像数据的线阵相机、用以获取所述输送装置上的垃圾的 3D 点云数据的 3D 相机；抓取装置，用以抓取目标垃圾；控制单元，所述输送装置、图像获取装置、抓取装置均与所述控制单元通信连接，所述控制单元包括用以将得到的 2D 图像数据与 3D 点云数据相配准得到 RGB-D 图像数据的图像处理模块、对所述 RGB-D 图像数据进行深度学习识别出垃圾的材质得到目标垃圾并计算出抓取装置抓取该目标垃圾的位置信息的深度学习训练及计算模块；增强目标垃圾识别的准确率以及识别速率（见图 3-2-13）。

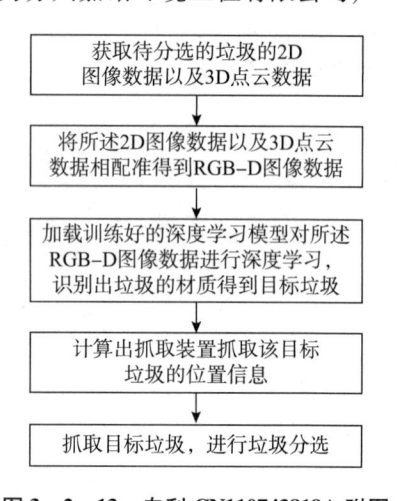

图 3-2-13　专利 CN110743818A 附图

3.3　"互联网+"垃圾分类收集运营专利分析

3.3.1　专利申请趋势

如图 3-3-1 和图 3-3-2 所示，1999 年以前，"互联网+"垃圾分类收集运营技术处于萌芽期，每年的申请量均为个位数，主要为德国和日本两个国家的专利申请；在 1999 年以后出现快速增长，并分别在 2001 年和 2003 年出现波峰，主要的申请来自日本，德国、美国有少量申请，由此可以看出，日本在 2000 年开始关注"互联网＋"的垃圾分类收集运营的专利布局，是该领域发展相对较早的国家。

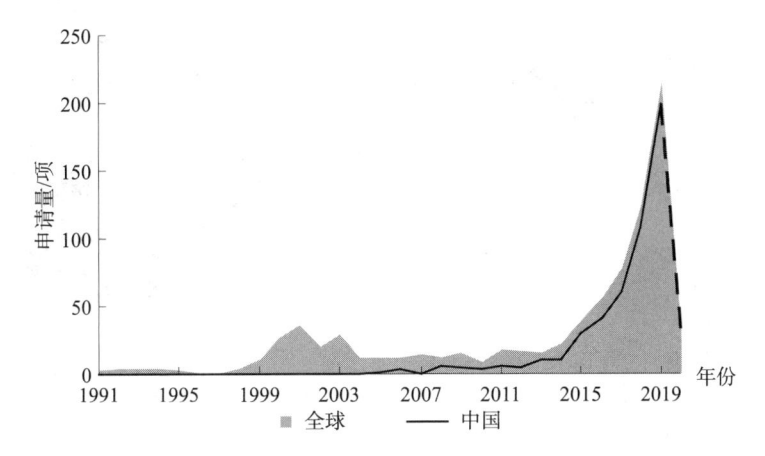

图 3－3－1 "互联网＋"垃圾分类收集运营全球和中国的专利申请趋势

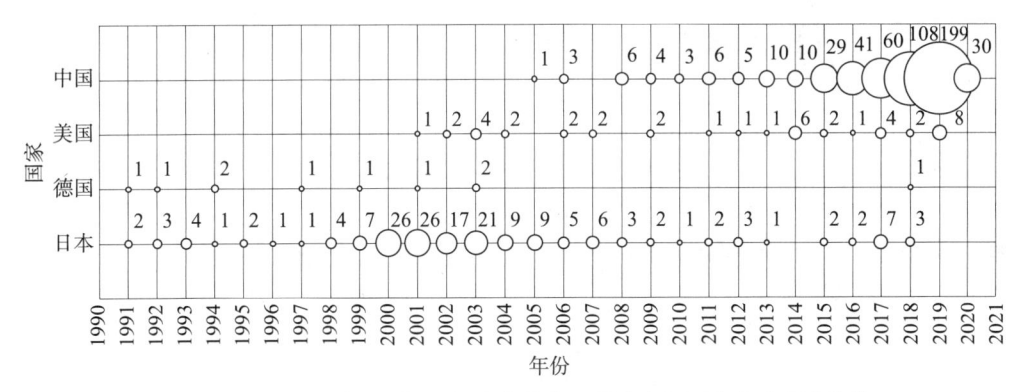

图 3－3－2 "互联网＋"垃圾分类收集运营的主要国家专利申请趋势

注：图中数字为申请量，单位为项。

随后的一段时间全球该领域申请处于平稳发展期，年均申请量在 10～20 项，该阶段主要的申请国家包括日本、美国和中国。中国是在 2005 年及以后逐渐关注该技术的，2014 年至今，我国该技术处于快速发展期，申请量年增长率均超过 40%，而且在申请量上，中国逐渐取代日本，成为主要的申请国家，这也得益于近年来中国互联网技术的大力发展，为基于互联网技术的垃圾分类收集运营带来了发展的契机。

3.3.2 技术构成分析

从技术构成上来看，在"互联网＋"垃圾分类收集运营领域，如图 3－3－3 所示，整体运维管理相关技术申请量最大，其次为商业运营模式，而分类软件/平台的专利申请量较少。其中，整体运维管理的技术发展及大量布局主要得益于行政政策的鼓励及强制措施的实行,在此大背景下,与垃圾分类收集相关的大数据采集、分类监管、效果评价及各环节的运行维护等相关技术的发展得到了很大的促进;而且越来越多的市场主体开始涉足垃圾分类收集、回收,由此衍生出大量涉及商业运营模式的专利技术。

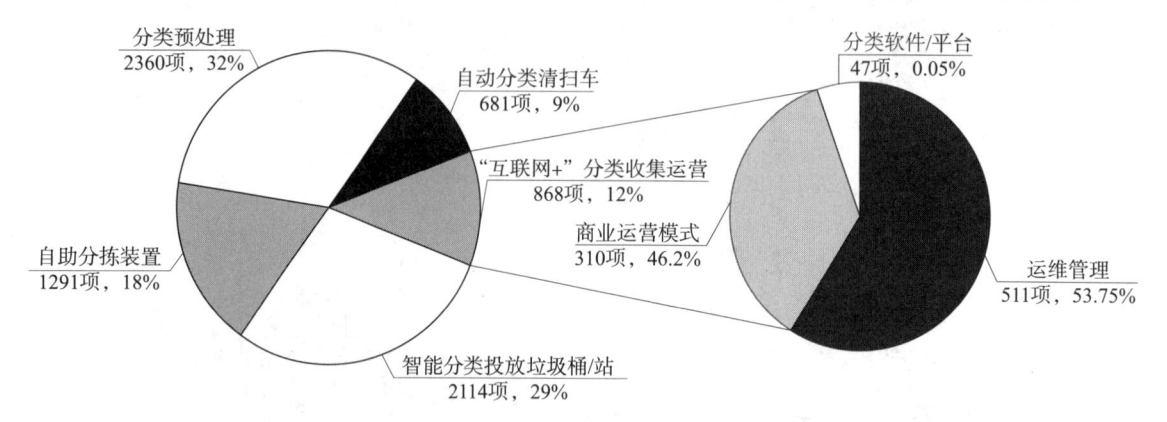

图 3-3-3 "互联网+"垃圾分类收集运营的专利技术分布

3.3.3 重要申请人分析

3.3.3.1 "互联网+"垃圾分类收集运营整体重要申请人分析

从主要申请人排名来看,如图 3-3-4 所示,在排名前 20 位的申请人中,有 8 位日本申请人,分别为日立、日本钢管、富士重工、松下、三菱、NEC、东芝和 YOSHIMASA TOMOO,其中大部分是实力雄厚的大企业,它们在前期的发展中实现了大量的技术储备;中国有 10 位申请人,均为企业申请人,大部分属于本领域的新兴企业,具有较大的发展潜力;另有来自瑞典的恩华特和美国的 RUBICON GLOBAL(以下简称"Rubicon

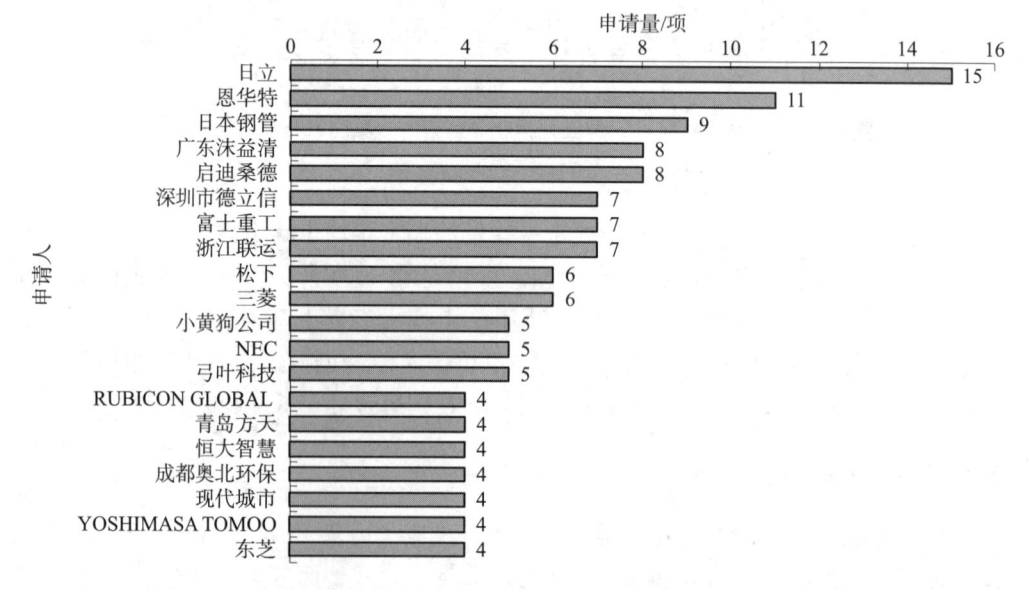

图 3-3-4 "互联网+"垃圾分类收集运营领域重要申请人专利数量排名

公司"），都为专注于垃圾分类收集的全球化公司，例如恩华特，在中国就有恩华特环境技术（天津）有限公司、恩华特远东有限公司、广州恩华特环境技术有限公司等。

3.3.3.2 "互联网+"垃圾分类收集运营商业模式重要申请人分析

虽然该技术分支的专利申请较为分散，但从主要申请人排名来看，仍具有一定代表性。如图 3-3-5 所示，在排名前 20 位的申请人中，中国申请人占 9 席，分别为广东沫益清环保科技有限公司（以下简称"广东沫益清"）、杭州复杂美科技有限公司（以下简称"杭州复杂美"）、深圳市德立信环境工程有限公司（以下简称"深圳市德立信"）、浙江联运、小黄狗环保科技有限公司（以下简称"小黄狗公司"）、安徽继宏环保科技有限公司（以下简称"安徽继宏"）、深圳市赛亿科技开发有限公司（以下简称"深圳市赛亿"）、宁波加多美机械科技有限公司（以下简称"宁波加多美"）和北京虹巢环保科技有限公司（以下简称"北京虹巢"），均为企业申请人，这也符合企业在垃圾分类收集运营中通过模式创新来实现营利的基本需求。其次，与"互联网+"分类收集运营整体情况相似，大部分日本申请人是在该领域发展较早的大企业，如日立、日本钢管、芝蒲工程株式会社等。另有来自瑞典的恩华特和英国的 COMPLETE RECYCLING SYSTEMS。

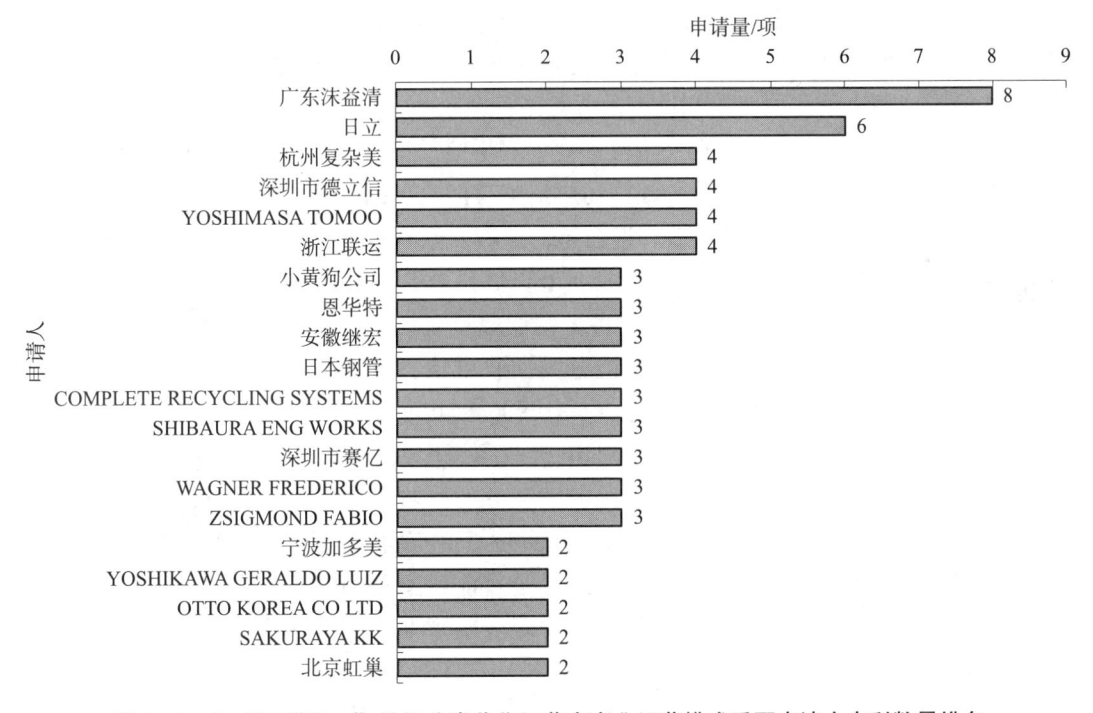

图 3-3-5 "互联网+"垃圾分类收集运营中商业运营模式重要申请人专利数量排名

3.3.4 技术分支发展分析

在"互联网+"垃圾分类收集运营技术中，商业运营模式及分类软件/平台是重要组成部分，特别是分类软年/平台更是"互联网+"实现垃圾分类收集运营的基础，因此，出现了多种垃圾分类收集平台的专利申请，比较典型的专利有：DENSO公司申请的通过金融机构付款的垃圾收集系统（JP2002104607A）、BNSF LOGISTICS申请的用于循环物品生命周期跟踪系统（US2014122347A1）、杭州朗盾科技有限公司的废旧物资和垃圾分类智能回收服务平台（CN103440607A）、杭州村口环保科技有限公司的社区智能终端服务平台（CN104240159A）、陈斌申请的基于二维码识别技术的垃圾分类平台（CN104044842A）、北京盈创高科新技术发展有限公司的基于押金制度的标准包装物回收系统（CN107481412A），以及重庆邮电大学申请的一种基于人工智能与大数据技术的垃圾智能回收系统（CN108839980A）。

而商业运营模式主要分为有偿回收模式、积分奖励/返现模式和扣费收费模式3种。

有偿回收模式主要针对的是有重复利用价值的可回收物，能够在垃圾分类最前端实现种类分离，为可回收物的资源化提供基础。日本早在1992年就存在实施空瓶罐有偿回收的商业模式（如JPH07112801A），后来出现了基于集成电路（IC）卡识别的货币返还式回收方法（如JP2001233402A）以及基于金融机构代理支付费用的交易方式（如JP2002269222A）；美国Nexcycle公司申请了可以运输的移动式自主回收仓（US7044052B2），服务人员可以接受来自工作区中的可回收材料，并将可回收材料存储在存储区中，同时消费者可获得存款退款或现金值；罗贯诚在2006年提出一种电池回收机（CN200965706Y），其设置了投扔机构可将电池夹置，通过探针模块与电池充电端接触，以便于侦测电路检测该电池并判断回收价值，且将结果显示于显示面板，确定回收时，该投扔机构将电池投入储存机构中，将储币槽中的钱币落于取币口处，实现电池的有偿回收；上海泰正实业有限公司申请了自助废品回收系统（CN201285566Y）以提高用户自助完成废品回收的效率。近几年，随着互联网技术的快速发展，更多的互联网技术被应用于垃圾分类回收中，如深圳市赛亿科技开发有限公司提出设置在线下单平台便于用户进行下单预约，从而实现上门回收（CN109086899A）；深圳市丰巢科技有限公司申请了基于智能柜的物品智能分类回收方法，可将回收的物品通过限时出售和分类回收两种方式实现价值最大化（CN109063851A）；小黄狗公司的智能垃圾分类回收系统（CN109969639A）通过配套的手机应用程序（App）、可靠的现金提现系统、称重计费回收与计数计费回收，使居民的垃圾分类回收行为实现有偿性现金反馈；山西小苍蝇智能环保科技有限公司还布局了厨余垃圾的有偿回收运营（CN111404967A）。

与有偿回收模式类似，积分奖励模式也是目前普遍采用的回收方式，其通过垃圾分类投放、积分返还等奖励来刺激用户的垃圾分类意愿，能够达到普及、强化大众垃圾分类意识的效果。早在1999年，SILVER RIVER TRADING公司就申请了可回收物回收机（WO9943579A1），该回收机执行废物回收中给予用户特定的激励。而后在分类投放的用户识别方面，相继出现了基于条形码的用户身份标识号（ID）识别（如JP2002297840A）、基于二维码识别（如CN103824237A）和面部识别等技术（如CN208647731U）。在积分奖励方面，除单纯积分奖励外还有更多新的探索，例如佛山市碳联科技有限公司申请了一种利用垃圾回收实现碳交易的方法（CN104867024A），其通过垃圾回收获得相应的碳减量，并可利用该碳减量通过全国碳交易所进行碳期货交易或换算成虚拟货币；浙江农林大学的智能垃圾处理系统则采用环保币（CN208361051U），并根据每种类型垃圾汇总的容量来动态调节垃圾环保币价格。另外，近些年该领域还关注了对于积分赋值方法的优化研究，例如，浙江联运在专利申请中包括建立用户投放垃圾的次数和正确率与获得奖惩积分的计算模型（CN107545462A），RTS RecycleBank 公司则提出与投放量、信用值等关联的报酬值算法（US2020082355A1），而腾讯科技（深圳）有限公司（CN110598879A）将区块链概念用于垃圾分类回收中。在积分兑换方面，华中科技大学在固体垃圾回收系统中设置了礼品兑换站（CN101269739A），上海第二工业大学将垃圾分类回收与自动售货机复合运营扩大了积分使用场景（CN103985194A），广东沫益清环保科技有限公司的垃圾分类模式中则搭建了网络商城平台（CN107247999A）；另外，现代城市环境服务（深圳）有限公司还提出一种共享式积分利用模式（CN105427150A），用户可以上传旧物信息，并标明旧物对应的垃圾分类积分，其他用户需要兑换该旧物，可用相应的垃圾分类积分来换取旧物，扩大了积分用途，同时使废物价值最大化。可见，该模式也是中国国内采用最多的回收方式。

而扣费收费模式大多针对的是不可回收物的垃圾分类收集，其能够在某种程度上促进垃圾分类最前端的减量化。该模式通常与环卫收运相关联（如 JPH06321305A、CN110203585A），近些年出现了基于预约的收费收运模式（如 JP2019028711A）。与积分奖励模式中的识别类似，扣费收费模式中同样包括基于二维码标签识别（如 JP2005067850A、KR1020100137975A）、RFID 识别（如 KR101427138B1）等技术手段。而在收费方式方面，1999 年，NAKATAYA 公司的废物收集方法中涉及一种共享储藏成本共担的方式（JP2000233804A），其包括由多个签约用户共用的储备仓，能够管理多个合同用户的废物数量等，成本的共享变得清晰；Elgin Sweeper 于 2004 年申请的废物收集系统及方法中采用授权转账方式（US20050038572A1），资金从用户的账户转移到收集者的账户；而恩华特主要采用的是投币型垃圾分类投放装置（CN205221658U）。综合来看，该模式在日本、韩国等国家申请专利较多，而中国国内很少通过直接对用户个人的扣费收费式进行垃圾收集。

"互联网+"垃圾分类收集运营领域中商业运营模式及分类软件/平台技术发展路线如图 3-3-6 所示。

3.3.5 重要专利分析

3.3.5.1 有偿回收模式

（1）一种可运输的回收中心（公开号为 US7044052B2，公告日为 2006 年 5 月 16 日，申请人为 NEXCYCLE INC）

该中心被构造在具有将工作区域与存储区域分开的隔板的可运输集装箱中，可以由可充电电池供电，并且包括压实机和自动回收机。在容器外部提供一个容纳箱，可连接工作和存放区域的门。该中心可以移动到需要的位置，例如在超市停车场中，以允许可回收材料的监督回收和分离，而不永久地占用空间，提高了废弃物收集的机动性（见图 3-3-7）。

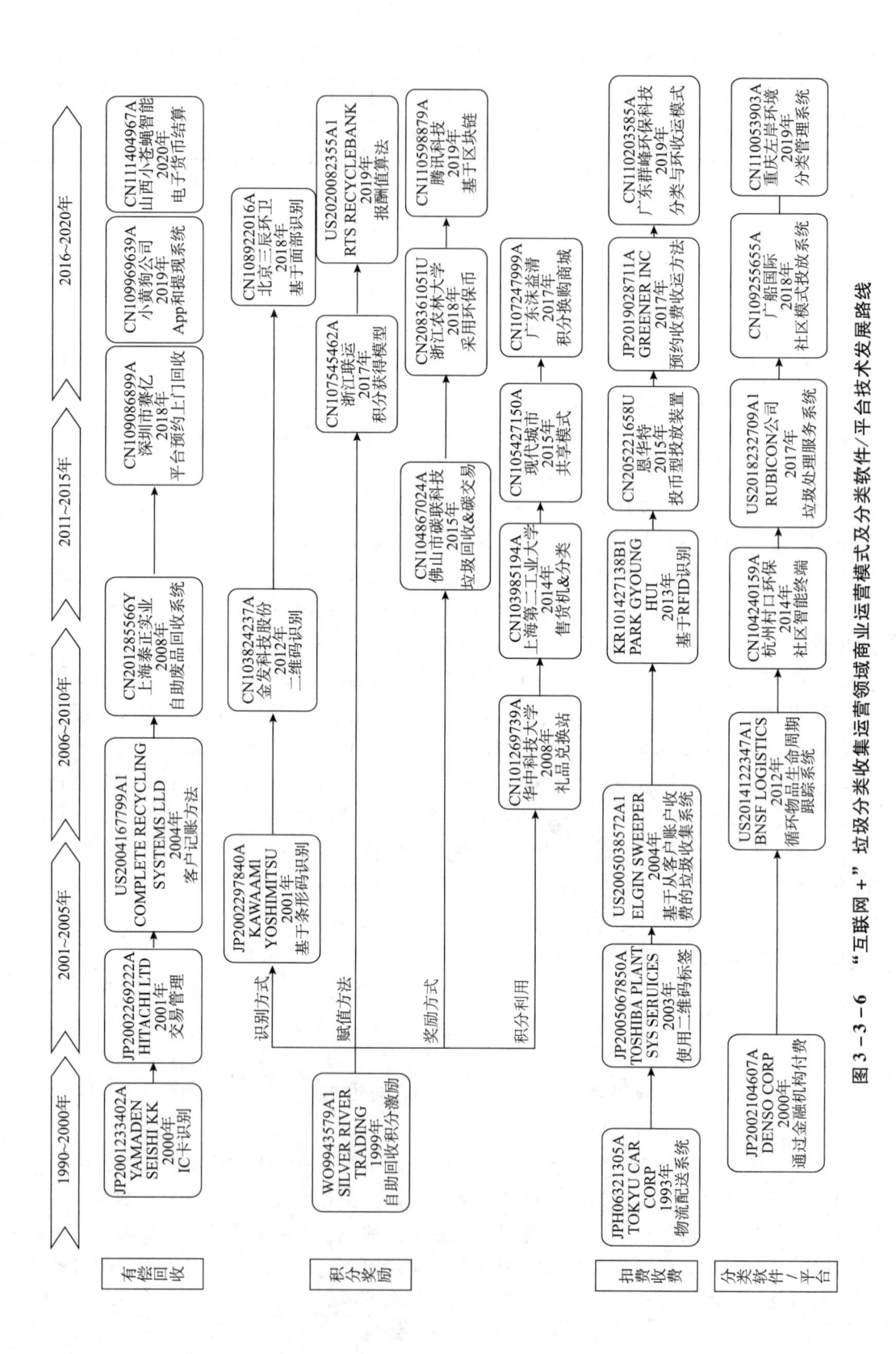

图 3-3-6 "互联网+"垃圾分类收集领域商业运营模式及分类软件/平台技术发展路线

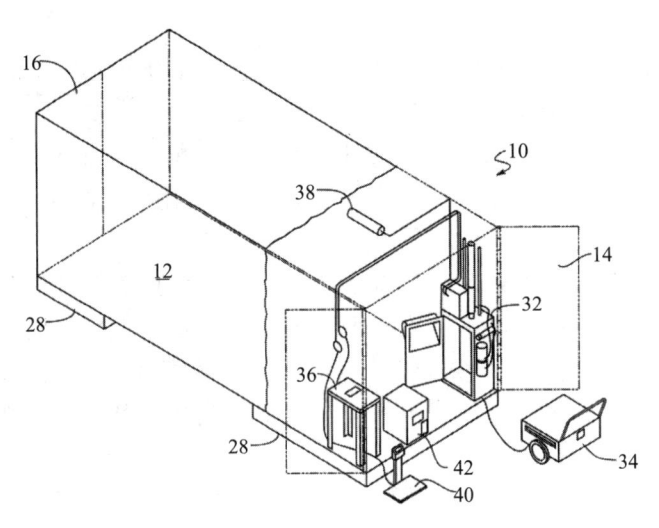

图 3-3-7　专利 US7044052B2 附图

（2）一种基于智能柜的物品智能分类回收方法及智能柜（公开号为 CN109063851A，公开日为 2018 年 12 月 21 日，申请人为深圳市丰巢科技有限公司）

智能柜包括物品存储柜，以及若干个用于分类垃圾回收的回收副柜，方法包括：获取用户的回收物品指令，在操作显示屏上显示回收物品页面；接收用户的物品等级选择指令，获取物品等级选择指令的等级类型；若等级类型是分类回收，则控制打开对应的回收副柜，检测到物品投递至回收副柜后，关闭回收副柜；若等级类型是限时出售，则获取用户填写的售卖金额，并控制打开物品存储柜的格口，检测到物品投递至存储柜的格口后，关闭存储柜的格口。该发明可将回收的物品通过限时出售和分类回收两种，将待回收的物品价值最大化，延长了物品的使用周期，提高了物品的使用效率，避免了资源的浪费（见图 3-3-8）。

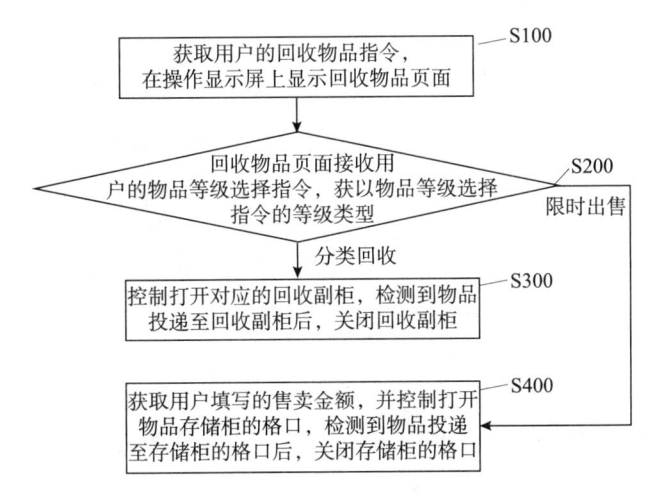

图 3-3-8　专利 CN109063851A 附图

3.3.5.2 积分奖励模式

（1）一种可回收废物再利用的回收机（公开号为 WO9943579A1，公开日为 1999 年 9 月 2 日，申请人为 SILVER RIVER TRADING LTD）

该机器包括在容纳底架（11）中的废物接收和压实单元（12），其与一个或多个废物收集装置（13）相关联，废物数据采集单元（14），用户接口单元（15），新颖物品分配器单元（16），其用于证明废物已经被引入，一个或多个传感器（46），其与用于信号和执行程序的电子处理的装置相关联。允许使用者简单地处理废物，激励使用者采用再循环的解决方案。机器使用简单，并且其操作可以由不具有技能的用户掌握。机器是安全可靠的，可以容易地集成到环境中或由公共管理部门管理等。可以集成多种功能以覆盖可回收废物的回收的整个范围。可以用常规技术和工艺制造（见图 3-3-9）。

（2）一种基于奖励的固体垃圾回收系统（公开号为 CN101269739A，公开日为 2008 年 9 月 24 日，申请人为华中科技大学）

该系统属于环卫技术领域，解决现有垃圾回收系统分类效果不理想、回收率低下的问题，培养垃圾投放者正确的投放习惯。该发明由回收终端设备、服务器和礼品兑换站组成，服务器通过互联网与回收终端设备和礼品兑换站相连；回收终端设备由分类垃圾箱、支架、灯箱和顶棚组成；服务器保存用户账户、垃圾存储量、各礼品兑换站地址等信息，在互联网上架设系统服务网站，实现用户账户的注册、账户信息的添加、修改和删除以及用户网上使用积分兑换礼品等功能；礼品兑换站配有计算机，获取并更新服务器中的数据。该发明根据用户需求发放奖励，可促使用户主动按要求分类投放可回收垃圾，减少对环境的污染，并提高回收率（见图 3-3-10）。

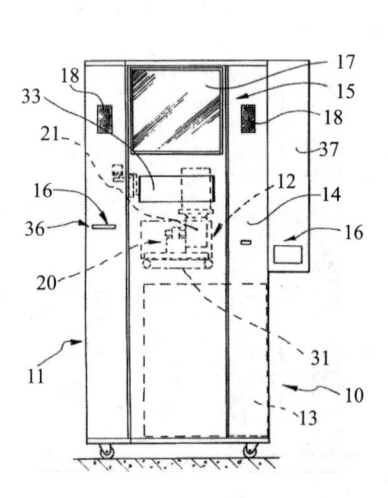

图 3-3-9　专利 WO9943579A1 附图

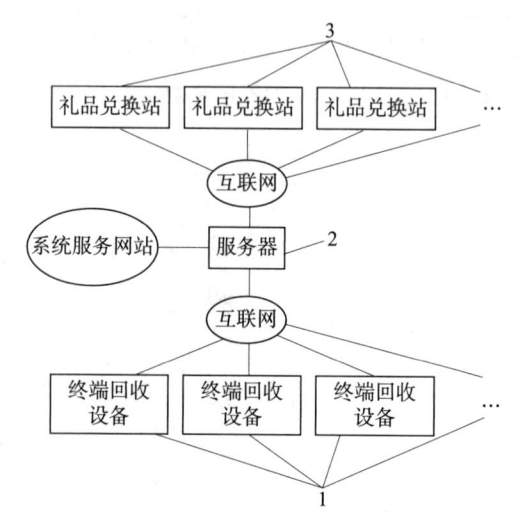

图 3-3-10　专利 CN101269739A 附图

3.3.5.3 扣费收费模式

（1）一种使用识别标签的垃圾收集系统（公开号为 JP2005067850A，公开日为 2005 年 3 月 17 日，申请人为 TOSHIBA PLANT SYSTEMS & SERVICES CORP）

该系统允许管理庞大的垃圾处理工作的经理从头到尾一次性管理笨重的垃圾处理工作；包括输入/输出装置，其中输入处理预约信息和处置许可信息并且发出识别标签，处理管理装置，其中输入处置预约信息并且管理庞大的垃圾处理，收集命令指示装置和收集执行信息发送装置，在收集命令指示装置中指示笨重的垃圾收集的命令信息，其中垃圾被移动到庞大的垃圾收集地点和笨重的垃圾管理信息。识别标签通过读取通信装置发送到处理管理装置。处理人员在二维码阅读器中带入的产品，以便将数据读取到服务器。如果从服务器关闭可恢复的许可，收集产品，将支付的费用数据发送到服务器，将存款费退还给产品处理人员（见图 3-3-11）。

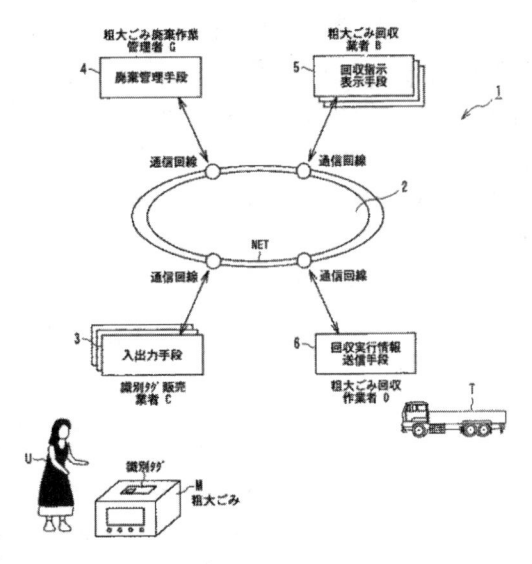

图 3-3-11 专利 JP2005067850A 附图

（2）一种投币型分类垃圾投放装置（公开号为 CN205221658U，公告日为 2016 年 5 月 11 日，申请人为恩华特环境技术（天津）有限公司）

该装置包括：分类垃圾投放装置，其上设置有垃圾投放门；分类选择装置，其上分别设置选择分类按钮、选择分类标识板及投币口；其中，选择分类按钮，其分别对应连接垃圾投放门；选择分类标识板，其分别与选择分类按钮对应设置；投币口，其用于投币后，按动选择分类按钮对应开启选择分类按钮连接的垃圾投放门。该专利还公开了一种气动垃圾收集系统，使用了专利公开的投币型分类垃圾投放装置。该实用新型具有结构简单，操作方便快捷，在实现分类选择化的过程中，不用触碰垃圾门就可以自动开启，用户不必接触门上的污染物等特点（见图 3-3-12）。

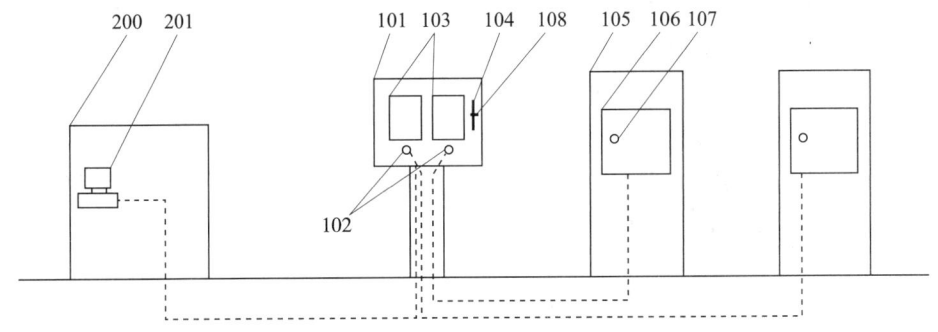

图 3-3-12 专利 CN205221658U 附图

3.3.5.4 分类软件/平台搭建

（1）一种垃圾收集系统（公开号为 JP2002104607A，公开日为 2002 年 4 月 10 日，申请人为 DENSO CORP）

该系统以正确和简便地识别每个用户的垃圾倾倒量并进行累加，当每个家庭（4）垃圾被倾倒，可识别该用户信息所指定的垃圾倾倒人（家庭4），该用户信息被记录在所形成的 QR 码并被贴在垃圾袋（1a）上，它们被集中到垃圾收集站（6）；垃圾收集者（7）从所述垃圾收集站（6）回收垃圾，并通过一个操作终端（9）读取该 QR 码，通过一个重量测量装置（8a）测量倾倒垃圾重量并存储在一个与该用户的信息所对应的 QR 码；还包括一种合计装置（11）接收所述操作终端（9）中存储的所述倾倒人的倾倒垃圾重量数据，根据垃圾倾倒量生成垃圾收集费用票据并发送到该家庭（4）；该家庭（4）接收所述票据并通过一个金融机构（12）支付所述垃圾收集费用（见图 3 – 3 – 13）。

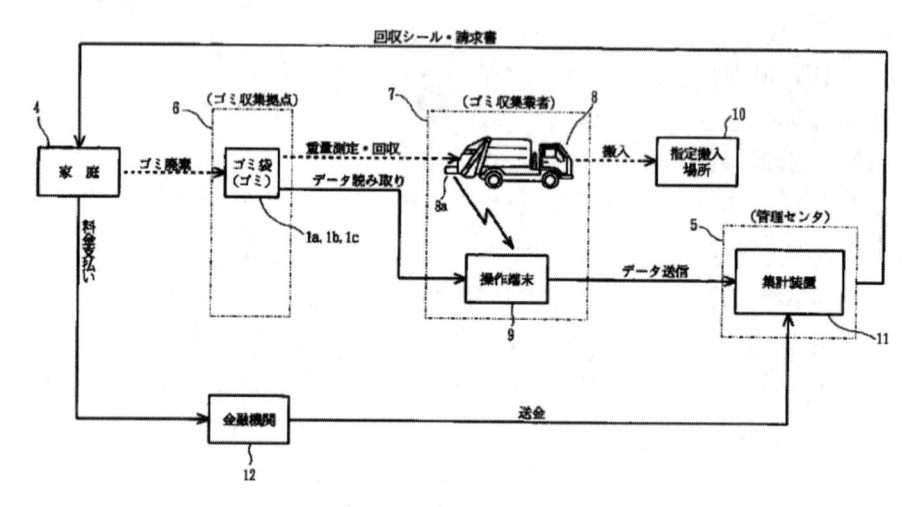

图 3 – 3 – 13　专利 JP2002104607A 附图

（2）一种废旧物资和垃圾分类智能回收服务平台及方法（公开号为 CN103440607A，公开日为 2013 年 12 月 11 日，申请人为杭州朗盾科技有限公司）

该平台在采用新技术的同时，又是宣传垃圾分类的新媒体宣传平台，采用动画、视频、游戏等社区居民喜闻乐见的形式，使废旧物资的回收过程能最大程度地被各种人群快速接受，环保和再生资源的理念深入人心，采用物联网技术，方便电子废弃物的回收，对于电子废弃物在生产销售期间，在上面附有 RFID 唯一标识，该标识中已经包含了产品分类信息，根据垃圾分类的归类，当投递该类废品时，相应的垃圾回收分类箱自动打开，其他与该类不相关的垃圾回收分类箱不会打开（见图 3 – 3 – 14）。

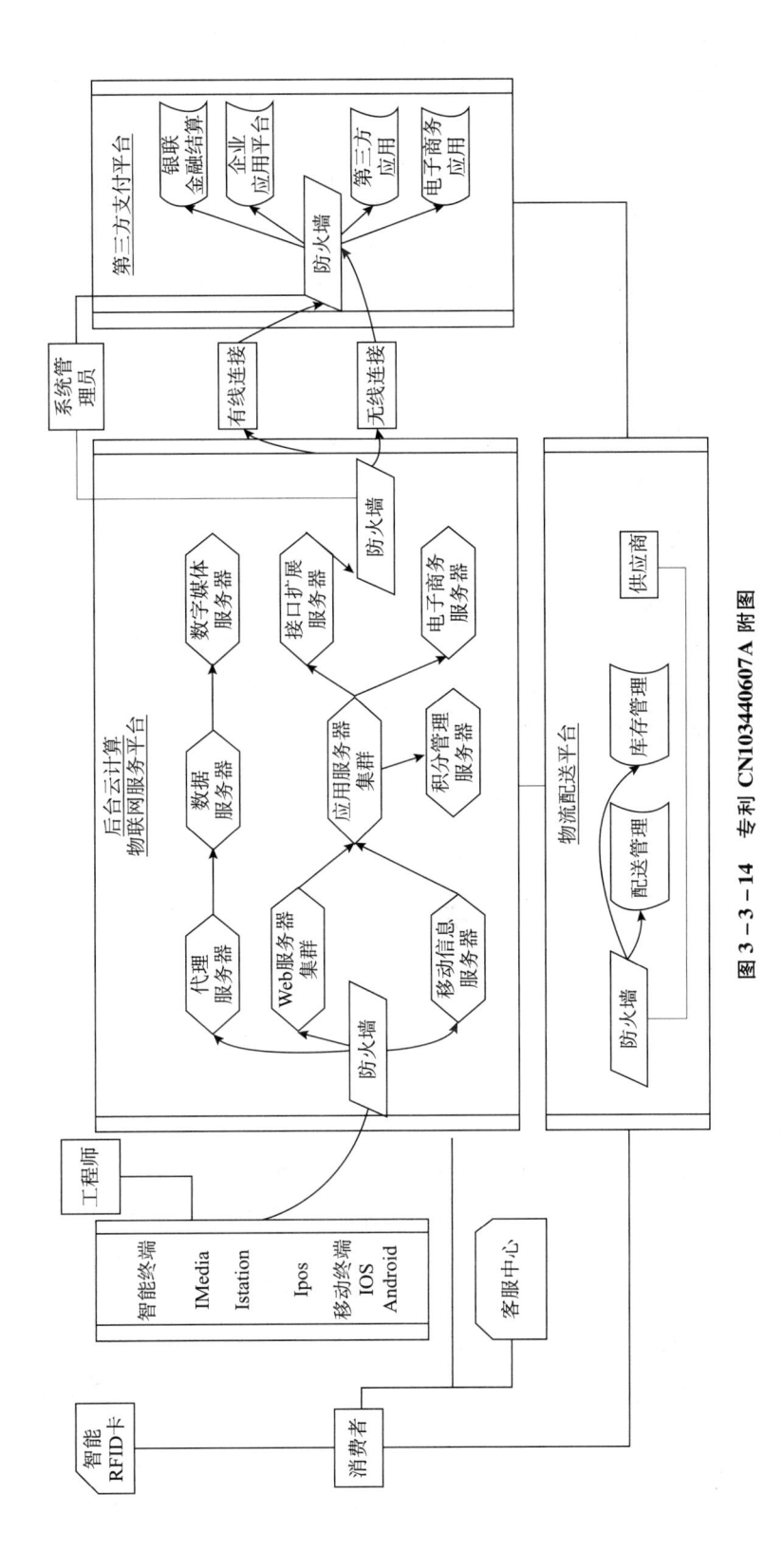

图 3-3-14 专利 CN103440607A 附图

(3)一种基于押金制度的标准包装物回收方法及系统(公开号为CN107481412A,公开日为2017年12月15日,申请人为北京盈创高科新技术发展有限公司)

该系统包括:云服务平台、押金管理平台、消费者押金终端、回收机终端、清运运维终端和检验计数终端;云服务平台包括:回收机管理模块、控制指令管理模块、标准包装物管理模块、告警管理模块、标准包装物退还管理模块、实时监控管理模块、回收物监控管理模块和传输接口模块。优点为:最大限度地刺激消费者退还标准包装物的押金,在消费者使用回收机的过程中培养消费者的环保意识和垃圾分类意识(见图3-3-15)。

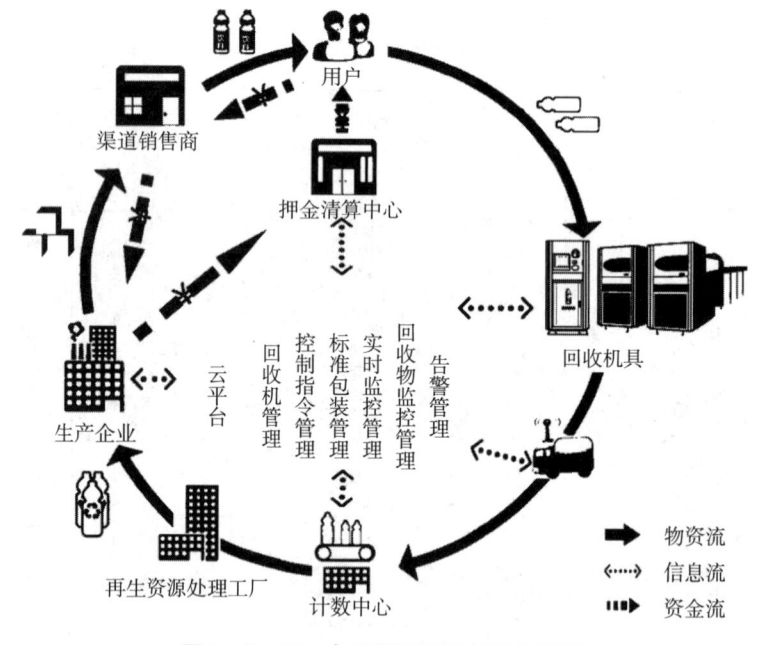

图3-3-15 专利CN107481412A附图

(4)一种城市垃圾投放系统(公开号为CN109255655A,公开日为2019年1月22日,申请人为广船国际有限公司、广船环保科技有限公司)

该系统包括:智能垃圾投放平台和城市驿站平台;其中,所述智能垃圾投放平台用于收集用户投放的垃圾,并根据所述投放的垃圾种类和重量为用户增加相应积分;所述城市驿站平台包括激励动员模块,所述激励动员模块用于向用户宣传垃圾分类投放的相关知识及为用户提供与所述积分相关的资源和服务,实现了有效的垃圾回收。由于激励动员模块提供的宣传和便民服务,使居民垃圾投放的积极性提高,并且可以形成一个垃圾分类治理的成熟、智慧化的社区模式,实现更经济、更合理的垃圾投放和处理效果(见图3-3-16)。

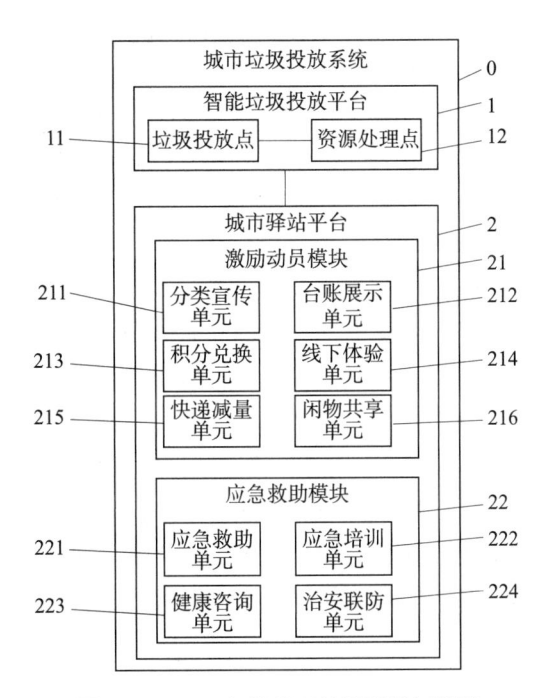

图3-3-16 专利CN109255655A附图

3.3.6 国内重要市场主体分析

重要市场主体是通过市场情况和专利情况等因素综合筛选出的，本课题组在综合市场份额、产业报道热度和专利申请情况的基础上，确定小黄狗公司作为国内"互联网+"垃圾分类收集运营技术领域新兴互联网企业的样本，其在某种程度上能够代表该领域新兴创新主体的基本特性。目前，小黄狗公司已经进驻39个城市，覆盖9000余个小区，累积铺设超12000台智能垃圾分类收集设备，拥有超500万线上用户，覆盖1200万户家庭。[1]

3.3.6.1 小黄狗公司相关事件及专利申请概况

2017年8月9日，小黄狗公司在东莞成立，注册资金1亿元；

2018年6月14日，小黄狗公司宣布完成A轮融资，获得中植集团10.5亿元投资，估值60亿元；

2018年10月26日，A股上市公司易事特以自有资金1.5亿元人民币对小黄狗公司进行增资，增资完成后持有其0.99%的股权，使小黄狗公司估值达到151.52亿元，成为互联网环保领域的"独角兽"；[2]

2018年12月10日，小黄狗公司与笨哥哥网络科技有限公司宣布达成协议，小黄

---

[1] 小黄狗涅槃重生 将深耕垃圾分类上下游生态［EB/OL］. (2020-07-23) [2020-10-22]. http://www.xinhuanet.com/tech/2020-07/23/c_1126274906.htm.

[2] 新三板环保行业策略：从小黄狗150亿估值看再生资源回收市场［EB/OL］. (2018-11-26) [2020-10-22]. https://stock.cngold.org/info/xsb_yb/c6160.htm.

狗公司以"现金+股权"方式收购笨哥哥网络科技有限公司 100% 股份，双方团队全面整合；

2018 年 12 月 20 日，新华联集团全资子公司北京新华联产业投资有限公司与小黄狗公司达成 1.5 亿元投资协议；❶

2019 年 9 月，东莞市第一人民法院受理小黄狗公司破产重整案；

2020 年 1 月 19 日，小黄狗公司破产重整方案获批；

2020 年 7 月 20 日，东莞市第一人民法院确认小黄狗公司重整计划执行完毕。

在专利申请方面，在小黄狗公司成立的当年仅有 1 件专利申请，在 2018 年专利申请达到了 53 件，但以实用新型和外观设计专利为多；2019 年 1~3 月共申请了 7 件，而 2019 年 3 月受到团贷网事件影响，小黄狗公司陷入运营困境，从此至 2020 年 7 月破产重整完毕，小黄狗公司没有再申请专利，但预期在公司逐步恢复正常后，专利申请可能会迎来下一个活跃期（见图 3-3-17）。

3.3.6.2 小黄狗公司垃圾分类收集运营模式相关的典型专利技术

小黄狗公司是主打垃圾分类回收的互联网企业，采用"互联网+智能回收"模式，通过小黄狗 App 进行实时定位、智能分类和预约上门回收，打通可回收物的投放、收运、处置的一体化网络，建立资源化处置中心，设定区域化的回收方案，实现了模块化的管理网络，借助物联网、智能设备等降低回收成本。

在小区或其他公共区域设置具备定位功能的回收机，用户可通过小黄狗手机 App 查找附近的回收机，定点投放、自主分类。由于回收是有偿的，用户需自主进行垃圾分类，分类投放后智能分类回收机根据投放种类及投放量进行返现或积分奖励，资金到账后即可提现；大数据运营平台可通过监管智能回收设备和获取的用户数据，来追溯垃圾分类行为。

小黄狗公司申请的相关专利技术如下：

(1) 一种智能垃圾分类回收机投递回收流程（公开号为 CN109658589A，申请日为 2018 年 12 月 11 日），包括以下步骤：

第一步，回收用户通过输入手机号码、扫描二维码、人脸识别中的任一方式登录回收界面；

第二步，在上位机显示屏幕中选择要回收物品的类型；

第三步，支付显示屏中显示的回收费用；

第四步，设备为回收物品做准备，清除并存储相应物品更改信息，开状态灯；

第五步，箱门自动打开，取走垃圾；

第六步，回收用户手动关箱门，在上位机显示屏幕中点击"回收结束"；

第七步，回收结束，重量传感器清除重量；

第八步，上位机将数据上传至平台，回收用户通过显示屏或者手机查看。

---

❶ 小黄狗正在慢慢复活 [EB/OL].（2020-10-12）[2020-10-22]. https://xw.qq.com/cmsid/20201012A06P7H00.

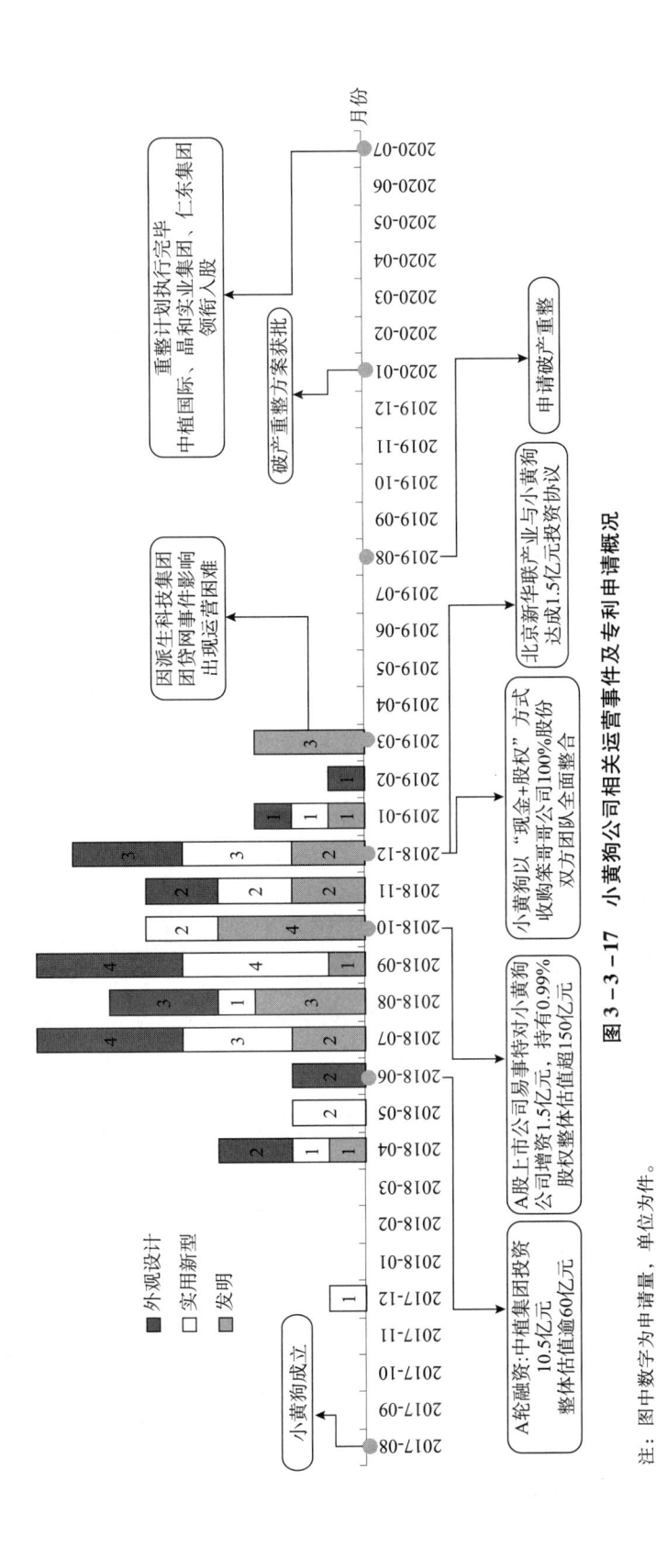

图 3-3-17 小黄狗公司相关运营事件及专利申请概况

注：图中数字为申请量，单位为件。

主机、从机投递与回收的流程完整，规范用户操作，可以实现精准地对垃圾进行分类回收；主机投递流程，饮料瓶经过多次识别，减少后续的回收处理流程；主机、从机投递分别通过视觉模块、相机采用拍照追溯的防范措施；主机、从机投递与回收通过上位机实现完美的用户交互体验，帮助用户树立正确的垃圾分类意识，让废品变废为宝。

（2）一种智能垃圾分类回收系统（公开号为CN109969639A，申请日为2019年3月28日），包括云端服务器，与云端服务器网络通信连接的智能垃圾分类回收终端、用户终端、大数据显示终端、运营终端，通过云端服务器将所有终端设备连成空间网络，通过网络通信进行数据信息交互及数据统计。通过智能垃圾分类回收终端引导用户分类投递；通过配套的手机App、可靠的现金提现系统、称重计费回收与计数计费回收，使居民的垃圾分类回收行为实现有偿性现金反馈，极大地提高了居民的垃圾分类意识和积极性。

（3）一种垃圾回收袋追溯系统及方法（公开号为CN110084922A，申请日为2019年3月29日），追溯系统包括大数据服务器，与大数据服务器通信连接的智能垃圾分类回收终端、清运终端、分拣终端，以及用于智能垃圾分类回收终端垃圾回收袋上的二维码蓝牙锁；所述清运终端为清运手机App，用于在智能垃圾分类回收终端扫码开箱，获得箱体的数据，扫描二维码蓝牙锁，与箱体的数据绑定，将绑定的数据上传到大数据服务器；所述分拣终端为分拣手机App，用于扫描垃圾回收袋上的二维码蓝牙锁开锁，并下载数据服务器相关的数据，经分拣中心人员核对后，进行数据解绑。还公开了一种垃圾回收袋追溯方法。可实现有效管控垃圾回收袋，能跟踪和准确核实回收垃圾的数据，避免中途出现掉包的情况。

3.3.6.3 小黄狗公司专利技术布局分析

小黄狗智能分类回收环保公益项目是小黄狗公司的主营业务，以自主研发的智能设备——小黄狗垃圾分类回收机为载体，在各城市的社区、学校、商业区等公共区域广泛构建一站式服务体系，并在后端建设分拣中心，打造垃圾分类两网融合模式，实现对生活垃圾前端返现分类回收、中端统一运输、末段集中处理的"互联网+"智能回收模式。

因此，在专利布局方面，智能垃圾分类回收机申请量最多，为27件，但以外观设计专利为主；其次有16件运营系统/方法类申请，15件功能部件类申请；另外，有1件分类垃圾桶和2件收集转运车专利申请。

如图3-3-18所示，在与智能垃圾分类回收机相关的功能部件布局方面，大部分为实用新型专利，主要集中在回收机箱门部分，涉及防夹手、电机堵转检测、防水、开闭结构等；还包括与塑料回收模块相关的塑料瓶称重传送装置及其传送视觉识别模块。另外，还布局了与纸类回收模块相关的后续智能废纸打包系统，以提高纸类可回收物回收后的整理效率。而在分类收集的中端，小黄狗公司还有2件废品运输车的实用新型专利。虽然根据相关报道，小黄狗公司也开始涉及厨余垃圾处理设备的布局，但在专利申请中还没有体现。

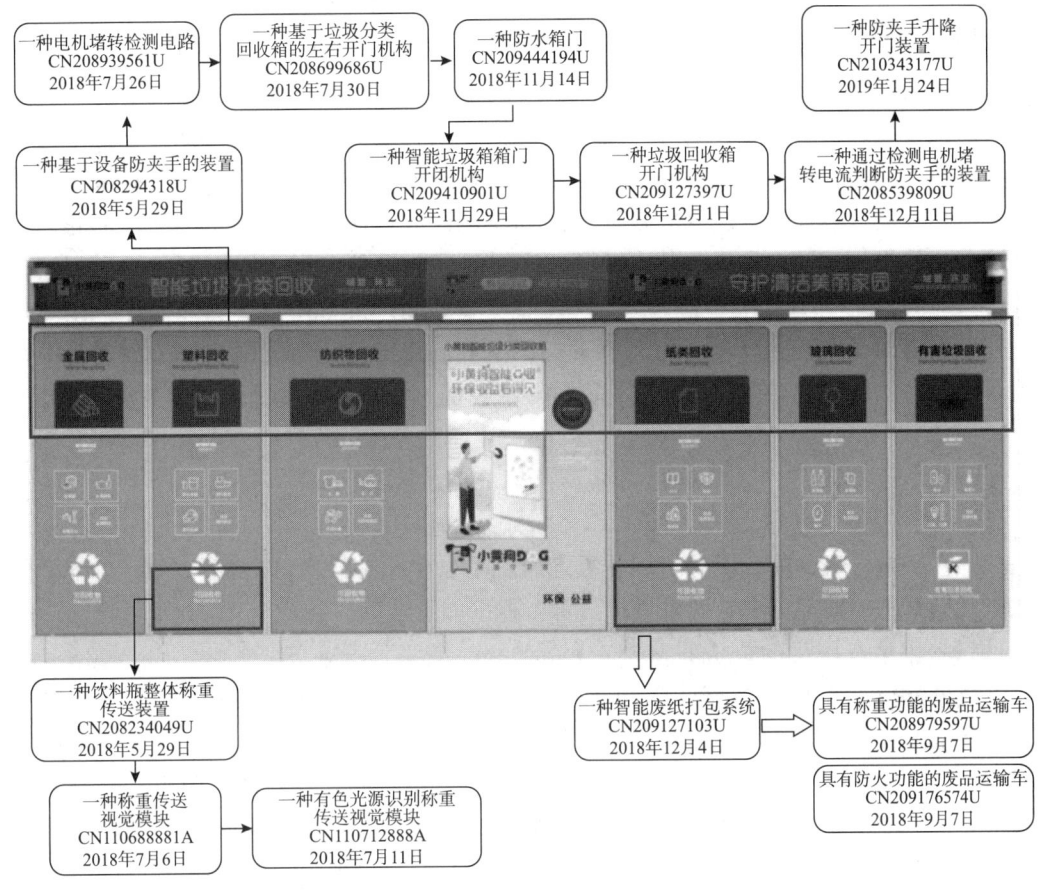

图 3-3-18 小黄狗公司与智能垃圾分类回收机相关功能部件的布局情况

3.3.7 发展建议

在中国,垃圾分类政策红利正催生一个巨大的新兴市场。2017 年,国家发展和改革委员会、住房和城乡建设部制定的《生活垃圾分类制度实施方案》中鼓励"互联网+"模式等创新体制机制,来实现线上信息流与线下物流的统一。到 2020 年底,全国 46 个重点城市要基本建成生活垃圾分类处理系统,全国 294 个地级及以上城市实行生活垃圾分类。据业内人士预计,2020 年一年市场可释放出 200 亿元到 300 亿元产能,10 年内产业规模将有望达到 2000 亿元到 3000 亿元。❶

由于目前政策鼓励"互联网+"回收以及智能回收等方式,因此对于垃圾分类的前端市场来说是很好的发展机遇,垃圾分类 App、社区垃圾站智能设备及识别和处罚监管系统等都存在较大的市场空间。但居民垃圾分类习惯的养成所需时间较长,且"互联网+"分类回收在前期投入巨大、运营成本高昂,另外,垃圾回收行业的低门槛决

---

❶ 千亿市场空间!垃圾分类产业带来新机遇 [EB/OL]. (2019-06-27) [2020-12-10]. https://baijiahao.baidu.com/s?id=1637460578012317032&wfr=spider&for=pc.

定传统垃圾分类服务业将长期分散,"互联网+"分类回收企业实现营利仍需较长时间。因此,目前多数"互联网+"回收企业仍处于持续亏损状态。

如何通过运营模式创新实现企业生存及真正营利是所有市场主体都需要面对的问题。这就需要进一步提高设备智能化程度,减少人工操作步骤,降低分类收集运营成本;通过优化回收设备性能、提升清运效率等用户体验,逐渐巩固市场占有率,逐步实现营利;进一步丰富智能回收设备的附加功能,如箱体宣传屏,在公益宣传的基础上实现广告投放,增加附属收益;可尝试在智能回收设备上复合线下商品兑换+销售双重功能的自助兑换机,便于投放用户线下积分兑换,丰富用户体验。另外,在实际运营中,要始终保持对现金流的高度重视,注重自我造血能力的强化,公益项目中争取各地政府的财政支持和资源对接,同时寻求投资人的战略融资并优化相关资源配置。

3.4 小 结

本章从整体概况进行了分析,并重点研究了自动分拣装置和"互联网+"垃圾分类收集运营两大技术分支。通过分析,可以得出如下结论:

(1) 申请态势及布局方面

垃圾分类收集领域的全球专利申请总体上呈增长态势,特别是 2012~2020 年专利申请量呈爆发式增长,同时期我国在垃圾分类收集方面也给予了足够重视,所以该领域申请量呈现快速增长,相应地,也带动了全球申请量的增长。从国内申请量的分布来看,长三角、珠三角和京津冀三大城市群领跑全国,中部地区发展较为均衡,其他地区发展较为缓慢。

垃圾分类自动分拣装置方面,与全球垃圾分类收集申请趋势类似的是,前期主要是日本、美国、德国等国家的申请较多,主要是因为上述国家较早地实施垃圾分类;自 2012 年起,随着中国专利申请数量的增加,全球的自动分拣领域申请量随之上升;其中基于密度、硬度、磁性等物理属性的申请量占比最大,主要原因在于分拣的技术手段简单,前期投入较小,其次是基于光学探测/图像识别,也是目前比较主流的智能分拣技术。

"互联网+"垃圾分类收集运营方面,前期主要为德国和日本两个国家的专利申请,日本在 2000 年就已经开始关注垃圾分类收集运营的专利布局,是该领域发展相对较早的国家;而中国是在 2005 年以后逐渐关注该技术的,近些年申请量出现快速增长,中国逐渐取代日本成为主要的申请国家。从技术构成来看,运维管理相关技术申请量最大,其次为商业运营模式,而分类软件/平台的专利申请量较少。

(2) 创新主体方面

总体而言,垃圾分类收集领域申请量较为分散,并没有出现具有绝对优势的创新主体,这可能与创新主体更多将后期垃圾处理作为布局重心有关。全球整体申请量排名前十位的创新主体中 6 位为国外企业,分别为日立、恩华特、松下、日本钢管、富士重工和三洋电器,可见日本企业居多,这也与日本在相关政策制定及对分类收集重视程度有关；国内企业有浙江联运、启迪桑德、中联重科和弓叶科技，既有传统固废处置领域的大企业，又有近几年发展起来的新兴市场主体。

垃圾分类自动分拣装置方面，在申请人中企业依然占据了绝对的主导地位，国外申请人全部为公司，而我国对这一领域进行研究的企业数量较少，排名靠前的华侨大学、福建南方路面机械有限公司以及弓叶科技专注于该方向的研究。

"互联网＋"垃圾分类收集运营方面，在排名前20位的申请人中，有8位日本申请人，大部分是实力雄厚的综合性企业，它们在前期的发展中实现了大量的技术储备；中国申请人有10位，均为企业申请人，大部分属于本领域的新兴企业，具有较大的发展潜力。

(3) 技术发展方面

垃圾分类自动分拣装置方面，光学探测技术是垃圾分类自动分拣装置自动识别的主要技术手段；在光学探测技术的识别方式中，颜色传感、光源感应、视觉图像识别、红外探测和光谱识别是主要的识别方式，其中视觉图像识别、光源感应和颜色传感发展相对较早；在技术功效分析中，涉及视觉图像识别、颜色传感和光谱识别的专利申请数量较多，是本领域研究和布局的热点；提高精细分拣效率、提高识别精度/可靠性和实现材质细分分拣是本领域的重点需求。对比发现，中国专利申请中视觉图像识别、光谱识别和红外探测是布局较多的技术，视觉图像识别是我国申请人的研究热点，也是我国目前自动分拣装置所采用的主流方法；功效方面，提高分拣效率是我国申请人最关注的。而美国、日本和德国各有侧重，其中美国申请人在视觉图像识别、颜色传感的布局相对较多，而德国在视觉图像识别和光谱识别的申请较多；日本和德国更加重视材质细分。

"互联网＋"垃圾分类收集运营方面，运营模式中主要分为有偿回收模式、积分奖励/返现模式和扣费收费模式三种，目前国内采用最多的是积分奖励模式。以积分奖励模式为例，在分类投放的用户识别方面，相继出现了基于条形码的用户ID识别、基于二维码识别和面部识别等技术；在积分奖励方面，除单纯积分奖励外还有更多新的探索，例如碳交易币、环保币等虚拟货币；另外，近些年该领域还关注了对于积分赋值方法的优化研究，例如奖惩积分获得计算模型、区块链概念用于分类回收中等；在积分兑换方面，设置礼品兑换站、搭建网络商城平台、共享式积分利用模式等多种模式。虽然政策鼓励"互联网＋"回收以及智能回收等方式，对于垃圾分类的前端市场来说是很好的发展机遇，但由于垃圾回收行业的低门槛决定传统垃圾分类服务业将长期分散，目前多数"互联网＋"回收企业仍处于持续亏损状态，实现营利仍需较长时间。因此，"互联网＋"回收企业仍然需要加大创新力度、优化运营模式和相关资源配置，这是实现企业生存及真正营利的必由之路。

第4章 餐厨垃圾处理技术分析

4.1 技术概况

餐厨垃圾，即湿垃圾，是城市生活垃圾的一部分。根据2012年住房和城乡建设部出台的《餐厨垃圾处理技术规范》中的定义，餐厨垃圾分为餐饮垃圾、厨余垃圾两类。餐饮垃圾，主要是餐馆、饭店、单位食堂等的饮食剩余物以及后厨的果蔬、肉食、油脂、面点等的加工过程废弃物。厨余垃圾，指家庭日常生活中丢弃的食物下脚料、剩饭剩菜、瓜果皮等易腐有机垃圾。餐厨垃圾兼具资源属性和污染物属性。我国餐厨垃圾具有高有机物含量（有机物含量约占干物质质量的80%以上）、高含水率（80%~90%）、高油、高盐分等特点。同时，餐厨垃圾具有难保存、易腐败，难收集、易堵塞，难清理、易散味道，难转运、易生虫的污染物属性特点。

随着我国垃圾分类时代的到来，餐厨垃圾的处理市场有着广阔的发展空间。按照餐厨垃圾的后端处置方式，并结合文献、图书、期刊、专利以及行业专家意见，将餐厨垃圾的后端处置技术进行了三级技术分解（见表1-4-3）。

粉碎直排是在餐厨垃圾发生点直接将餐厨垃圾置于搅拌器或剪切破碎器进行破碎、粉碎处理，然后采用水力冲刷，物料通过城市污水管网直接排放，与城市污水合并进入城市污水处理厂进行集中处理的技术。

焚烧处理主要利用了餐厨垃圾中含有较高的有机质及油脂等易燃组分的特点，将餐厨垃圾进行一定的预处理，经筛选并降低垃圾水分后混合一定燃料进行燃烧或与垃圾焚烧厂协同处置的技术。

填埋处理是将餐厨垃圾通过集中收集后，集中于专门的垃圾填埋场将其埋入地下，利用各类微生物将生物大分子充分降解为小分子的生化过程。我国很多地区的餐厨垃圾都是与普通垃圾一起送入填埋场进行填埋处理。

堆肥处理是将垃圾堆积在一起，利用自然界广泛分布的细菌、放线菌、真菌等微生物，辅助以人工控制技术，有控制地促进可被生物降解的有机物向稳定的腐殖质转化的生物化学技术。

厌氧消化处理是指在特定的厌氧条件下，利用微生物的代谢作用将有机垃圾进行分解，其中的碳、氢、氧转化为甲烷和二氧化碳，而氮、磷、钾等元素则存留于残留物中，并转化为易被动植物吸收利用的形式。

饲料化处理是在尽可能消灭餐厨垃圾中病原体、去除有害物质的同时，不损害其中的营养成分的前提下，将餐厨垃圾加工得到动物饲料。

生化处理包括利用餐厨垃圾进行生物制氢、对餐厨垃圾进行油水分离出来的废油进行提纯处理，生产生物柴油的生化技术和利用水热碳化将餐厨垃圾转化为碳材料的技术。

通过对餐厨垃圾不同后端处理工艺的分析，总结其主要工艺的优点和缺点，如表 4-1-1 所示。

表 4-1-1　餐厨垃圾不同后端处置技术特点对比

处理工艺	工艺优点	工艺缺点
粉碎直排	操作简单，工艺流程短，价格低	加重城市污水处理负荷，易造成管网堵塞，资源化利用低，无法适应规模化处理
焚烧	处理量大，容易实现减量化，占地小	含水率高、热值低，容易燃烧不充分造成二次烟气污染，需添加助燃剂，成本较高
填埋	处理量大，工艺简单，成本低，适合各种垃圾	土地占用大，腐败过程中有臭气和渗沥液产生，污染防控要求较高，资源化利用低
堆肥处理	可规模化处理，工艺较为成熟，资源化利用程度较高	场地大、处理周期长、高温环境能耗较高；产品利用价值降低，加剧土壤盐碱化；易产生气味，影响大气环境
厌氧消化	自动化程度高，需要的人力少，容易控制恶臭散发，产品多样化，经济效益高	厌氧环境要求较高，容易产生酸化现象；投资大，工艺相对复杂，投资回收周期长
饲料化	实现营养物质的循环利用，获得容易，具有一定经济性	含有一定的细菌、微生物和病原体等，存在同源性污染问题，有较大人畜交叉感染风险
生物制氢	产物可以作为石油替代品，前景广阔	大部分仍处于实验室研究阶段，无法推广
生产生物柴油	产物可以作为石油替代品，前景广阔	成本较高
水热碳化	反应温和，对设备要求低	大部分仍处于实验室研究阶段，技术不成熟

4.2　全球专利申请

为了解全球餐厨垃圾后端处置技术专利申请的整体态势，以下对全球餐厨垃圾后端处置技术专利申请趋势、区域分布、技术分支以及创新主体进行重点分析。

4.2.1　全球申请趋势分析

截至 2020 年 8 月 20 日，餐厨垃圾后端处置技术全球专利申请总量为 14384 项。其中，中国申请 6277 项，占 43.64%；国外申请 8107 项，占 56.36%（见图 4-2-1）。

从图 4-2-2 中可以看出，餐厨垃圾后端处置技术全球专利申请量总体呈现增长态势。1900~1989 年为缓慢发展期，20 世纪 90 年代初专利申请量开始呈现快速增长态势，到 2002 年达到第一个高峰，为 451 项，2003~2007 年出现一定程度的下降，2008 年以后开始大幅攀升，呈现迅猛增长态势，直到 2018 年专利年申请量达到第二个高峰，为 1047 项。由图

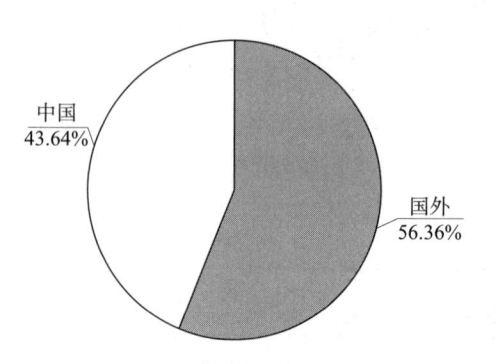

图 4-2-1 餐厨垃圾后端处置技术国内外专利申请量占比

中全球申请量、中国申请量以及国外申请量趋势对比可以看出，由于中国专利制度实施比较晚，垃圾分类及后端处置技术起步也比较晚，因此，在餐厨垃圾后端处置技术全球申请量达到第一个高峰之前，全球申请量趋势与国外申请量趋势基本保持一致；而在 2002 年第一个高峰之后，国外的申请量呈下降趋势，导致全球的申请量有所下滑，结合图 4-2-3 所示的国外主要国家和地区的申请量对比情况可以得知，在该阶段之所以呈现上述下滑趋势，主要是受日本和韩国两国的申请量影响，由于日本自 2001 年以来颁布了一系列关于垃圾分类收集、再生资源回收利用等的法律法规，而韩国于 2010 年起针对餐厨垃圾出台了相关收费政策，两国先后出现的法律政策的调整均导致两国国内的餐厨垃圾年处理量大为减少，进而相应的餐厨垃圾后端处置技术的专利申请量随之大幅下滑；直至 2007 年，中国在餐厨垃圾处理方面做出的一系列工作，包括建立专门的餐厨垃圾处理厂以及出台相关的法律政策，使中国餐厨垃圾后端处置技术迅猛发展，专利申请量也大幅增长，开始主导全球申请量。综上可以看出，近 10 年中国在该领域十分活跃，而其他发达国家已经进入技术成熟期。

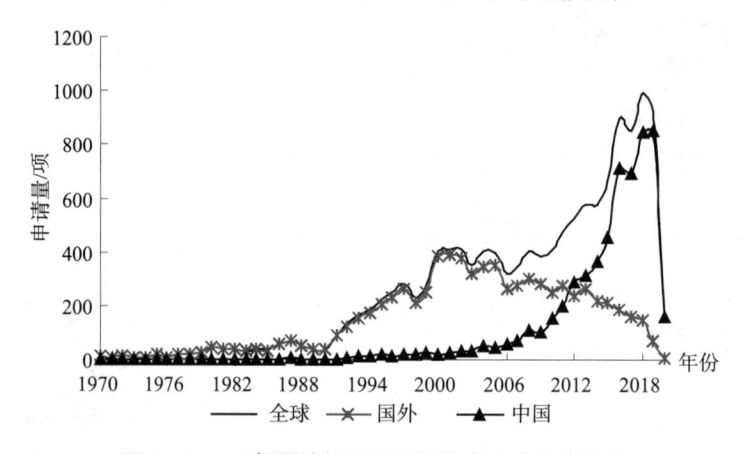

图 4-2-2 餐厨垃圾后端处置技术全球申请趋势

第4章 餐厨垃圾处理技术分析

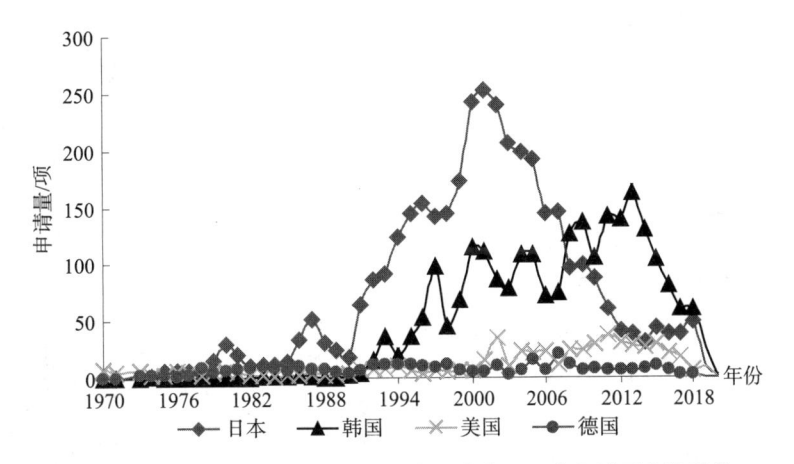

图4-2-3 餐厨垃圾后端处置技术国外主要国家和地区申请趋势

4.2.2 全球地域布局分析

为了解专利技术的输入与输出情况，对全球餐厨垃圾后端处置技术的主要原创国和主要市场国的专利申请量进行了统计。图4-2-4描述的是全球餐厨垃圾后端处置技术主要原创国和市场国之间的专利申请流向情况，可进一步得知各主要原创国家在各主要市场国家的专利布局情况。通过对比可以得出：原创国基本都在本国市场进行布局，而美国除了本国市场，在中国和日本布局也较多，在韩国、德国和法国也有一定专利布局；韩国、德国、法国的国外布局均主要集中在中国、日本和美国3个国家，在其余国家布局极少；日本的国外布局主要在韩国、中国和美国，在德国和法国布局

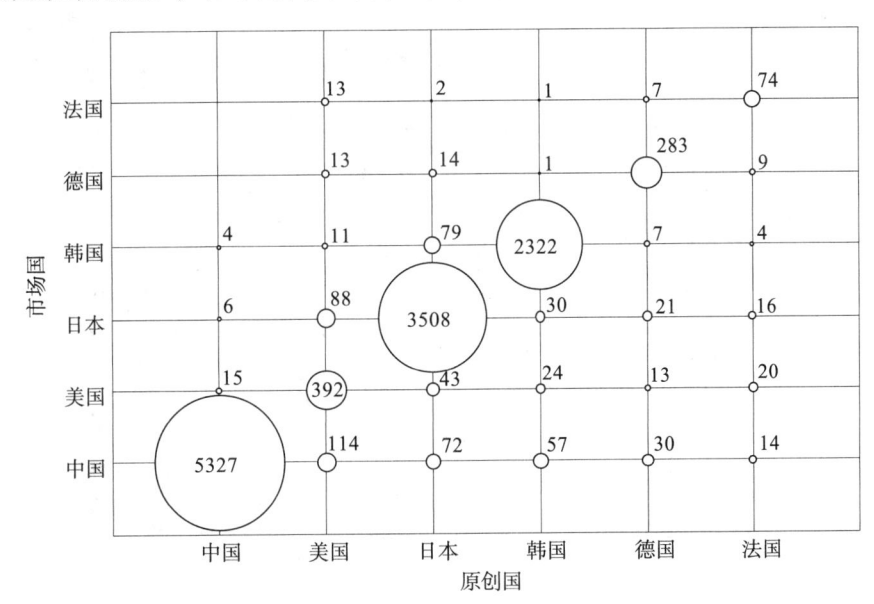

图4-2-4 餐厨垃圾后端处置技术全球主要原创国和市场国的申请流向

注：图中数字为申请量，单位为件。

相对较少；中国的国外布局主要在美国，在日本和韩国也有少量布局，在德国和法国均没有进行专利布局，分析其原因可能在于，中国的餐厨垃圾后端处置技术主要引进的是欧洲的专利技术，中国申请人要想进入欧洲市场，必须绕开相关基础专利，导致增加进入欧洲市场的难度。

4.2.3 全球技术分布

如图4-2-5所示，餐厨垃圾后端处置技术包含7个技术分支，其中占比最多的是堆肥处理，为21.92%，仅次于堆肥处理的是粉碎直排，占21.67%，接下来是焚烧，占19.96%，厌氧消化占18.05%，饲料化为9.12%，生化处理为7.78%，最后是填埋，占1.50%。由于填埋是传统的生活垃圾处理方式，先前餐厨垃圾并没有从生活垃圾中独立出来，而是混在生活垃圾中一并处理，故单纯涉及餐厨垃圾填埋处理的专利申请比例并不高，在垃圾减量化、无害化和资源化处理的大趋势下，其通常作为辅助手段和其他垃圾处理手段联合使用。

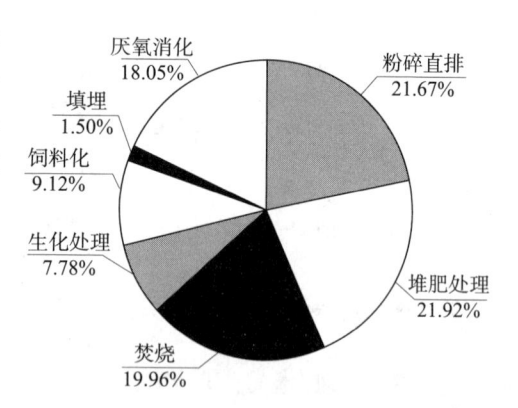

图4-2-5 餐厨垃圾后端处置技术全球专利各技术分支构成

图4-2-6为7种餐厨垃圾后端处置技术申请量的占比和发展趋势，从专利申请总量来看，堆肥处理、粉碎直排、焚烧和厌氧消化技术是餐厨垃圾处理的重点主流技术，其中堆肥处理技术分别在20世纪90年代和最近10年呈现出两个活跃期；粉碎直排技术起步比较早，在20世纪70年代非常活跃，20世纪80年代至今一直都处于平稳期；由于早期餐厨垃圾都是混杂在生活垃圾中一并进行焚烧处理，故在20世

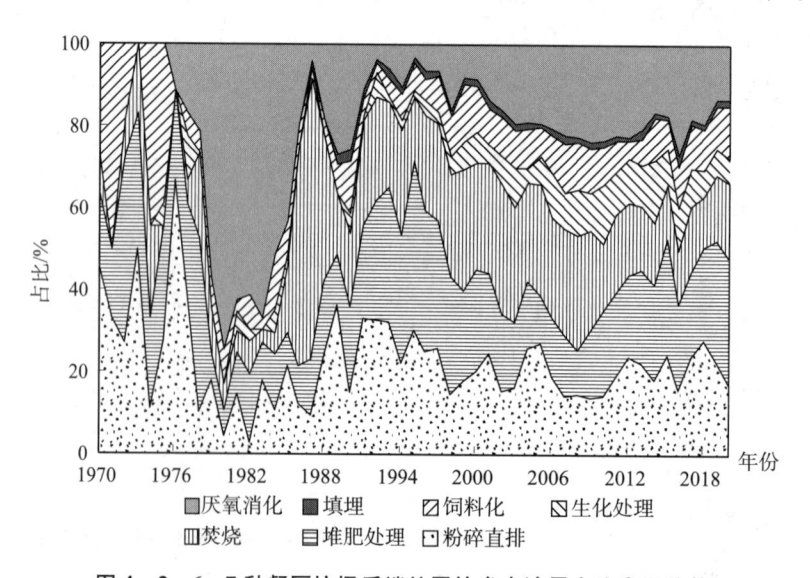

图4-2-6 7种餐厨垃圾后端处置技术申请量占比发展趋势

纪 80 年代中期以前，单纯针对餐厨垃圾的焚烧技术并不活跃，而随着各国垃圾分类政策的相继实施和推动，垃圾焚烧处理厂纷纷建立，焚烧技术也逐渐活跃起来，并且在 20 世纪 80 年代后期至 2010 年的 20 多年间一直比较活跃，但随着垃圾减量化、无害化和资源化的不断发展，最近 10 年焚烧技术的热度又有所下降，并且其通常与其他技术手段联合使用；厌氧消化技术在 20 世纪 80 年代以及近 20 年间呈现出两个活跃期。

4.2.4　全球创新主体分析

全球排名前十位的主要创新主体如图 4-2-7 所示，从图中可以看出，餐厨垃圾后端处置技术专利申请的重点申请人主要集中在日本和美国的公司，其中，日本的公司占多数，以松下为首，日立位居其次；美国的公司为艾默生，位居第三。

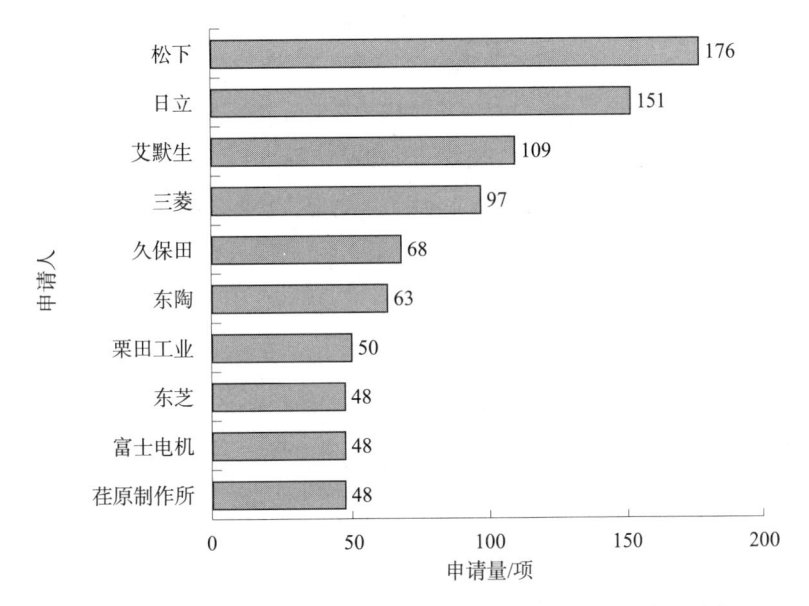

申请人	申请量/项
松下	176
日立	151
艾默生	109
三菱	97
久保田	68
东陶	63
栗田工业	50
东芝	48
富士电机	48
荏原制作所	48

图 4-2-7　餐厨垃圾后端处置技术全球前十位重点申请人排名

图 4-2-8 为上述全球前十位重点申请人的技术构成，从图中可以看出，在 7 个技术分支中，松下的重点技术在焚烧和粉碎直排这两个分支；日立的重点技术在堆肥处理、焚烧、粉碎直排和生化处理的技术占比较为平均；艾默生的主要技术在于粉碎直排；三菱、久保田、栗田工业、富士电机、荏原制作所的研究重点在于厌氧消化。餐厨垃圾后端处置技术排名前十位的创新主体主要来自日本和美国，结合其技术构成可知，日本公司的技术侧重点主要集中在厌氧消化、粉碎直排以及焚烧处理，而美国公司的技术优势在于粉碎直排。

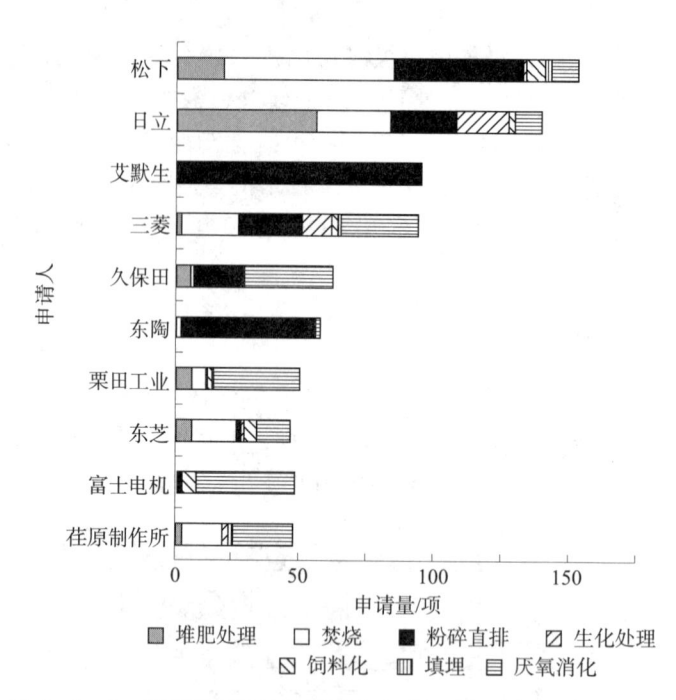

图 4-2-8 餐厨垃圾后端处置技术全球前十位申请人的技术构成

4.3 在华专利申请

为了解在华餐厨垃圾后端处置技术专利申请的整体态势，以下对在华餐厨垃圾后端处置技术专利申请趋势、法律状态、区域分布、技术分布以及创新主体进行重点分析。

4.3.1 在华申请趋势分析

由图 4-3-1 在华申请量趋势可以看出，餐厨垃圾后端处置技术在华专利申请整体呈上升趋势。由于相对于发达国家而言，中国的专利制度实施比较晚，并且对餐厨垃圾的关注和处理起步都比较晚，因此，1985~2007 年餐厨垃圾后端处置技术在华专利申请处于缓慢增长期。2007 年，中国首座餐厨垃圾处理厂——南宫餐厨垃圾处理厂建成投运，正式拉开了中国餐厨垃圾处理的序幕，并且同年建设部发布了《城市生活垃圾管理办法》，提出餐厨垃圾应单独收运处置，对餐厨垃圾的质与量作了基本保障；此后，2010 年 5 月，国家发展和改革委员会、住房和城乡建设部、环境保护部、农业部四部委联合发布了《关于组织开展城市餐厨废弃物资源化利用和无害化处理试点工作的通知》；2012 年，国务院印发《"十二五"全国城镇生活垃圾无害化处理设施建设规划》更是提出"十二五"期间要建设餐厨垃圾处理设施 242 座；2017 年发展和改革委员会印发《"十三五"全国城镇生活垃圾无害化处理设施建设规划》进一步提出到"十三五"末，力争新增餐厨垃圾处理能力 3.44 万吨/日；2020 年 4 月 29 日，第十三届全国人民代表大会第十七次会议通过修订的《中华人民共和国固体废物污染环境防治法》，主要内容是让地方各级政府做好垃圾分类，配套相应设备，同时建设处理体系，从而实现固体废物资源化和无害化。各项法律政策的相继出台以及政府的推动，大大刺激了中国餐厨垃圾后端处置产业的发展，随之而来的是国内专利申请量的大幅增长，因此，2008年之后在华申请大幅攀升，呈现快速增长趋势。

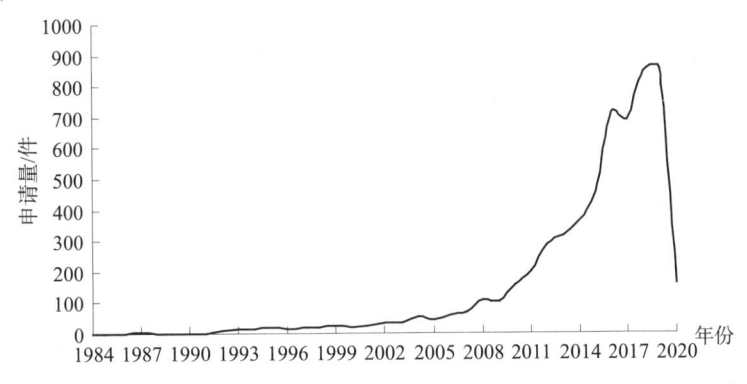

图4-3-1 餐厨垃圾后端处置技术在华专利申请量趋势

4.3.2 在华法律状态分析

截至2020年8月20日，检索出餐厨垃圾后端处置技术在华专利申请5718件，其中包括有效专利2001件，在审专利申请1525件，失效专利2192件，其中发明专利申请3571件，实用新型专利2147件。

图4-3-2显示了在华发明专利申请的法律状态分布。其中，有效专利占总量的18.62%，在审占42.71%，失效占38.67%。鉴于近10年中国在餐厨垃圾后端处置技术领域的专利申请量快速增长，在审发明专利申请量的比例高于有效专利和失效专利的比例。而在失效专利中，因撤回和驳回的数量比较高，说明了专利申请的技术含量低和创新水平还有很大的提升空间，申请人应多关注技术创新及专利的市场应用性，尽量减少技术含量低和创新水平低的专利申请。另外，发明专利申请中有效专利占比不到1/5，这些专利是国内企业研发和生产时需要密切关注和规避侵权风险的主要对象。而对于失效专利，国内企业可免费利用。

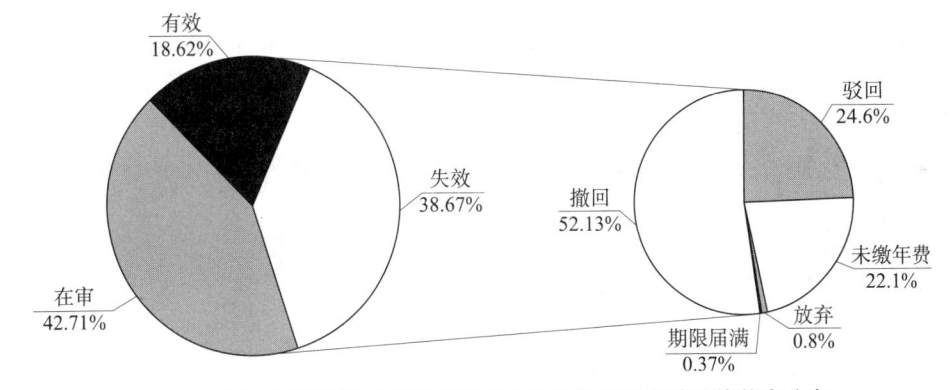

图4-3-2 餐厨垃圾后端处置技术在华发明专利申请法律状态分布

图 4-3-3 显示了餐厨垃圾后端处置技术在华实用新型专利法律状态分布。其中有效专利占总量的 62.23%，失效占 37.77%。失效专利中由于未缴年费导致专利终止的数量占比 33.21%，由于专利权人放弃专利的占比 3.21%，期限届满而失效的占比 1.35%。实用新型专利由于不需要实质审查，并且从申请到授权所需的时间较发明专利更短，对于需要快速占领市场的技术成果，申请人更有可能申请实用新型专利。但对于企业重点保护的核心技术，选择更长保护期限的发明专利，是更为有效的手段，不但保护力度更强，而且经过实质审查获得授权后权利相对更稳定。

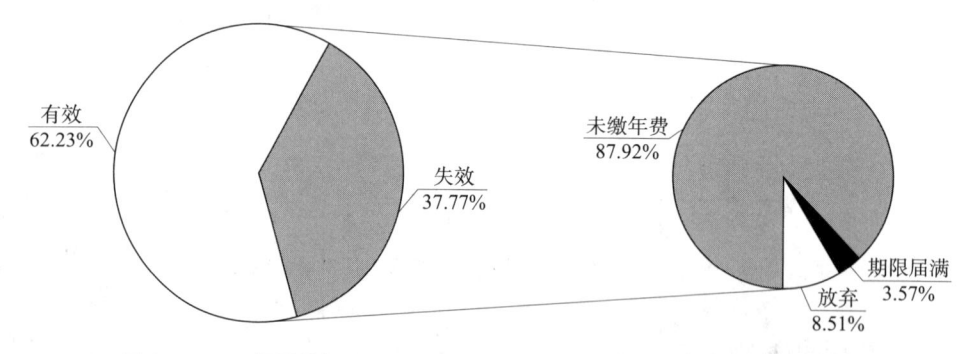

图 4-3-3 餐厨垃圾后端处置技术在华实用新型专利申请法律状态分布

4.3.3 在华申请区域分析

图 4-3-4 是餐厨垃圾后端处置技术在华申请国内外占比，其中，国内申请人的申请量为 5327 件，占比为 93.16%，国外申请人的申请量为 391 件，占比为 6.84%。由此可以看出，在餐厨垃圾后端处置技术在华市场上，国内申请人具有很大优势。

图 4-3-5 是餐厨垃圾后端处置技术在华申请主要原创国家占比。由图 4-3-5 可以看出，餐厨垃圾后端处置技术在华申请主要原创国家包括中国、美国、日本、韩国、德国和法国，其中，中国申请量排名第一位，是主要的技术来源国，达到 5327 件，占申请总量的 94.89%，远超美国、日本、韩国等其他国家，说明中国在该领域较重视本土市场，且国内技术发展迅速；其次是美国，申请量为 114 件，占比仅为 2.03%；排名第三位的是日本，申请量为 72 件，占比为 1.28%；排名第四位的是韩国，申请量为 57 件，占比为 1.02%，仅次于日本；排名第五位的是德国，申请量为 30 件，占比为 0.53%；排名第六位的是法国，申请量为 14 件，占比仅为 0.25%。这说明国外在该领域对中国市场的布局不多，中国市场不是该领域技术领先国家的布局重点。

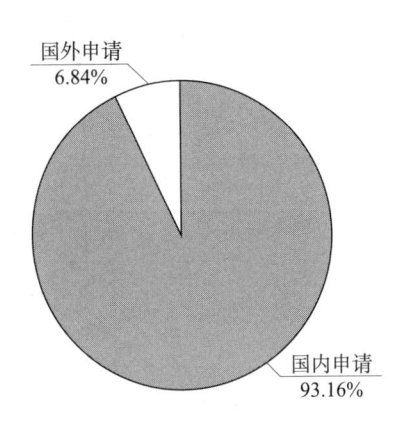

图 4-3-4 餐厨垃圾后端处置技术在华申请国内外占比

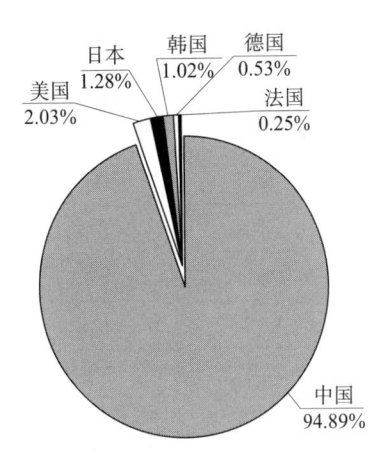

图 4-3-5 餐厨垃圾后端处置技术在华申请主要原创国家分布

4.3.3.1 国内申请区域分析

结合表 4-3-1 来看,国内餐厨垃圾后端处置申请主要集中在浙江、广东、江苏、北京、山东、上海、安徽、四川、福建、湖南等地,其中浙江、广东、江苏、北京、山东 5 地的餐厨垃圾后端处置技术的专利集中度高,在技术和产品方面具有竞争力。在餐厨垃圾后端处置技术领域中,排名第一位的是浙江,专利申请量为 684 件,然后是广东 636 件、江苏 630 件、北京 538 件、山东 323 件、上海 286 件、安徽 249 件、四川 228 件、福建 207 件、湖南 203 件。由表 4-3-1 可以看出,在餐厨垃圾后端处置领域的申请人类型,大部分省份是以企业申请人为主,其次是个人,最后是高校、科研机构,这与该行业主要由各种环保企业推动密切相关。

表 4-3-1 餐厨垃圾后端处置技术专利申请国内区域申请人类型分布 单位:件

排名	区域	总量	申请人类型		
			高校、科研机构	企业	个人
1	浙江	684	66	440	186
2	广东	636	88	442	124
3	江苏	630	69	440	131
4	北京	538	108	331	120
5	山东	323	59	164	77
6	上海	286	51	188	52
7	安徽	249	18	125	108
8	四川	228	53	144	42
9	福建	207	22	136	50
10	湖南	203	36	116	68

续表

排名	区域	总量	申请人类型		
			高校、科研机构	企业	个人
11	天津	197	27	161	19
12	河南	143	17	70	60
13	湖北	138	21	79	38
14	广西	123	28	54	45
15	辽宁	119	48	40	36
16	陕西	76	22	30	24
17	河北	73	4	34	36
18	重庆	71	13	44	14
19	黑龙江	70	18	21	32
20	云南	52	16	23	17
21	台湾	47	1	23	24
22	吉林	40	18	8	14
23	贵州	38	3	28	7
24	江西	36	10	17	13
25	山西	28	3	4	23
26	甘肃	24	3	8	14
27	内蒙古	20	4	7	9
28	新疆	14	4	5	8
29	香港	12	2	5	5
30	宁夏	10	2	8	1
31	青海	7	0	3	4
32	西藏	3	0	3	0
33	海南	2	0	0	2
34	澳门	2	0	2	0

4.3.3.2 国外在华专利申请人分析

表4-3-2为餐厨垃圾后端处置技术专利申请国外申请人类型分布。从中可以看出国外申请人主要来自美国、日本、韩国、德国和法国等国家，由表可以看出，国外在华申请主要来自企业，其次是个人，最后是高校、科研机构，这与国内申请人类型分布特点相似。

表4-3-2 餐厨垃圾后端处置技术专利申请国外申请人类型分布 单位：件

国别	总量	申请人类型		
		高校、科研机构	企业	个人
美国	114	4	101	10
日本	72	3	53	22
韩国	57	2	36	19
德国	30	2	24	4
法国	14	2	8	5
其他	104	5	82	19

4.3.4 在华技术分布分析

4.3.4.1 在华技术总体分析

通过对餐厨垃圾后端处置在华专利技术进行分析，可以明确在华专利活动最为活跃的技术领域，了解餐厨垃圾处理行业专利活动领军企业所关注的技术领域及其发展动态。图4-3-6为餐厨垃圾后端处置技术在华申请技术构成，从图中可以看出，餐厨垃圾后端处置技术在华专利活动中最活跃的是堆肥处理、粉碎直排、厌氧消化和焚烧4个技术领域，其中堆肥处理技术在华专利申请占比最大，为28.18%；其次是粉碎直排技术，占比为20.14%；厌氧消化技术为15.95%；焚烧为14.88%。

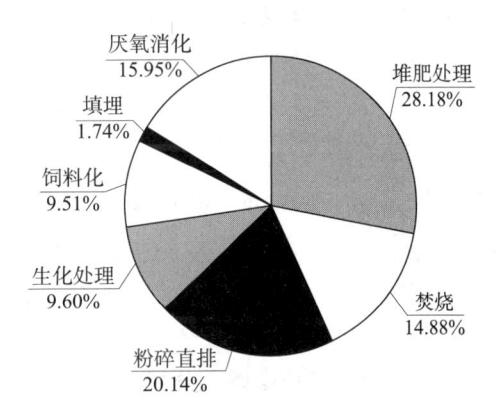

图4-3-6 餐厨垃圾后端处置技术在华申请技术构成

4.3.4.2 国内外申请人在华申请技术分析

图4-3-7为餐厨垃圾后端处置技术中国、美国、日本、韩国、德国和法国申请人在华申请技术分布。由图4-3-7可以看出，中国本土申请技术主要侧重堆肥处理、粉碎直排和焚烧；美国在华申请技术主要侧重粉碎直排、焚烧和生化处理，粉碎直排技术分支的专利集中度明显高于其他技术分支；韩国在华申请技术主要侧重粉碎直排、焚烧和生化处理；日本在华申请技术主要侧重焚烧、生化处理、堆肥处理和厌氧消化；德国在华申请技术主要侧重厌氧消化；法国在华申请技术主要侧重焚烧和厌氧消化。

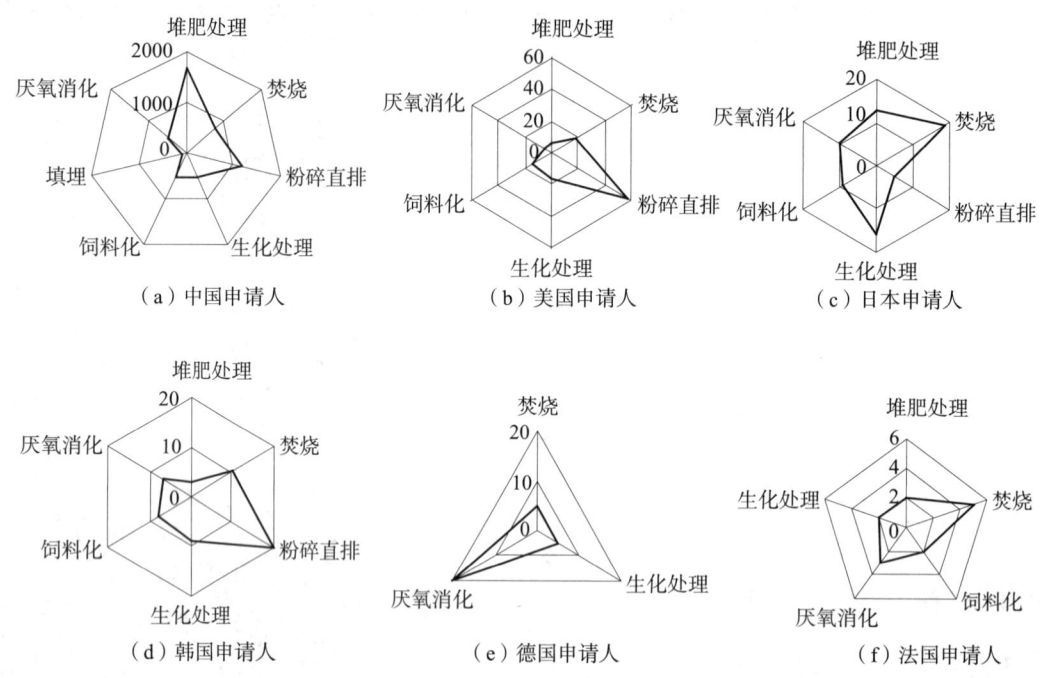

图 4-3-7 餐厨垃圾后端处置技术中国、美国、日本、韩国、德国和法国申请人在华申请技术分布

注：图中数字为申请量，单位为件。

4.3.5 在华创新主体分析

进行创新主体（即专利申请人）的分析，有助于掌握该领域的研发动态、产业转型、产学研合作、缩短研发周期以及了解竞争对手的专利活动状况。以下对在华专利申请的国内主要企业和高校/科研机构申请人以及国外在华申请人的专利申请情况分别进行了分析。

4.3.5.1 国内在华申请人分析

表 4-3-3 为餐厨垃圾后端处置技术在华专利申请量排名前十位的国内企业申请人专利申请情况。从表中可以看出，天紫公司以 52 件专利申请排名第一位，美的公司以 36 件专利申请排名第二位，苏州韩博厨房电器科技有限公司以 23 件专利申请排名第三位，宁波开诚生态以 21 件专利申请排名第四位，东莞市杰美电器有限公司、蓝德环保公司、青岛水世界环保科技有限公司分别以 19 件专利申请排名并列第五至七位，上海恒晔生物科技有限公司、维尔利公司分别以 17 件专利申请排名并列第八至九位，宁波亿盛电机有限公司以 16 件专利申请排名第十位。从技术领域和有效专利的数量来看，天紫公司在华有效专利的数量为 2 件，涉及堆肥处理技术领域；美的公司在华有效专利数量为 26 件，均涉及粉碎直排技术领域；苏州韩博厨房电器科技有限公司在华有效专利数量为 6 件，其中 5 件涉及粉碎直排技术领域，1 件涉及饲料化技术领域；宁波开诚生态在华有效专利数量为 13 件，其中 9 件涉及厌氧消化技术领域，3 件涉及饲料化技术领域，1 件涉及粉碎直排技术领域；蓝德环保公司在华有效专利数量为 19 件，

其中 16 件涉及厌氧消化技术领域，1 件涉及粉碎直排技术领域，1 件涉及生化处理技术领域，1 件涉及焚烧技术领域；东莞市杰美电器有限公司在华有效专利数量为 13 件，其中 11 件涉及粉碎直排技术领域，2 件涉及堆肥处理技术领域；青岛水世界环保科技有限公司在华有效专利数量为 0 件；上海恒晔生物科技有限公司在华有效专利数量为 7 件，均涉及生化处理技术领域；维尔利公司在华有效专利数量为 9 件，其中 8 件涉及厌氧消化技术领域，1 件涉及生化处理技术领域；宁波亿盛电机有限公司在华有效专利数量为 15 件，均涉及粉碎直排技术领域。

表 4-3-3 餐厨垃圾后端处置技术在华专利申请量排名前十位的国内企业专利申请情况

排名	申请人	申请量/件	专利类型		技术领域	有效量/件
			发明	实用新型		
1	天紫	52	20	32	堆肥处理	2
2	美的	36	11	25	粉碎直排	26
3	苏州韩博厨房电器科技有限公司	23	12	11	粉碎直排	5
					饲料化	1
4	宁波开诚生态	21	17	4	厌氧消化	9
					饲料化	3
					粉碎直排	1
5	东莞市杰美电器有限公司	19	6	13	粉碎直排	11
					堆肥处理	2
6	蓝德环保	19	5	14	厌氧消化	16
					粉碎直排	1
					生化处理	1
					焚烧	1
7	青岛水世界环保科技有限公司	19	19	0	堆肥处理和焚烧	0
8	上海恒晔生物科技有限公司	17	8	9	生化处理	7
9	维尔利	17	10	7	厌氧消化	8
					生化处理	1
10	宁波亿盛电机有限公司	16	1	15	粉碎直排	15

表 4-3-4 为餐厨垃圾后端处置技术在华专利申请量排名前十位的国内高校、科研机构专利申请情况。从表中可以看出，中国科学院广州能源研究所以 27 件专利申请排名第一位，同济大学以 25 件专利申请排名第二位，青岛理工大学以 17 件专利申请排

名第三位，江南大学、清华大学和浙江大学以 16 件专利申请排名并列第四至六位，北京科技大学以 14 件专利申请排名第七位，大连理工大学、农业部沼气科学研究所和中国农业大学以 13 件专利申请排名并列第八至十位。从技术领域和有效专利数量来看，中国科学院广州能源研究所在华有效专利数量为 17 件，涉及的技术领域比较广泛，其中 4 件涉及堆肥处理技术领域，7 件涉及厌氧消化技术领域，2 件涉及焚烧技术领域，1 件涉及生化处理技术领域，1 件涉及饲料化和生化处理联合技术领域，1 件涉及厌氧和堆肥联合技术领域，1 件涉及厌氧和生化处理联合技术领域；同济大学在华有效专利数量为 8 件，其中 4 件涉及厌氧消化技术领域，2 件涉及生化处理技术领域，1 件涉及焚烧和填埋联合技术领域，1 件涉及厌氧消化和堆肥处理联合技术领域；青岛理工大学在华有效专利数量为 3 件，其中 2 件涉及焚烧技术领域，1 件涉及填埋技术领域；江南大学在华有效专利数量为 5 件，其中 3 件涉及厌氧消化技术领域，2 件涉及生化处理技术领域；浙江大学在华有效专利数量为 7 件，其中 4 件涉及堆肥处理技术领域，2 件涉及厌氧消化技术领域，1 件涉及生化处理技术领域；清华大学在华有效专利的数量为 7 件，其中 3 件涉及厌氧消化技术领域，2 件涉及焚烧技术领域，1 件涉及厌氧消化和填埋联合技术领域，1 件涉及堆肥和生化处理联合技术领域。由表中可以看出，国内各大高校和科研院所都在厌氧消化技术领域及其与其他技术领域的联合应用上开展了研究，并取得一定的技术成果，国内企业可以适当跨越粉碎直排技术领域，寻求与这些高校、科研机构进行产学研合作，以实现产业转型。

表 4-3-4 餐厨垃圾后端处置技术在华专利申请量排名前十位的国内高校、科研机构专利申请情况

单位：件

排名	申请人	申请量	专利类型		技术领域	有效量
			发明	实用新型		
1	中国科学院广州能源研究所	27	22	5	厌氧消化	7
					堆肥处理	4
					焚烧	2
					生化处理	1
					饲料化、生化处理联合	1
					厌氧消化、堆肥处理联合	1
					厌氧消化、生化处理联合	1
2	同济大学	25	23	2	厌氧消化	4
					生化处理	2
					焚烧、填埋联合	1
					堆肥处理、厌氧消化联合	1

续表

排名	申请人	申请量	专利类型		技术领域	有效量
			发明	实用新型		
3	青岛理工大学	17	17	0	焚烧	2
					填埋	1
4	江南大学	16	14	2	厌氧消化	3
					生化处理	2
5	清华大学	16	14	2	厌氧消化	3
					焚烧	2
					厌氧消化、填埋联合	1
					堆肥处理、生化处理联合	1
6	浙江大学	16	14	2	堆肥处理	4
					厌氧消化	2
					生化处理	1
7	北京科技大学	14	12	2	堆肥处理	2
					生化处理	2
					厌氧消化	2
8	大连理工大学	13	12	1	焚烧	2
					厌氧消化	1
					堆肥处理	1
					堆肥化、焚烧联合	1
9	农业部沼气科学研究所	13	9	4	厌氧消化	2
					堆肥处理	1
10	中国农业大学	13	11	2	厌氧消化	1
					生化处理、厌氧消化联合	1

4.3.5.2 国外在华申请人分析

表4-3-5为餐厨垃圾后端处置技术在华专利申请量排名前五位的国外申请人专利申请情况。从表4-3-5可以看出，排名前五位的国外申请人主要为美国和韩国的企业，其中，美国艾默生以53件专利申请排名第一位，德国贝肯以10件专利申请排名第二位，韩国熊津豪威株式会社以7件专利申请排名第三位，韩国LG电子株式会社以6件专利申请排名第四位，美国谐和能源有限责任公司以5件专利申请排名第五位。从技术领域和有效专利的数量来看，美国艾默生在华有效专利的数量为36件，其中34件涉及粉碎直排，2件涉及厌氧消化；德国贝肯在华有效专利的数量为1件，涉及厌氧消化；韩国熊津豪威株式会社在华有效专利的数量为0件；韩国LG电子株式会社在华有

效专利数量为1件，涉及粉碎直排；美国谐和能源有限责任公司在华有效专利数量为1件，涉及生化处理。结合表4-3-3和表4-3-5可以看出，餐厨垃圾后端处置技术在华创新主体中，无论是国内企业还是国外企业，其有效专利都集中在粉碎直排，说明企业在粉碎直排技术领域的研究非常深入，并且已经投入市场并产生经济效益。

表4-3-5 餐厨垃圾后端处置技术在华专利申请量排名前五位的国外申请人专利申请情况

单位：件

排名	申请人	申请量	专利类型		技术领域	有效量
			发明	实用新型		
1	艾默生	53	30	23	粉碎直排	34
					厌氧消化	2
2	贝肯	10	10	0	厌氧消化	1
3	熊津豪威株式会社	7	7	0	焚烧	0
					粉碎直排	
4	LG电子株式会社	6	4	2	粉碎直排	1
5	谐和能源有限责任公司	5	5	0	生化处理	1

4.4 餐厨垃圾厌氧消化技术分析

4.4.1 技术分析

按照厌氧发酵罐（反应器）的操作条件，如进料的含固率、运行温度等，餐厨垃圾厌氧消化处理技术可进行以下分类。

按照固体含量可分为：湿式、干式；
按照运行温度可分为：常温、中温和高温；
按照阶段数可分为：单相、两相；
按照进料方式可分为：序批式、连续式。

实际工程应用中，需综合考虑各种工艺的优缺点及餐厨垃圾的特点来选择合适的厌氧消化工艺，各种厌氧消化工艺的优缺点总结如表4-4-1所示。

表4-4-1 厌氧消化工艺比较

项目	工艺	优点	缺点
含固率	湿式（含固率<15%）	1. 技术成熟； 2. 设施便宜	1. 预处理复杂； 2. 需定期清除浮渣； 3. 抗冲击负荷能力差； 4. 耗水量大，废水量大

续表

项目	工艺	优点	缺点
含固率	干式 (含固率≥15%)	1. 有机物负荷高,抗冲击负荷强; 2. 预处理相对便宜,反应器小; 3. 耗水少,热耗少	1. 设备造价高; 2. 搅拌和输送能耗大、有难度
反应温度	常温	1. 能耗低; 2. 过程稳定	1. 应用不广泛; 2. 不能杀灭病菌; 3. 效率低
反应温度	中温 (30~40℃)	1. 应用广; 2. 能耗低; 3. 运行稳定; 4. 后续废水处理无须降温	1. 发酵周期长; 2. 病原菌杀灭率低,无害化低; 3. 油脂易结块堵塞
反应温度	高温 (50~60℃)	1. 发酵周期短; 2. 产气率更高; 3. 病原菌杀灭率高	1. 能耗高; 2. 自动化控制要求高; 3. 氨氮浓度高,泡沫多,臭味重,毒性增加
反应阶段	单相	1. 投资少; 2. 易控制	易出现酸化现象,抑制产甲烷反应
反应阶段	两相	1. 系统运行稳定; 2. 处理效率高; 3. 加强了对进料的缓冲能力	1. 投资高; 2. 运行维护复杂,操作控制困难
进料方式	序批式	1. 产气率高; 2. 易于控制	1. 占地面积大; 2. 投资大
进料方式	连续式	1. 应用广泛; 2. 占地面积小; 3. 运行成本低	1. 发酵不充分; 2. 控制复杂

4.4.2 全球专利申请分析

4.4.2.1 全球申请趋势分析

图4-4-1示出全球餐厨垃圾厌氧消化技术专利申请量趋势。该技术发展大体分为5个阶段。

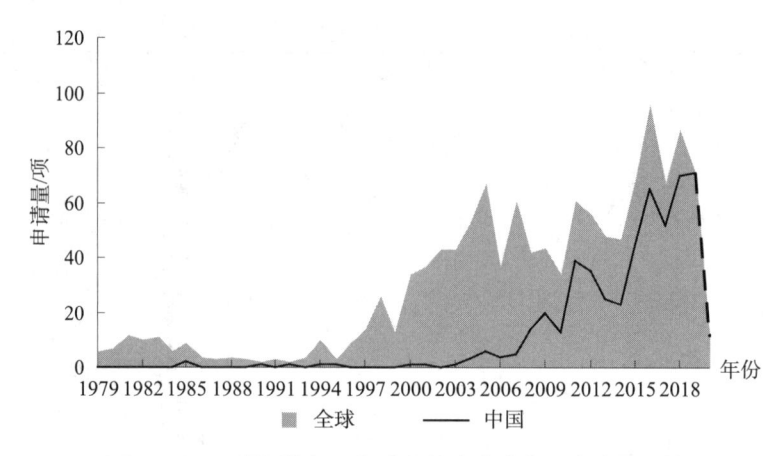

图4-4-1 餐厨垃圾厌氧消化技术全球专利申请量趋势

萌芽期：20世纪60年代后期至70年代中后期，餐厨垃圾厌氧消化技术全球专利申请量很少，技术研发处于探索阶段。厌氧消化技术在19世纪末至20世纪初就已出现，但最初的厌氧消化技术主要应用于对粪便和废水的处理。直到20世纪60年代，加利福尼亚大学的Golueke和伊利诺伊大学的Pfeffer开展了利用餐厨垃圾甲烷发酵后回收能源的可行性试验，才真正拉开了餐厨垃圾厌氧消化技术基础研究的序幕。[1]

第一快速发展期：20世纪70年代后期至80年代中期，全球餐厨垃圾厌氧消化技术专利申请量第一次呈现快速增长趋势。随着环境问题和能源危机，各国都加大了厌氧消化技术的研究力度，并开发了新的厌氧生物处理反应器，扩大了厌氧消化技术的应用范围。高速厌氧反应器的发展大大提高了厌氧反应器的负荷和处理效率，缩短了水力停留时间，减小了反应器容积，增强了厌氧发酵的稳定性和适应性。1978年，欧洲共同体明确了环境和能源的和谐发展，支持研究开发代替能源，在政策的支持和影响下，20世纪70年代后期至80年代中期，特别是以德国、奥地利、丹麦、瑞典、芬兰等为代表的欧洲国家和地区，进行了一系列餐厨垃圾相关技术开发，并不断派生出一批新的高效厌氧消化工艺，如1982年在升流式厌氧污泥层（UASB）反应器的基础上开发了处理高固体含量废水的升流式固体反应器（USR）等。这些新颖的厌氧消化工艺不断被开发出来，打破了过去认为厌氧消化工艺处理效能低，需要较长停留时间的传统观念，重新认识了厌氧消化工艺是高效能的，可以适应不同的温度和浓度，原料种类也越来越多样化。

调整期：20世纪80年代后期至90年代初，在此期间全球餐厨垃圾厌氧消化技术专利申请量出现大幅度下降，主要原因是90年代初，日本经济泡沫和其他国际事件的发生，使当时的日本、美国、欧洲等国家和地区经济和科技遭到重创，专利申请量大幅度下降。

第二快速发展期：20世纪90年代中期至2005年，在此阶段，餐厨垃圾厌氧消化

---

[1] 李玉友，牛启桂. 有机废弃物厌氧消化技术展望［J］. 生物产业技术，2015（3）：35-42.

技术快速发展，在湿式厌氧发酵技术进一步发展完善的同时，干式厌氧发酵技术也得到了更多的关注，并实现了快速发展，厌氧消化工艺已成功应用于工程实践，采用厌氧消化工艺处理餐厨垃圾的处理厂在以德国为首的欧洲国家和地区得到大规模推广使用，在此期间，日本相关专利申请量出现大幅度增长，并赶超德国。

波浪式发展期：2006年至今，全球餐厨垃圾厌氧消化技术专利申请量呈现平稳发展趋势。2016年餐厨垃圾厌氧消化技术的相关专利申请量达到了一个新的峰值，在此期间，中国的相关专利申请量增速尤为明显，并逐步居世界首位。

4.4.2.2 全球地域布局分析

专利技术（原创来源）国家和地区，即专利申请人所在国家和地区，本课题组以专利申请人所在国家和地区为主体，通过对检索的专利文献进行来源地的专利申请数量统计分析，确定餐厨垃圾厌氧消化技术主要国家或地区产出分布，并比较主要来源国家和地区的技术研发实力。

图4-4-2示出餐厨垃圾厌氧消化技术主要来源国家和地区的申请量分布，由图4-4-2可见，德国是最大的技术产出国，22%的专利技术来源于德国，其次是日本、中国和韩国，分别占21%、20%和12%，其后是法国、瑞士、美国、英国、奥地利、比利时和荷兰，可见该领域绝大部分技术掌握在以德国为首的欧洲国家和地区、日本、中国以及韩国手中。对照图4-4-3可看出，在餐厨垃圾厌氧消化技术专利申请的目标国家和地区中，欧洲、中国、日本、韩国所占份额也相当高，所以市场集中、技术更集中是餐厨垃圾厌氧消化技术领域的总体特点。

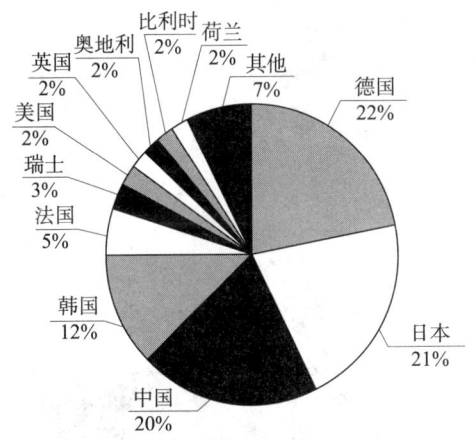

图4-4-2 餐厨垃圾厌氧消化技术主要来源国家和地区申请量分布

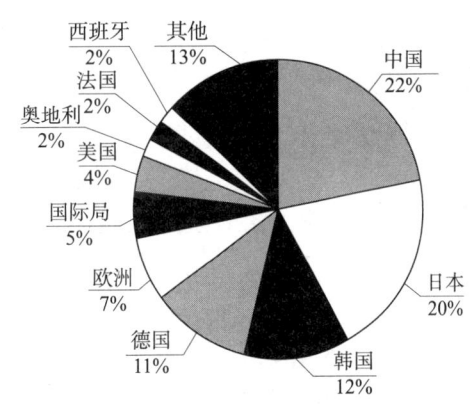

图4-4-3 餐厨垃圾厌氧消化技术主要目标国家、地区和组织申请量分布

图4-4-4示出了全球餐厨垃圾厌氧消化技术主要原创地和市场地之间的专利申请流向情况，从图中可进一步得知主要技术原创国家、地区和组织在主要目标市场的专利布局情况。从图4-4-4可以看出，中国是最大的技术目标国家，日本市场紧随其后，其次是韩国、德国等市场。这表明中国、日本、欧洲和韩国是餐厨垃圾厌氧消化技术的主要市场。德国作为最大的技术产出国，其在全球布局最为活跃，除了在本

国市场大量布局专利，同时在欧洲以及美国、中国、日本和韩国等市场均有一定数量的布局；奥地利、比利时、英国、法国、瑞士等欧洲国家和地区主要在欧洲市场布局，在国外也有不少技术输出。整体来看，餐厨垃圾厌氧消化技术在欧洲输出和布局均比较活跃。而中国和日本作为主要技术原创国和目标国，其厌氧消化技术主要集中在国内市场，在本国以外的国家布局较少；美国则主要以输入技术为主，厌氧消化技术在美国相对不是很活跃。

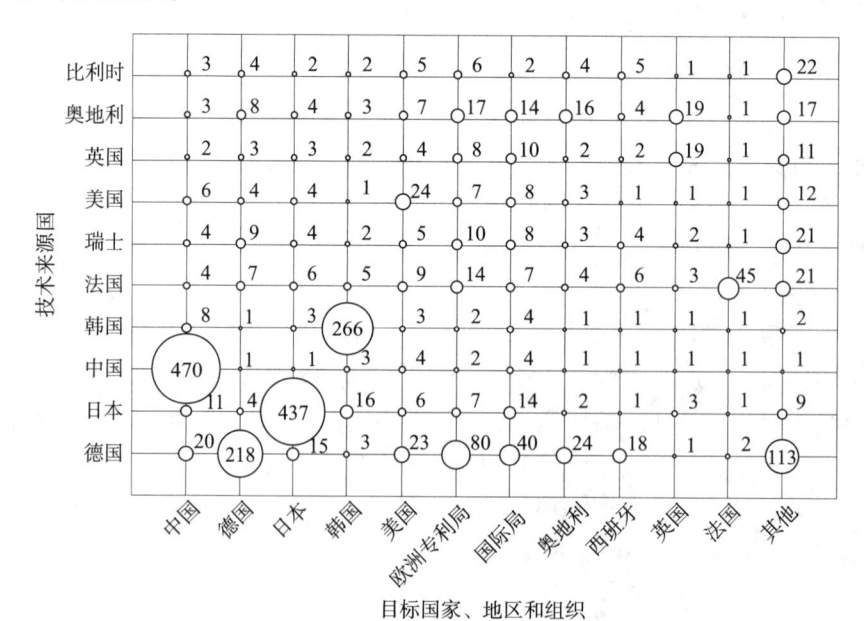

图 4-4-4 餐厨垃圾厌氧消化处理技术主要国家和地区的专利申请流向

注：图中数字为申请量，单位为件。

4.4.2.3 全球技术分布

图 4-4-5 显示了全球餐厨垃圾厌氧消化技术中按照干式、湿式厌氧发酵以及联合厌氧发酵划分的技术分布。

可见在餐厨垃圾厌氧消化技术中，采用湿式厌氧发酵处理技术的超过一半，占据该领域厌氧消化方式的主要地位，这在一定程度上与厌氧消化这种通用技术最初的处理对象为废水、粪液、污泥这类本身含固率较低的污物有关；其次是干式厌氧发酵技术，联合厌氧发酵处理技术较少。

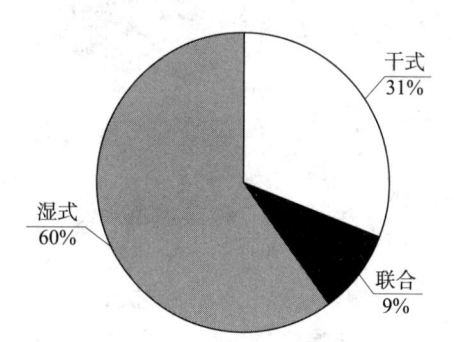

图 4-4-5 餐厨垃圾干式、湿式以及联合厌氧发酵技术分支全球专利申请分布

图 4-4-6 显示了餐厨垃圾厌氧消化处理技术中按照干式、湿式厌氧发酵以及联合厌氧发酵划分的3个技术分支的全球申请量趋势。由图可见，湿式厌氧发酵技术最先发展起来，并在20世纪70年代末至80年代初出现了一次明显的快速发展期；而干

式厌氧发酵技术最早出现于20世纪80年代初，并在随后的近20年中处于缓慢发展的过程，平均每年的申请量在10件左右。进入21世纪后，干式厌氧发酵技术呈现出明显的快速增长，在2005~2015年期间，干式与湿式厌氧发酵技术旗鼓相当；联合厌氧发酵处理技术最早出现于20世纪80年代初期，在之后的近20年中处于停滞状态，直到20世纪90年代末期才重新发展起来，但申请量一直处于较低水平。

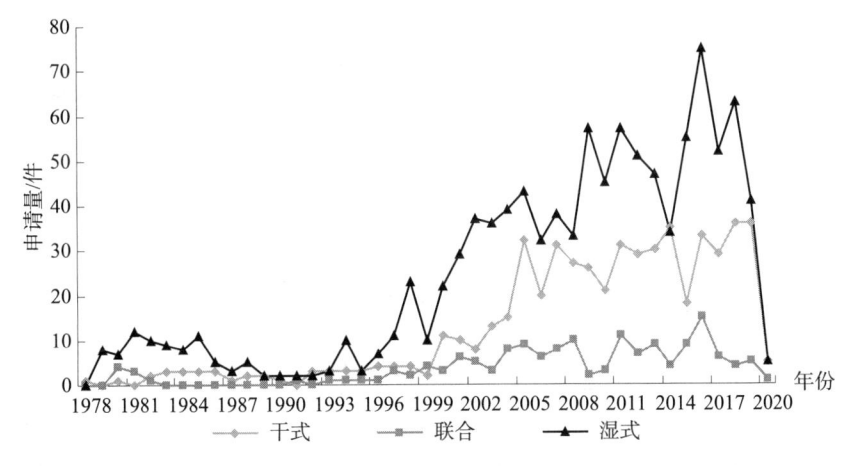

图4-4-6　餐厨垃圾厌氧消化各技术分支全球专利申请量趋势

图4-4-7显示了餐厨垃圾厌氧消化技术中的3个技术分支在主要国家和地区的申请量分布。由图4-4-7可见，在日本和韩国的餐厨垃圾厌氧消化技术的专利申请中，湿式厌氧发酵技术占据了绝大部分，湿式厌氧发酵技术是日本和韩国餐厨垃圾厌氧消化采用的主流技术。而在德国、欧洲专利局（EPO）和中国的餐厨垃圾厌氧消化技术的专利申请中，湿式和干式厌氧发酵技术发展平分秋色。在美国则相反，干式厌氧发酵技术在美国餐厨垃圾厌氧消化市场中属于主流技术。

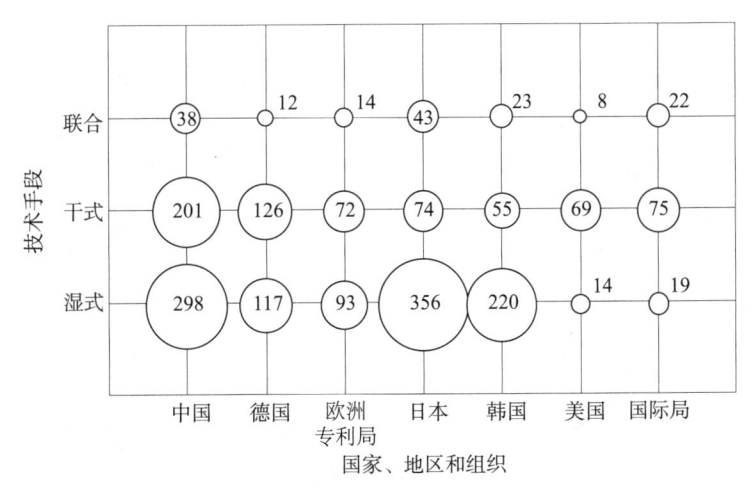

图4-4-7　餐厨垃圾厌氧消化各技术分支在主要国家、地区和组织的申请量分布

注：图中数字为申请量，单位为项。

4.4.2.4 全球创新主体分析

图4-4-8给出了全球餐厨垃圾厌氧消化技术专利申请人排名前15位的创新主体。富士电机在该领域的申请量排名第一位，前七位均来源日本，中国的蓝德环保排第八位，维尔利和宁波开诚分别位于第13位和第14位。其中，贝肯、SCHMACK BIOGAS以干式厌氧发酵技术为主，富士电机、久保田、松下电工、大阪瓦斯、维尔利均以湿式厌氧发酵技术为主，而栗田工业、蓝德环保、UTS UMWELT TECHNIK SUED、鹿岛建设、宁波开诚兼顾湿式和干式厌氧发酵技术，三菱重工和荏原制作所在联合厌氧发酵处理上研究较多。

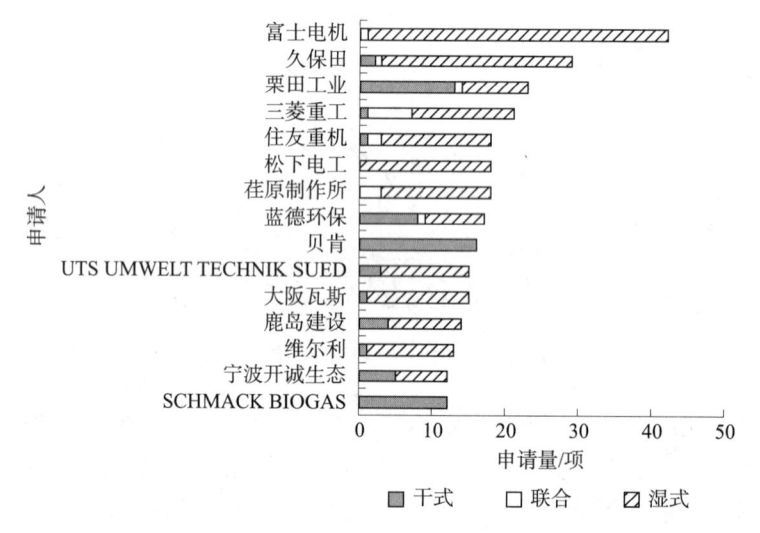

图4-4-8 餐厨垃圾厌氧消化技术全球前15位申请人排名

4.4.3 在华专利申请分布

4.4.3.1 在华申请趋势和技术分布分析

从图4-4-9可以看出，餐厨垃圾厌氧消化技术在华专利申请量总体呈现波浪式上升态势。我国最早涉及餐厨垃圾厌氧消化技术的专利申请提交于1985年，来自德国的兰德股份公司的在华发明专利申请（公开号为CN85102347A），此时，国外餐厨垃圾厌氧消化技术第一个发展高峰已经接近尾声，而中国专利制度刚刚建立，国内还没有进行相关技术的专利布局。随后至2007年，20多年间在华专利申请量一直处于较低水平，主要为国外企业在华布局。2004年，中国申请人才开始逐渐布局；2008年本土专利申请量进入快速增长期，国内申请人逐渐活跃，申请人数量和申请量均大幅增长，此时国外餐厨垃圾厌氧消化技术第二个高峰已经结束，国外申请人在华布局逐渐减少，国内申请人成为在华申请的主要创新主体，并逐渐影响了全球的专利申请趋势。

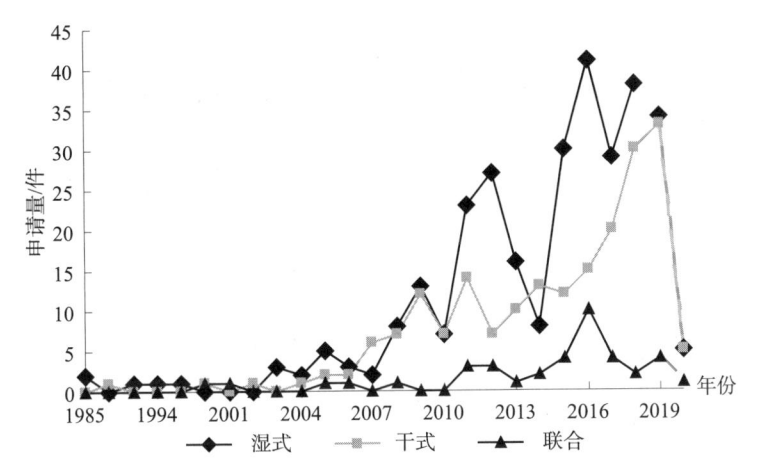

图 4-4-9 餐厨垃圾厌氧消化技术在华专利申请量趋势

图 4-4-10 显示了餐厨垃圾厌氧消化技术各技术分支在华专利申请量占比。国内餐厨垃圾干式和湿式厌氧发酵技术发展较为同步，整体数量上湿式厌氧发酵技术高于干式厌氧发酵技术，占到总量的 56%，但干式厌氧发酵技术近年来增速明显，已有超越湿式厌氧发酵技术的趋势，成为研究热点。

图 4-4-11 显示了餐厨垃圾厌氧消化技术在华申请的申请人类

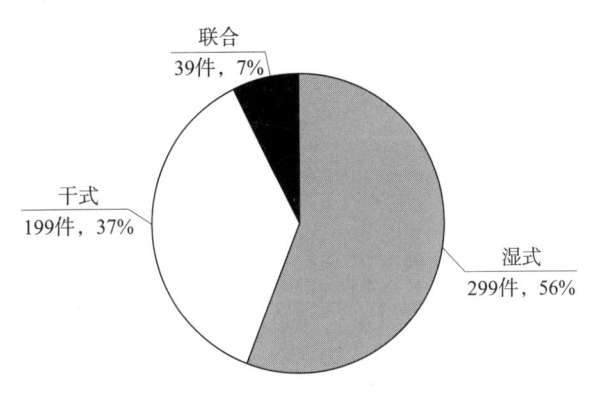

图 4-4-10 餐厨垃圾厌氧消化技术各技术分支在华专利申请量占比

型构成及对应技术分支分布。餐厨垃圾厌氧消化技术在华专利申请人以企业为主，占比为 60%，国内企业在厌氧消化技术方面的研究比较活跃，其次为大专院校和科研单位，占比分别为 19% 和 10%，科研单位和企业申请中干式厌氧发酵技术比例明显高于平均水平，也从一个侧面反映出干式厌氧发酵技术在国内的研究热度。

4.4.3.2 在华申请区域分析

（1）国内在华专利申请分析

图 4-4-12 显示了餐厨垃圾厌氧消化技术国内前十位省市的专利申请量排名。北京、江苏为国内申请量最多的两个省市，分别为 81 件和 67 件，北京、江苏的申请量明显高于其他省市，一方面，北京大专院校、科研单位以及企业更为集中，申请量相应较高，但从图 4-4-13 所示的餐厨垃圾厌氧消化技术主要省市的专利申请量趋势可以看出，近几年来北京在餐厨垃圾厌氧消化技术方面的申请量在逐渐降低。另一方面，国内垃圾处理领域的龙头企业维尔利、中国天楹均位于江苏，其带动了江苏环境保护产业的高速发展，加之当地政府的创新鼓励政策，江苏的申请量一直稳定在较高水平。而山东、上海近年来年申请量增长快速，得益于当地政府对垃圾分类和处理的鼓励和

推进，2019年山东和上海申请量已经超过北京。

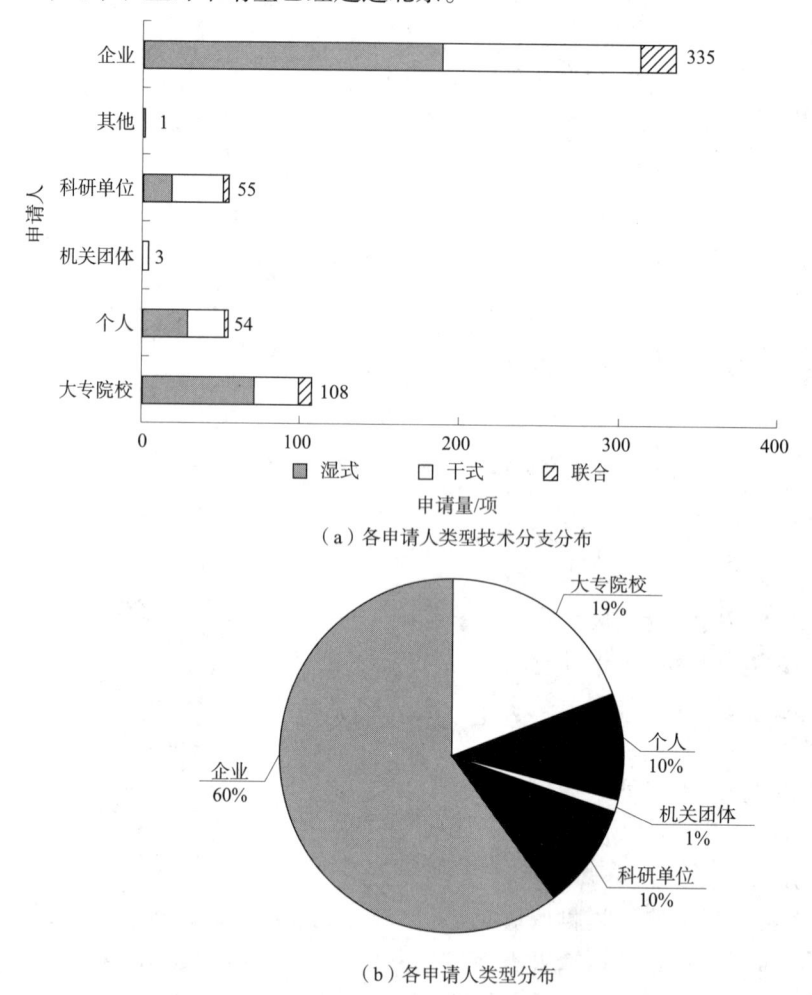

(a) 各申请人类型技术分支分布

(b) 各申请人类型分布

图 4-4-11 餐厨垃圾厌氧消化技术在华申请的申请人类型构成及对应技术分支分布

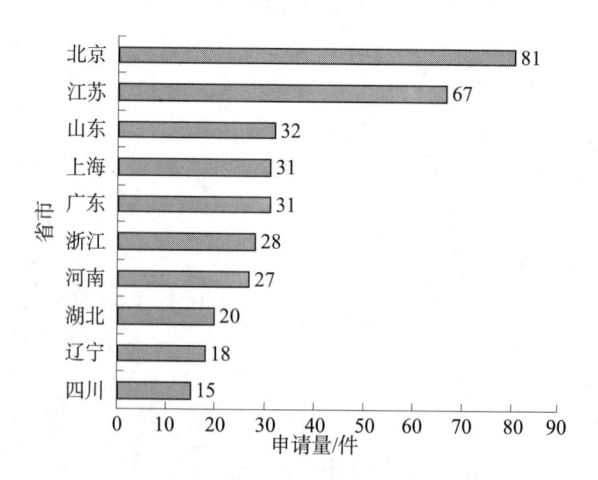

图 4-4-12 餐厨垃圾厌氧消化技术国内前十位省市专利申请量排名

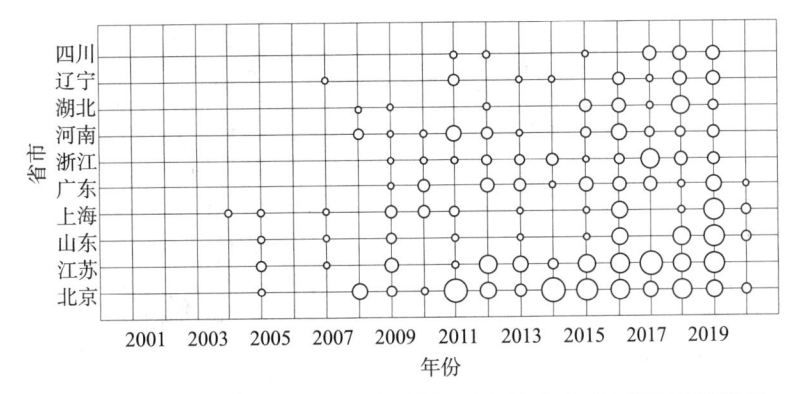

图 4-4-13　餐厨垃圾厌氧消化技术国内主要省市专利申请量年度趋势

注：图中圆圈大小表示申请量多少。

(2) 国外在华专利申请分析

由图 4-4-14 可以看出，餐厨垃圾厌氧消化技术专利申请的在华申请人中，87.34%为国内申请人，国外申请人主要来自德国、日本，这与德国和日本在全球餐厨垃圾厌氧消化技术方面的领先地位一致。国外餐厨垃圾厌氧消化技术相关申请主要有两个活跃期，分别为 1978～1985 年和 1995～2010 年，而在华申请 2008 年才开始进入高速增长期（参见图 4-4-15），主要是由于中国专利制度建立较晚，没有参与国外餐厨垃圾厌氧消化的第一个活跃期。第二个活跃期间，在华申请主要为国外申请人，此时餐厨垃圾厌氧消化技术在国内刚刚起步，直至 2008 年后，随着国内对环境友好和可持续发展的重视，餐厨垃圾厌氧消化技术在本土逐渐受到关注，热度逐年上升，国内申请人成为申请主体，相应的国外申请人占比越来越小。

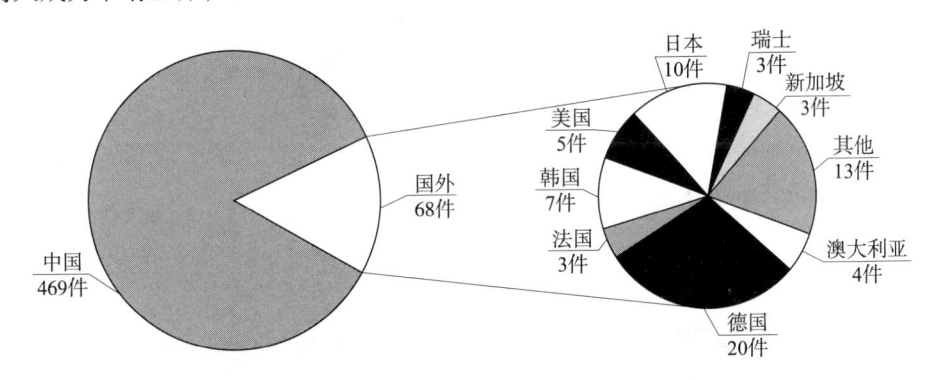

图 4-4-14　餐厨垃圾厌氧消化技术在华专利申请人构成

4.4.3.3　在华创新主体分析

图 4-4-16 给出了餐厨垃圾厌氧消化技术在华专利申请人排名前十位的创新主体。蓝德环保在该领域的申请量排名第一位，维尔利、宁波开诚生态分别排第二、第三位。在华创新主体前六位均为环境相关的大企业及上市公司，说明技术研发主要集中在本领域的大企业，有利于专利技术的转化和应用；后四位为大专院校和研究院所，

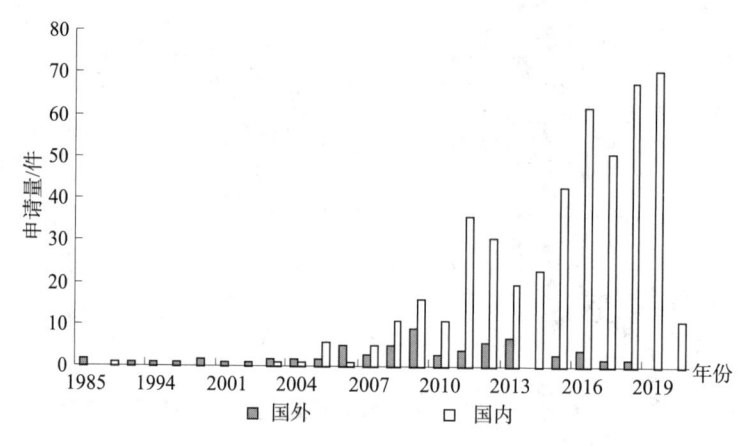

图 4-4-15 餐厨垃圾厌氧消化技术国内外申请人的在华申请趋势

前十位里只有贝肯一位国外申请人，贝肯也是厌氧消化技术全球布局比较活跃的龙头企业。技术分支方面，维尔利、艾尔旺、江南大学以湿式厌氧发酵技术为主，贝肯、吉林省农业机械研究院、上海市政工程设计研究总院以干式厌氧发酵技术为主，而蓝德环保、启迪桑德、同济大学、宁波开诚生态则兼顾湿式和干式厌氧发酵技术，且前三者在联合处理上也有涉猎。

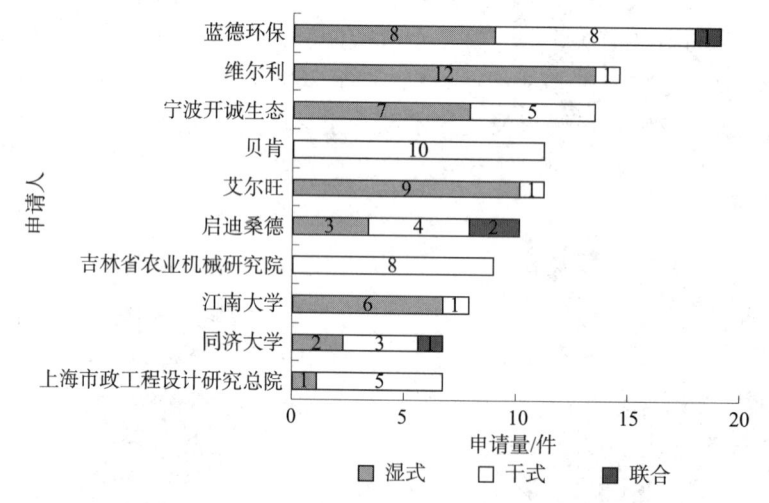

图 4-4-16 餐厨垃圾厌氧消化处理技术在华创新主体前十位排名及各分支分布

4.5 重点技术分支——餐厨垃圾湿式厌氧发酵技术

湿式厌氧发酵技术是指进料总含固率小于 15% 的有机废弃物的厌氧消化技术，是厌氧消化技术中应用最早、研究最多的分支，20 世纪 70 年代后期，第一个规模化生产的厌氧消化厂在美国佛罗里达州建成，该厂即采用湿式厌氧发酵技术。湿式厌氧发酵技术按照含固率可分为：常规厌氧发酵，含固率 3%～5%；高含固厌氧发酵，含固率

8%~15%。按照消化阶段数可分为：单相厌氧发酵，指在同一个反应器内完成厌氧发酵的产酸和产甲烷阶段；两相厌氧发酵，指厌氧发酵反应在两个反应器内完成，分别完成产酸和产甲烷阶段。按照投料运转方式可分为：连续发酵工艺、半连续发酵工艺。按照发酵温度可分为：高温发酵、中温发酵和常温发酵。

基于垃圾分类的特殊国情，日本餐厨垃圾厌氧发酵技术偏重于湿式，日本餐厨垃圾湿式厌氧发酵技术是在废水和污泥的厌氧消化技术基础上发展起来的。日本国会于2002年通过了《日本生物质综合战略》，其中明确提出要开发厌氧消化等对含水率较高的生物质转化成能源的技术。[1] 受此政策的影响，厌氧消化技术处理有机废水和有机废弃物在日本越来越普及。有着相对独立和完整的技术发展脉络，本节对日本餐厨垃圾厌氧消化技术进行梳理和进一步研究，试图分析出湿式厌氧发酵技术的发展历程。

4.5.1 日本厌氧消化处理技术专利申请分析

由图4-5-1可以看出，日本餐厨垃圾厌氧消化技术从20世纪70年代末以来经历了两个活跃期，第一个活跃期集中在1979~1985年，在此期间，湿式厌氧发酵技术得到第一次快速发展。第二个活跃期集中在1994~2010年，湿式厌氧发酵技术在第一个活跃期的基础上得到进一步发展，干式厌氧发酵技术在此期间也得到一定的发展，但整体规模明显落后于湿式发酵技术，2010年后申请趋势从活跃期回落，近年来相对稳定。日本餐厨垃圾厌氧消化技术以湿式为主，一直占据绝对领先水平，干式技术在日本没有得到很好的发展。这与日本国内对垃圾的处理方式直接相关。日本国内执行严格的垃圾源头分类收集管理办法，一方面，对于家庭产生的厨余垃圾，在丢弃之前，需将厨余垃圾沥水，除去部分水分后放入"可燃烧垃圾"的袋中，丢弃后经焚烧处理。如果厨余垃圾中含油率较高，需要在丢弃前加入油脂凝固剂将油脂固化并分离出来单独丢弃，随后进行资源化处理。因此，日本厨余垃圾含油率和含水率均较低，非常适合成本低廉的处理生活垃圾的焚烧厂处置。另一方面，对于食堂、餐馆等产生的餐厨垃圾，需要先使用油脂凝固剂提取油脂并单独处置，剩余的餐厨垃圾和可燃烧垃圾放在一起进行焚烧处理，或者提油后进行好氧堆肥，转化为有机肥料，焚烧或就地处理的成本均明显低于厌氧消化处理。因此，对于仅针对餐厨垃圾的处理方法和装置，日本企业更倾向于研发餐厨垃圾就地处理技术，一些著名的电器公司如松下、三洋电器、日立等都已推出成熟的餐厨垃圾处理机，对产生的餐厨垃圾进行就地化处置。日本餐厨垃圾厌氧消化技术相关专利申请主要集中在原料适用范围更广的通用型技术，即能够满足包括餐厨垃圾等多种常规有机性固废的处理，而污泥、人畜粪尿便是这些常规有机固废的主要类型，固废本身含水量较高且通常同污水处理结合在一起，对于此类原料，湿式厌氧发酵技术与干式厌氧发酵技术相比具有明显优势。因此，日本厌氧消化技术主要以湿式为主，干式发展相对滞后（参见图4-5-2）。

---

[1] 池勇志，习钰兰，薛彩红，等. 厌氧消化技术在日本有机废水和废弃物处理中的应用 [J]. 中国给水排水，2011，27（8）：27-33.

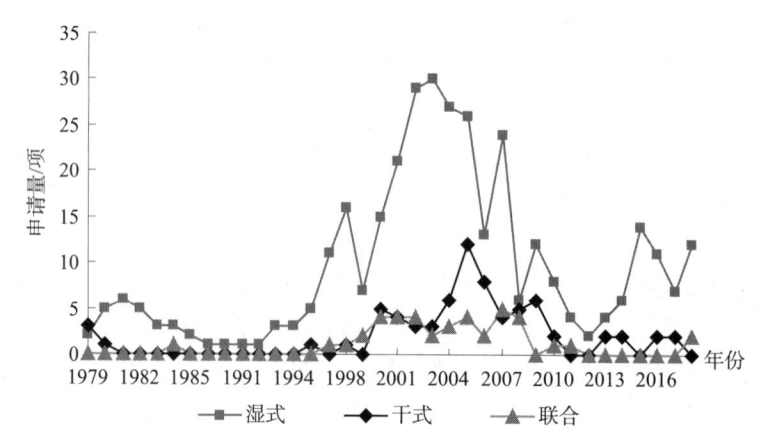

图 4-5-1 厌氧消化处理技术分支在日本的专利申请趋势

图 4-5-3 给出了餐厨垃圾厌氧消化技术在日本的专利申请排名前十位的创新主体。富士电机在该领域的申请量排名第一位，久保田和栗田工业位列第二位和第三位。技术分支方面，湿式厌氧发酵技术也是主要申请人的重要研究方向，干式厌氧发酵只有栗田工业、久保田、鹿岛建设等有一定的研究，其中，栗田工业申请干式技术分支占比超过了湿式技术分支占比。三菱重工和荏原制作所则在联合处理上有一定的积累。

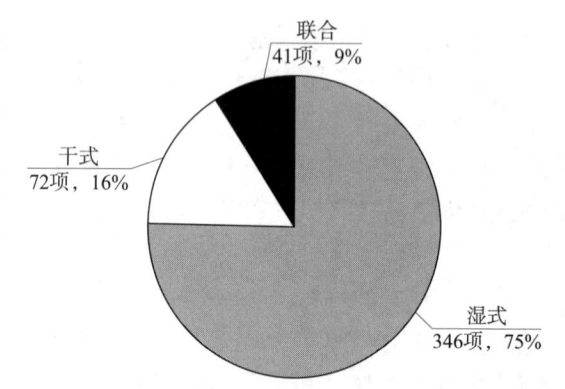

图 4-5-2 厌氧消化处理技术分支在日本的申请量占比

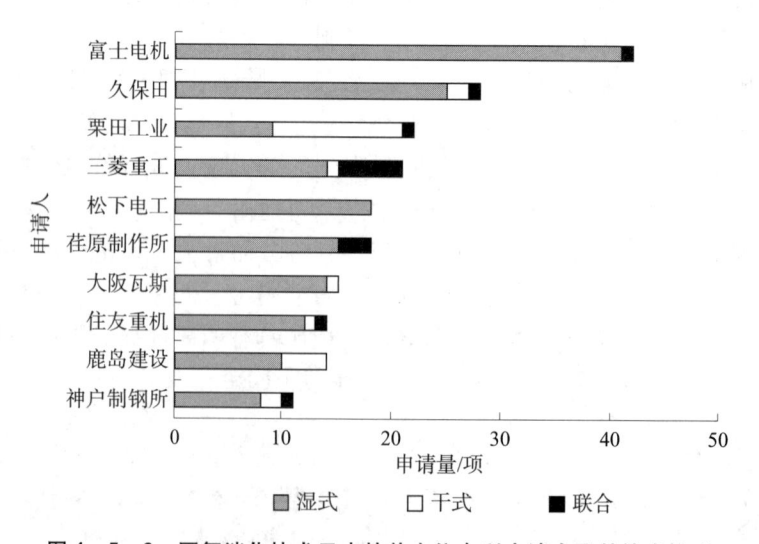

图 4-5-3 厌氧消化技术日本的前十位专利申请人及其技术构成

4.5.2 日本湿式厌氧发酵技术分析

湿式厌氧发酵技术在日本经历了从起步到活跃直至逐渐成熟稳定的发展历程，本节结合专利申请时间、被引频次、专利的技术内容等信息分别从处理流程、发酵罐搅拌方式、提高/稳定微生物浓度方式、氨氮控制方式和涉油涉盐处理 5 个方面对日本湿式厌氧发酵技术的专利申请进行分析，绘制了专利技术路线，如图 4-5-4 和图 4-5-5 所示。

日本厌氧消化技术早期主要用于污泥处理，可以追溯到 20 世纪 30 年代。在 20 世纪六七十年代，随着污水管网在日本的迅速普及和敷设，厌氧消化技术在城镇污水处理厂也得到了广泛应用，在此基础上，20 世纪 70 年代末，日本开始研究利用湿式厌氧发酵技术处理餐厨垃圾等有机负荷高的有机固废。20 世纪 80 年代，日本餐厨垃圾相关的湿式厌氧发酵专利申请量进入了第一个快速发展期。20 世纪 70 年代末主要采用将餐厨垃圾加水粉碎，通过固液分离等分选去除不适宜发酵成分后，直接进行厌氧消化处理（JPS5615893A、JPS5613091A），厌氧消化设备以单槽为主，液化和气化在同一槽内进行，pH 控制困难，影响产气效率（JPS56168891A、JPS56168892A）。1996 年，久保田将餐厨垃圾与屎尿、污泥、污水等其他有机废弃物联合处理，并于随后的多年不断对联合工艺进行优化，提高了厌氧消化的稳定性和广泛适用性（JPH09201599A、JPH11300323A、JPH11319783A、JPH11319782A、JP2000015231A、JP2000254697A）。1997 年，荏原制作所改进两相厌氧消化工艺，餐厨垃圾等有机固废破袋后，直接进入酸发酵槽酸化处理，然后与厌氧消化排出的消化液混合搅拌，可溶化处理，能够有效促进不能消化的杂质沉降分离，降低生产成本。2003 年，三铃工业株式会社等将一次浆化的餐厨垃圾固液分离后，残渣与锯末、木炭混合一次厌氧发酵后，再与一次浆化固液分离的液体混合二次厌氧发酵（JP2004237210A）。2003 年，荏原制作所采用一体化单槽发酵结构，降低系统制造成本（JP2004237238A）。2006 年，富士电机则采用双发酵槽结构提高发酵效率和减容化水平（JP2008136985A、JP2008136984A）。随着技术不断成熟，针对食堂、家庭的小型湿法厌氧发酵设备的研究也得到一定的发展（JP2011045804A、JP2017056451A、JP2019042692A）。

可溶化处理是将固体有机成分低分子化、液化的过程，是湿式厌氧发酵前主流的物料处理过程，对可溶化及其前端配合的粉碎浆化的研究贯穿湿式厌氧发酵的整个发展过程。1981 年，三菱重工将可溶化前处理的杂质通过简单的分离手段除去后，再进行厌氧消化，能够有效降低消化污泥的产生量，节约后续处理成本（JPS5814995A）。1999 年，ATAKA 工业株式会社通过对消化污泥进行除氨氮处理，并在可溶化槽内添加营养盐调节碳/氮（C/N）比，实现消化污泥完全替代混合稀释用水，节约用水的同时，大幅减少了不必要的废水和污泥排放（JP2001137812A）。日立从 2000 年起对有机相废弃物进行多级可溶化处理，能够有效减少残渣和污泥排放（JP2001300486A、JP2004082017A、JP2004082049A）。2000 年，IHI、久保田分别对可溶化前端粉碎和浆化进行改进（JP2002066507A、JP2002119937A）。2001 年，IHI 采用高温高压亚临界水进

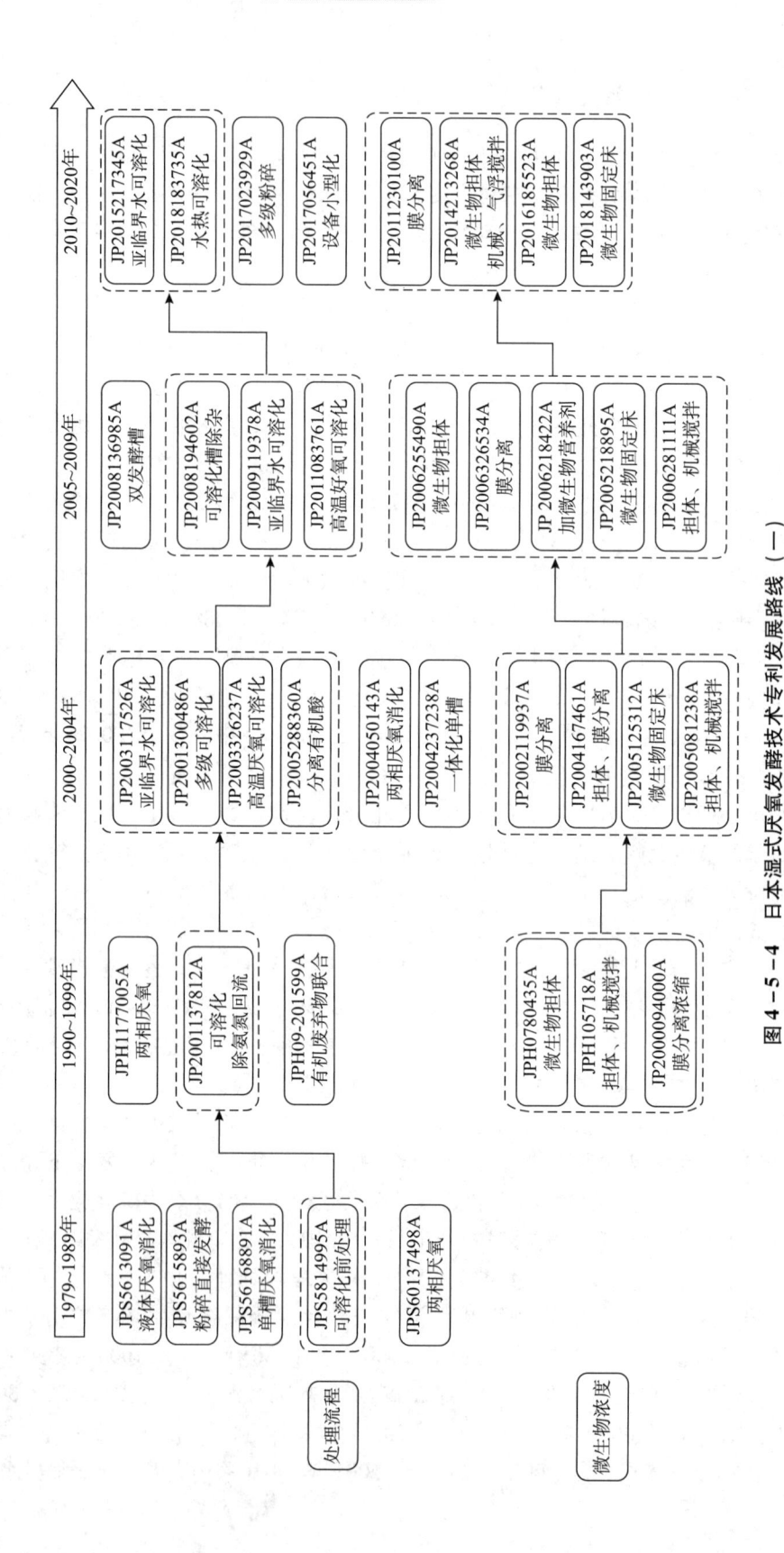

图 4-5-4 日本湿式厌氧发酵技术专利发展路线（一）

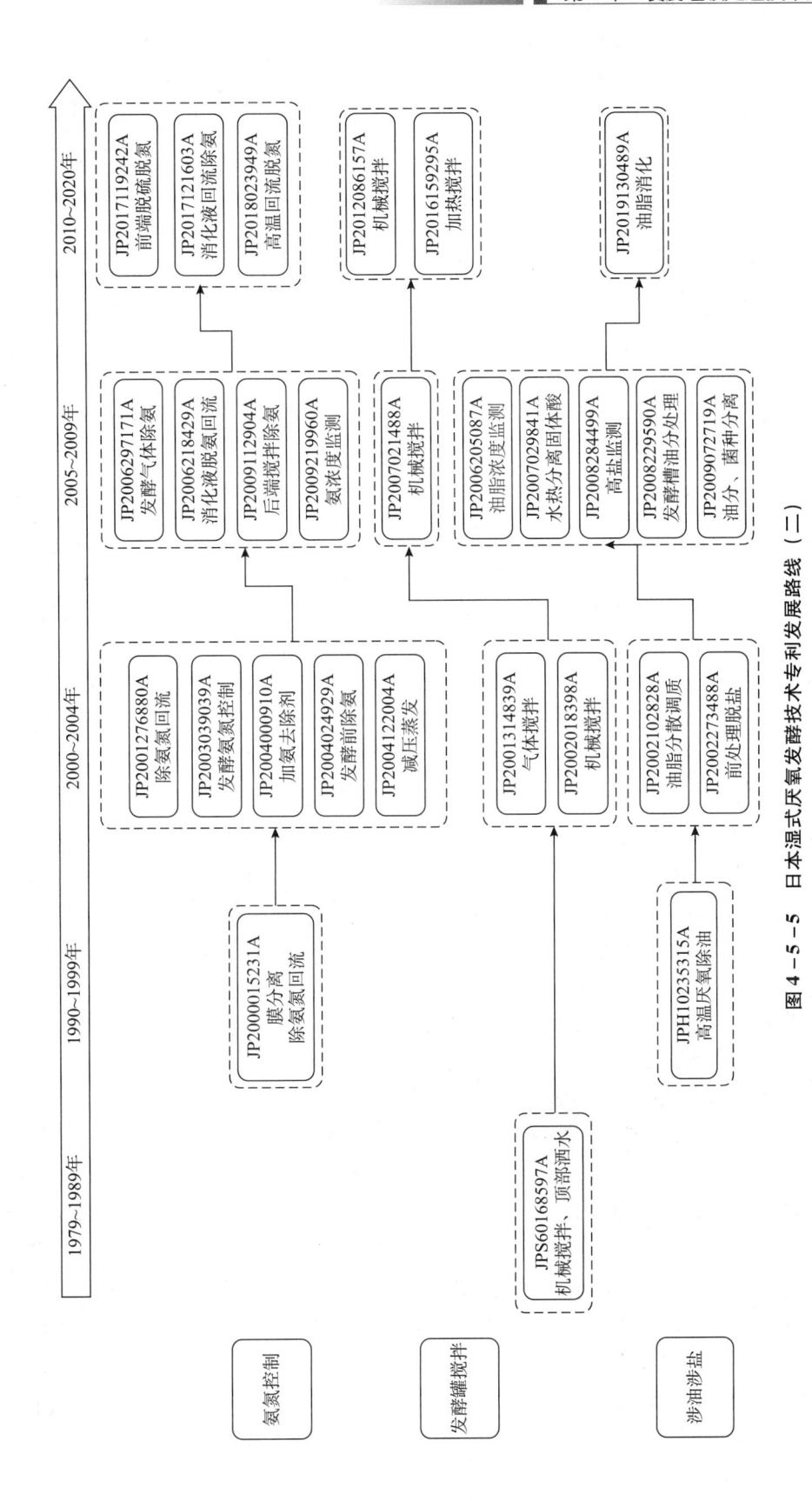

图 4-5-5 日本湿式厌氧发酵技术专利发展路线（二）

行可溶化处理，之后株式会社栗本铁工所和东洋橡胶工业株式会社分别对该方法进行了改进（JP2003117526A、JP2009119378A、JP2015217345A）。2002年，大阪瓦斯在60℃以上厌氧条件下进行超嗜热厌氧消化进行可溶化处理（JP2003326237A）。2007年，富士电机、三菱重工分别在可溶化槽内除杂结构进行了改进（JP2008194602A、JP2008246461A、JP2008246462A）。2009年，长崎综合科学大学在80～100℃高温好氧条件下进行可溶化处理（JP2011083761A）。

含氮有机废弃物降解过程中容易产生氨氮，当其浓度过高时厌氧消化微生物活性受到抑制、甲烷产量下降，严重时会导致反应体系崩溃，抑制氨氮的研究也是厌氧消化的重要方向。将消化液进行除氨氮处理后回流是20世纪末和21世纪初厌氧消化去除氨氮的主流方向（JP2000015231A、JP2001276880A、JP2001137812A、JP2002273391A、JP2003094021A、JP2005193146A、JP2006218429A、JP2006272138A）。2001年，东芝监测发酵槽内氨氮浓度，并通过加水稀释进行浓度控制，能够避免氨氮的抑制作用（JP2003039039A）。2002年，荏原制作所向厌氧处理槽内添加氨去除剂有效降低氨氮浓度（JP2004000910A），同年，三菱重工在厌氧消化流程前段进行除氨氮处理，能够最小化氨氮的抑制作用（JP2004024929A）。2003年，株式会社栗本铁工所等将消化液固液分离浓缩，浓缩部分加水稀释返回发酵槽，能够有效降低浓缩部分中氨氮含量（JP2004337667A）。2004年，富士电机通过监测比较发酵槽和废液处理槽氨氮浓度，控制废液回流，从而防止发酵槽内氨氮过量蓄积（JP2005211713A）。2005年，鹿岛建设在发酵槽上设置捕集装置，去除发酵槽顶部气相中氨气（JP2006297171A）。2007年，大阪瓦斯在污泥回流管线上增设可溶化槽，对回流污泥进行曝气搅拌等可溶化处理，能够有效分离氨气（JP2009112904A）。2016年，清水建设株式会社将消化液在碱性环境下加热曝气可溶化处理后返回酸化槽，既能提高有机物消化效率，又能减少氨氮的抑制作用（JP2017121603A）。2016年，日立造船以不超过40℃的中温可溶化处理有机废弃物后，进行不超过40℃厌氧消化，消化液在45～70℃条件下反流至可溶化工程，能够有效抑制氨氮的阻碍作用（JP2018023949A）。

微生物浓度是决定厌氧消化效率的重要因素，提高/稳定微生物浓度方式也一直是湿式厌氧发酵的重要研究方向。消化污泥回流、微生物载体、消化液浓缩分离均是提高/稳定微生物浓度的重要手段。消化污泥回流是早期提高发酵槽中菌群浓度的主要手段，由于污泥回流还能节约大量稀释用水，也是主流湿式厌氧发酵普遍采用的技术手段，由于该工艺更为成熟，仅针对其改进的专利申请并不很多（JPH0663598A、JP2009119361A），1993年，鹿岛建设采用玻璃纤维担体附着高温菌群，提高发酵槽中菌群浓度，并在1996年增加搅拌结构，进一步提高了发酵槽中菌群分布的均匀性（JPH0780435A、JPH105718A），微生物担体的研究是微生物载体研究的主要方向之一（JP2005081238A、JP2006255490A、JP2006281111A、JP2006281112A、JP2007203150A、JP2014213268A、JP2016185523A）。微生物载体的另一个研究方向集中在固定床，富士电机2003年将固定床代替担体作为微生物载体（JP2005125312A），并在之后几年对采用微生物载体的处理流程进行了改进（JP2006255545A、JP2007209905A）。2004年，日立改进了发酵槽内微生物固定床结构，提高了生物气的产生效率（JP2005218895A），2017年鹿岛建设对固定床发酵槽的溢流管路清洗方法进行了研究（JP2018-143903A）。消化液膜分离则是消化液浓缩分离的主要技术，20世纪90年代以来消化液膜分离得到长足发展，膜分离装置能够有效分离消化污泥和消化液，提高发酵槽内微生物浓度（JPH11319782A、JP2000015231A、JP2000094000A、JP2000153259A、JP2005211733A）。此外，2002年，日本产业技术综合研究院复合微生物担体和膜分离技术，能够抑制膜堵塞，提高发酵效率（JP2004167461A）；同年，神钢环境提出采用减压蒸发发酵液，取代膜分离工艺进行浓缩（JP2004122004A）；三菱重工在2005年直接向发酵槽内添加厌氧菌所需要的营养元素以提高厌氧菌浓度（JP2006218422A）。2005年，富士电机将微生物担体与机械搅拌相结合，减少担体表面气泡和固定物的附着，提高异物去除效率（JP2006281111A、JP2006281112A、JP2006255490A）。2006年，鹿岛建设将微生物担体与消化液流速控制相结合，提高微生物的增殖速度（JP2007203150A）。鹿岛建设、富士电机、日立等在2004~2006年进一步研究微生物固定床，以提高微生物发酵效率和稳定性（JP2005218895A、JP2006255545A、JP2007209905A）。久保田等则于2009~2016年对膜分离手段进行研究，以减少系统损伤，优化结构（JP2010207762A、JP2010207699A、JP2011230100A、JP2017006858A、JP2018051483A）。2015年，住友重机向发酵槽内添加高浓度絮凝剂以促进担体对微生物的附着（JP2016185523A）。发酵罐内搅拌方式也是湿式厌氧发酵专利申请的重要的研究方向。早期的搅拌手段主要为机械搅拌，也是发展至今的主流搅拌方式（JPH105718A、JP2002018398A、JP2002336826A、JP2005081238A、JP2006281111A、JP2006281112A、JP2007021488A、JP2009028625A、JP2012086157A）。1984年，松下电工在发酵槽搅拌的基础上，将消化液喷洒在消化液上部，能够有效抑制液面结垢（JPS60168597A）。2000年，久保田通过散气装置和循环系统连接密闭的发酵罐与膜分离槽，利用上浮气流搅拌发酵罐内的消化液（JP2001314839A）。2002年，富士电机采用多发酵罐的形式，将每个发酵罐的气体分别导入其他发酵罐的发酵液中，利用气压差产生搅拌气流，不需要额外的动力，降低能耗（JP2003340416A）。2013年，太平洋水泥将机械搅拌与气体搅拌相结合，提高搅拌效率（JP2014213268A）。2015年，光真电气株式会社采用在发酵槽底部加热的方式，利用热对流形成搅拌（JP2016159295A）。

高油脂高盐分是影响餐厨垃圾厌氧消化效率的重要因素之一，因此，降低油脂和盐分的影响也是餐厨垃圾厌氧消化的重要研究方向。三菱化工机1997年在可溶化处理后，增加消化槽，在90~110℃温度下加水分解油脂，提高油脂的消化效果（JPH10235315A）。2000年，日本食品产业环境保全技术研究组合将油脂在高温、搅拌条件下进行可溶化处理，提高了油脂的分解效率（JP2002102828A）。2001年，川崎重工业株式会社在发酵前对餐厨垃圾进行多级脱盐处理，降低后续盐害发生（JP2002273488A）。2005年，富士电机在调整槽前对油脂浓度进行检测，通过加水稀释的方法维持油脂浓度，从而防止大量油脂堵塞管道（JP2006205087A）。2005年，IHI在厌氧消化前进行水热反应并去除固体成分（JP2007029841A）。2007年，富士电机针对脂肪块堵塞配管问题，提出了在发酵槽前设置乳化分散装置对油脂进行乳化处理（JP2008194652A）。同年，富士电机还提出了在发酵槽上设置浮上油分处理装置对发酵槽内的油脂进行处理（JP2008229590A）。三菱重工2007年在可溶化阶段监测盐分浓度，通过控制餐厨垃圾的投入量来控制厌氧发酵系统盐分含量（JP2008284499A）。同年，三机工业株式会社在两相厌氧消化基础上，在酸化后分离油分和菌体，将油分和菌体单独可溶化处理后菌体反流，降低油分对厌氧消化的影响（JP2009072719A）。2018年狮王株式会社将发酵槽内与消化液接触部分设置成由金属和具有设置有气隙的液体通道的金属制品制成以促进油脂消化（JP2019130489A）。

4.6 重点技术分支——餐厨垃圾干式厌氧发酵处理技术

干式厌氧发酵处理的原料的固体含量可达20%~40%，在反应器内几乎没有流动水的条件下，有机质被厌氧微生物分解，一部分碳被转化为甲烷排出，另一部分残留在反应器内，经后续处理可制成有机肥料。干式厌氧发酵可以直接处理含固率较高的有机固废，由于一般不需要额外添加稀释水，节约了预处理的用水，减少了废水排放；提高了有机负荷及单位容积的产气率，减少了占地面积；不需要对原料进行预处理，也避免了浮渣的产生，简化了运行和管理程序，降低了成本。干式厌氧发酵工艺在餐厨垃圾处理方面的受重视程度逐步提高，在欧洲，干式厌氧发酵技术的应用已经超过了湿式厌氧发酵技术。

中国对干式厌氧发酵技术的研发起步较晚，目前研究成果包含覆膜槽沼气干式发酵系统、干式发酵反应器（立式/卧式）、多元废弃物车库式干式发酵工艺，工艺多处于实验室研发阶段。此外，中国企业还积极引入欧洲先进的干式厌氧发酵技术，已有多项干式厌氧发酵技术处理餐厨垃圾项目落地。

4.6.1 欧洲厌氧发酵处理技术专利申请分析

由于德国、瑞士、奥地利、芬兰等欧洲国家和地区的餐厨垃圾厌氧发酵技术发展较早，且已有多项取得较好经济效益的成功工程应用实例，为了充分了解欧洲餐厨垃圾厌氧发酵技术的专利申请的整体态势和特点，以下综合考虑申请量、影响力和重点技术等因素，主要选择欧洲专利局、德国、英国、法国、奥地利和瑞典的专利申请数据作为分析基础，对欧洲餐厨垃圾厌氧消化技术专利申请趋势、技术分布以及创新主体进行分析。

结合图4-6-1和图4-6-2所示欧洲餐厨垃圾厌氧消化处理技术的专利申请趋势以及各类工艺专利申请量占比可知，欧洲餐厨垃圾厌氧消化处理技术经历了1979~1990年以及1999~2010年两个活跃期，其中湿式厌氧发酵处理工艺最先发展起来，并在20世纪80年代中期达到第一个高峰，且在第一个活跃期内湿式厌氧发酵工艺的专利申请量明显领先于干式厌氧发酵工艺。但在第二个活跃期内，干式厌氧发酵工艺得到了迅猛发展，特别在2008年前后干式厌氧发酵工艺相关的专利申请量达到了顶峰，超过了湿式厌氧发酵工艺的专利申请量,可见在这期间干式厌氧发酵工艺超越传统湿式厌氧发酵工艺成为研究的热点和主流。这与欧洲,特别是德国、法国、英国等发达国家和地区对餐厨垃圾的规范分类、收运管理和处理成本提出更高的要求有密切关系。欧洲餐厨垃圾成分相对单一,且含水量、含盐量、含油量均相对更低,而干式厌氧发酵处理的原料的固体含量可达到20%~40%,在反应器内几乎没有流动水的条件下,有机质被厌氧微生物分解,一部分碳被转化为甲烷排出,另一部分残留在反应器内,经后续处理可制成有机肥料,且产气效率不低于对原料进行预先稀释的湿式厌氧发酵工艺。干式厌氧发酵可以直接处理含固率较高的有机固废,节约了预处理的用水,减少了废水排放;提高了有机负荷及单位容积的产气率,减少了占地面积;不需要对原料进行预处理,也避免了浮渣的产生,简化了运行和管理程序,降低了成本。

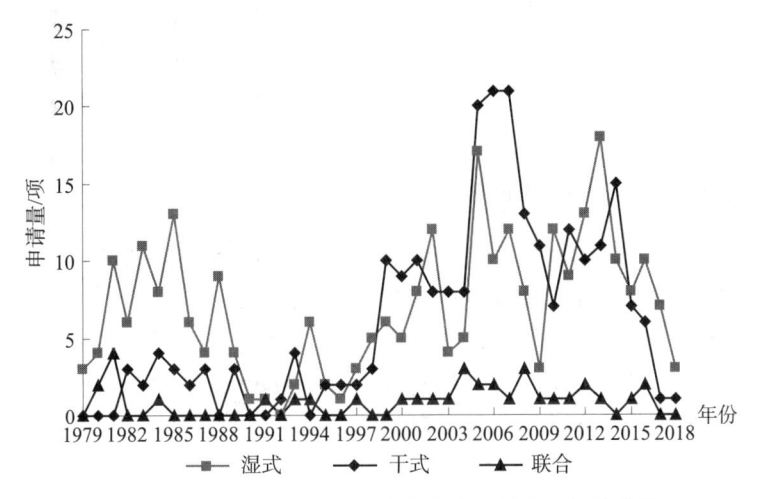

图4-6-1 厌氧消化处理技术在欧洲的专利申请趋势

因此,上述技术优势大大促进了干式厌氧发酵工艺在欧洲的快速发展和推广。此外,从欧洲餐厨垃圾厌氧消化技术的整体专利申请量来看,湿式厌氧发酵工艺和干式厌氧发酵工艺的专利申请量相差较小,两者平分秋色,两种工艺在欧洲都得到很好的发展。

图4-6-3给出了欧洲餐厨垃圾厌氧消化处理技术专利申请量排名前15位的创新主体。其中,SCHMACK BIOGAS、贝肯、LUTZ PETER等以干式厌氧发酵处理技术为主。

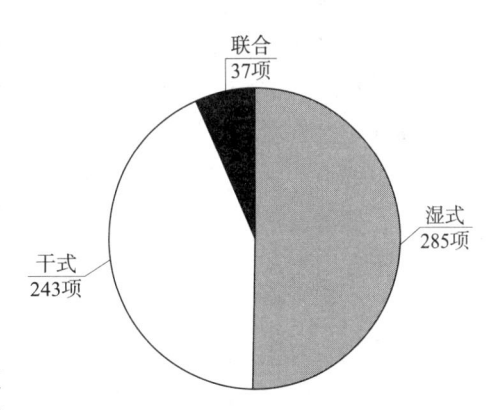

图4-6-2 厌氧消化处理技术在欧洲的专利申请量占比

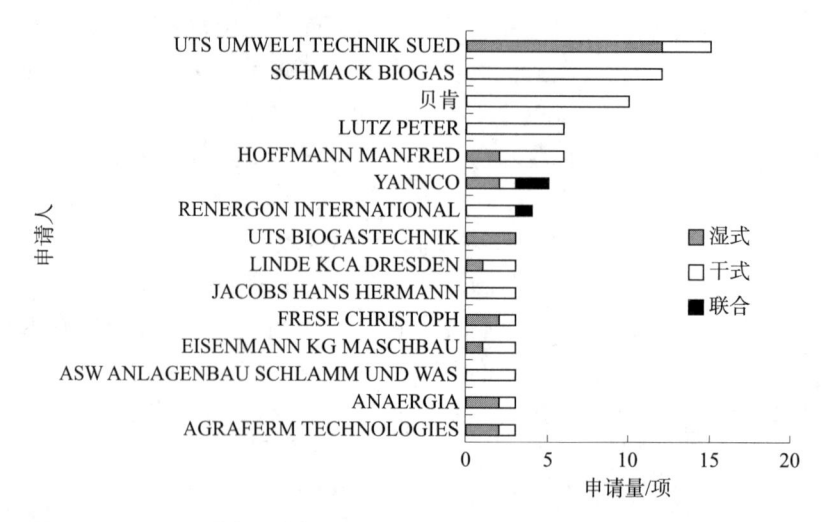

图 4-6-3　厌氧消化处理技术在欧洲的创新主体前 15 位排名及其技术构成

4.6.2　欧洲干式厌氧发酵技术路线

由于餐厨垃圾干式厌氧发酵工艺是餐厨垃圾后端厌氧消化处理技术的发展重点之一，且该工艺在以德国为首的欧洲各个国家和地区发展更为迅速，为了全面了解干式厌氧发酵技术的发展历程以及工艺的特点，本节结合专利申请时间、专利申请的被引次数、同族数量、专利的技术内容等信息对欧洲餐厨垃圾干式厌氧发酵技术相关专利进行分析，按照细分工艺分类绘制了专利技术发展路线图，如图 4-6-4（见文前彩色插图第 5 页）和图 4-6-5 所示。❶

按照进料和运行方式的不同，干式厌氧发酵可分为连续式和间歇式。在连续式发酵工艺中，物料投入启动后，经过一段时间发酵稳定以后，新物料连续定量地添加到发酵罐内，同时从罐内排出发酵后的沼渣和沼液。连续式工艺可以保证发酵长期连续地运行，运行稳定可靠，主要用于含固率 15%～25%，比较黏稠的有机固废的处理，适用于处理物料来源稳定的大、中型垃圾处理厂。而在间歇式发酵中，发酵物料一次性加入反应器中，这一批基质接种后密闭反应器，其间不添加新的物料，直到有机质降解完全，排出旧料后再重新投加另一批新鲜的物料进行下一次发酵，间歇式发酵工艺主要用于含固率在 25% 以上，且物料粒径分布范围较大，通透性较好的有机固废的处理，其操作相对简单，但是产气不均衡。一般在处理高木质纤维素含量的物料时，由于发酵系统动力学速率低，存在较严重的水解限制，此时间歇式发酵工艺会优于连续式发酵工艺。但由于间歇式发酵工艺产气效率较低、占地面积大，实际应用中市场应用份额相比于连续式发酵工艺要小。基于上述特点，干式厌氧发酵的技术路线大致按照连续式和间歇式两条主线进行绘制。

---

❶　路线图中所涉及的技术均为在欧洲提交的专利申请，为便于阅读，提供部分非英文专利的中文/英文同族。

第 4 章 餐厨垃圾处理技术分析

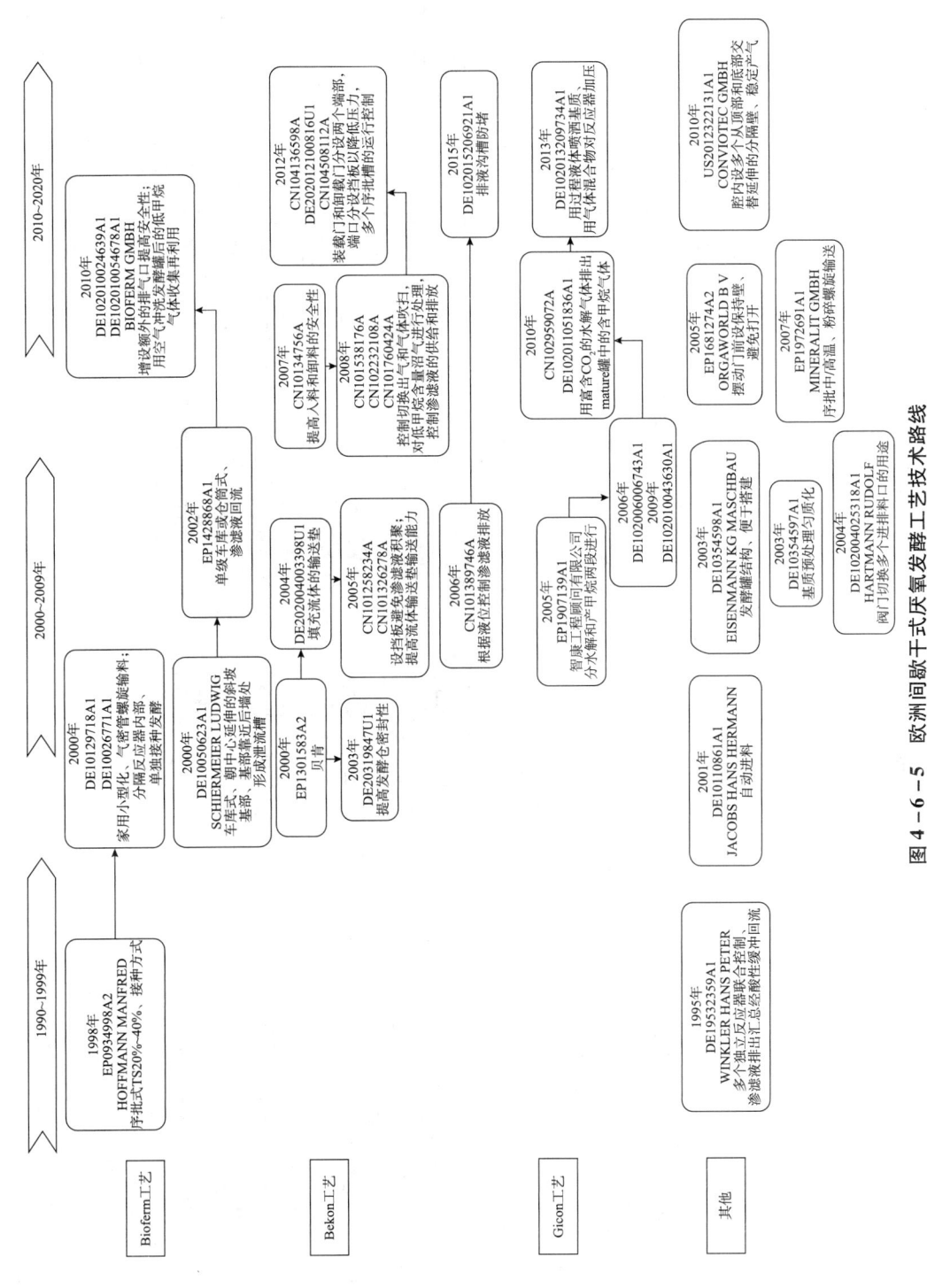

图 4-6-5 欧洲间歇干式厌氧发酵工艺技术路线

如图4-6-4所示的欧洲连续干式厌氧发酵技术发展路线，1981年，法国瓦洛加研发了一种竖式气体搅拌的连续干式厌氧发酵工艺Valorga工艺（US4780415A），主要应用于有机固废和城市生活垃圾处理方面，可采用中、高温两种形式。结合图4-6-6所示的该专利的部分说明书附图可知，垂直的圆柱形反应器内部设置垂直挡壁，厌氧发酵反应过程中产生的渗滤液部分回流与物料混合后，物料从反应器罐体底部一侧进入，由反应器罐体的另一侧排出。反应过程中产生的部分沼气经压缩机泵送至反应器底部，由底部向上注入反应器内，以对物料进行充分气动搅拌，物料从进料口逐渐循环到残渣出口。由图4-6-7可看出，还可进一步将反应器内部细分成多个区域，每个区域具有可单独控制的沼气喷射阀，通过在预定压力和时间周期下将沼气间歇地注入每一区域，注入时间根据该区域中的物料密度来控制。由于沼气加压从底部打入搅拌，有效避免了机械搅拌带来的机械磨损、泄漏及动力能耗高的缺点，系统的运行更加可靠，大大降低了维护成本。

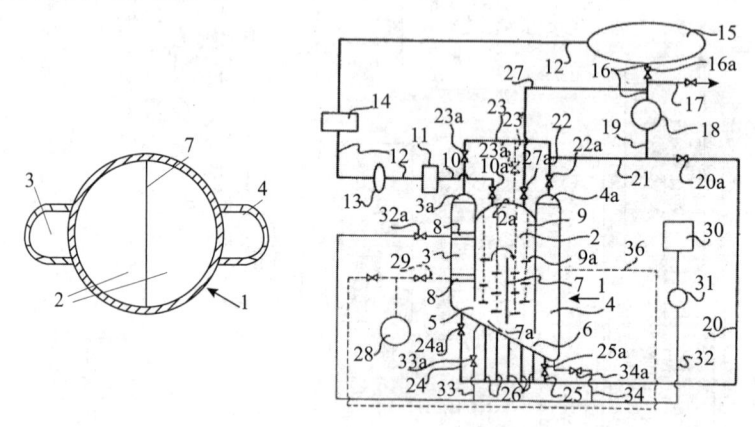

图4-6-6 Valorga工艺代表专利US4780415A附图（一）

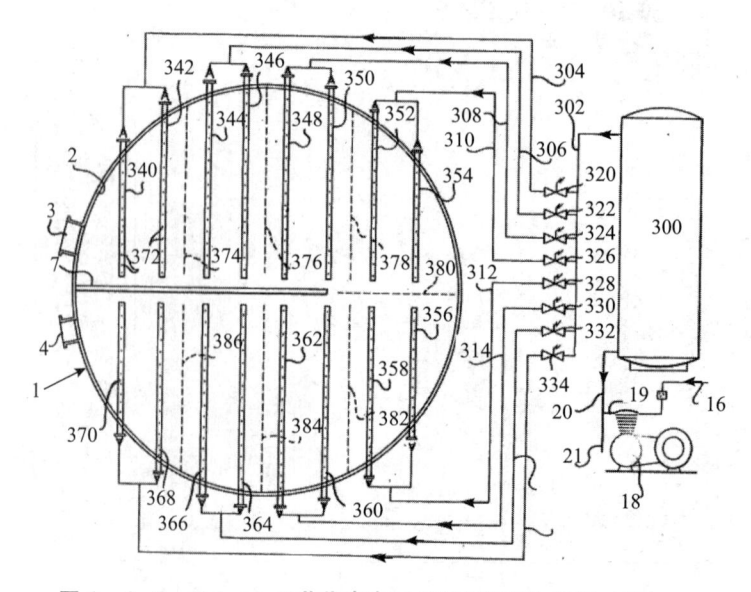

图4-6-7 Valorga工艺代表专利US4780415A附图（二）

此后，Valorga 工艺的发展和改进点主要侧重于进出料装置、反应器罐体、垃圾预处理和反应过程控制，包括简化进出料装置结构（FR2577940A2）、改变进料方式（US4824571A），采用环形反应器以使反应更加充分（FR2607543A1），采用浮选法有效分离出有机垃圾（FR2594713A1），引入发酵模型以在采用最少的测量手段基础上有效控制发酵罐处于最佳的工作条件（US5470745A），提高供气搅拌效率（FR2872153A1、CN101578239A）。

在 Valorga 工艺出现后不久，1983 年，比利时有机废物系统有限公司（Organic Waste Systems，OWS）提出一种新的 Dranco 工艺（US4684468A），主要用于处理餐厨垃圾、城市有机固废等，该工艺同样采用垂直的圆柱形反应器，属于一种竖式推流发酵工艺，可适用于中温或高温厌氧发酵处理。如图 4-6-8 所示，Dranco 工艺主要包括一个混料罐和一个上进料、下出料的竖直推流式反应器。垃圾经粉碎、磁选除杂分离等预处理后获得的有机物料与反应器底部回流的发酵剩余物首先在混料罐内进行混合，之后被输送至反应器顶部进料，即物料同时完成混合、接种。发酵过程中，位于静态反应器中的物料在重力作用下缓慢下行。Dranco 工艺的关键点在于将大量的发酵剩余物重新回流至反应器内进行二次发酵，通过回流为新鲜物料进行接种，延长了物料在发酵罐内的停留时间。同时，物料混合和接种过程在发酵罐外部的混料罐内进行，避免在发酵罐内增加搅拌等混料设备，且不会产生浮渣和沉降，可避免或最小化废水的产生量，具备紧凑可靠的工程设计，且用于嗜氧发酵阶段的沼渣含固率高。之后，Dranco 工艺发展的侧重点在于提高处理设备的灵活适应能力，使其可广泛应用于固含量在 15%~40% 的物料（US5389258A），以及进一步提高有机质厌氧发酵反应的完全程度，以实现能量回收最大化（CN1529750A、CN101200693A）。

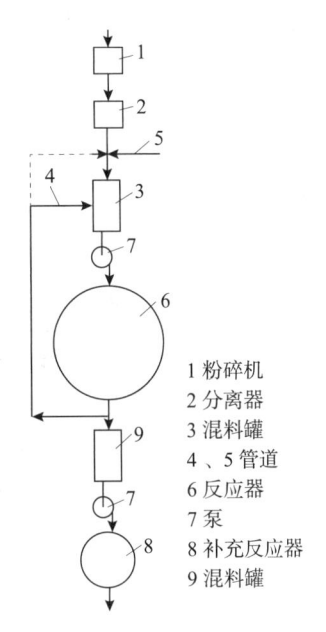

1 粉碎机
2 分离器
3 混料罐
4、5 管道
6 反应器
7 泵
8 补充反应器
9 混料罐

图 4-6-8　Dranco 工艺代表专利 US4684468A 附图

在连续干式厌氧发酵处理技术中，对于物料的接种、混合以及流动方式，除了前述 Valorga 工艺所采用的竖式气动搅拌，以及 Dranco 工艺所采用的预先混料接种，并在重力作用下的竖式推流以外，1983 年 FEILHAUER WALTER（DE3341691A1）还提出一种适用于中、高温的连续干式厌氧反应器，该反应器为一种采用柔性材质制成的管状通道形式，高固体含量的有机物料无须事先完全混合，即可直接进料送入管状通道反应器内，反应过程中物料经受挤压蠕动运动，使得物料得以充分混合，保证了产气的连续性。Valorga 工艺和 Dranco 工艺自 20 世纪 80 年代初提出，经过近 30 年的发展趋于成熟，2007 年之后无新的改进专利出现。

之前的 Valorga 工艺和 Dranco 工艺均采用垂直圆柱形反应器，而在 2005 年，采用水平卧式反应器的 Kompogas 工艺由瑞士艾克斯波康波格斯股份有限公司开发（EP1841853A1），该工艺采用卧式推流发酵技术，属于单级高温干式（高固体）厌氧消化工艺。如图4-6-9所示，水平柱塞流反应器以转子泵方式进料，反应器内水平安装搅拌轴，搅拌器在一个方向上旋转提供耕作动作，以完成物料的充分混合，之后在相反方向上旋转提供传送动作以完成物料的推流出料以及协助脱气。该工艺适用范围广，可用于所有有机固废的处理，如园林垃圾、餐厨等；由于推流工艺具有先进先出的特点，因此可以实现物料的可追溯性；反应器采用模块化设计，安全、方便；产气率高且产气稳定；整个工艺过程用水量低，操作简单；产生的沼气可作为多种形式的能源回收利用，废弃物经处理后的产物可以作为有机肥。此后，Kompogas 工艺发展的侧重点在于改进搅拌装置（US2016121277A1）、发酵罐加热装置（EP2034007A2）和施工方法（US2016130544A1）、改进供料提高发酵反应速率（US2016024449A1），并在2010年提出将干式厌氧发酵工艺与堆肥工艺结合的联合处理技术。

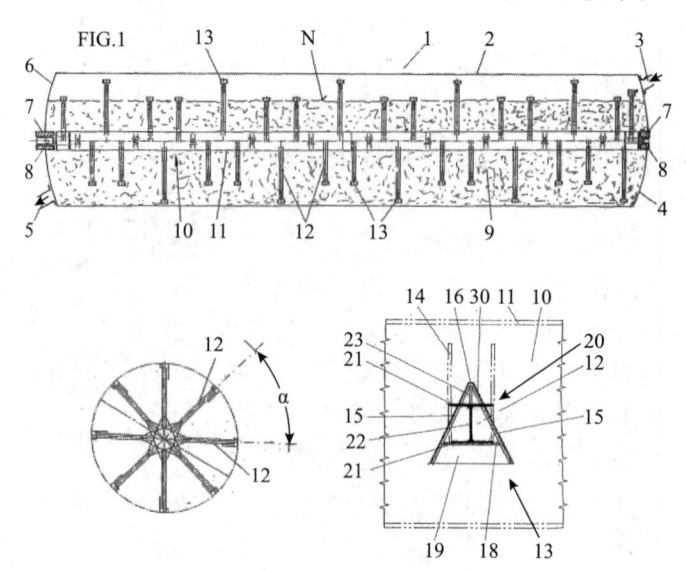

图4-6-9 Kompogas 工艺代表专利 EP1841853A1 附图

与此同时，同样在2005年，德国 LINDE KCA DRESDEN GMBH 开发出 Laran 工艺（DE102005057979A1），主要应用于含水率15%~45%的有机固体废弃物的处理，属于单级干式卧式推流厌氧消化工艺，有中、高温两种形式。如图4-6-10所示，该工艺与 Kompogas 工艺相似，主要不同点在于搅拌方式，Laran 工艺采用的是分段搅拌方式，比 Kompogas 工艺设备多且比较分散。该工艺因气体释放面积较大，产气率较高；由于不需要稀释，消化池体积小；热量需求低，物流量小磨损低；根据材料特性，过程不用水或水量非常小；由于推流搅拌作用可使挥发性悬浮固体（VSS）降解率高；低速、间歇运行，因此材料传输和消化过程低能耗；与其他全混式反应器相比较而言，具有高有机负荷及低停留时间的特点；且通过内部搅拌器搅拌，可防止表层浮渣和沉降的发生。之后，在2006年又对 Laran 工艺的发酵装置进行了改进，提出一种从发酵装置中去除沉淀物和用于提取生物气的装置（DE102006032734A1）。此外，在近20年中，连续干式厌氧发酵工艺的研究热点还包括对进、出料装置以及搅拌装置所做的改进。

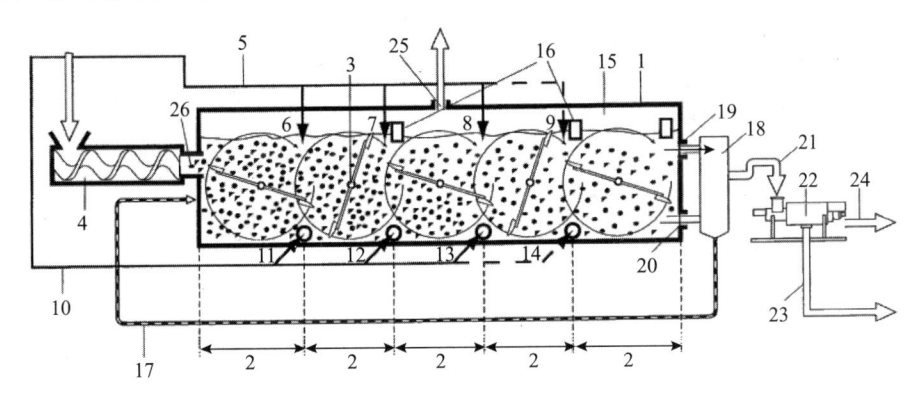

图 4-6-10　Laran 工艺代表专利 DE102005057979A1 附图

由图 4-6-5 展示的欧洲间歇干式厌氧发酵技术发展路线可知，相比于连续干式厌氧发酵工艺，间歇干式厌氧发酵工艺则起步相对较晚。在 1995 年，德国的 WINKLER HANS PETER 提出一种从高固体生物质中连续回收具有高甲烷含量的生物气的方法（DE19532359A1），该方法使用至少 4 个单独的容器模块进行，每个容器模块均作为一个间歇式厌氧发酵罐使用，并使每个容器模块处于发酵过程的不同阶段（如水解、乙酸盐形成、甲烷化），各容器的渗滤液排入共同的排出管并汇集至渗滤液池中。液体用酸性缓冲液处理，然后再循环喷洒到各个容器中的生物质上，从而在不降低总产气率的情况下使生物质在发酵容器中的总停留时间更长，实现了生物气的连续回收。

之后，在 1998 年，德国的 HOFFMANN MANFRED 提出一种中温厌氧发酵设备（EP0934998A2），其中将在捆包、堆、筒仓中的生物质放入气密封套中，并一次性地计量接种剂，渗滤液可以被再循环用作接种剂。该方法可以在废物产生的地方就地使用，几乎不需要特殊的准备，成本最低，实施可能最简单。

在上述方案基础上，2000 年，德国的 HOFFMANN MANFRED 和 SCHIEDERMEIER LUDWIG 共同提出一种单级车库式中温厌氧消化工艺（DE10050623A1），之后被称为 Bioferm 工艺。如图 4-6-11 所示，该车库状发酵罐包括一个在后壁方向上朝中心延伸的具有斜坡的底部，在底部靠近后壁处中心形成一个泄流槽，渗滤液回流均匀地喷洒在生物质表面，发酵罐内产生的生物气被抽出并储

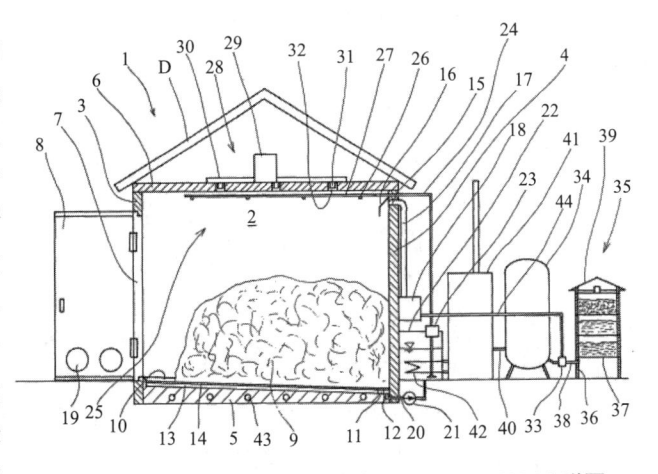

图 4-6-11　Bioferm 工艺代表专利 DE10050623A1 附图

存。2002年，SCHIEDERMEIER LUDWIG对上述车库式厌氧发酵设备的其他配套结构做了进一步改进（EP1428868A1）以扩大被处理原料的适用范围，提高处理设备的适用能力和处理能力。此后在2010年，BIOFERM GMBH对该工艺做了进一步改进（DE102010024639A1、DE102010054676A1），主要包括采用多个并列的、气密的、可封闭的发酵空间，以及对多个发酵空间进行控制，一方面提高车库式发酵设备的产气效率和产气连续性，另一方面提高整个系统的安全性。

2000年，德国贝肯开发了一种适合于中、高温的预制车库形式的生物反应器，之后被称为Bekon工艺（EP1301583A2），如图4-6-12所示，该反应器具有前侧与背侧。其前侧整面开放，采用翻板闸门关闭，以形成气密状态。用新鲜物料被牵引铲操作从该闸门进入生物反应器内，基质在气闭状态下发酵，在该过程中并不进一步地全面混合，并且不供给附加的原料。从发酵的基质中渗出的滤液经由排水凹槽排出，随后暂时存储在容器中，并再次喷洒在发酵基质上方以使其增湿。发酵过程是在34～37℃的范围中进行的，温度调节是利用底部和墙壁供热系统实现的。已发酵的生物质经由同一闸门从该生物反应器排出，用于后堆肥过程，产生类似于传统堆肥的有机肥料。反应过程中产生的生物气可以用于在热电联产系统中获得电力和热。为了确保始终可以为热电联产系统供给充足的生物气，还可以在发酵设备中以错开的周期来操作多个生物反应器。在停止发酵时，生物反应器被完全清空并随后被再次填充。

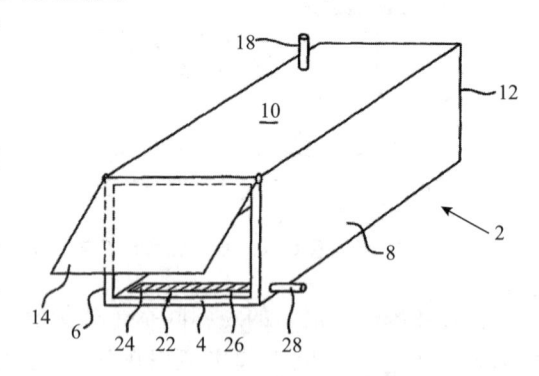

图4-6-12 Bekon工艺代表专利EP1301583A2附图

在之后的近20年里，贝肯对其工艺进行了大量的改进，并在全球市场积极地进行专利布局，其中包括改进发酵罐结构以提高发酵罐的密封性（DE20319847U1）；在罐体内部增设流体输送装置，利用多个充有流体的输送垫分布在发酵槽的输送通道上，依次填充和排空垫层，以产生输送波动以便于发酵物料在罐内的流动（DE202004003398U1、CN101326278A、DE202008008335U1）；改进渗滤液排放系统的结构以及控制渗滤液的供给和排放（CN101258234A、CN101389746A、CN101760424A、DE102015206921A1）；避免在装载和卸载发酵罐时产生有爆炸性的生物气/空气混合物，确保操作过程的安全性（CN101314756A）；提高产气的连续性和生物气品质（CN101538176A、DE102009021015A1、CN102232108A、CN104508112A）；采用高温发酵，并在沿反应器长度方向延伸的两个相对端部分别设置装载门和卸载门，避免进出料采用同一闸门导致沼渣被污染的危险（CN104136598A、DE202012100816U1）。

2005年，智康工程顾问有限公司（GICON GROSSMANN ING CONSULT GMBH）开发出一种干湿双级混合厌氧发酵处理工艺（EP1907139A1），被命名为Gicon工艺。如图4-6-13所示，与上述Bekon和Bioferm间歇干式厌氧发酵工艺相比，Gicon工艺的主要不同点在于根据微生物的分解步骤将厌氧消化过程分成两个阶段来实现——水解阶段（干式发酵）和产甲烷阶段（湿式发酵），其中水解过程在封闭的车库型喷淋洗涤反应器内完成，将物料中的有机物质溶解出来，转化成有机酸和其他水溶性分解产物；产甲烷过程在厌氧填料床内完成，以将水解阶段产生的水溶性物质作为第二阶段产甲烷的基质。由于该工艺采用分段来完成，因此非常适合含有大粒径碎片的原料；进料量和进料类型十分灵活，可适应不同季节的可用废弃物；由于是对可堆叠物料进行消化处理，不需要做过多的预处理；不需要混合设备，系统消耗的能耗仅为系统产能的5%~8%；由于渗滤采用独立控制，操作十分安全；沼气中甲烷含量高，有利于后续沼气提纯；能耗低、磨损小、运行费用低；适合不同结构形状类型的物料。之后，Gicon工艺在提高水解期间形成的气体的利用率以及提高系统安全性方面做了诸多改进（DE102006006743A1、DE102010043630A1、CN102959072A、DE102011051836A1、DE102013209734A1）。此外，近20年中，对于间歇干式厌氧发酵工艺的研究热点还包括对于自动定量进料、发酵罐结构、物料均质预处理等方面的改进。

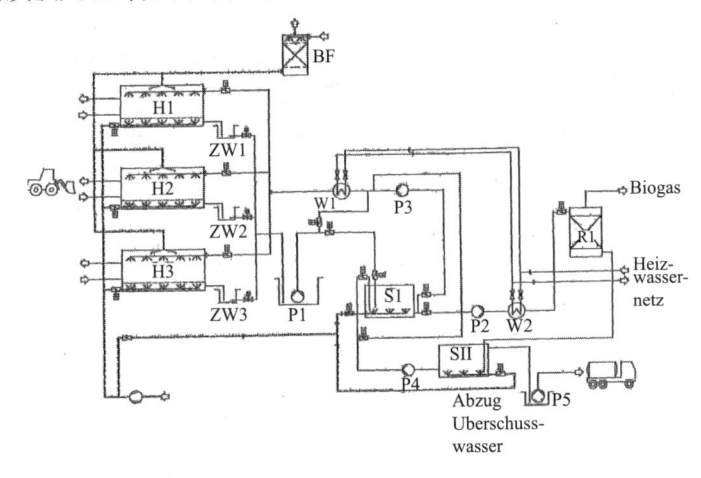

图4-6-13 Gicon工艺代表专利EP1907139A1附图

4.7 发展热点——焚烧与厌氧发酵协同处理

餐厨处理厂独立设厂，厂区布置凌乱；臭气难以消纳，厂区气味较重；废渣需外运填埋，占用大量土地资源；臭气与废水均需自行处理，配套环保设施较多。产生的沼气多数用于沼气锅炉或沼气发电机，但是由于沼气锅炉蒸汽产量过剩以及沼气发电机运行不稳定等问题，部分沼气甚至直接进火炬放空燃烧，造成资源浪费；独立项目卫生环境较差且整体投资和运行成本高。针对上述问题，近些年来厌氧发酵与其他处理手段协同处理逐渐成为新的研究方向，而焚烧与厌氧发酵协同处理则是国内研究的主要热点之一。生活垃圾焚烧发电厂与餐厨垃圾协同处理也成为静脉产业园等新建项目和焚烧发电厂扩容改建项目的主要技术方向。

厂区布局、生产管理、能源物料、三废处理是焚烧与厌氧发酵协同处理一体化协同研究的 4 个方向。专利布局则主要集中在能源物料和三废处理两方面。表 4-7-1 结合图 4-7-1 所示,研究方向具体体现在利用焚烧设备处理厌氧发酵的沼渣、利用厌氧发酵处理生活垃圾渗滤液、厌氧发酵产生的沼气用于焚烧发电、焚烧余热用于厌氧发酵设备加热、厌氧发酵产生的臭气通过焚烧设备焚烧净化、废液合并无害化处理、共享公共设施、厌氧发酵杂质焚烧等。

表 4-7-1 焚烧和厌氧消化协同处理主要内容[1]

一体化协同要点		协同方式	协同主要内容
能源物料	水	共用	生产、生活用水管网; 厌氧消化用水来自渗滤液处理中水
	热能	焚烧→厌氧	垃圾焚烧发电汽机抽气供给厌氧项目加热
	沼气	厌氧→焚烧	厌氧及渗滤液沼气进入生活垃圾焚烧炉发电
	污泥	焚烧→厌氧	餐厨垃圾与渗滤液污泥共发酵
三废处理	废水	厌氧→焚烧	厌氧消化废水至焚烧发电渗滤液站处理
	废渣	厌氧→焚烧	分选杂物和厌氧污泥共同入炉焚烧
	臭气	厌氧→焚烧	厌氧臭气作为焚烧炉一次风

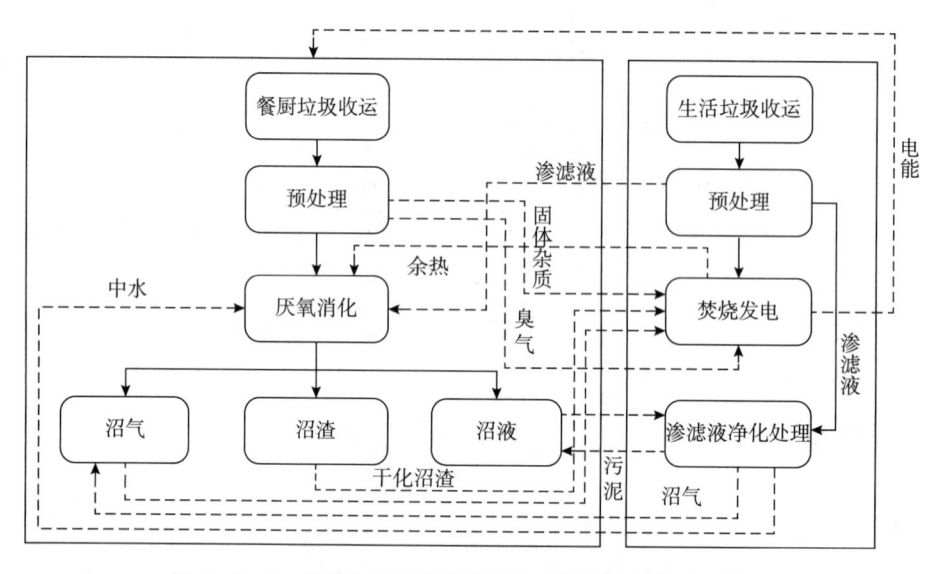

图 4-7-1 焚烧和厌氧消化协同处理餐厨垃圾的工作过程

国内外涉及焚烧与厌氧发酵协同处理专利申请共 16 件(参见图 4-7-2),除了一篇波兰申请,其余均为中国和日本申请,2010 年以前的 5 件申请均为国外申请,

---

[1] 姜忠磊,左新星,汪洋,等. 餐厨与垃圾焚烧一体化协同设计工艺研究及现场应用分析 [J]. 中国新技术新产品,2020 (3):119-123.

公开(公告)号	申请日	申请人	沼渣焚烧	渗滤液发酵	沼气焚烧	热能利用	臭气焚烧	废液合并	设备共用	杂质焚烧	其他
JPS5219475A	1975-08-06	NIPPON KOKAN KK	●		●						
JP2006297210A	2005-04-18	PLANTEC INC	●	●							●
JP2008221142A	2007-03-13	KAWASAKI PLANT SYSTEMS LTD	●			●					●
JP2009220087A	2008-03-19	HITACHI SHIPBUILDING ENG CO	●		●						
PL393371A1	2010-12-20	KOMAROWSKI L	●		●	●					
CN102374543A	2011-08-08	南京大学	●			●					
CN102950137A	2011-08-19	光大环保科技发展（北京）有限公司；光大环保能源（苏州）有限公司；光大环保能源（常州）有限公司				●				●	●
JP201333983A	2011-12-26	川崎重工业株式会社		●	●						
JP2016182561A	2015-03-26	JFEエンジニアリング株式会社			●	●					
CN104944732A	2015-06-29	同济大学			●	●					
CN105798050A	2016-03-22	张共敏；冯建忠；王聚仓		●	●						
JP2017177008A	2016-03-30	KURITA WATER IND LTD	●		●						
CN106642133A	2017-01-06	舟山旺能环保能源有限公司		●		●					
CN210023209U	2019-03-01	光大环保（中国）有限公司；光大环保技术研究院（南京）有限公司；光大环境科技（中国）有限公司		●		●	●	●	●		
CN210125627U	2019-03-01	光大环保（中国）有限公司；光大环保技术研究院（南京）有限公司；光大环境科技（中国）有限公司	●	●		●		●			
CN110976472A	2019-11-14	武汉龙净环保工程有限公司	●								●

图 4-7-2　焚烧和厌氧消化协同处理餐厨垃圾相关专利情况

注：图中黑点表示涉及专利相关技术主题。

2010 年以后 11 件申请中国内申请人 8 件，这与国内逐年增加的焚烧与厌氧发酵协同处理项目立项一致，国内申请人在此领域研究已经走在国际前列。

光大环境在焚烧与厌氧发酵协同处理的研究处于国内领先水平。专利申请中 11 项涉及沼渣焚烧、11 项涉及沼气燃烧发电、8 项涉及焚烧余热用于厌氧发酵设备加热，上述 3 个处理方式也是焚烧和厌氧消化协同处理中最为常见的协同方式。而废水、废气和设备设计方面则是近年来一体化协同研究的新方向。

4.8 小　　结

4.8.1　全球和在华餐厨垃圾后端处置技术方面

（1）申请态势

全球专利申请处于增长态势，国外专利申请近 10 年处于平稳阶段，中国是影响全球增长的主要因素。在华申请中，在审发明专利申请的比例高于有效专利和失效专利的比例，而有效专利占比不到 1/5，在失效专利中，撤回和驳回的专利申请占比较高，说明国内专利的技术含量和创新水平还有很大的提升空间；各国作为原创国基本都在本国市场进行布局，国内申请人可以利用这一点，在国外原创技术和专利的基础上结合本国的具体国情进行有针对性的技术改进，积极在国内市场进行专利布局。

（2）创新主体

全球整体申请量排名前十位的创新主体主要集中在日本和美国的企业，日本企业主要是松下、日立、三菱等公司，而美国企业则是艾默生；从在华专利申请的申请人类型来看，企业的申请量都高于高校、科研机构和个人，是专利活动中较为活跃的创新主体。

（3）技术发展

餐厨垃圾后端处理技术的取舍和发展与各国的前端垃圾分类细化规则和垃圾原料的来源相关。从专利申请总量分析，堆肥、粉碎直排、焚烧和厌氧消化技术是餐厨垃圾后端处理的主流技术，其中粉碎直排技术在早期比较活跃，目前已经进入平稳期，国内外申请量排名前十位的企业均在该技术领域占据了一定的市场份额；而堆肥、焚烧和厌氧消化技术在近 10 年来比较活跃，成为专利布局的热点，并且从国外在华申请的技术侧重点以及国内各大高校和科研机构的研究方向来看，厌氧消化处理技术及其与其他技术的联合将是国内餐厨垃圾处理未来的发展方向。

4.8.2　餐厨垃圾厌氧消化处理技术方面

（1）申请态势

全球申请趋势经历了 20 世纪 70 年代后期至 20 世纪 80 年代中期、20 世纪 90 年代中期至 2005 年两个快速发展小高峰后，进入一个新的发展阶段，前两个发展高峰均为国外申请，体现了国外技术的发展趋势，2006～2020 年，中国申请开始持续快速增长，并逐渐超过其他国外或地区总申请量，使得全球总申请量进入新的快速增长期，中国成为餐厨垃圾厌氧消化技术最为活跃的国家。在华专利申请总体呈现波浪式上升态势，2007年以前一直处于较低水平，申请人主要为国外企业在华布局，2004年起，中国申请人才开始逐渐布局；2008年起进入快速增长期，国内申请人逐渐活跃，申请人数量和申请量均大幅增长，国内申请人成为主要创新主体，并逐渐影响了全球的发展趋势。

(2) 技术发展

在技术分支方面，湿式厌氧发酵技术最先发展起来，全球第一个专利申请小高峰绝大多数为湿式厌氧发酵技术，目前湿式厌氧发酵技术仍为厌氧消化的主流技术。进入21世纪后，餐厨垃圾干式厌氧发酵技术呈现出了明显的快速增长，在2005～2015年，干式与湿式厌氧发酵技术旗鼓相当，干式成为厌氧消化的研究热点。国内干式和湿式厌氧发酵技术发展较为同步，湿式申请数量上略高于干式，但近年来干式厌氧发酵技术增速明显，已有超越湿式的趋势。

具体到全球重点国家，日本和韩国湿式厌氧发酵技术占了绝大部分，湿式厌氧发酵是日本和韩国餐厨垃圾厌氧消化采用的主流技术，美国则相反，干式厌氧发酵技术在美国餐厨垃圾厌氧消化处理市场中属于主流技术，主要是由于美国为干式厌氧发酵技术的主要输入国之一。而在德国、欧洲和中国的餐厨垃圾厌氧消化专利申请中，湿式和干式厌氧发酵技术比较均衡。德国是厌氧消化处理技术最大的技术产出国，其次是日本和中国。中国是最大的技术目标市场国，日本市场紧随其后，与中国市场旗鼓相当，中国、日本、欧洲是餐厨垃圾厌氧消化技术的主要市场。

日本餐厨垃圾厌氧消化处理技术以湿式厌氧发酵处理为主，一直处于绝对领先水平，干式厌氧发酵技术在日本没有得到很好的发展。因为日本国内执行严格的垃圾源头分类收集管理办法，源头严格分类收集的餐厨垃圾适用于成本更低的焚烧处理。日本湿式厌氧发酵技术专利申请主要集中在处理流程、发酵罐搅拌方式、提高/稳定微生物浓度方式、氨氮控制方式和涉油涉盐处理5个方面，稳定槽内微生物浓度、优化可溶化处理过程和控制氨氮抑制作用一直是研究热点，也是湿式厌氧发酵的关键技术；涉油涉盐处理研究自2005年以来明显增多。日本餐厨垃圾厌氧消化处理技术主要从污泥厌氧消化技术发展而来，相关专利申请集中在原料适用范围更广的通用型技术，能够适用与包括餐厨垃圾、污泥、环卫粪便、禽畜粪便等多种有机废弃物，其对餐厨垃圾联合污水、污泥共处置具有参考意义。

餐厨垃圾干式厌氧发酵工艺在以德国为首的欧洲国家和地区发展十分迅速。按照进料和运行方式的不同，干式厌氧发酵可分为连续式和间歇式。相比于连续干式厌氧发酵工艺，间歇式起步相对较晚，且在实际应用中其市场份额相比于连续式要小。连续干式厌氧发酵技术的研究热点主要包括进出料装置和搅拌装置，这也是连续干式厌氧发酵技术的难点所在；间歇干式厌氧发酵技术的研究热点包括提高产气的连续性和系统的安全性、渗滤液排放和物料均质预处理等方面。由于国内外垃圾收运政策、餐厨垃圾成分等存在差异，特别是针对国内餐厨厨余垃圾成分复杂、含油含盐量高的特点，在引入国外基础技术时，可以着重考虑在进料组分调节（包括与污泥、农林废弃物等其他低油低盐有机废弃物联合处理、采用油水分离、透析等预处理工序进行除杂和脱油除盐处理)、厌氧罐运行条件控制、参数控制等方面做出相应的改进和优化。

多种有机废弃物、多种处理技术协同处理，如厌氧发酵与焚烧、堆肥等其他处理手段协同处理是厌氧发酵发展的新研究方向。生活垃圾焚烧发电厂与餐厨垃圾厌氧发酵协同处理也成为静脉产业园等新建项目和现有焚烧发电厂扩容改建项目的技术重点。焚烧与厌氧发酵协同处理从厂区布局、生产管理、能源物料、三废处理4个方面将餐厨垃圾厌氧发酵和生活垃圾焚烧发电有机地结合在一起，产生较高的经济和环境效益，建议国内企业重点在能源物料和三废处理方向进行深入研究和专利布局。

第5章 再生资源回收利用专利分析

中国作为世界上塑料生产和消费的第一大国，目前，对废弃塑料回收与再生利用方法的研究和推广越来越趋向于污染小、效率高、易操作、经济效益好的技术和工艺。2019年，全球产生了5360万吨电子废弃物，5年内增长21%；2019年只有17.4%的电子废弃物被收集和回收，预测2030年全球电子废弃物将达7400万吨[1]，对电子废弃物二次资源处理的要求也越来越高，未来处理电子废弃物技术的发展趋势为：处理形式产业化、资源回收最大化、处理技术科学化。

本章针对再生资源回收利用中废弃塑料和电子废弃物回收利用的全球专利状况、处理技术、重要申请人等进行分析，有助于对更彻底、高效、低污染回收技术的研究，也有助于我国再生资源回收利用产业的升级发展，提升技术竞争力。

5.1 废弃塑料回收利用专利分析

为了解全球和中国范围内废弃塑料回收利用专利技术布局的整体情况，本节利用定量分析的方法，对废弃塑料回收利用领域的全球和中国专利从技术发展趋势、区域分布、技术主题、主要申请人等多个角度进行深入分析。

5.1.1 全球专利分析

截至2020年8月9日，检索到废弃塑料回收利用领域相关的全球专利申请共22330项，其中，国外专利申请为10782项，中国专利申请为11548项。数据采集的时间范围为1989～2020年。本节主要对全球专利申请发展趋势、区域布局、技术主题、技术流向、主要申请人等进行分析，从而了解废弃塑料回收利用全球发展概况。

5.1.1.1 申请态势

图5-1-1和图5-1-3分别给出废弃塑料回收利用全球专利申请变化趋势和全球主要国家和地区专利申请变化趋势，从全球申请总量趋势线可以看出，废弃塑料回收利用技术的发展大致经历了以下阶段：

（1）技术发展期（1989～1997年）

这一阶段全球专利申请增长平缓。其中，日本、欧洲和美国在该领域起步较早，1993年的申请量分别为54项、141项和40项，其他几个国家和地区的年申请量共仅有

---

[1] 联合国：2020年全球电子废弃物监测报告［EB/OL］．（2020-07-08）［2020-10-22］．http://huanbao.bjx.com.cn/news/20200708/1087343.shtml．

几十项,说明日本、欧洲和美国的环保意识较强,并且在资源再生回收利用方面发展较好;而中国和韩国在该阶段处于技术萌芽期,发展相对落后。

(2) 快速增长期(1998~2000年)

在这一时期该领域专利申请增长较快。从图中可以看出,1989~1997年全球申请趋势主要受欧洲申请量影响,1998~2007年全球申请趋势基本上由日本主导。1998年的申请量突破400项。

(3) 技术成熟期(2001~2019年)

从2001年以后,该领域专利申请量逐渐开始下滑,到2008年,专利申请量下降到了475项。2008年之后全球申请量由于中国申请量的上涨开始呈现增长趋势,并于2013年再次达到高峰,为897项。2008~2013年,中国申请量保持逐年增长趋势,但同期日本申请量逐年下降,美国稳步上升。2014年以后,中国申请量快速增长,而其他国家和地区申请量仍然呈现出下滑或者保持的状态。2014年之后全球申请量趋势基本上是由中国申请量主导的,因此申请量总体上呈急速上升趋势,2018年全球申请量达到峰值1907项。

由图5-1-1可知,近几年中国在该领域十分活跃,而其他国家和地区如日本等基本进入技术成熟期。从总体上来看,废弃塑料回收利用主要技术已经成熟。考虑到环保问题以及能源危机问题,我们仍需要对废弃塑料回收利用技术进行关注。

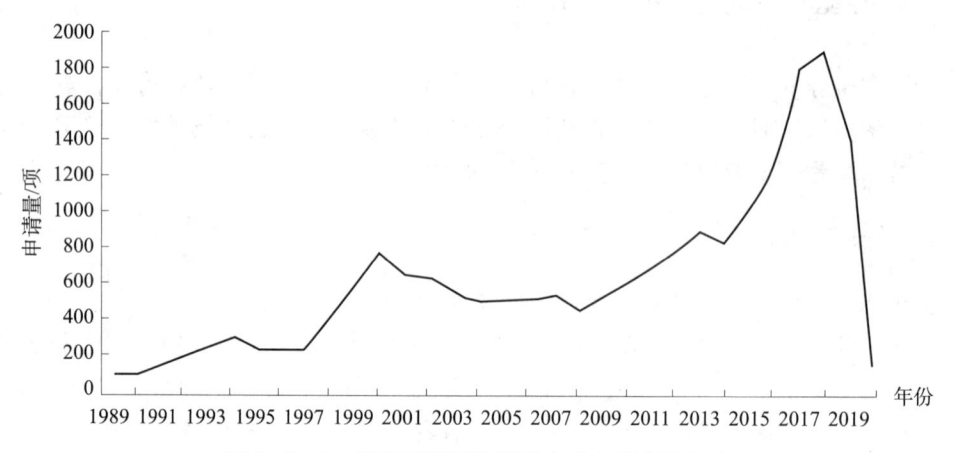

图5-1-1 废弃塑料回收利用全球专利申请趋势

5.1.1.2 区域布局

为了研究废弃塑料回收利用专利技术的区域分布情况,揭示其主要技术来源和技术流向的重要市场,对检索到的废弃塑料回收利用专利数据样本依据申请所在国家、地区进行了统计分析。如图5-1-2所示,从废弃塑料回收利用技术全球范围专利申请区域分布可以看出,专利申请量排名前五位的国家和地区集中在日本、中国、欧洲、美国和韩国,其申请量占总申请量的90%以上,显示出这些国家和地区是废弃塑料回收利用技术重点布局所在。在22330项申请中,中国以11548项排名首位,并占到总申请量的52%;日本以4628项排名第二,占比21%,反映出中国超越日本成为该领域的技术和市场大国；欧洲申请量为1792项，占总申请量的8%，其作为不可忽视的市场在全球布局中也占据了很重要的地位；其余依次为美国1238项，占比5%；韩国758项，占比3%。其他国家和地区总申请量为2366项，占比11%，主要是加拿大、俄罗斯、澳大利亚等。

此外，从废弃塑料回收利用领域全球主要国家和地区专利申请变化来看（见图5-1-3），2000年之前，日本的申请量持续攀升，但从2000年以后，其专利申请量不断下滑，说明该领域在日本不再是热点技术，其市场青睐发生转移，但总体来说，日本仍然在全球范围内占据举足轻重的地位。由于日本自然资源短缺，对于废弃塑料回收利用技术领域一直在大力研发。日本是循环回收经济立法最全面的国家，1970年，日本关于垃圾废弃物管理法律管理，并于1997年出台了容器包装再利用法，这一法规对塑料包装的回收利用作出了严格的规定。日本垃圾分类处理经历了末端处理、源头治理、资源循环利用的3个阶段。20世纪80年代，为应对日趋严重的垃圾危机，日本政府及时调整垃圾管理政策，开始实行垃圾分类回收。在政府和民众共同努力下，日本逐渐建立起了完善的垃圾分类处理机制，由末端处理转向源头治理。进入21世纪，日本提出建设循环型社会，提倡3R原则（减量化、再利用和再循环），垃圾分类处理更加注重循环利用和资源再生。在使用上述垃圾分类方法进行分类之后，日本国内各地区垃圾类别至少达到10类以上，多者把垃圾分成了44类。同时，在垃圾投放前需要按照垃圾手册上的要求对垃圾做好分类处理并放入相应的垃圾收集容器之中，通过详细的分类，垃圾的处理和回收就更加方便，相应的收集成本也就越低。正是由于日本有着较完善的废弃塑料回收立法政策，日本在废弃塑料回收利用领域有较多的研究，其专利申请量非常可观。

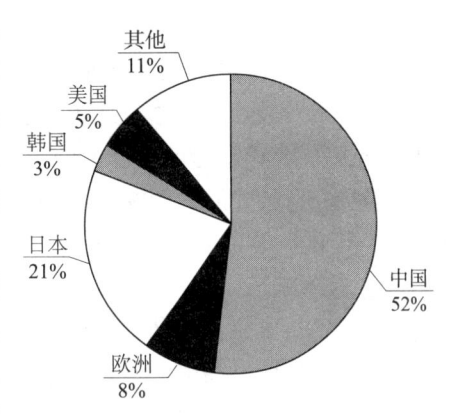

图5-1-2　废弃塑料回收利用全球专利申请区域分布比例

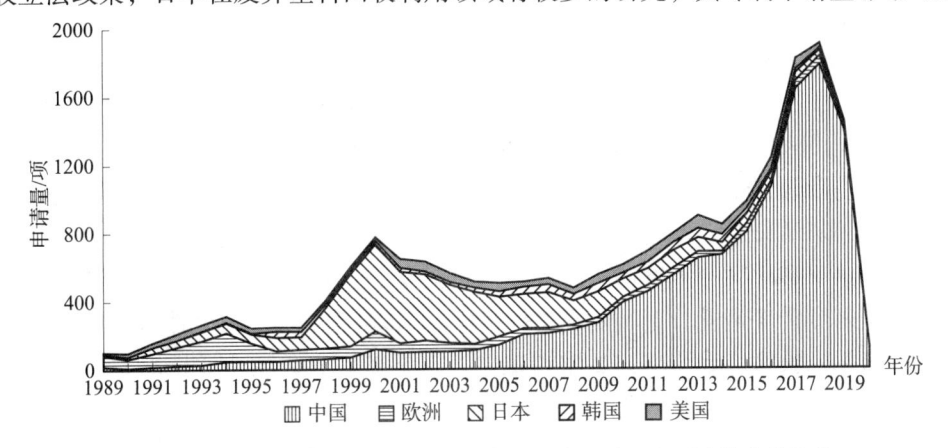

图5-1-3　废弃塑料回收利用全球主要国家和地区专利申请变化趋势

近 20 年中国申请量不断增长，特别是在 2008 年申请量超越日本之后，申请量大幅增长，说明中国在该领域非常活跃，已经成为全球不容忽视的重要力量。欧洲、美国、韩国申请量相对较小，但这三大市场也不容忽视。与中国申请趋势部分时段较为相似，韩国申请量在 2013 年之前也基本处于增长趋势，但年申请量相对较小；欧洲在 2000 年之前申请量相对较大，而 2001~2018 年申请量变化较小，基本保持在稳定的状态；近 20 年来，美国申请量一直比较均衡，申请量变化较小。

5.1.1.3 技术构成

从全球各技术主题专利申请量所占比例（见图 5-1-4）可以看出，在废弃塑料回收利用领域的全球专利中，机械回收方面的专利申请量最大，为 16188 项，占比 73%；化学回收的申请量也比较多，为 4309 项，占比 19%，而能量回收的专利申请最少，为 1833 项，占比 8%。而在国外申请中，同样是机械回收的申请量最大，为 6962 项，占比 65%；化学回收的申请量也较多，为 2423 项，占比 22%；能量回收领域申请量也相对较少，为 1397 项，占比 13%。说明在废弃塑料回收利用领域，全球整体上以机械回收和化学回收为主。在中国申请中，机械回收申请量为 9226 项，占比 80%；化学回收申请量为 1886 项，占比为 16%；能量回收申请量相对最少，为 436 项，占比为 4%。可见，中国在废弃塑料回收领域也是以机械回收技术为主，申请仍以低成本、简单易操作以及技术含量较低的技术为主。另外，在化学回收方面，全球整体上以热裂解和催化裂解为主。

图 5-1-5 是全球各技术分支随时间分布趋势。从图中可以看出，3 个技术分支中机械回收发展最快，在 1989 年，其年申请量已经达到 115 项，而化学回收和能量回收则只有 19 项和 7 项。

3 个技术分支的发展趋势特点如下：

机械回收技术分支发展大致经历了以下 3 个阶段：（1）技术发展期（1989~2000 年），1989 年申请量为 115 项，中间几年经历增长，但 1995~1997 年有短暂的申请量回落，并于 2000 年达到峰值 504 项。（2）技术成熟期（2001~2014 年），从 2001 年之后，专利申请量逐渐开始下滑，到 2007 年下降到了 337 项。经过了几年的调整，于 2008 年开始缓速增长，2013 年申请量达到 755 项，2014 年下降为 691 项；通过比较机械回收技术分支全球专利、国外专利和中国专利申请趋势（图 5-1-5、图 5-1-6 和图 5-1-14）可知，2001~2014 年国外的年申请量逐年下降，而全球在 2007 年之后申请量一直保持增长，说明从 2007 年开始中国在机械回收方面的专利申请量迅速增长，从而使全球年申请量整体保持持续增长。（3）快速增长期（2015~2019 年），2015 年之后，其他国家和地区的年申请量基本呈下降趋势，而由于中国专利申请量的迅猛增长，致使全球专利申请量一直呈上升趋势，可以说 2014 年之后的全球增长趋势基本由中国主导。以上反映出近几年内，中国申请人在机械回收方面十分活跃，而其他发达国家和地区基本进入技术成熟期。

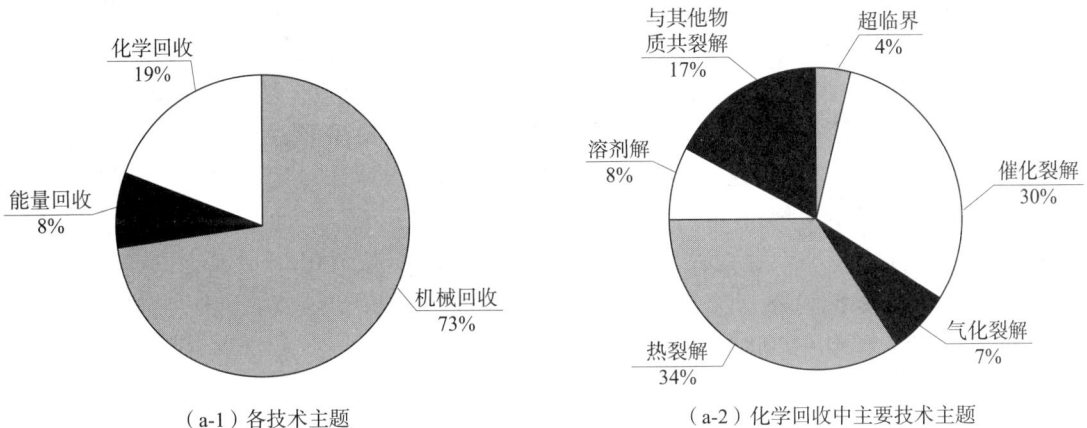

第 5 章 再生资源回收利用专利分析

(a-1) 各技术主题 — 化学回收 19%, 能量回收 8%, 机械回收 73%

(a-2) 化学回收中主要技术主题 — 与其他物质共裂解 17%, 超临界 4%, 催化裂解 30%, 气化裂解 7%, 热裂解 34%, 溶剂解 8%

(a) 全球技术分支

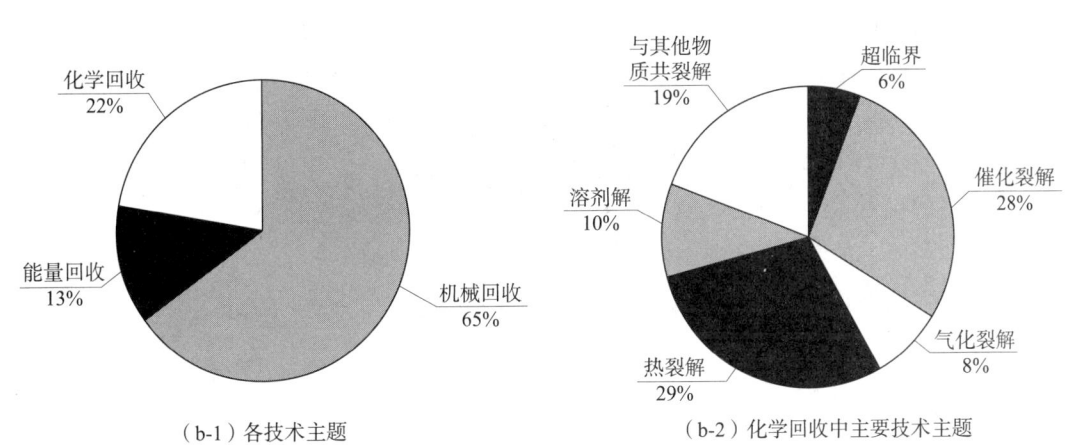

(b-1) 各技术主题 — 化学回收 22%, 能量回收 13%, 机械回收 65%

(b-2) 化学回收中主要技术主题 — 与其他物质共裂解 19%, 超临界 6%, 催化裂解 28%, 气化裂解 8%, 热裂解 29%, 溶剂解 10%

(b) 国外技术分支

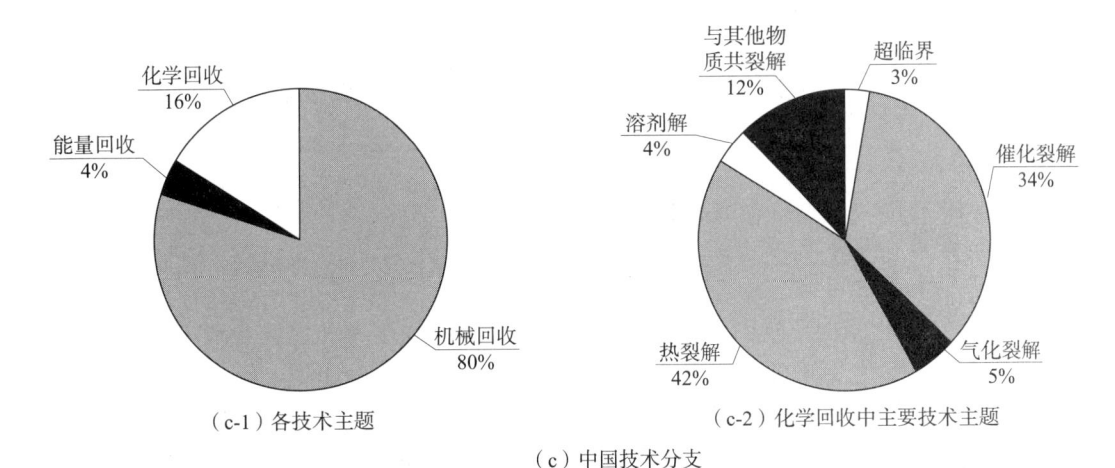

(c-1) 各技术主题 — 化学回收 16%, 能量回收 4%, 机械回收 80%

(c-2) 化学回收中主要技术主题 — 与其他物质共裂解 12%, 超临界 3%, 催化裂解 34%, 气化裂解 5%, 热裂解 42%, 溶剂解 4%

(c) 中国技术分支

图 5-1-4 废弃塑料回收利用全球、国外和中国各技术主题专利申请分布

能量回收技术发展大致经历了以下两个阶段：（1）技术萌芽期（1989~1999年），到1999年，年申请量从1989年的7项增长到了114项，达到高峰。（2）技术发展期（2000~2019年），自2000年之后，其专利年申请量呈现出下滑—增长—下滑—增长的波动趋势，增减幅度都不是很大，申请量基本上保持在50~80项。

化学回收技术发展大致经历了以下3个阶段：（1）技术发展期（1989~2000年），这一时期专利年申请量逐渐增加，到2000年，其年申请量从1989年的19项增加到240项，达到高峰。（2）稳定保持期（2001~2016年），从2001年之后，其专利申请量呈现下滑再增长的趋势。（3）技术发展期（2017~2019年），2017年之后进入了平稳增长期，年申请量在200项以上。

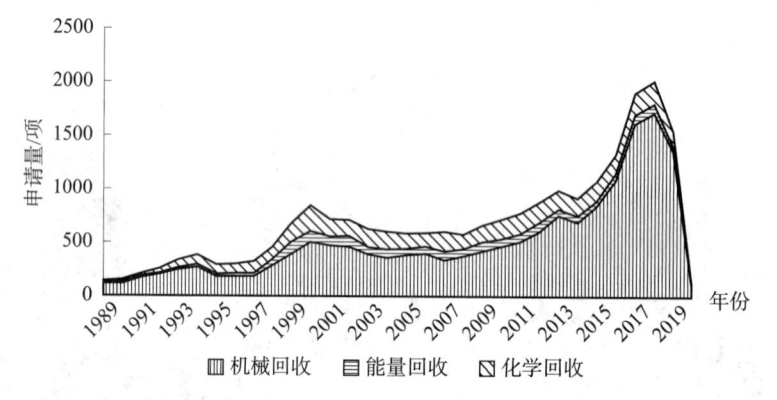

图5-1-5 废弃塑料回收利用全球各技术分支专利申请分布趋势

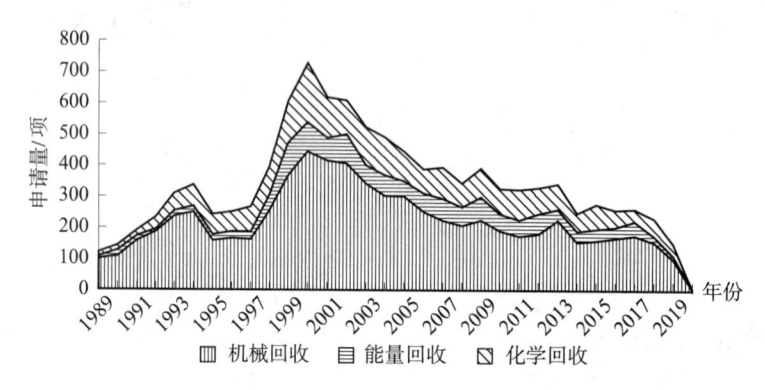

图5-1-6 废弃塑料回收利用国外各技术分支分布趋势

图5-1-7为中国、欧洲、日本、韩国和美国等主要国家和地区专利申请的技术主题分布。从图5-1-7可以看出，主要国家和地区的专利申请均主要以机械回收和化学回收为主，这反映出主要国家和地区的能源危机意识较强。其中，日本在3个技术分支中都拥有较多的专利申请，尤其是能量回收技术分支，这与日本的国情和实际需要是正相关的，其在这一领域的技术研发能力也是全球领先的。而机械回收、化学回收两个技术分支上，中国的总申请量已远超日本，处于技术发展期，而随着技术成熟，日本的年申请量也在逐渐下降。

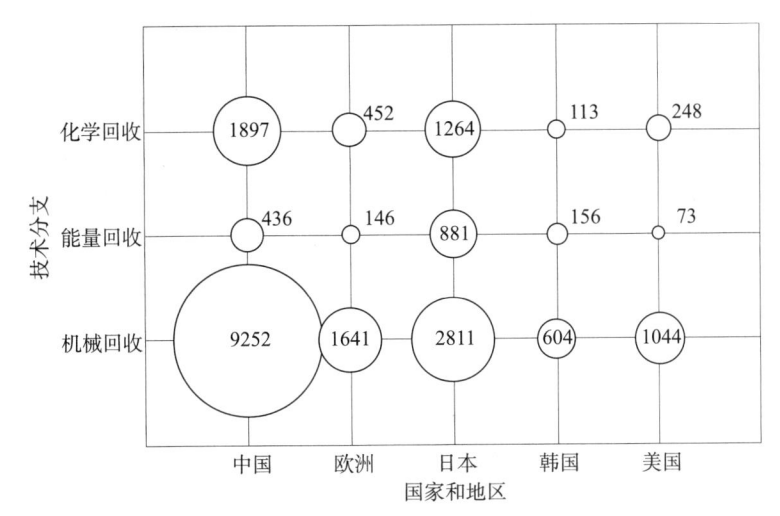

第5章 再生资源回收利用专利分析

图 5-1-7 废弃塑料回收利用主要国家和地区专利申请的技术分支

注：图中数字表示申请量，单位为项。

图 5-1-8 为全球废弃塑料回收利用技术主要原创地和市场地之间的专利申请流向情况，如图 5-1-8 所示，从中可进一步得知主要技术原创国家和地区在主要目标市场国家和地区的专利布局情况。通过对比可得出，中国是最大的技术目标市场，达到 10229 项；日本市场紧随其后，约为中国市场的一半，为 4936 项；其次是欧洲、美国、韩国市场，分别为 1875 项、1221 项、861 项。这表明了，中国、日本、欧洲和美国是废弃塑料回收利用技术的主要市场。日本作为最大的技术产出国，其在全球布局最为活跃，除了在本国市场大量布局，同时在欧洲、美国、中国和韩国等国外市场均有一定数量的专利布局。体现了日本申请人在专利布局上立足本国防御、积极对外扩张的战略意图。欧洲和美国申请人同样向其他国家和地区提交了较多数量的申请，全球专利布局也相对完善。而中国除在本国申请较多之外，向其他目标市场提交的数量

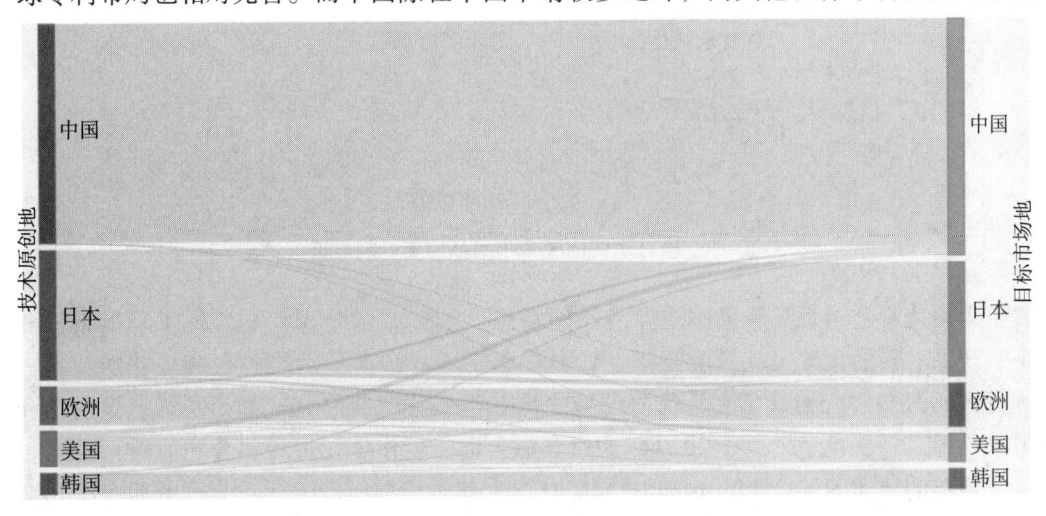

图 5-1-8 废弃塑料回收利用技术主要来源国家和地区的专利申请流向情况

总共仅有十几项，专利输出远远小于其他国家专利输入数量，处于明显逆差地位，全球市场竞争力较弱。

而且中国是最受重视的目标市场地，各国（除美国外）向中国输入的专利数量均超过其他国家，只有美国向韩国输出专利数量为260项，向中国输出225项；中国专利输入总量为754项。欧洲是仅次于中国的市场，专利输入总量为475项。说明中国已经取代传统发达国家成为专利布局必争之地，技术竞争激烈，因此，也是侵权风险最高的区域，需要引起重视，注意防范专利技术输入的风险。这一点也可以从近几年侵权诉讼案件的数量激增得到证实。

5.1.1.4 申请人分析

如图5-1-9所示，废弃塑料回收利用技术领域专利申请国外排名前20位中，日本有17位，其中，三菱化学、杰富意钢铁、日立申请量均超过200项。说明日本在该领域的技术占绝对主导地位。而其余3位申请人分别为拜耳、巴斯夫、伊士曼，来自德国和美国。

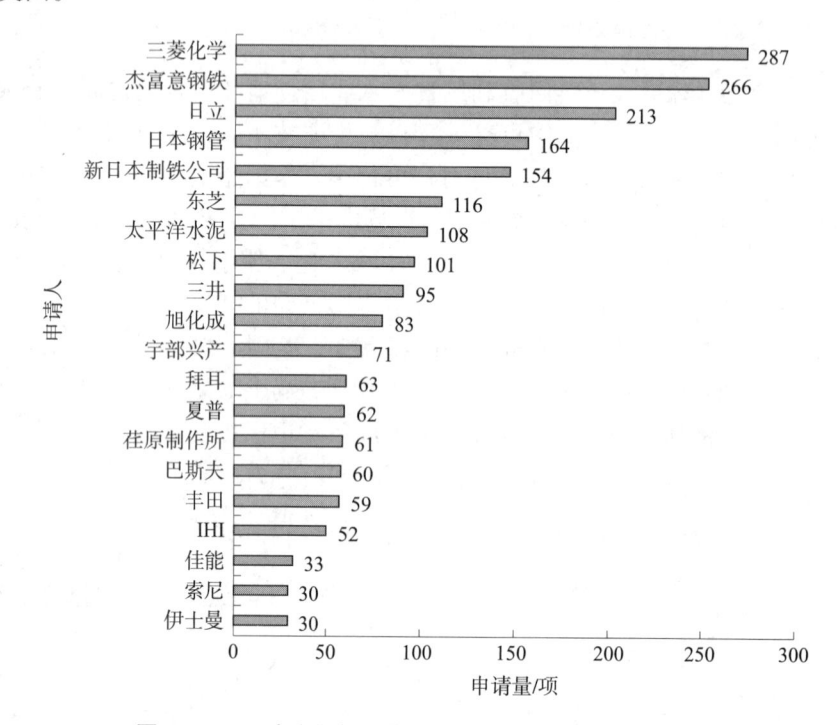

申请人	申请量/项
三菱化学	287
杰富意钢铁	266
日立	213
日本钢管	164
新日本制铁公司	154
东芝	116
太平洋水泥	108
松下	101
三井	95
旭化成	83
宇部兴产	71
拜耳	63
夏普	62
荏原制作所	61
巴斯夫	60
丰田	59
IHI	52
佳能	33
索尼	30
伊士曼	30

图5-1-9 废弃塑料回收利用国外主要专利申请人排名

三菱化学公司是三菱集团主要涉及塑料生产和回收的公司，主要提供功能材料和塑料产品、石油化工、碳及农业产品，其中，铝、片塑产品及塑料包装等功能材料占销售额的55%。三菱化学香港有限公司主要从事销售塑胶材料，如聚乙烯、聚丙烯和聚苯乙烯。三菱化学公司于2020年通过其母公司三菱化学先进材料公司收购两家瑞士工程塑料回收商Minger Kunststofftechnik AG和Minger Plastic AG。被收购的两家公司合称为Minger集团，此次收购是该公司促进循环经济的努力的一部分。Minger集团收集工程级塑料废料并制造和销售回收的工程级塑料。这两家公司拥有工程级塑料的专有回收技术，例如聚醚醚酮（PEEK）、聚偏二氟乙烯（PVDF）和尼龙，也有遍布欧洲大部分地区的材料收集网络，与100多个客户的回收材料交易记录以及该地区回收工程塑料的成熟商业模式。对于三菱化学公司来说，此次收购将为其建立工程塑料从制造到销售、加工、收集和再利用的综合业务模式提供条件。

日本杰富意钢铁主要从事各种成套设备建设、废弃物再生利用等，在中国主要提供生活垃圾焚烧炉排炉设备以及餐厨垃圾湿式厌氧中温发酵设备，并于2020年4月以6.89亿元入股宝钢特钢韶关有限公司，进一步开拓中国市场。作为传统钢铁行业巨头，随着钢铁市场产能过剩，杰富意钢铁在开拓新业务方面不断发力，多领域进行专利布局。依托原有钢铁制造能量回收优势技术，集中研发并申请废弃塑料的能量回收相关专利（见图5-1-10）。

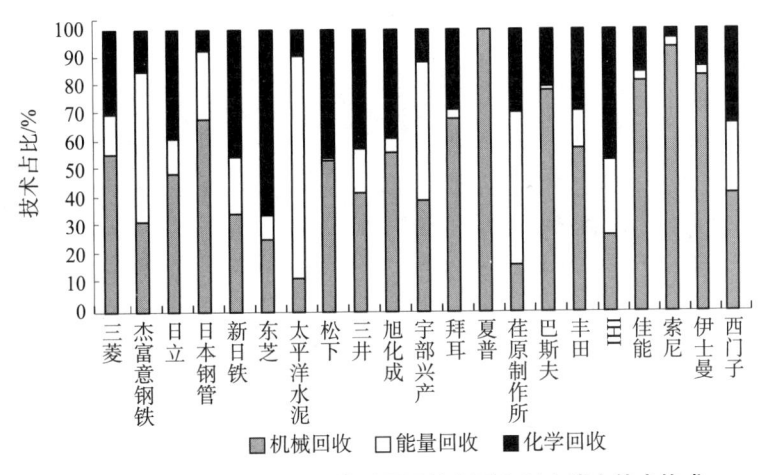

图5-1-10 废弃塑料回收利用国外主要专利申请人技术构成

巴斯夫是世界领先的苯乙烯聚合物和工程塑料的制造商，应用于各类注塑制品。2018年巴斯夫启动"化学循环项目"（Chem Cycling），为循环经济助力。在2018年底，巴斯夫首次在自己的生产中使用从塑料废料中提取的裂解油作为原料。在德国杜塞尔多夫举行的塑料与橡胶展会——K 2019展前新闻发布会上，巴斯夫及其合作伙伴捷豹、施托罗湃科、施耐德电气展示了化学循环项目试点阶段取得的初步成效。例如，捷豹路虎为其第一款电动汽车SUV i-Pace开发了一款塑料前端托架原型。这款塑料前端托架采用巴斯夫的再生塑料Ultramid® B3WG6 Ccycled Black 00564制成。巴斯夫通过化学循环项目开辟了循环利用塑料废弃物的全新领域。往常塑料废弃物通常被送去填埋或通过焚烧进行能量回收，但化学循环是另一种选择：通过热化学工艺，这些塑料可被用于生产合成气或油品，由此产生的再生原料可以取代部分化石资源，用于生产巴斯夫的相关产品。

对于三菱、日立等公司来说，涉及机械回收技术的专利申请占比更大，为其公司主流或传统优势技术；对于杰富意钢铁或太平洋水泥等公司来说，以能量回收模式进行废弃塑料回收是其主流研究方向，这与上述公司的主营业务相关。

5.1.2 中国专利分析

为了解中国范围内废弃塑料回收利用技术专利布局的整体情况，本节主要对中国专利申请发展趋势、专利申请国家和地区分布、申请人、主要省市专利分布情况等进行分析。

5.1.2.1 申请态势

由图 5-1-11 可知，1985 年中国在该领域申请了 4 项专利，到 2000 年专利申请量突破 100 项，这一时期中国在该领域处于探索阶段。2001 年之后申请量有所下降，但又很快上涨，2006 年专利申请量突破 200 项，2007~2018 年进入专利申请快速增长期，高峰值为 2018 年，专利年申请量达到 1768 项。

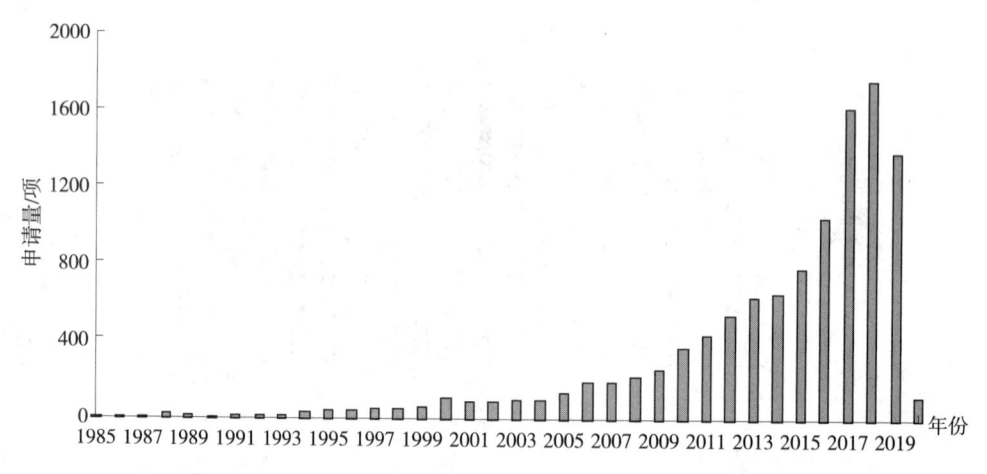

图 5-1-11 废弃塑料回收利用技术领域中国专利申请趋势

5.1.2.2 在华专利申请国家和地区分布

由图 5-1-12 可知，中国申请人以 9475 项的专利申请排名第一，占比 93%，日本申请人以 346 项的专利申请排名第二，占比 3%，排名第三是美国，专利申请共 225 项，占比 2%。总体来看，由于近几年我国专利申请活跃，总量非常大，国外申请人在我国专利布局占比相对较少，占比为 7%，但是国外申请质量相对较高，非常值得注意。

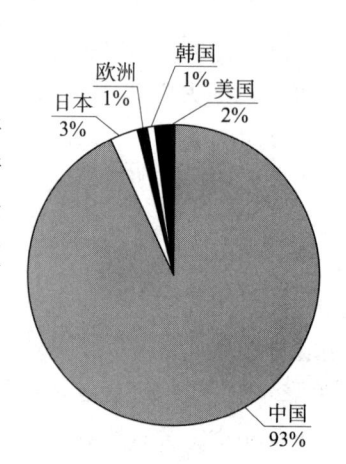

图 5-1-12 废弃塑料回收利用技术主要国家和地区在华申请占比

5.1.2.3 申请人构成

由图 5-1-13 可知，废弃塑料回收利用技术领域专利申请中国排名前 20 位中，有 10 家中国公司，6 所大学，1 位个人申请人，3 家国外公司。其中，中国石化以处理塑料油等相关化工技术作为主要申请领域，数量较多；四川大学、浙江大学、沈阳化工大学、华东理工大学、东华大学和同济大学申请量都超过30项，说明该领域为科研院所技术研究热点之一。而合肥杰事杰新材料股份有限公司（以下简称"合肥杰事杰"）和河南地之绿环保科技有限公司申请量分别超过50项，在该领域占一定技术优势。3家国外公司分别为巴斯夫、国际壳牌研究有限公司和杰富意钢铁，需要重点关注。

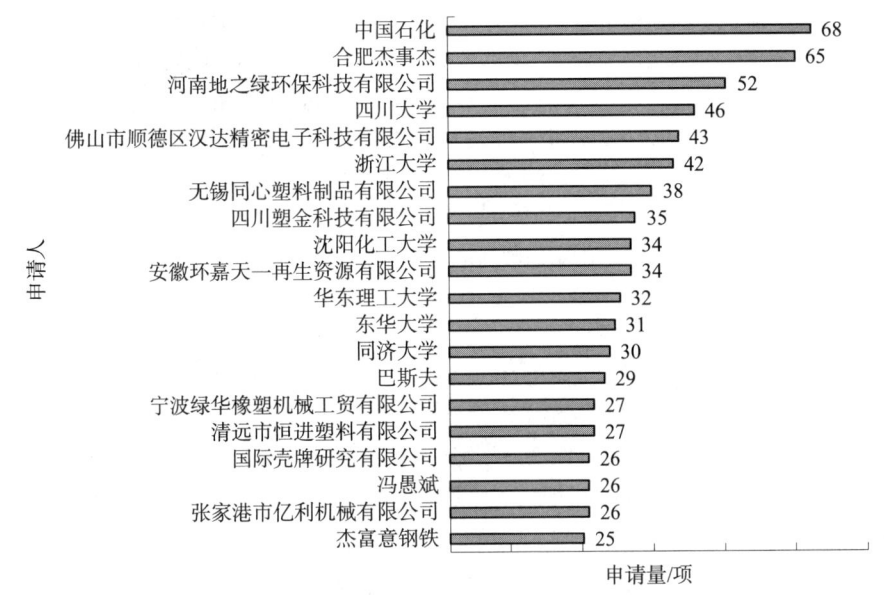

申请人	申请量/项
中国石化	68
合肥杰事杰	65
河南地之绿环保科技有限公司	52
四川大学	46
佛山市顺德区汉达精密电子科技有限公司	43
浙江大学	42
无锡同心塑料制品有限公司	38
四川塑金科技有限公司	35
沈阳化工大学	34
安徽环嘉天一再生资源有限公司	34
华东理工大学	32
东华大学	31
同济大学	30
巴斯夫	29
宁波绿华橡塑机械工贸有限公司	27
清远市恒进塑料有限公司	27
国际壳牌研究有限公司	26
冯愚斌	26
张家港市亿利机械有限公司	26
杰富意钢铁	25

图5-1-13　废弃塑料回收利用技术领域中国专利申请人前20位排名

合肥杰事杰于1992年创立，致力于工程塑料、新型复合材料等高分子材料研发，业务覆盖军工、汽车、建筑、电工、电器、IT、水利、石化、铁路运输、新能源、通信等多个领域，是大众、通用、博世、TCL国际电工、三菱电机、日立、伊莱克斯、松下、夏普、三星、LG、沃尔玛等企业的工程塑料供应商。并与中国中车、中集集团、华为、比亚迪等企业建立战略合作伙伴关系。合肥杰事杰共提交55项发明专利申请，其中13项被授权，7项被驳回，35项处于审查状态。

安徽环嘉天一再生资源有限公司主要经营塑料瓶片清洗、粉碎、加工、塑料改性、销售。其提交24项实用新型专利申请，有效专利为11项；提交13项发明专利申请，有效专利为10项。

5.1.2.4　技术构成

由图5-1-14可知，按技术分支来分析，涉及机械回收、能量回收和化学回收的专利申请数量分别为9226项、2872项、1886项。3个技术分支均有明显上升的趋势。机械回收技术相对简单，发展最早，从2000年起已初具申请规模，申请量超过60项，2006年突破100项，到2013年快速增长至530项，2018年达到高峰1562项。能量回收技术不是研究的热点，该技术已被国外多家公司掌握，中国申请一直较少，2018年的峰值也仅为65项。化学回收技术是新兴技术方向，近年来一直保持超过100项的申请量，一直有申请人持续不断地寻求在该技术领域的突破。

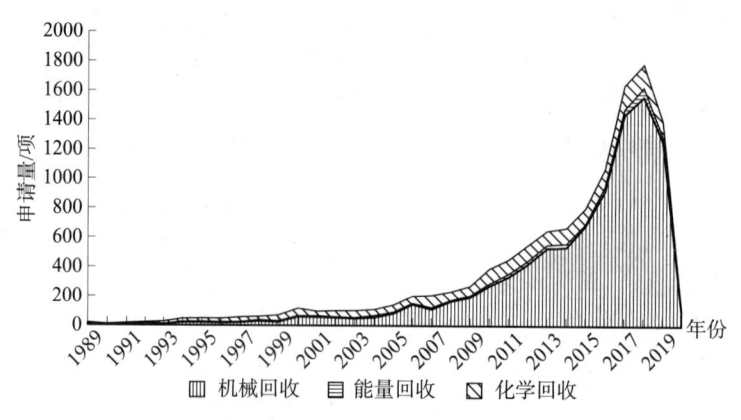

图 5-1-14　废弃塑料回收利用中国各技术分支专利申请分布趋势

5.1.2.5　主要申请人在华专利

表 5-1-1 罗列废弃塑料回收利用技术领域主要申请人在华有效专利，合肥杰事杰涉及机械回收改性再生技术领域的发明专利申请：一种回收聚对苯二甲酸乙二醇酯/丙烯腈-丁二烯-苯乙烯共聚物合金及其制备方法，于 2012 年 4 月 5 日申请，仍处于有效状态；杰富意钢铁涉及能量回收固体燃料技术领域的发明专利申请：废塑料粉碎物的制造方法及固体燃料或矿石还原材料，于 2009 年 9 月 10 日申请，仍处于有效状态；河南地之绿环保科技有限公司涉及化学回收热裂解技术领域的发明专利申请：一种处理裂解炉内表面的方法，于 2017 年 6 月 30 日申请，仍处于有效状态。

表 5-1-1　废弃塑料回收利用技术领域主要申请人在华有效专利

申请号	申请日	发明名称	申请人	法律状态
CN201210097914.5	2012-04-05	一种回收聚对苯二甲酸乙二醇酯/丙烯腈-丁二烯-苯乙烯共聚物合金及其制备方法	合肥杰事杰	有效
CN201710526468.8	2017-06-30	一种处理裂解炉内表面的方法	河南地之绿环保科技有限公司	有效
CN201310643308.3	2013-12-03	一种在超/亚临界水中对制备聚氨酯合成革后的废料精馏 DMF 后的釜残的回收处理方法	浙江工业大学	有效

续表

申请号	申请日	发明名称	申请人	法律状态
CN201310540472.1	2013-11-05	一种废塑料生产燃料油的焦化方法	中国石油化工股份有限公司	有效
CN201110125256.1	2011-05-16	无毒、无异味、可回收的环保型聚氨酯发泡型材及其制备方法	四川大学	有效
CN201680011481.3	2016-02-15	用于生产纤维增强的塑料零件的过程布置以及方法	大众汽车有限公司、巴斯夫欧洲公司	有效
CN201510432185.8	2015-07-22	一种交联聚乙烯废弃物的回收工艺	浙江大学、浦江县金鑫废旧物资回收有限公司	有效
CN201611057312.1	2016-11-26	一种废塑料回收用高效清洗装置	无锡同心塑料制品有限公司	有效
CN201210265291.8	2012-07-27	一种环保型废弃塑料瓶回收加工工艺	安徽环嘉天一再生资源有限公司	有效
CN201310039033.2	2013-01-31	一种自动分离不同密度的塑料碎片的成套设备及分离方法	冯愚斌	有效
CN201580034225.1	2015-06-29	固体生物质到液体烃材料的转化	国际壳牌研究有限公司	有效
CN200980135180.1	2009-09-10	废塑料粉碎物的制造方法及固体燃料或矿石还原材料	杰富意钢铁	有效

5.1.2.6 主要省市专利申请情况

图5-1-15至图5-1-18给出了全国申请量排名前十位的省市的专利申请情况。其中浙江、广东、安徽和江苏的申请量超过1000项以上，体现了这4个省份在废弃塑料回收利用技术领域具有绝对的领先地位。而其他省市的研发力量也不可小视。

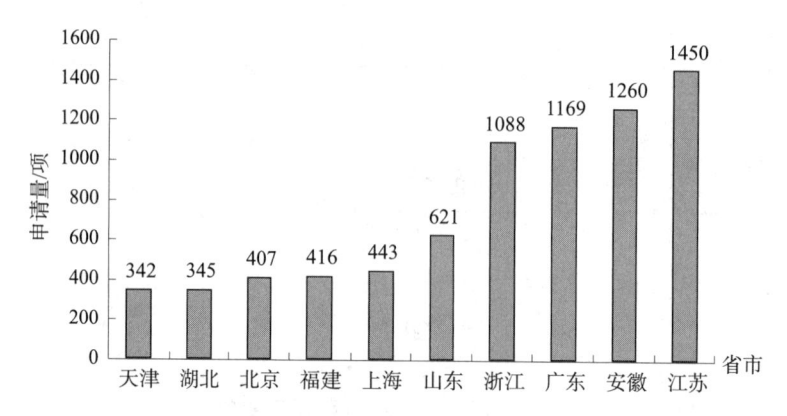

图 5-1-15 废弃塑料回收利用技术中国排名前十位省市分布情况

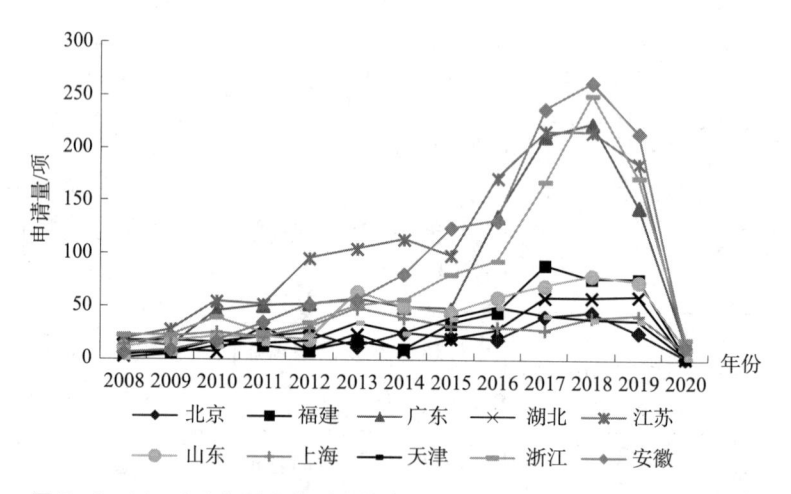

图 5-1-16 废弃塑料回收利用技术中国主要排名前十位省市申请趋势

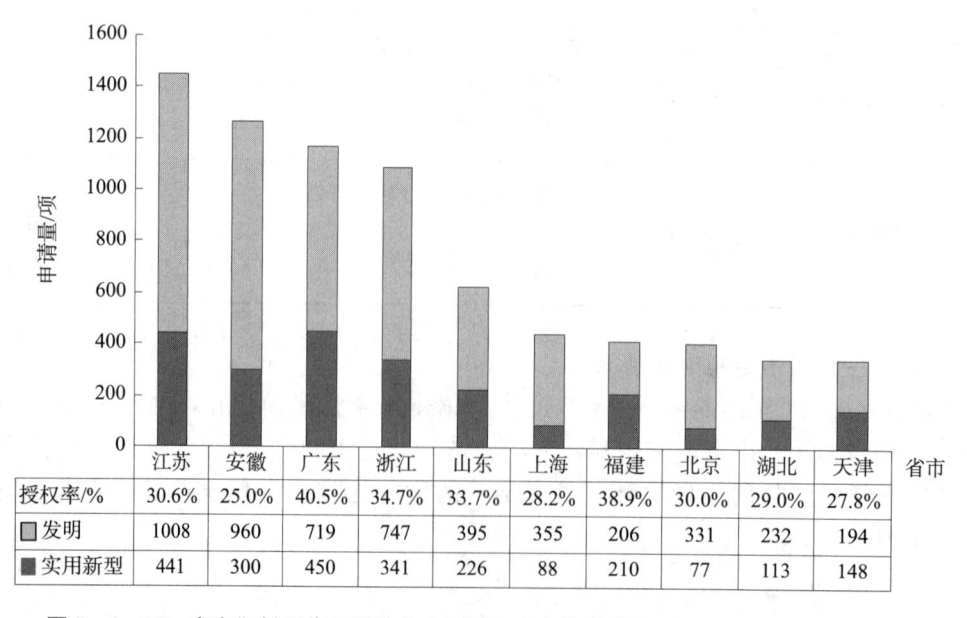

省市	江苏	安徽	广东	浙江	山东	上海	福建	北京	湖北	天津
授权率/%	30.6%	25.0%	40.5%	34.7%	33.7%	28.2%	38.9%	30.0%	29.0%	27.8%
发明	1008	960	719	747	395	355	206	331	232	194
实用新型	441	300	450	341	226	88	210	77	113	148

图 5-1-17 废弃塑料回收利用技术中国排名前十位省市发明授权率及申请类型占比

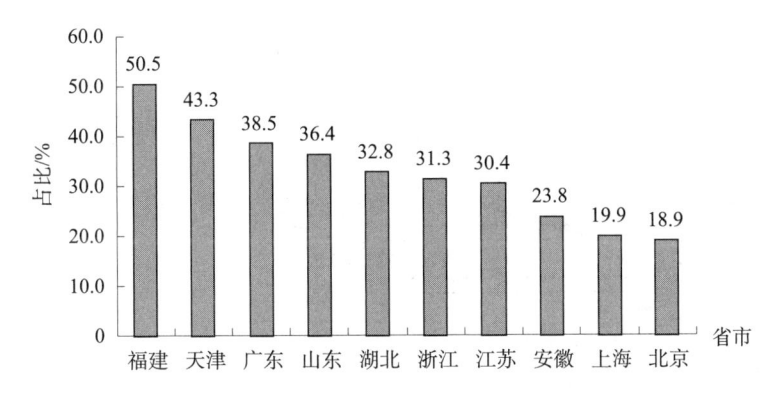

图 5-1-18　废弃塑料回收利用技术中国排名前十位省市实用新型申请占比

从图 5-1-15 至图 5-1-18 可以看出，其年申请量整体呈上升趋势，在 2017～2018 年达到峰值。北京、广东、江苏和浙江起步较早，体现了上述省市在废弃塑料回收利用领域具有前瞻性。其中排名第一的江苏 2008 年有 19 项申请，2018 年快速发展到 216 项。

值得一提的是，申请量排名第二的安徽，早期申请量仅为个位数，但是从 2011 年达到 35 项之后，申请量一涨再涨，2018 年达到了 263 项，为当年申请数量最多的省份。这反映出近几年安徽在该领域十分活跃，注重专利申请，但授权率为排名前十位省市中最低，表明其申请质量相对较低。

福建的实用新型申请比例最高，高达 50.5%，天津、广东、山东紧随其后，实用新型申请比例都超过 35%；而与此形成对比的是，上海、北京实用新型申请比例都低于 20%，一定程度上说明上海、北京的专利申请技术含量相对更高。

5.2　废弃电器电子产品回收利用产业专利分析

5.2.1　全球专利分析

本次分析共检索涉及废弃电器电子产品回收利用的专利申请 6719 项。本节在这一数据的基础上，从专利技术的发展趋势、国家和地区分布、技术主题、主要申请人等角度对该领域的专利技术进行分析。

5.2.1.1　专利申请发展趋势

图 5-2-1 给出了全球以及中国、国外的废弃电器电子产品回收利用领域专利申请趋势情况。1998～2020 年，专利申请量整体呈波动式增长态势，2018 年达到峰值，为 911 项。国外专利申请量总体发展平缓，在 2000 年达到小高峰，从 2011 年开始处于平稳期。而中国专利申请量总体呈增长趋势，2005 年之前申请较少，从 2006 年开始迅速增长，2008 年开始申请量超过国外申请量，从 2009 年后专利申请量呈波浪式增长，在 2014 年开始进入快速增长期，到 2018 年达到峰值为 815 项。

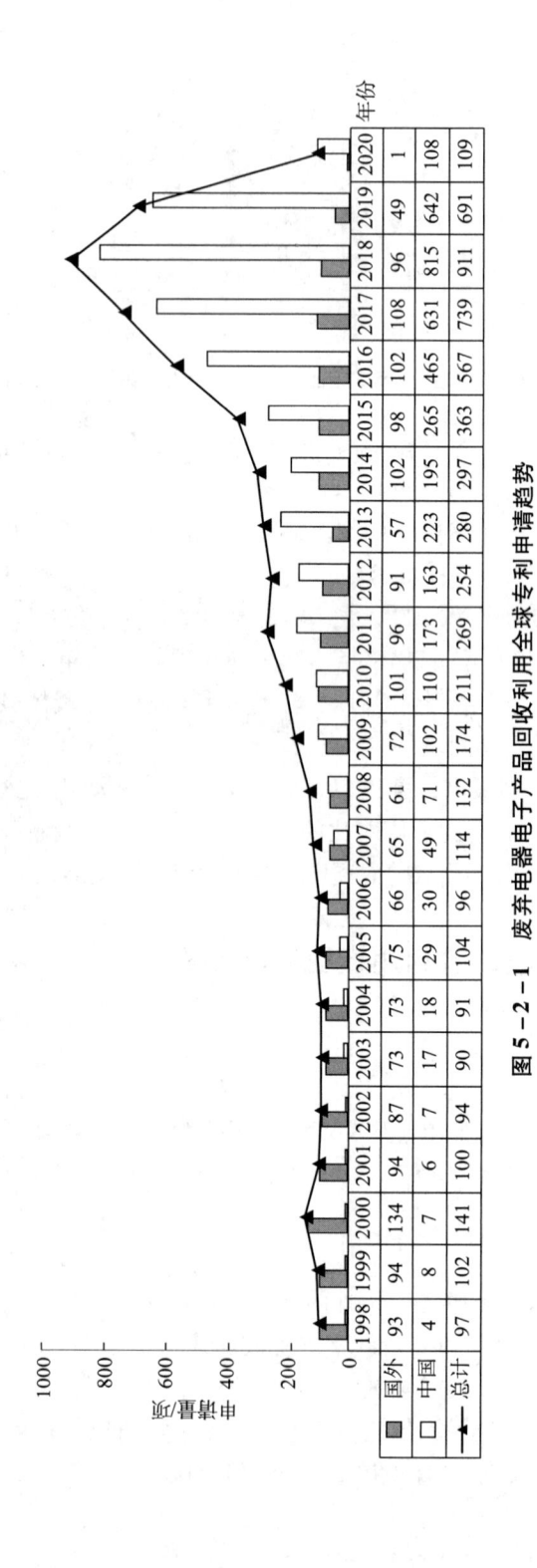

年份	1998	1999	2000	2001	2002	2003	2004	2005	2006	2007	2008	2009	2010	2011	2012	2013	2014	2015	2016	2017	2018	2019	2020
国外	93	94	134	94	87	73	73	75	66	65	61	72	101	96	91	57	102	98	102	108	96	49	1
中国	4	8	7	6	7	17	18	29	30	49	71	102	110	173	163	223	195	265	465	631	815	642	108
总计	97	102	141	100	94	90	91	104	96	114	132	174	211	269	254	280	297	363	567	739	911	691	109

图 5-2-1 废弃电器电子产品回收利用全球专利申请趋势

20世纪90年代，国外特别是发达国家的电器电子产品使用开始普及，随之而来的，废弃电器电子产品如何回收利用成为日益凸显的问题，随着全球环境问题的日益突出，世界各国越来越重视环境保护，通过制定法律法规和出台产业政策等方式，加大环境保护的力度，对废弃电器电子产品进行回收和利用成为必然的选择。随后，发达国家申请较多的废弃电器电子产品回收利用的方法和设备方面的专利。总体来看，近20年国外专利申请数量比较稳定，说明该行业处于平稳发展阶段。

对中国而言，我国是发展中国家，经济发展相对比较滞后，21世纪之前，我国电器电子的使用普及率较低，对废弃电器电子产品回收利用行业的方法和设备的需求并不强烈，国内回收利用的企业很少。此外，我国1985年建立专利制度，21世纪之前，企业的专利保护意识不强，从2000年开始我国电器电子使用量剧增，大量电器电子废弃之后的处理问题日益严峻。与此同时，大量电器电子的回收利用企业开始成立，废弃电器电子产品回收利用领域的方法和设备需求剧增，相关技术的专利申请量也开始快速增长。

5.2.1.2 专利申请区域布局

图5-2-2为废弃电器电子产品回收利用领域全球主要国家和地区的专利申请趋势。在6719项申请中，中国申请人申请量最多，达到4170项，占总量的60%；其次为日本，达到1309项，占21%；其余依次为欧洲为489项，占7%；韩国为252项，占4%；美国为216项，占3%；其他国家和地区为283项，占5%。日本电器电子行业发达，电器电子产品普及度高，因而废弃电器电子多，同时日本属于资源严重匮乏国家，其对废弃物的回收利用具有非常迫切的需求，因此日本政府和企业对废弃电器电子产品回收非常重视，研发投入大，设备、方法的创新发明多，专利申请量也较大。日本企业有对各个技术分支方面改进申请专利的良好习惯，即使非常细微的改进也会申请专利。因此，日本的申请量在该领域仍处于优势地位。美国、欧洲和韩国虽然在废弃电器电子领域占有重要地位，但较低的专利申请占比表明其不太热衷废弃电器电子产品回收利用产业。中国虽然起步较晚，但从2002年开始专利申请量稳步增长，目前已经成为专利申请数量最多的国家，且远高于其他国家和地区，特别是2016~2019年申请总量达到2553项，这与我国近年来对知识产权的重视密切相关，同时随着我国大量电器电子废弃物的产生，我国对废弃物的回收再利用技术的需求非常迫切，国内废物电器电子回收龙头企业的专利申请量也在逐年增长。

5.2.1.3 技术主题分析

根据废弃电器电子产品回收利用行业的分类习惯，本节将废弃电器电子产品重点类别划分为整机拆分、废弃电池、废弃线路板、废弃阴极射线管、废弃制冷系统和废弃液晶6个技术分支，下面按照各技术分支专利申请进行分析。

如图5-2-3和图5-2-4所示，在废弃电器电子产品回收利用专利申请中，3466项专利申请涉及废弃电池回收利用分支，1701项专利申请涉及废弃线路板回收利用分支，两者分别占了总量的48%和23%，可见，电池和线路板这两个技术分支是废弃电器电子产品回收利用行业研发的热点技术，特别是电池回收利用，是目前最为热点的

产业专利分析报告（第80册）

(a) 主要国家和地区申请量占比

中国 60%
日本 21%
美国 3%
欧洲 7%
韩国 4%
其他 5%

(b) 主要国家和地区利用主要国家和地区专利申请量占比和趋势

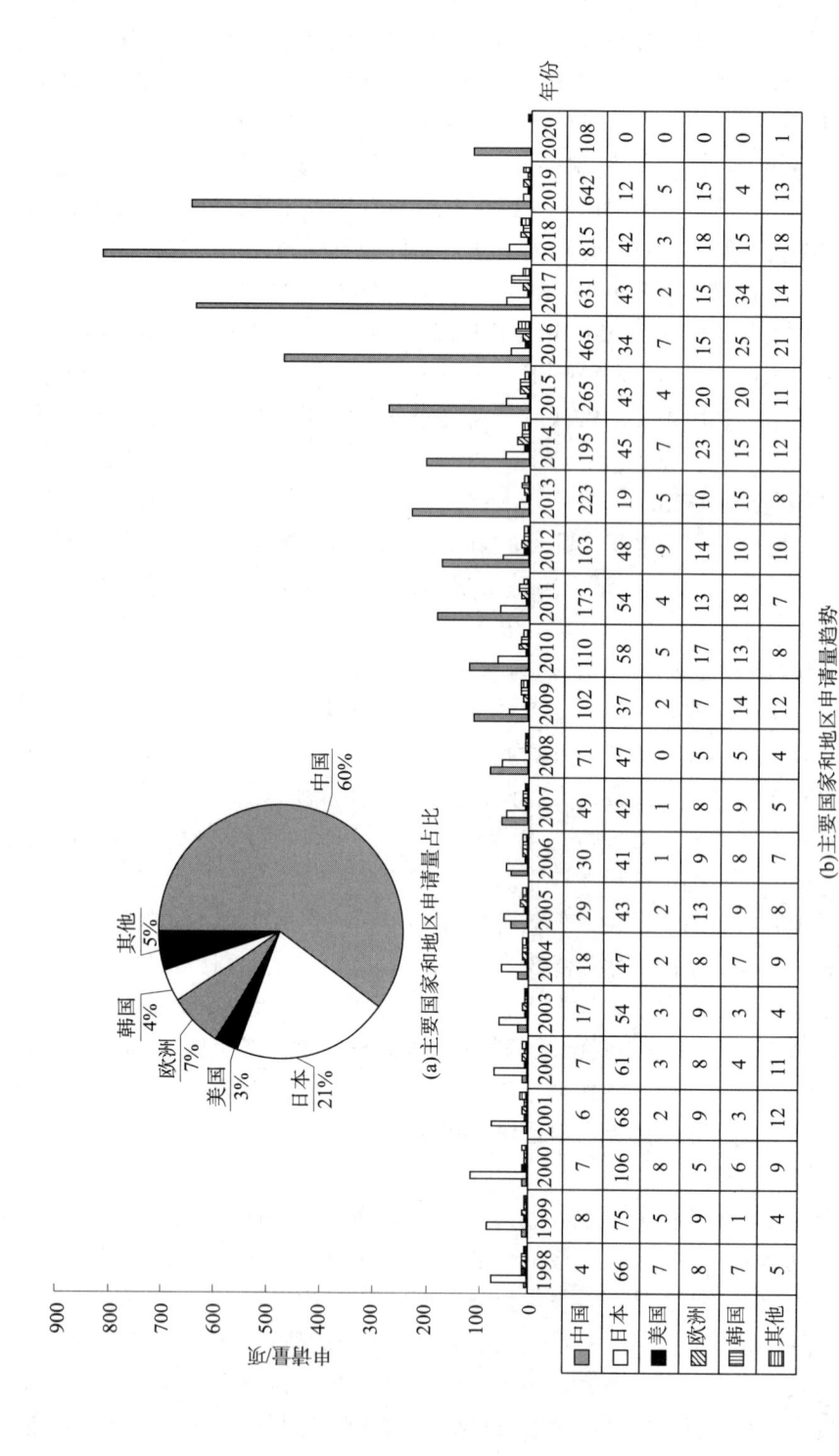

申请量/件	1998	1999	2000	2001	2002	2003	2004	2005	2006	2007	2008	2009	2010	2011	2012	2013	2014	2015	2016	2017	2018	2019	2020 年份
中国	4	8	7	6	7	17	18	29	30	49	71	102	110	173	163	223	195	265	465	631	815	642	108
日本	66	75	106	68	61	54	47	43	41	42	47	37	58	54	48	19	45	43	34	43	42	12	0
美国	7	5	8	2	3	3	2	2	1	1	0	2	5	4	9	5	7	4	7	2	3	5	0
欧洲	8	9	5	9	8	9	8	13	9	8	5	7	17	13	14	10	23	20	15	15	18	15	0
韩国	7	1	6	3	4	3	7	9	8	9	5	14	13	18	10	15	15	20	25	34	15	4	0
其他	5	4	9	12	11	4	9	8	7	5	4	12	8	7	10	8	12	11	21	14	18	13	1

图 5-2-2 废弃电器电子产品回收利用主要国家和地区专利申请量占比和趋势

技术，中国和日本在这两个技术分支的专利申请量处于领先地位，中国在电池和线路板领域的专利申请量分别达到 2443 项和 939 项，日本也分别有 441 项和 371 项申请。其他技术分支上，整机拆分领域占比为 13%，阴极射线管领域占比为 7%，液晶领域占比最少，为 4%，其中，整机拆分和阴极射线管领域也是中国和日本领先；液晶回收领域，日本专利申请最多，一共有 166 项，这与全球较大的液晶显示设备生产企业多为日本企业相关。

技术分支	中国	日本	美国	欧洲	韩国	其他
制冷	140	147	38	29	4	18
整机	589	249	13	48	21	31
阴极射线管	199	146	18	100	16	23
液晶	47	166	1	13	27	25
线路板	939	371	74	126	79	112
电池	2443	441	102	217	143	120

国家和地区

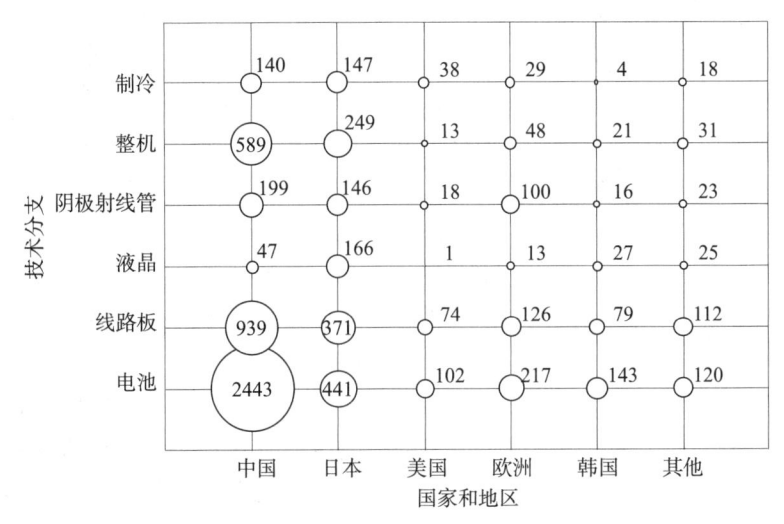

图 5-2-3　废弃电器电子产品回收利用主要国家和地区各技术分支申请量

注：图中数字表示申请量，单位为项。

欧洲、日本和美国在废弃电器电子产品回收利用行业起步较早，各分支领域发展较好。中国在 2005 年以后各分支才有了明显发展，并且之后发展速度很快，在电池和线路板分支很快超过了欧美，之后又超过日本，成为在电池和线路板分支专利申请量最多的国家。

从经济价值的角度来看，线路板和电池回收的成分多为重金属和稀土金属等，回收这些金属，一方面能减少环境污染，另一方面还能创造很高的经济价值，因而这两个分支一直都是行业的热

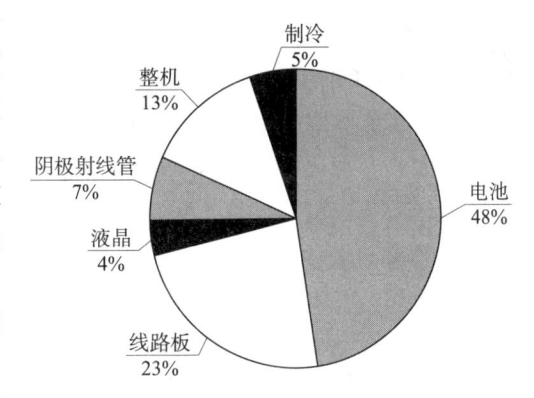

- 制冷 5%
- 整机 13%
- 阴极射线管 7%
- 液晶 4%
- 线路板 23%
- 电池 48%

图 5-2-4　废弃电器电子产品回收利用主要国家和地区技术分支占比

点。线路板是电器电子产品的重要核心部分，电池则是作为一种能源供应产品，两者广泛应用于不同的电器电子产品中，并且可以预期，随着科技不断发展与进步，这类产品会越来越多，例如随着手机普及，手机线路板和电池回收也将逐渐受到行业的重视。

制冷系统和阴极射线管则是早期电器电子产品的重要组成，虽然近年已经开始逐步淘汰，但是早期积累了大量的产品，并且这些产品对环境的危害很大。因此，除中国外，对环境保护要求较高的日本、美国和欧洲也相应地进行了技术开发，并进行了相应的专利布局。相对于制冷剂仅在制冷设备中的使用，来源于电视机和显示器的阴极射线管使用量更大，废弃阴极射线管的材料组成很复杂，包含多种金属、玻璃、荧光粉等，对环境具有很强的污染，同时阴极射线管中的金属和玻璃等成分也能有效回收和再利用。在双重利益驱使下，从业者为获得技术优势，其专利申请量较大。

液晶显示设备出现得比较晚，大量使用和普及则是在21世纪初期，并且这类产品也有一定报废周期，因此相关专利申请出现比较晚，且申请量比较少。值得注意的是，对液晶显示设备的回收，日本的申请量较大，可以看出日本对液晶回收更加重视，布局更早，比较符合日本重视资源回收的特点；对于中国来说，液晶显示器在中国普及得更晚，根据液晶产品报废周期，早期产品废弃高峰在普及期10年之后出现，因此中国对液晶回收的专利申请量很少，且远低于日本。需要注意的是，近些年来，小型液晶产品，例如手机等，它们的更新换代频率很高，因此，废弃液晶产品循环再利用技术的发展将比预期来得早，专利申请量的增长也会有所提前。

整机拆分技术是废弃电器电子产品回收利用流程的重要步骤，其重要性不容忽视，但由于其技术含量相对较低，欧洲、美国和韩国关于整机拆分技术的专利申请量并不多。日本申请量维持在相对高的水平与该国在废弃电器电子产品回收利用行业的总体重视程度有关，同时也体现了该国在废弃电器电子产品回收利用行业的技术优势和自信。中国关于整机拆分技术的专利最多，这与中国电器电子废弃产品的总量很大有关，对拆分效率的提升能够保证回收效率，因此，很多企业会在整机拆分技术和设备上进行创新。

5.2.1.4 主要申请人分析

为了分析废弃电器电子产品回收利用领域专利技术的主要申请人情况，以数据库中的申请人和公司代码等信息为基础，通过整理和加工，然后统计出主要申请人的专利申请量、历年申请量、技术倾向性等内容，根据专利申请数量选取排名前七位的申请人进行分析。

通过图5-2-5可以看出，国外专利申请数量排名前七位申请人分别是三菱（112项）、松下（84项）、日立（74项）、JX金属（63项）、夏普（56项）、东芝（52项）、索尼（42项），均为日本企业，说明日本在废弃电器电子产品回收利用行业具有比较强的实力。

从图5-2-6列出主要申请人的技术分支来看，日立、三菱、松下、索尼涉及所有6个技术分支，东芝和夏普次之，在5个技术分支都有专利申请，而JX金属则仅仅涉及电池、线路板和液晶3个领域，并且主要集中在电池领域。各申请人对阴极射线管和制冷的申请量比较少，这与阴极射线管面临逐步淘汰以及制冷剂的更新换代相关。废弃线路板和废弃电池都可以提取贵金属和稀土金属等，两者在这7位申请人中所受到的关注程度并不一致。

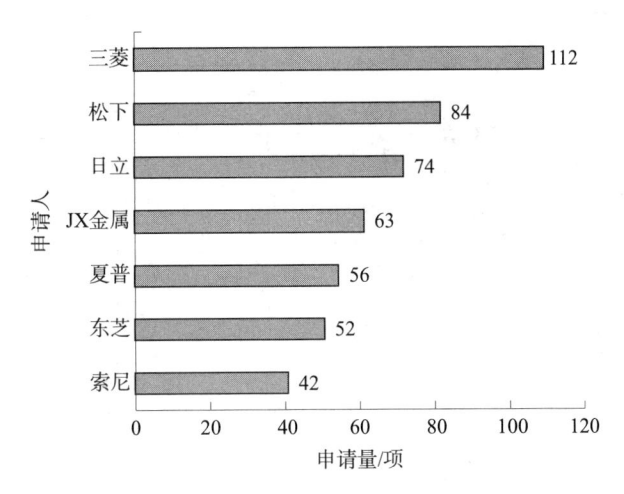

图 5-2-5 废弃电器电子产品回收利用国外主要申请人申请量排名

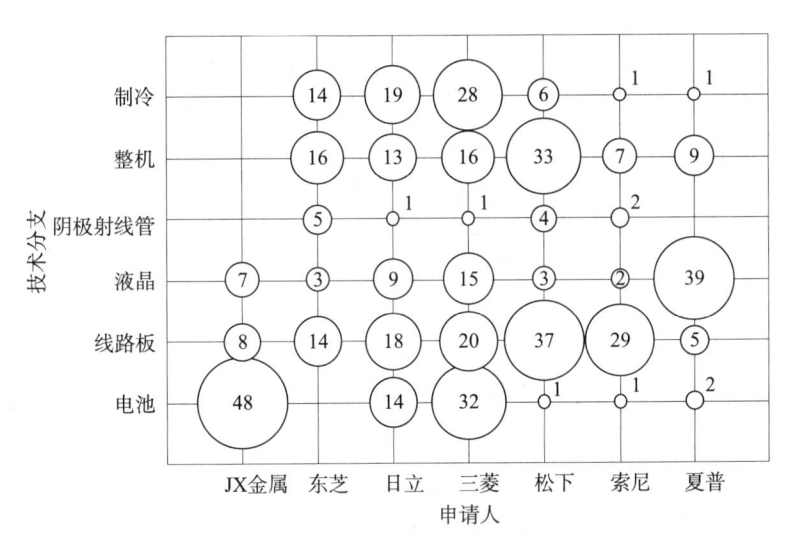

图 5-2-6 废弃电器电子产品回收利用国外主要申请人各技术分支分布

注：图中数字表示申请量，单位为项。

从图 5-2-7 能够看出，从时间分布上来看，三菱从 1992 年开始申请，1994~2018 年每年都有一定数量的申请，申请量较大的时期是 1998~2001 年，其中 2001 年申请量最多，达到 18 项。之后也一直维持着每年 1~6 项的申请量；松下的申请主要集中在 1995~2007 年，其中，1999~2002 年的申请量分别达到 16 项、13 项、8 项、10 项。日立则是从 1991 年开始，每年都有少量的申请，1996~2000 年是申请的巅峰期；JX 金属开始布局则比较晚，在 2001 年才开始有申请，2009 年之后申请量开始逐渐增加；夏普的申请主要集中在 1997~2012 年，2012 年之后没有再进行申请；而索尼则是在 2003 年之后没有进行相关申请，有可能已经退出了该领域；东芝则是从 1991 年开始，一直维持较少数量的申请。

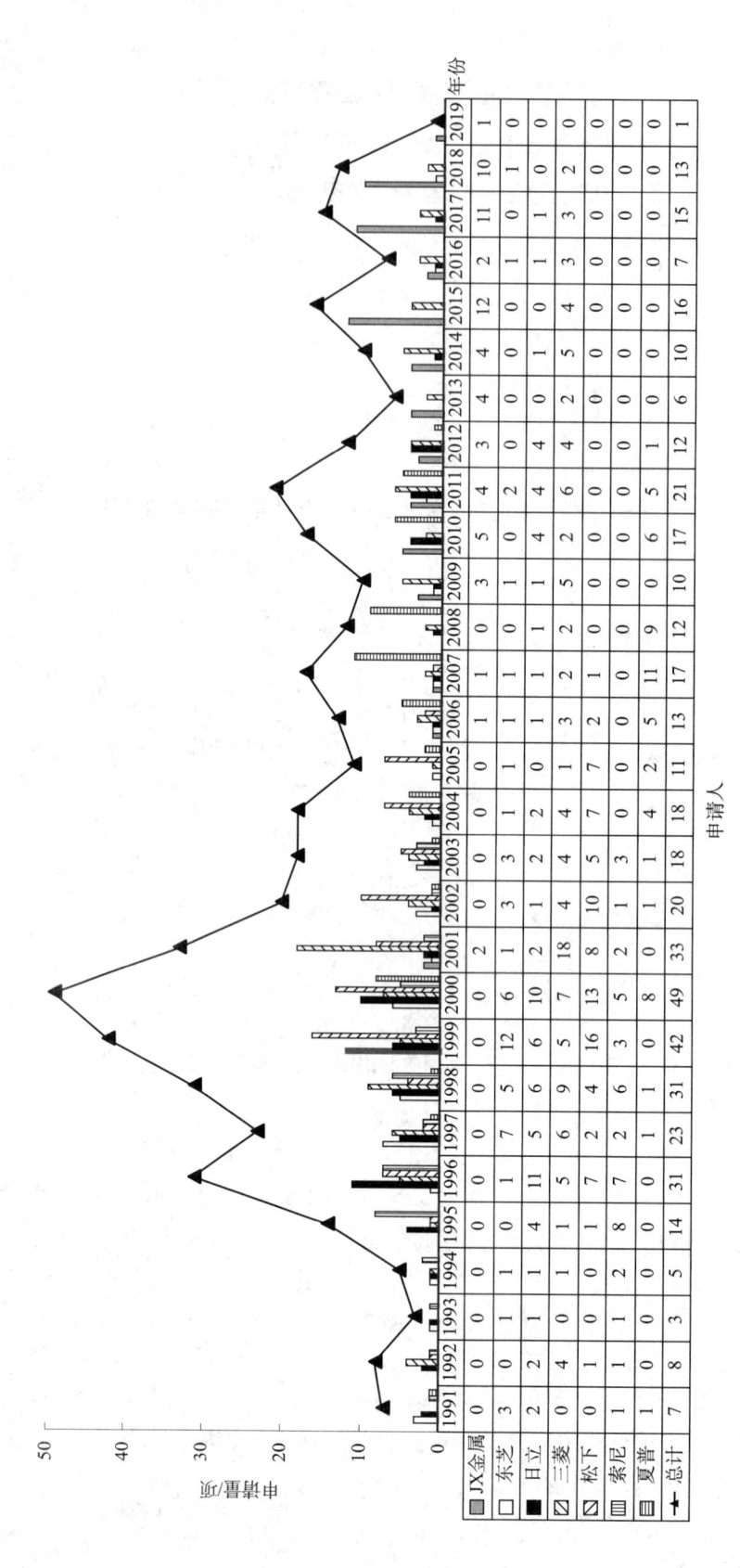

申请人	1991	1992	1993	1994	1995	1996	1997	1998	1999	2000	2001	2002	2003	2004	2005	2006	2007	2008	2009	2010	2011	2012	2013	2014	2015	2016	2017	2018	2019
JX金属	0	0	0	0	0	0	0	0	0	0	0	0	0	0	0	0	1	0	3	5	4	3	4	4	12	2	11	10	1
东芝	3	2	1	1	0	1	7	5	12	6	2	3	2	1	0	1	1	0	1	1	2	0	0	0	0	1	0	1	0
日立	2	2	1	1	4	11	5	6	6	10	2	1	4	2	1	3	1	1	1	4	4	4	0	0	0	1	1	0	0
三菱	0	4	0	1	1	5	6	9	5	7	18	4	4	4	1	2	2	2	5	2	6	4	2	5	4	3	3	2	0
松下	0	1	0	0	1	7	2	4	16	13	8	10	5	7	7	3	1	0	0	0	0	0	0	0	0	0	0	0	0
索尼	1	1	1	2	8	7	2	6	3	5	2	1	3	0	0	2	1	0	0	0	0	0	0	0	0	0	0	0	0
夏普	1	0	0	0	0	0	0	1	0	8	0	1	1	4	2	5	11	9	0	6	5	1	0	0	0	0	0	0	0
总计	7	8	3	5	14	31	23	31	42	49	33	20	18	18	11	13	17	12	10	17	21	12	6	10	16	7	15	13	1

图 5-2-7 废弃电器电子产品回收利用国外主要申请人申请趋势

5.2.2 中国专利分析

5.2.2.1 专利申请整体发展趋势

检索得到的废弃电器电子产品回收利用领域中国专利申请一共4152项,从图5-2-8能够看出,在废弃电器电子产品再利用领域,中国专利申请以中国申请人为主,国外在华的申请并不多,仅占4%,其中日本相对较多,占2%,其余依次为美国、欧洲、韩国。中国在1992~2002年申请量不大,从2003年开始呈现出快速的增长,同期国外在华申请量发展仍旧比较平稳,从时间分布来看,国外申请人在华申请以美国、日本、欧洲为主,分布也比较均匀,韩国申请人则是在1990年有1项在华申请,此后直至2007年才开始重新进行少量申请,总体申请量也很少。

从整体来看,中国、美国、日本、欧洲和韩国的申请量占在华申请总量的99%以上,而国外申请人在华申请量份额体现了主要国家和地区对中国技术市场的占有率,总量集中在这5个国家和地区与其废弃电器电子产品回收利用行业发展紧密相关,废弃电器电子产品的主要来源是电器电子产品的更新换代和人均持有量的增长。在20世纪70年代电器电子产品开始进入市场,而相关的技术自然要成熟于上述发达国家,同时家用电器如电视机、电冰箱、洗衣机以及空调也进入平常百姓家,电池更是作为一种日常用品广泛应用于家庭、办公场所和其他电器电子设备中,废弃电器电子产品回收行业也因此迎来了广阔的发展前景。美国、欧洲早期就有一批技术成熟、管理先进的废旧电器回收利用企业,但相对于每年淘汰下来的废弃电器电子产品而言,处理量远远不足,因此废旧电器电子的回收利用也越来越受到政府、企业和消费者的重视,废旧电器电子回收利用技术也在不断稳步发展。

日本申请人在中国的专利申请量明显大于其他国家申请人,且从1997~2019年每年都有一定量的申请,这与日本企业为了扩展在该领域的技术领导力和技术输出地位,更好地在进行回收工作的主要国家进行专利技术布局有一定关系。

在早期,中国经济发展比较滞后,家电产品总体数量较少,部分废旧家电产品流入二手市场,通过销售等方式转移到低收入和欠发达地区,而报废的废弃电器则是通过简单的拆解回收,这种回收方式技术含量低,回收不彻底,一般达不到回收再利用的要求。进入21世纪后,中国逐渐成为家用电器生产和消费大国,2003年电视机、洗衣机、空调、计算机等电器电子产品的总产量就达到1.5亿台,到2005年则达到10亿台。❶ 从图5-2-8能够看出,从2003年开始,中国作为中国技术市场的主导力量逐步显现。2009年1月1日开始,《中华人民共和国循环经济促进法》(以下简称《循环经济促进法》)正式实施,同年《废弃电器电子产品回收处理管理条例》正式颁布,在国家立法和政策的双重推动下,2010年中国废弃电器电子产品回收处理从个体作坊开始转变为大规模的产业化,专利申请量从2009年的90项迅速增长至2018年的791项。

---

❶ 李静. 立法推进我国废旧家电回收处理产业化 [J]. 环境经济杂志, 2005 (16).

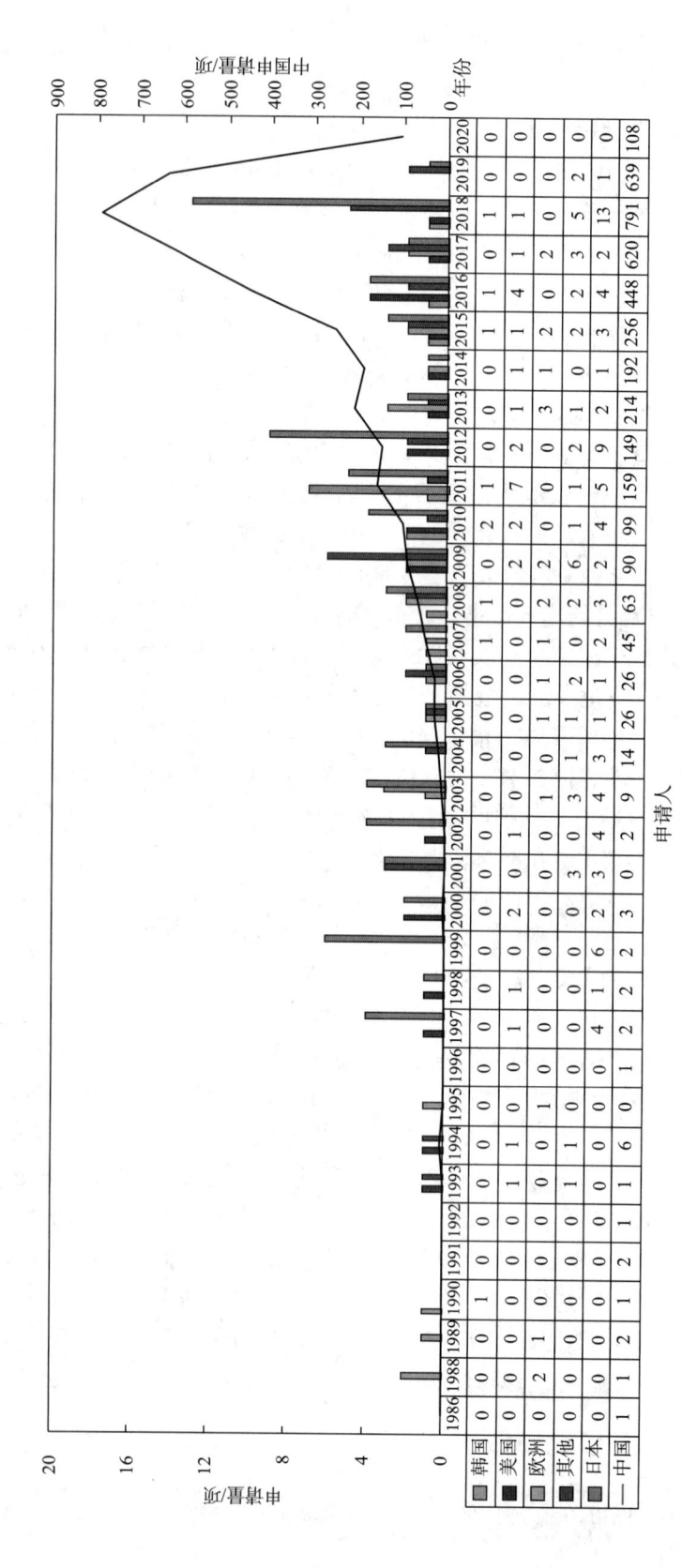

申请人	1986	1988	1989	1990	1991	1992	1993	1994	1995	1996	1997	1998	1999	2000	2001	2002	2003	2004	2005	2006	2007	2008	2009	2010	2011	2012	2013	2014	2015	2016	2017	2018	2019	2020
韩国	0	0	0	1	0	0	0	0	0	0	0	1	0	0	0	0	0	0	0	0	0	0	0	2	1	0	0	0	1	1	1	1	0	0
美国	0	0	0	0	0	0	0	1	0	0	1	0	2	0	0	1	0	0	0	0	0	1	2	2	7	2	1	1	1	4	1	0	0	0
欧洲	0	2	0	1	0	0	0	1	0	0	0	0	0	2	0	0	1	0	1	0	1	0	2	0	0	0	3	2	2	0	2	0	0	0
其他	0	0	0	0	0	0	0	1	0	0	0	0	0	0	3	0	3	1	1	2	0	2	6	1	1	0	1	2	2	2	3	5	2	0
日本	0	0	0	0	0	0	0	0	0	0	0	1	1	0	0	4	3	3	1	0	2	0	2	4	5	9	1	3	4	4	2	13	1	0
中国	1	1	2	1	2	1	6	1	0	1	2	2	6	3	2	2	9	14	26	45	63	90	99	159	149	214	192	256	448	620	791	639	108

图 5-2-8 废弃电器电子产品回收利用主要国家和地区在华专利申请变化趋势

5.2.2.2 在华专利申请技术主题分析

从图5-2-9能够看出，国外申请人中，日本在各个技术分支领域均有所涉及，电池分支是其主要关注点，专利申请量达到35项，美国申请人在电池和制冷分支相对较多，分别达到11项和9项，欧洲申请人在电池分支上申请量相对其他分支较多，达到11项，韩国申请人申请时间晚，数量比较少，中国国内申请人在电池和线路板分支领域申请量最大，分别达到2354项和800项，其次整机分支达到496项，阴极射线管和制冷分支分别为171项和111项，液晶分支最少，仅有43项。

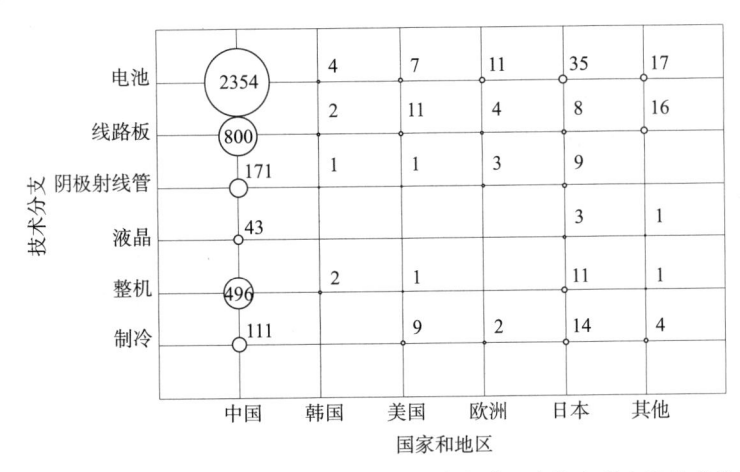

图5-2-9 废弃电器电子产品回收利用主要国家和地区在华专利申请技术分支分布

注：图中数量表示申请量，单位为项。

图5-2-10列出了废弃电器电子回收利用在华申请各技术分支申请趋势，可以看出，电池和线路板技术分支早期便有申请，制冷和阴极射线管技术分支随后也有申请，整机技术分支最早申请时间则更晚一些，除液晶技术分支外，其他5个技术分支的发展趋势比较一致，在2000年之前维持较低数量，液晶技术分支则因液晶技术在2000年开始发展，相关回收专利在2003年才开始出现。

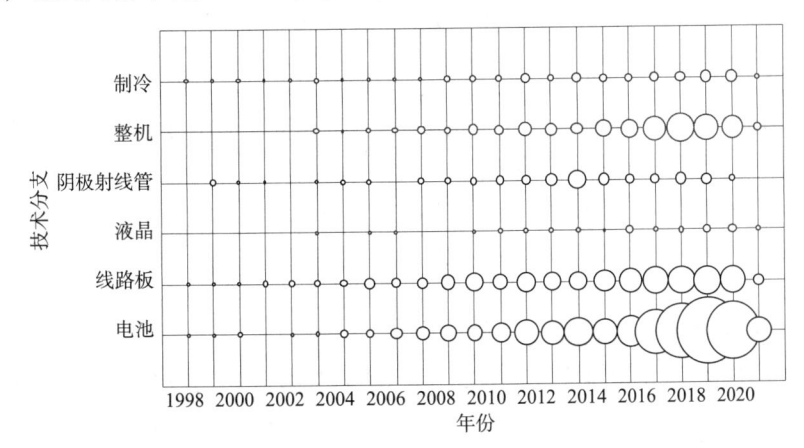

图5-2-10 废弃电器电子产品回收利用在华专利各技术分支申请趋势

注：图中圆圈大小表示申请量多少。

2010年以后，电池和线路板技术分支发展较为迅速，特别是电池技术分支。液晶技术分支的发展与液晶产品的普及以及技术特点相关，申请量较少，从时间趋势可知，最受关注的两个技术分支分别是电池和线路板。

由图5-2-11可知，电池分支申请量超过总量的一半，达到59%，是主要的技术分支领域，线路板占比为21%，整机占比为12%，阴极射线管占比为4%，制冷占比为3%，液晶最少，仅为1%，主要是因为该分支处于早期发展阶段。

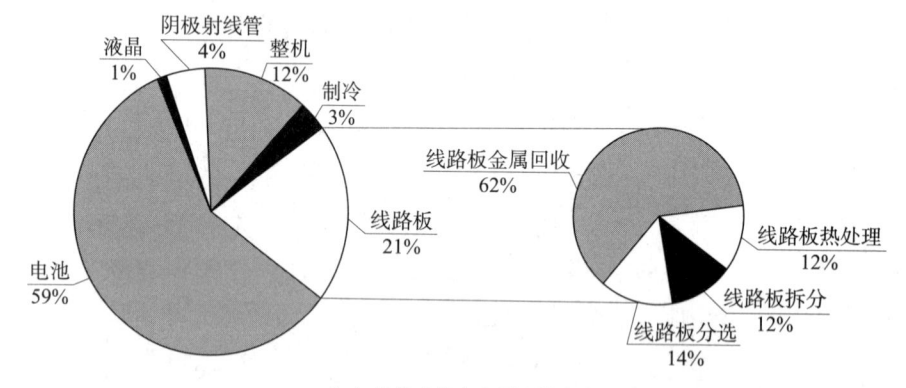

（a）各技术分支专利申请占比

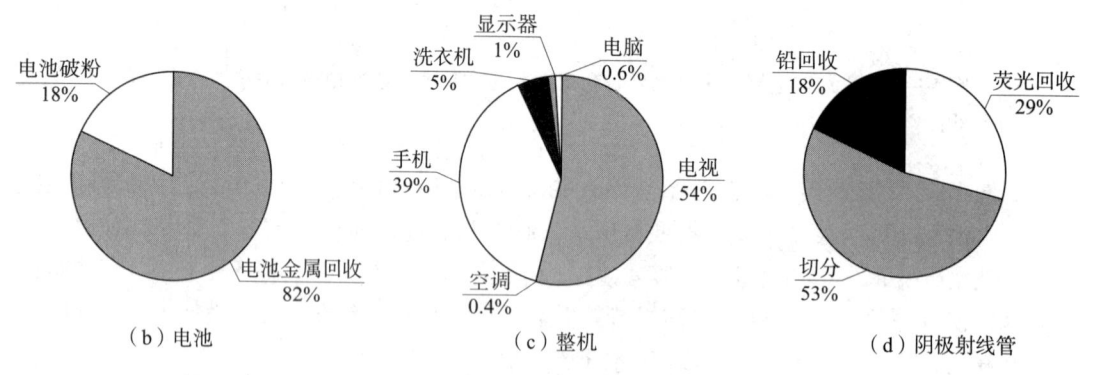

（b）电池　　　　（c）整机　　　　（d）阴极射线管

图5-2-11　废弃电器电子产品回收利用在华各技术分支专利申请分布

电池技术分支领域，研究重点主要集中在电池金属回收，占比为82%，另外有少部分是电池破粉处理，占比为18%。线路板分支，研究重点集中在线路板金属回收，占比为62%，其余依次为线路板分选为14%，线路板热处理为12%，线路板拆分为12%。整机技术分支，研究重点主要集中于电视的拆分，占比为54%，小型电器中主要是手机，占比为39%，其余少量涉及洗衣机、显示器、电脑、空调等的整机处理。阴极射线管技术分支中，53%涉及阴极射线管的切分，29%涉及荧光回收，18%涉及铅回收。

5.2.2.3　主要省市专利分布

图5-2-12是全国申请量排名前六位的省市申请量变化趋势，这6个省市申请量总和中，广东处于第一位，占比为31%，其余依次是江苏、湖南、北京、湖北、安徽，占比分别为17%、15%、15%、11%、11%，这6个省市申请量处于绝对的领先地位，它们的发展趋势能够在一定程度上代表全国的申请情况。

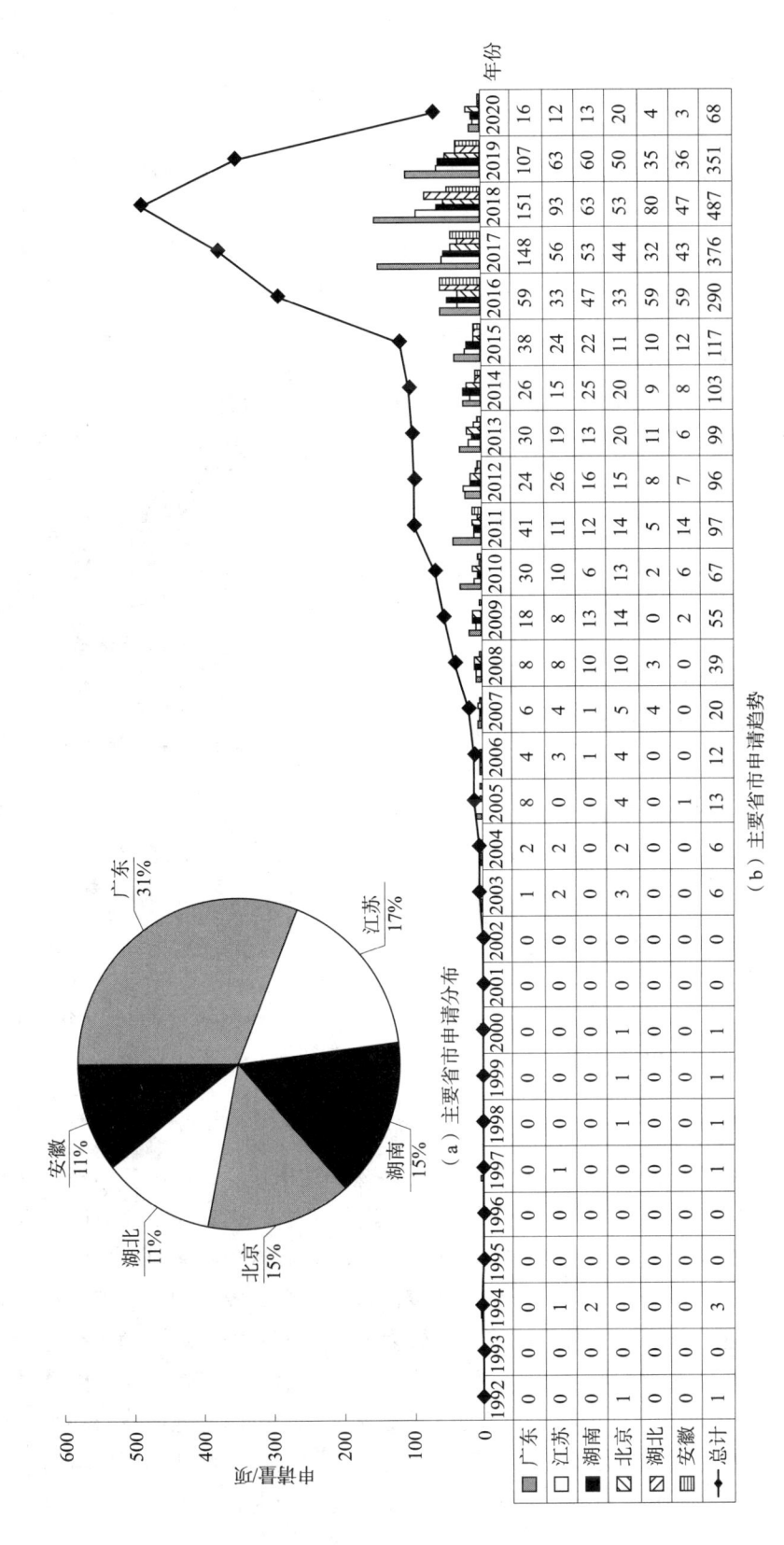

第 5 章 再生资源回收利用专利分析

(a) 主要省市申请分布

(b) 主要省市申请趋势

年份	1992	1993	1994	1995	1996	1997	1998	1999	2000	2001	2002	2003	2004	2005	2006	2007	2008	2009	2010	2011	2012	2013	2014	2015	2016	2017	2018	2019	2020
广东	0	0	0	0	0	0	0	0	0	0	0	1	2	8	4	6	8	18	30	41	24	30	26	38	59	148	151	107	16
江苏	0	0	1	0	0	1	0	0	0	0	0	2	2	0	3	4	8	8	10	11	26	19	15	24	33	56	93	63	12
湖南	0	0	0	0	0	0	0	0	0	0	0	0	0	0	1	1	10	13	6	12	16	13	25	22	47	53	63	60	13
北京	1	0	2	0	0	0	1	1	0	1	1	0	2	4	4	5	3	14	13	14	15	20	20	11	33	44	53	50	20
湖北	0	0	0	0	0	0	0	0	0	0	0	0	0	0	0	4	0	2	2	5	8	11	9	10	59	32	80	35	4
安徽	0	0	0	0	0	0	0	1	1	1	0	0	0	0	0	0	0	0	6	14	7	6	8	12	59	43	47	36	3
总计	1	0	3	0	0	1	1	1	1	1	0	6	13	12	20	39	55	67	97	96	99	103	117	290	376	487	351	68

图 5-2-12 废弃电器电子产品回收利用主要省市专利申请趋势和分布

需要说明的是，由于部分发明专利申请自申请日期满18个月才能进入公开阶段，因而专利的公开具有滞后性，因此，2019~2020年申请的部分专利尚未公开，导致采集的申请量小于实际申请量。

从图5-2-12可以看出，2005年全国开始迎来申请量的增长期，以广东和江苏为例，其申请量增长比较明显，从20世纪90年代开始，电器电子产品大规模进入人们的生活和工作中，以电器电子10~15年报废周期来看，2005年正好处于早期电器电子产品报废高峰期，这种处理压力促进了技术发展，导致了最早的专利申请增长点的出现。

从申请量来看，广东在上述6个省市中处于领先地位，其申请量约占6个省市总量的1/3，这与广东电器电子保有量和废弃量紧密相关。在立法与政策、废弃电器电子产品处理行业改造和废弃量堆积的推动下，2011年迎来了废弃电器电子产品回收再利用的黄金期，在强大的产业需求推动下，更经济、高效的工艺设备也被广泛开发，在2011年之后，广东、江苏、北京的专利申请开始迅速增长。

从图5-2-13可以看出，整个中国专利申请人类型中，企业是本领域的主要创新主体，申请量占比为64%。具有一定规模的废弃电器电子产品处理行业主要从业者是企业，高校则是技术创新的活跃者，其专利申请量也占有一定的比例，占比为22%。随着技术领域的发展，各技术分支遭遇瓶颈期时，高校申请人作用会更突出，相应的申请量也会有所增长。

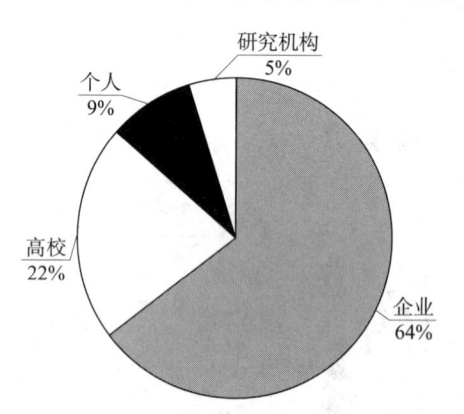

图5-2-13 废弃电器电子产品回收利用中国专利申请人类型分布

5.2.2.4 主要申请人专利分析——格林美

（1）格林美总体专利分析

图5-2-14示出了废弃电器电子回收利用领域中国专利申请排名前19位申请人，其申请量约占该领域总申请量的21%，全部为中国申请人，其中企业申请人8位，高校申请人10位，研究机构1位，其中，格林美的申请量为280项，明显高于其余申请人，本课题组以格林美为例，对申请人进行详细分析。

格林美股份有限公司于2001年12月28日在深圳注册成立，前身为格林美环境材料有限公司，2006年12月改制为股份制企业，该公司早期从事废旧电池回收技术开发，逐步将业务扩展至电子废弃物绿色处理、报废汽车整体资源化回收技术以及动力电池材料的三元"核"技术，解决了中国在废旧电池、电子废弃物与报废汽车等典型废弃资源绿色处理与循环利用的关键技术，成为世界较为领先的废物循环企业。公司产业园覆盖广东、湖北、江苏、浙江、江西、湖南、河南、天津、山西、内蒙古、福建11个省市，成功布局南非、韩国、印尼。业务主要包括废旧电池回收与动力电池材料制造产业链、钴镍钨回收与硬质合金制造产业链、电子废弃物循环利用与高值化利用产业链、报废汽车回收处理与整体资源化产业链、废渣废泥废水治理产业链五大产

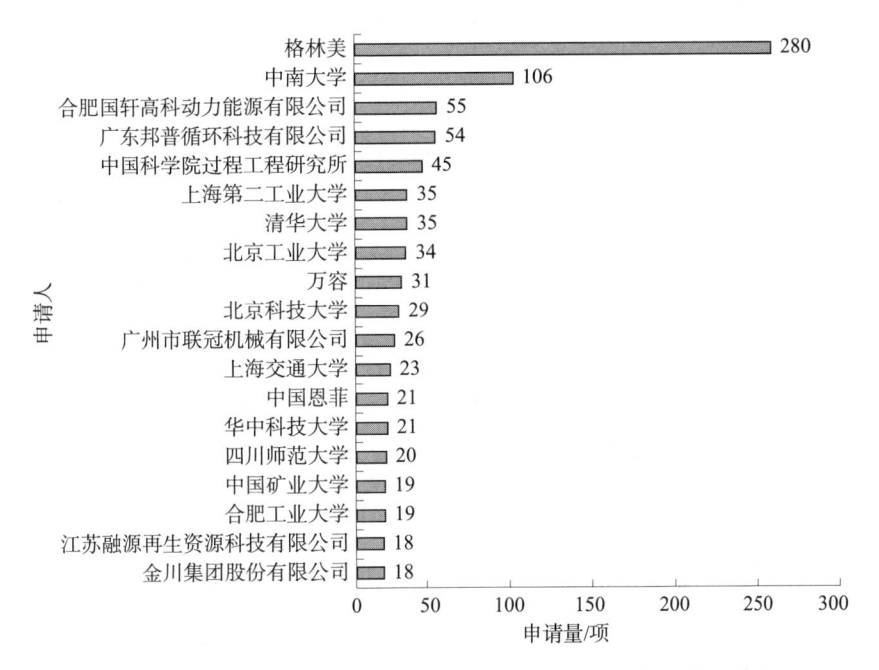

```
申请人
格林美                             280
中南大学            106
合肥国轩高科动力能源有限公司   55
广东邦普循环科技有限公司     54
中国科学院过程工程研究所      45
上海第二工业大学          35
清华大学              35
北京工业大学            34
万容                31
北京科技大学            29
广州市联冠机械有限公司       26
上海交通大学            23
中国恩菲              21
华中科技大学            21
四川师范大学            20
中国矿业大学            19
合肥工业大学            19
江苏融源再生资源科技有限公司   18
金川集团股份有限公司        18
         0   50  100  150  200  250  300
                  申请量/项
```

图5-2-14 废弃电器电子产品回收利用国内排名前19位申请人

业链，年处理废弃物总量400万吨以上，循环再造钴、镍、铜、钨、金、银、钯、铑、锗、稀土等37种稀缺资源以及超细粉体材料、新能源汽车用动力电池原料和电池材料等多种高技术产品，形成了完整的稀有金属资源化循环产业链。

格林美共申请专利1863项，主要涉及电池原料和电池材料制备、电器电子废弃物回收和利用等，其中电器电子废弃物回收利用领域的申请为280项，主要申请人为荆门市格林美新材料有限公司、格林美股份有限公司、深圳市格林美高新技术股份有限公司、格林美（武汉）城市矿产循环产业园开发有限公司、格林美（无锡）能源材料有限公司、江西格林美资源循环有限公司、格林美（天津）城市矿产循环产业发展有限公司、河南沐桐环保产业有限公司、武汉格林美城市矿产装备有限公司、扬州宁达贵金属有限公司等。

由图5-2-15可知，格林美专利申请最早从2005年开始，2005~2007年分别申请了9项、4项、6项，2008年未进行申请，之后在2011年出现了第一次高峰为21项，这与国家出台《废弃电器电子产品回收处理管理条例》和家电以旧换新等政策有一定的关系，经过2012~2015年的平稳发展，2016年开始申请量激增，2016~2018年申请量分别达到49项、47项、75项，这与格林美转型电池材料和原料制备密切相关。

结合图5-2-16能够看出，专利申请量的增长与格林美对研发的投入成正比，2013~2019年格林美的研发金额从0.93亿元增至6.68亿元，增长了600%，而研发人员也从2013年的300人增长至2019年的1012人。研发金额占营业收入的比例也在逐步增长，由图5-2-15可知，同一时期，格林美的年申请量由2013年8项增长至2018年的75项。

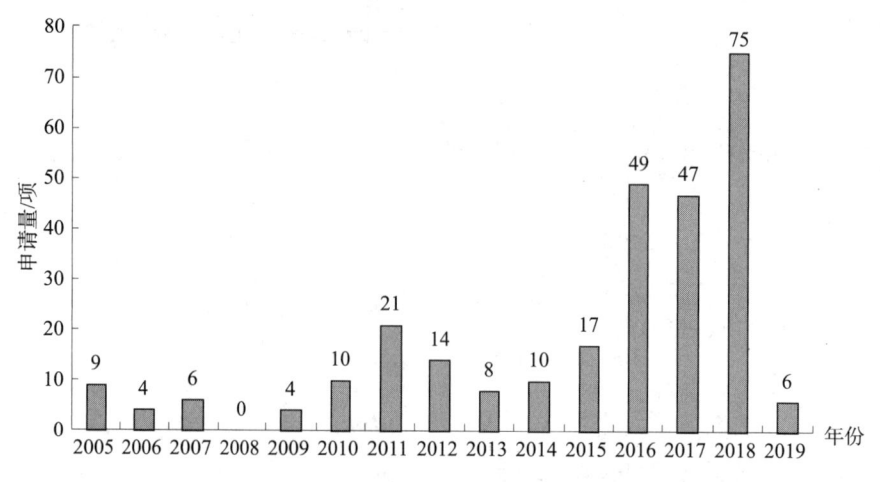

图 5-2-15 废弃电器电子回收利用格林美专利申请趋势

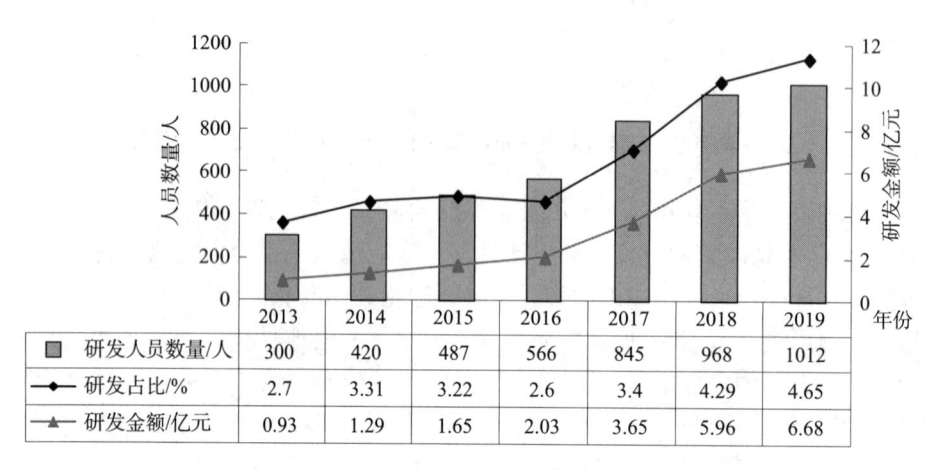

图 5-2-16 格林美研发人员和研发金额年度变化趋势

	2013	2014	2015	2016	2017	2018	2019
研发人员数量/人	300	420	487	566	845	968	1012
研发占比/%	2.7	3.31	3.22	2.6	3.4	4.29	4.65
研发金额/亿元	0.93	1.29	1.65	2.03	3.65	5.96	6.68

由图 5-2-17 可知，从申请技术分支来看，电池技术分支申请量最多，达到 144 项，其次是线路板技术分支 64 项，整机技术分支 47 项，阴极射线管技术分支 22 项，制冷和液晶技术分支仅有少量申请。可见电池和线路板回收利用是格林美专利申请重点。

由图 5-2-18 可知，从各分支申请趋势来看，2016 年之前线路板回收是格林美专利申请的重点，在 2016 年之后电池回收成为格林美专利申请的重点，整机分支的发展则比较平缓。各分支专利申请的变化与格林美的企业经营策略密切相关，通过分析格

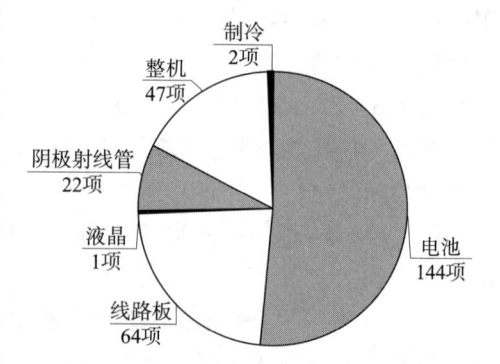

图 5-2-17 废弃电器电子回收利用格林美各技术分支专利申请量分布

林美的营业收入和各分支营收占比可知,在 2016 年之前,再生资源中电器电子回收是企业营业收入主要来源,在 2016 年之后,电池原料和电池材料板块营收占比大幅增加,而电池回收是电池原料和材料的重要来源,因而从 2016 年开始格林美申请了大量的电池回收相关专利,2016~2018 年分别申请了 31 项、27 项、68 项。

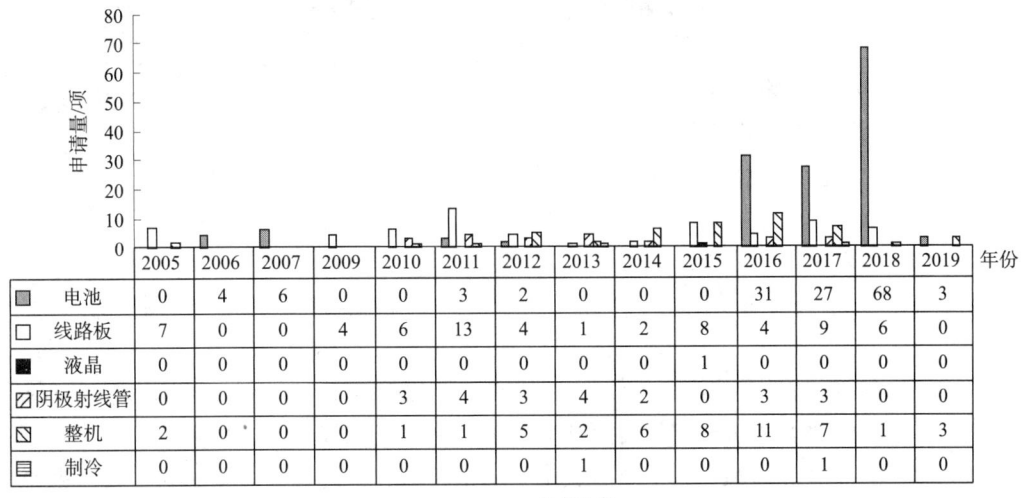

技术分支	2005	2006	2007	2009	2010	2011	2012	2013	2014	2015	2016	2017	2018	2019
电池	0	4	6	0	0	3	2	0	0	0	31	27	68	3
线路板	7	0	0	4	6	13	4	1	2	8	4	9	6	0
液晶	0	0	0	0	0	0	0	0	0	1	0	0	0	0
阴极射线管	0	0	0	0	3	4	3	4	2	0	3	0	0	0
整机	2	0	0	0	1	1	5	2	6	8	11	7	1	3
制冷	0	0	0	0	0	0	0	1	0	0	0	1	0	0

图 5-2-18 电器电子废弃物回收利用格林美各技术分支申请量趋势

通过图 5-2-19 和图 5-2-20 能够看出,各个分支申请趋势的变化与格林美核心业务的转变密切相关,2013~2016 年再生资源回收利用是格林美业绩贡献最高的核心业务,因此线路板回收相关专利申请量最多,而在 2016 年之后,随着格林美转型发展电池原料和电池材料等新能源材料,该板块逐步成为核心业务,相应的电池回收的专利申请量也大幅增加。

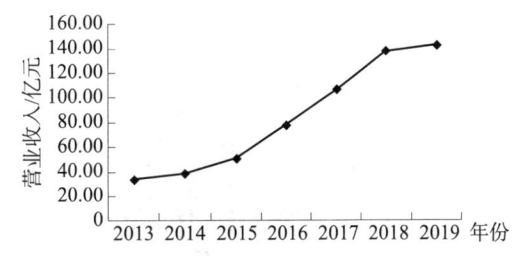

图 5-2-19 格林美营业收入年度变化趋势

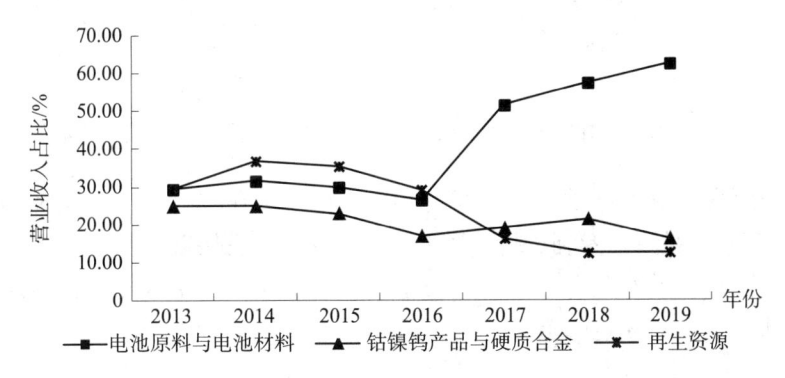

图 5-2-20 格林美各技术分支占营业收入比例变化趋势

由图 5-2-21 可知，从格林美国内申请主要省市排名来看，申请量最多的省份是湖北 137 项，其次是广东 86 项，江苏 22 项，江西 14 项，河南 12 项，其中，湖北的专利申请主要由荆门市格林美新材料有限公司、格林美（武汉）城市矿产循环产业园开发有限公司申请，广东的专利申请主要是由格林美股份有限公司、深圳市格林美高新技术股份有限公司申请，江苏的专利申请主要是由格林美（无锡）能源材料有限公司申请，江西的专利申请主要由江西格林美资源循环有限公司申请，河南主要由河南沐桐环保产业有限公司申请。

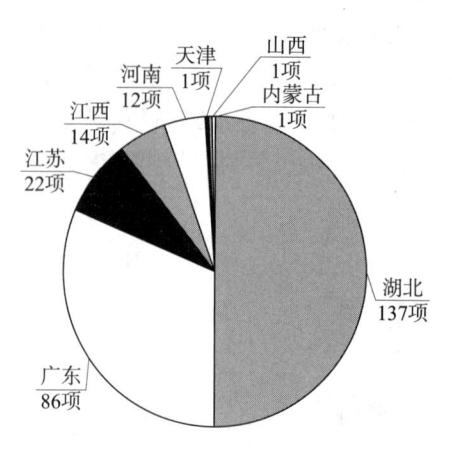

图 5-2-21 废弃电器电子回收利用格林美专利申请主要省市分布

由图 5-2-22 可知，从专利申请的法律状态来看，格林美废弃电器电子回收利用国内专利申请授权 176 项，其中实质审查 54 项，期限届满 18 项，由于实用新型的保护期限为 10 年，格林美早期申请的实用新型专利目前已经期限届满，驳回 16 项。整体来看，格林美的专利申请授权率高，这与其申请质量较高有一定关系。从专利有效性来看，有效专利达到 176 项，在审专利 54 项，失效专利仅为 44 项。由图 5-2-23 可知，从授权专利的维持时间来看，维持年限超过 10 年专利达到 9 项，6~10 年专利达到 57 项。由于维持年限越长，需要缴纳的年费则越高，因此，可以看出格林美对授权专利重视程度高。

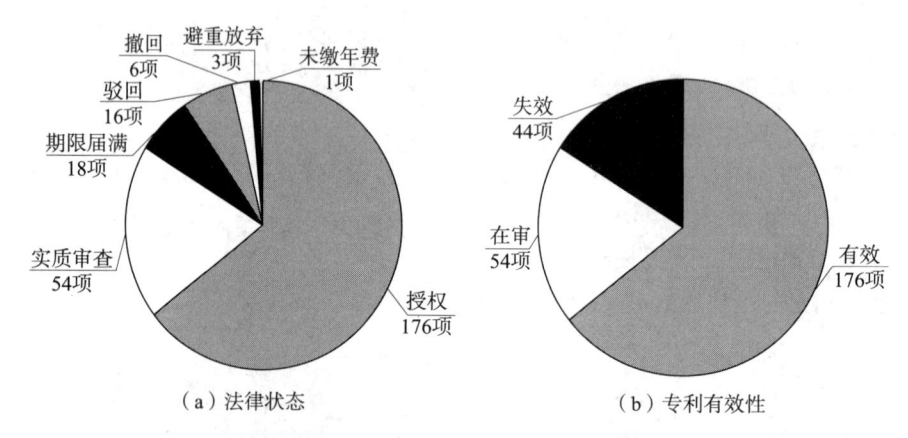

（a）法律状态

（b）专利有效性

图 5-2-22 废弃电器电子回收利用格林美专利申请有效性和法律状态

得益于格林美专利的高质量和高维持年限，格林美还进行了专利质押和转让。格林美在 2013 年对一批授权专利进行了质押融资，为企业发展获得资金；2012~2018 年也进行了 10 余项专利的转让，回收了研发投资，也获得了超额收益，创新成果转化收益能够为企业研发提供充足的资金，实现了企业研发的良性发展。

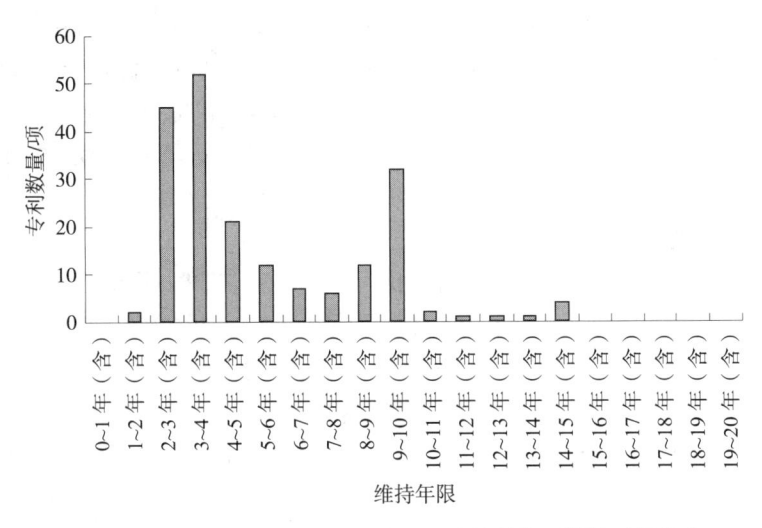

图 5-2-23 废弃电器电子回收利用格林美专利维持时间分布

(2) 格林美重点专利分析

1) 格林美国外专利申请分析

从表 5-2-1 能够看出，格林美从 2010 年开始陆续申请了 6 项与废弃电器电子产品回收相关的国外专利，主要涉及金属回收、线路板绿色回收以及显示器拆解等，可见格林美已经就废弃电器电子产品回收的技术在全球进行专利布局。

表 5-2-1 格林美国外专利申请技术分析

申请号	申请日	发明名称	法律状态
EP10858306	2010-10-27	用于从电子废料中回收贵金属的方法和装置	有效
CN2010078160	2010-10-27	一种从废旧含铅玻璃中回收铅的方法	有效
KR20137025105	2011-07-28	免焚烧和无氰化物处理废旧印刷电路板的回收利用方法	有效
CN2012087752	2012-12-28	一种电子废弃物永磁废料中回收稀土的工艺	有效
CN2017089736	2017-06-23	一种电路板热解产物压块及其制备方法	有效
CN2017090299	2017-06-27	一种用于废旧液晶显示器的立体式拆解系统	有效

2) 线路板技术分支专利申请分析

线路板回收技术一直是格林美的技术强项，2019 年 1 月，格林美与全资子公司荆门格林美新材料有限公司经过长达 10 年研发自主完成的"电子废弃物绿色循环关键技术及产业化"项目荣获 2018 年度国家科学技术进步奖二等奖。由此可以看出其在废弃电器电子回收利用领域拥有核心竞争力的技术，由表 5-2-2 可知：

2005 年深圳市格林美高新技术有限公司申请了 3 件发明专利，分别为一种汽车与电子废弃物的回收工艺及其系统、汽车和电子废弃金属的回收工艺、汽车和电子废弃橡塑再生回用工艺,这3件专利主要涉及的是线路板的金属和非金属组分的分离和提纯,为格林美线路板回收利用的早期基础专利,目前这3件专利仍处于有效状态。

2011年深圳市格林美高新技术股份有限公司申请了3件专利,包括一种免焚烧无氰化处理废旧印刷电路板的方法、一种从废旧电路板中回收稀贵金属的方法、一种处理废旧印刷电路板的方法,主要涉及的是如何从线路板中分离出更多种类的金属和提高回收过程环境友好性。

2015年格林美股份有限公司和荆门市格林美新材料有限公司申请了以一种废旧线路板裂解工艺及裂解装置、一种废旧线路板无害化处理方法及装置、一种废旧线路板废气处理工艺及其装置为基础的一系列申请,通过裂解和对废气进行处理,进一步提高了金属和树脂分离的效率和保证生产流程环保无污染。

2018年荆门市格林美新材料有限公司申请了2件专利,包括一种废线路板有价金属的回收方法、一种废旧线路板有价金属的回收方法,主要是通过低温脱锡、低温热解等方式,提高有价金属的回收率。

由此可以看出,格林美对于废旧线路板回收技术的研究,从简单的金属和非金属材料回收,转向扩展金属回收种类,提升回收效率和环保绿色回收。

表5-2-2 格林美线路板技术分支专利申请汇总

申请号	申请日	发明名称	法律状态
CN200510101384.7	2005-11-17	一种汽车与电子废弃物的回收工艺及其系统	有效
CN200510101387.0	2005-11-17	汽车和电子废弃金属的回收工艺	有效
CN200510101385.1	2005-11-17	汽车和电子废弃橡塑再生回用工艺	有效
CN201110059739.6	2011-03-11	一种免焚烧无氰化处理废旧印刷电路板的方法	有效
CN201110092620.9	2011-04-13	一种从废旧电路板中回收稀贵金属的方法	有效
CN201110102410.3	2011-04-22	一种处理废旧印刷电路板的方法	有效
CN201510713947.1	2015-10-28	一种废旧线路板裂解工艺及裂解装置	有效
CN201510713638.4	2015-10-28	一种废旧线路板无害化处理方法及装置	有效
CN201510713709.0	2015-10-28	一种废旧线路板废气处理工艺及其装置	审中
CN201810230086.5	2018-03-20	一种废线路板有价金属的回收方法	审中
CN201810230098.8	2018-03-20	一种废旧线路板有价金属的回收方法	审中

3)电池回收分支

格林美电池回收在2016年以前申请量较少,在2016年之后电池回收分支的专利申请量激增,由表5-2-3可知:

2006~2007年,深圳市格林美高新技术有限公司申请了3件专利,包括废弃电池分选拆解工艺及系统、一种废弃锌锰电池的选择性挥发回收工艺及其回收系统、一种废弃电池的控制破碎回收方法及其系统，为格林美电池回收利用的早期专利，主要涉及的是如何提高电池分选和拆解效率，从而提高电池深度回收的效率，目前这些三件专利仍旧处于有效状态。2011年江西格林美资源循环有限公司、荆门市格林美新材料有限公司、深圳市格林美高新技术股份有限公司联合申请了1件专利，为一种从锂电池正极材料中分离回收锂和钴的方法，该方法通过还原和酸溶以及萃取步骤，大大提高了锂和钴的回收效率和锂和钴的纯度，特别是钴的纯度可达到99.5%以上。

2016年，荆门市格林美新材料有限公司申请了1件专利，从废旧锂离子电池正极片中回收钴和锂的方法，该方法通过酸浸、除杂、沉钴、沉锂，对锂和钴进行回收，缩短了回收流程。荆门市格林美新材料有限公司和格林美（无锡）能源材料有限公司联合申请了1件专利，为一种回收锂电池负极材料中的锂的方法，该方法能够将非正常情况下报废的锂离子电池负极片种的大部分锂提取出来，提高废旧锂电池中锂的回收利用率。

2017年，荆门市格林美新材料有限公司和格林美股份有限公司联合申请了3件专利，包括一种废旧锂离子电池正极材料的回收方法、一种废旧镍钴锰酸锂电池正极材料的元素回收方法、一种从废旧镍钴铜三元锂离子电池回收制备金属材料的方法，涉及的是镍、钴、锰、锂、铝、铜等金属的综合回收，且回收之后的材料可以直接用于电池正极材料的制备。

2019年，荆门市格林美新材料有限公司和格林美股份有限公司联合申请了1件专利，为一种废旧锂离子电池中金属综合提取方法，通过三次逐级萃取的方式，依次回收得到铜、电池级Ni/Co混合液、电池级硫酸锰溶液以及电池级碳酸锂，实现了对废旧锂离子电池中多种金属元素的综合回收，提高了整体金属的回收率。

由此可以看出，格林美对于废旧电池回收技术的研究，从简单金属回收，转向高纯度、高回收率的金属回收，近几年回收材料直接重新用作电池原料是其研发重点。

表5-2-3 格林美电池技术分支专利申请汇总

申请号	申请日	发明名称	法律状态
CN200610061204.1	2006-06-15	废弃电池分选拆解工艺及系统	有效
CN200710073916.X	2007-04-03	一种废弃锌锰电池的选择性挥发回收工艺	有效
CN200710125489.5	2007-12-24	一种废弃电池的控制破碎回收方法及其系统	有效
CN201110065079.2	2011-03-17	一种从锂电池正极材料中分离回收锂和钴的方法	有效
CN201610856995.0	2016-09-28	从废旧锂离子电池正极片中回收钴和锂的方法	有效
CN201611227037.3	2016-12-27	一种回收锂电池负极材料中的锂的方法	审中
CN201710512107.8	2017-06-28	一种废旧锂离子电池正极材料的回收方法	审中

续表

申请号	申请日	发明名称	法律状态
CN201710527903.9	2017-06-30	一种废旧镍钴锰酸锂电池正极材料的元素回收方法	审中
CN201710532329.6	2017-07-03	一种从废旧镍钴铜三元锂离子电池回收制备金属材料的方法	审中
CN201911389279.6	2019-12-30	一种废旧锂离子电池中金属综合提取方法	审中

5.3 小　　结

5.3.1 废弃塑料回收利用技术领域

5.3.1.1 全球发展态势

废弃塑料回收利用技术领域的全球专利申请整体呈现如下特点：

（1）目前国外该领域研发并不活跃，申请量呈下降趋势，中国呈现出活跃状态，2007年之前全球专利申请趋势基本由日本主导，而2008年之后则由中国主导，反映出近几年中国在该领域十分活跃，而其他发达国家进入技术成熟期。

（2）废弃塑料回收利用技术原创性的区域主要分布于日本、中国、欧洲、美国和韩国，其申请量占总申请量的92%，显示出这些区域是废弃塑料回收利用技术重点布局地区。目前，中国取代日本居该领域专利申请量首位，占总申请量的53%，日本居第二位，占21%。

（3）废弃塑料回收利用技术分支主要集中于机械回收和化学回收，能量回收相对较少，机械回收占73%，化学回收占19%，能量回收占8%。日本、中国、欧洲、美国和韩国的专利申请主要以机械回收和化学回收为主，反映出主要国家和地区的能源危机意识较强。其中，日本在3个技术分支中的专利申请都比较多，说明日本在3个技术分支中的研发实力较强，处于领先地位。

（4）废弃塑料回收利用领域技术集中度高，主要申请人集中于日本。日本企业在该领域的技术实力雄厚，全球申请量排名前20位的申请人中有17位为日本申请人，其余3位申请人为拜耳、巴斯夫、伊士曼，分别来自德国或美国。

5.3.1.2 中国发展态势

废弃塑料回收利用技术领域的中国专利申请整体呈现如下特点：

（1）2000年之前技术发展刚刚起步，2000年专利申请量突破100项，这一时期中国在该领域处于探索阶段。2007~2018年进入专利申请量快速增长期，2018年达峰值1768项。

（2）在华专利申请中，中国申请人以9475项的专利申请排名第一，占比92.6%，日本申请人以 346 项的专利申请排名第二，占比 3.4%，排名第三是美国，专利申请共 225 项，占比 2.2%。

（3）中国排名前 20 位申请人中，有 10 家中国公司，6 所大学，3 家国外公司，1 位个人申请人。其中，四川大学、浙江大学、沈阳化工大学、华东理工大学、东华大学和同济大学申请量都超过 30 项。3 家国外公司为巴斯夫、国际壳牌研究有限公司和杰富意钢铁。

（4）全国申请量排名前十位省市中，江苏、安徽、广东和浙江的申请量超过 1000 项以上，体现了这 4 个省市在废弃塑料回收利用技术领域具有绝对的领先地位。排名前十位的省市的年申请量整体呈上升趋势，在 2017～2018 年达到峰值。申请量排名第二的安徽，从 2011 年的 35 项大幅增长至 2018 年的 263 项，为当年申请数量最多的地区。这反映出近几年安徽省在该领域十分活跃，注重专利申请，但其授权率为前十位中最低，表明其申请质量相对较低。

福建、天津、广东、山东的实用新型申请比例较高；而与此相反，上海、北京实用新型申请比例都低于 20%，充分说明上述经济发达地区的专利申请技术含量相对更高。

5.3.2 废弃电器电子产品回收利用技术领域

从全球来看，专利申请量整体呈波动增长态势，2018 年达到峰值，为 911 项。国外专利申请量总体发展平缓，在 2000 年达到小高峰，从 2011 年开始处于平稳期。而中国专利申请量总体呈增长趋势，2005 年之前申请较少，从 2006 年开始发展迅速增长，2008 年开始申请量超过国外申请量，2009 年之后专利申请量呈波动增长趋势，在 2014 年开始进入快速增长期，2018 年达到峰值 815 项。中国申请人申请量最多，达到 4170 项，占总量的 60%；其后为日本，达到 1309 项，占 21%；其余依次为欧洲 489 项，占 7%；韩国 252 项，占 4%；美国 216 项，占 3%；其他国家和地区 283 项，占 5%。从技术主题看，有高达 3466 项专利申请涉及废弃电池回收利用，1701 项专利申请涉及废弃线路板回收利用，两者分别占了总量的 48% 和 23%，整机拆分领域占比为 13%，阴极射线管领域占比为 7%，液晶领域占比最少，为 4%。全球专利申请数量排名前七位申请人分别是三菱（112 项）、松下（84 项）、日立（74 项）、JX 金属（63 项）、夏普（56 项）、东芝（52 项）、索尼（42 项）。

中国专利以中国申请人为主，国外在华的申请并不多，仅占 4%，电池技术分支申请量超过总量的一半，达到 59%，是主要的技术分支领域，线路板技术分支占比为 21%，整机技术分支占比为 12%，阴极射线管技术分支占比为 4%，制冷技术分支占比为 3%，液晶技术分支最少，仅为 1%；从主要省市申请量来看，广东处于第一位，占比为 18%，其余依次是江苏、湖南、北京、湖北、安徽，占比分别为 10%、9%、8%、7%、6%。中国专利申请排名前六位的申请人申请量约占该领域中国专利总申请量的 21%，全部为中国申请人，其中企业申请人 8 位，高校申请人 10 位，研究机构 1 位，其中，格林美的申请量为 280 项，明显高于其余申请人。

格林美相关专利策略具有以下几个特点：

（1）专利申请质量高。由于格林美的研发金额充足，研发人员数量多，因此格林美的专利申请质量较高，90%以上的专利申请获得授权，并且进行国外专利布局。

（2）专利权维持年限长。从2005年格林美申请专利开始，几乎所有的授权专利都进行专利权维持，体现了格林美对专利权保护的重视。

（3）专利申请紧密结合公司核心业务。2016年之前，公司的废弃电器电子回收利用为核心业务，公司申请的专利大部分集中在该领域，在2016年开始，电池原料和电池材料板块营收占比大幅增加，而电池回收是电池原料和材料的重要来源，因而从2016年开始格林美申请了大量的电池回收相关专利，2016～2018年申请分别为31项、27项、68项。

（4）充分发挥专利的商业价值。得益格林美专利的高质量和高维持年限，格林美通过专利转让等市场交易行为，回收了研发投资，也获得了超额收益，并通过专利权质押实现了融资，为企业提供发展的资金，而创新成果转化收益又能够为企业研发提供充足的资金，实现了企业研发的良性发展。

第6章 垃圾处理政策标准与专利分析

为解决困扰城市发展的垃圾问题，近10年中国加大了制定和出台垃圾处理的法规、政策力度，鼓励通过垃圾焚烧解决这一问题。

本章从中国法律法规的发展，结合政策、标准的变化，从国内主要垃圾焚烧企业的污染物排放和运行、国内飞灰无害化处理两个方面进行了垃圾焚烧污染产物处理的专利技术分析。一方面有助于了解政策、标准对相关专利技术的引导程度，另一方面有助于企业进行合理的技术布局，掌握国内飞灰无害化处理技术现状，选择合适的处理技术，解决垃圾焚烧带来的大量飞灰。

6.1 垃圾处理法律与政策

6.1.1 国外法律与政策

德国在1972年通过了废弃物处理法；随后1974年，通过了控制大气排放法；1976年通过了控制水污染排放法；1991年通过了容器包装废弃物管理法；1996年通过了循环经济与废弃物管理法，该法成为德国建设循环型社会的总纲性专项法律，是世界上第一部促使废物综合利用与环境保护相结合的法律。1998年德国发布了废旧信息设备处理办法。

日本关于垃圾处理、分类的法律实施较早，并形成一套独特的体系。早在1900年，为应对快速城市化，通过了污物扫除法，各城市负责各自的废物处理。随着"二战"结束后，日本经历了经济的快速复苏。与此同时，产生的废物数量也迅速增加。1954年，日本通过了公共清洁法，将目标由大粪转向了固废，促使将废物及时从人们生活场所转移，作为原则，废物应当被焚烧。这是日本首次以法律的形式提及，以焚烧作为废物处理的手段。

1970年，随着日本经济的高速发展，经济活动产生的废弃物的数量增加、性质发生改变，日本通过了固体废弃物管理与公共清洁法，澄清废物处理的责任：工业废物由废物制造者负责，市政废物由市政负责，同时设定了废物处理的标准。于1991年和2003年先后修订了该法中的部分内容。

日本在1991年颁布并于2000年修订了资源有效利用促进法。1993年，日本通过了环境基本法，这是日本环境政策的基本法，也是日本环境法发展的里程碑，与以往的两个基本法（1967年的公害对策基本法和1972年的自然环境保全法）相比，其完善了环境法的基本理念以及环境法律制度和政策措施。

1995年日本通过了容器包装再生利用法，该法强制较大型企业回收玻璃瓶和PET

塑料瓶，2000年12月，该法扩大到纸制品和塑料容器与包装，同时实施范围也扩大到中小型企业。1998年通过了家电再生利用法，规定制造商和进口商必须强制回收其生产的家电，并循环利用回收电器的零部件，零售商必须在规定的条件下收集废旧家电并运送给生产商或指定接收单位，消费者必须参与回收工作，将废旧家电运送给零售商、支付回收费用。

1997年，日本爆发了影响深远的"二噁英"事件，大阪丰能町焚烧厂烟气中检测出浓度高达150ng – TEQ/m^3的二噁英，随后在焚烧设施周围的土壤中也检测出远远高于世界上其他地区所报道的二噁英环境浓度。民众开始关注焚烧后产生的二噁英排放物。随后，日本于1999年先后颁布了二噁英对策特别实施法、二噁英对策推进基本指南。到2008年东京23区所有焚烧厂的二噁英排放平均浓度为0.00014~0.0081ng – TEQ/m^3，远低于0.1ng – TEQ/m^3的排放标准。相比1997年，日本固体废物焚烧设施二噁英类排放总量削减了99%。

2000年是日本密集实施循环法的一年。意识到全球规模的环境污染和对资源有效利用的需求，以及废物最终处理场所环境安全的进一步恶化，日本提出了3R原则，以建立可靠的循环型社会。这一年实施了循环型社会形成推进基本法、建筑材料循环法、食品再生利用法和汽车循环法等，强化了工业废物处理措施和防非法倾倒措施。

德国和日本在构建循环型社会方面的立法都处在世界的前列，而日本的立法更具有规划性。环境基本法和循环型社会形成推进基本法构成了日本垃圾管理体系的基本法；固体废弃物管理与公共清洁法、资源有效利用促进法构成了综合法；容器包装再生利用法、家电再生利用法、二噁英对策特别实施法、建筑材料循环法、食品再生利用法和汽车循环法构成了针对各种产品性质指定的专项法[1]。

6.1.2 中国法律与政策

中国废物处理立法较晚，1995年颁布了《固体废物污染环境防治法》，比邻国日本的《固体废弃物管理与公共清洁法》晚了25年。2008年8月29日通过了《循环经济促进法》，也提到减量化、再利用和资源化的循环经济概念。《固体废物污染环境防治法》先后经历了1996年、2004年、2013年、2016年、2020年共5次修正。2020年修订亮点之一在于固废污染防治设施的环保竣工验收由原来的环保部门负责验收改为企业自主验收，编制验收报告，并向社会公开；强化了对建筑垃圾、污泥、废弃电子产品和生活垃圾的监管。

《"十二五"全国城镇生活垃圾无害化处理设施建设规划》（以下简称"十二五"规划）中的基本原则之一是按照"减量化、资源化、无害化"的原则，因地制宜地选择先进适用的技术，有条件的地区应优先采用焚烧等资源化处理技术；其他具备条件的地区，可通过区域共建共享等方式采用焚烧处理技术。《"十三五"全国城镇生活垃

---

[1] Japan Industrial Waste Information Center：Waste Management in Japan ［EB/OL］．（2019 – 03 – 22）［2020 – 08 – 25］．https：//www.jwnet.or.jp/assets/pdf/en/20190322133536.pdf.

圾无害化处理设施建设规划》（以下简称"十三五"规划）中，经济发达地区和土地资源短缺、人口基数大的城市，优先采用焚烧处理技术，减少原生垃圾填埋量。从"十二五"规划到"十三五"规划，能够清晰地看出，在垃圾处理上，我国鼓励焚烧这一减量效果明显、在发达国家已经证明技术成熟的处理措施。

6.1.3 政策与标准的变化

6.1.3.1 政策的变化

"十二五"规划的基本原则明确了有条件的地区应优先采用焚烧等资源化处理技术，这是对垃圾处理发展方向的一种政策性引导。在"十二五"规划和"十三五"规划的指导下，虽然我国垃圾焚烧起步较晚，但是发展迅速。图6-1-1给出了自2010年开始设市城市垃圾焚烧与卫生填埋的变化趋势。由图6-1-1（a）可知，自"十二五"规划的首年（2011年）开始，垃圾焚烧厂的数量逐年增长，其年增长率要高于同期垃圾填埋场的增长率，可以说2012年是垃圾焚烧起飞的元年。而从图6-1-1（b）和（c）能够看出，垃圾焚烧的年处理量和日处理量的年增长率更是远高于卫生填埋。近10年每年卫生填埋量的增长率在个位数，甚至为负数，而垃圾焚烧的年处理增长率基本在13%以上。我国采用垃圾填埋的方式进行垃圾处理的情况得以发生根本性的转

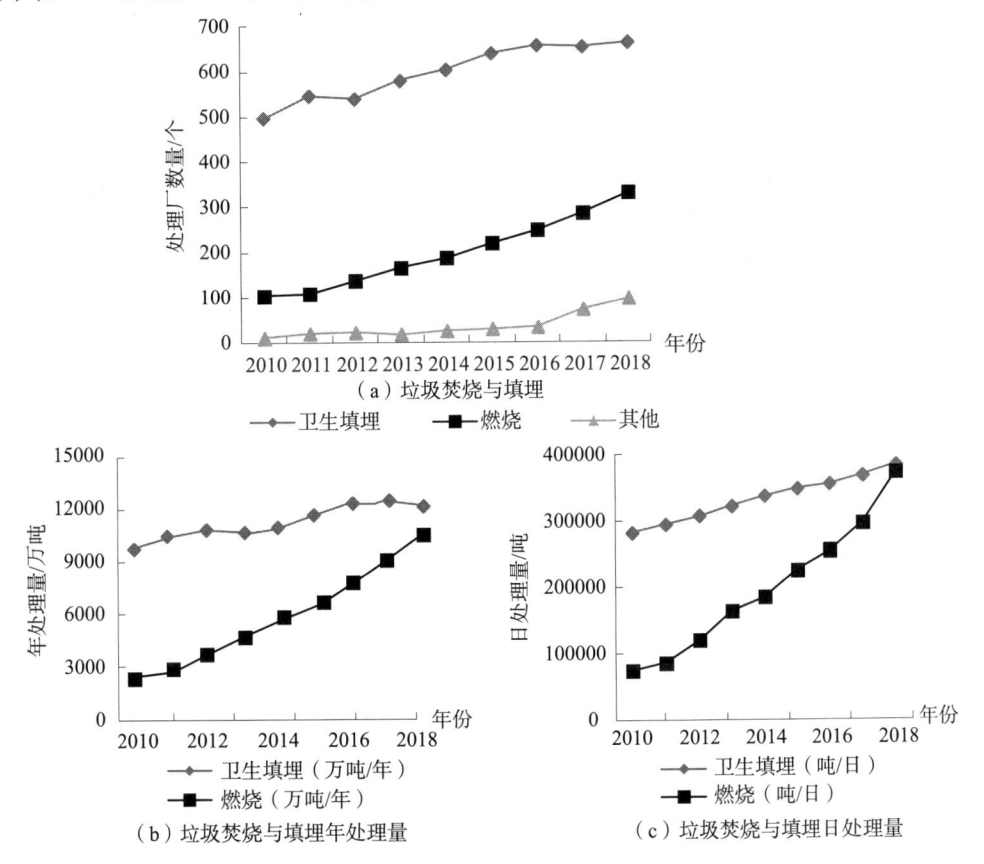

（a）垃圾焚烧与填埋

（b）垃圾焚烧与填埋年处理量

（c）垃圾焚烧与填埋日处理量

图6-1-1 设市城市垃圾焚烧与卫生填埋的变化趋势

变。到2018年，焚烧量10184.92万吨，仅略低于填埋量11706.02万吨。事实上，在"十三五"规划要求中，卫生填埋虽然作为生活垃圾的最终处置方式是每个地区所必须具备的保障手段，但是其填埋物已经不是原始垃圾，而是重点用于填埋焚烧残渣和达到豁免条件的飞灰以及应急使用。"十三五"规划结束后，考虑政策的延续性，未来卫生填埋处理技术将逐渐转变为填埋焚烧后的残余。

表6-1-1给出了"十二五"规划与"十三五"规划中关于垃圾焚烧政策的相关表述。与"十二五"规划相比，"十三五"规划除了提高设市城市（除直辖市、计划单列市和省会城市）、县城以及建制镇生活垃圾无害化处理率外，还进一步明确了设市城市以及东部地区生活垃圾焚烧处理能力占无害化处理总能力的比率。此外，"十三五"规划用了较大的篇幅提出对焚烧产生的残渣、飞灰进行相应的处理，进一步加强对焚烧设施烟气排放情况、焚烧飞灰处置达标情况等的监测。"十三五"规划的基本原则从"因地制宜，科学引导"变为"因地制宜，强化监管"，加大生活垃圾处理设施污染防治和改造升级力度。这一表述上的变化表明对生活垃圾处理的政策从处理技术上的引导上升到对处理技术更高的环保要求。对于垃圾焚烧而言，污染物主要是排放烟气、飞灰和残渣等。

表6-1-1 "十二五"规划与"十三五"规划中关于垃圾焚烧政策的表述

关键词	"十二五"规划	"十三五"规划
基本原则	因地制宜，科学引导。考虑不同地区的实际情况，加强分类指导，坚持集中处理与分散处理相结合。按照"减量化、资源化、无害化"的原则，因地制宜地选择先进适用的技术，有条件的地区应优先采用焚烧等资源化处理技术	因地制宜，强化监管。针对不同地区实际情况，提前规划、科学论证，选择先进适用技术，减少原生垃圾填埋量，加大生活垃圾处理设施污染防治和改造升级力度，加强运营管理和监督，保障处理设施安全、达标、稳定运行
飞灰、残渣	提高技术能力。积极推动垃圾分类收集、分类运输、分类处理等相关技术的研究和推广，重点推动清洁焚烧、二噁英控制、飞灰无害化处置和利用、填埋气收集利用、渗滤液处理、气味控制、非正规生活垃圾堆放点治理、小型化生活垃圾处理装置等关键技术的研究和推广，鼓励采用资源化利用技术处理生活垃圾	建设焚烧处理设施的同时要考虑垃圾焚烧残渣、飞灰处理处置设施的配套。鼓励相邻地区通过区域共建共享等方式建设焚烧残渣、飞灰集中处置设施。卫生填埋处理技术作为生活垃圾的最终处置方式，是各地必须具备的保障手段，重点用于填埋焚烧残渣和达到豁免条件的飞灰以及应急使用，剩余库容宜满足该地区10年以上的垃圾焚烧残渣及生活垃圾填埋处理要求。……在充分论证的基础上，按照《生活垃圾处理技术指南》的要求，条件具备的地区，可开展水泥窑协同处理、飞灰减量化、分类后有机垃圾生物处理等试点示范

续表

关键词	"十二五"规划	"十三五"规划
飞灰、残渣		…… 2. 建设要求。……重点推进对焚烧厂主要设施运行状况等的实时监控。加强对焚烧设施烟气排放情况、焚烧飞灰处置达标情况、卫生填埋场渗滤液渗漏情况、填埋气体排放情况的监测以及填埋场监测井的管理和维护。 …… （四）强化创新引领 把生活垃圾处理技术纳入国家相关科技支撑计划，加强对垃圾资源化利用、分类处理、清洁焚烧、二噁英控制、飞灰安全处置等关键性技术和标准的研究。 …… （六）强化监督管理 严格按照危险废物管理制度要求，加强对飞灰产生、利用和处置的执法监管
焚烧	到2015年，设市城市（除直辖市、计划单列市和省会城市）生活垃圾无害化处理率达到90%以上，县县具备垃圾无害化处理能力，县城生活垃圾无害化处理率达到70%以上；全国城镇生活垃圾焚烧处理设施能力达到无害化处理总能力的35%以上，其中东部地区达到48%以上	到2020年底，设市城市（除直辖市、计划单列市和省会城市）生活垃圾无害化处理率达到95%以上，县城（建成区）生活垃圾无害化处理率达到80%以上，建制镇生活垃圾无害化处理率达到70%以上；具备条件的直辖市、计划单列市和省会城市（建成区）实现原生垃圾"零填埋"，建制镇实现生活垃圾无害化处理能力全覆盖；设市城市生活垃圾焚烧处理能力占无害化处理总能力的50%以上，其中东部地区达到60%以上

6.1.3.2 标准的变化

关于生活垃圾焚烧处理的现行排放标准为《生活垃圾焚烧污染控制标准》（GB 18485—2014），是在《生活垃圾焚烧污染控制标准》（GB 18485—2001）的基础上修订而成。现行标准要求新建生活垃圾焚烧炉自2014年7月1日，现有生活垃圾焚烧炉自2016年1月1日起执行该标准。该标准的实施略早于"十三五"规划。相比《生活垃圾焚烧污染控制标准》（GB 18485—2001），新标准修订的主要内容包括：

（1）调整了标准的适用范围，将生活污水处理设施产生的污泥、一般工业固废的专用焚烧炉的污染控制纳入标准。

（2）增加了生活垃圾焚烧炉启炉、停炉、故障（事故）等时段的污染物排放控制要求。

（3）提高了生活垃圾焚烧厂排放烟气中颗粒物、二氧化硫、氮氧化物、氯化氢、重金属及其化合物、二噁英类等污染物排放控制要求。

表6-1-2给出了2001年版和2014年版生活垃圾焚烧污染控制标准的变化。2001年版标准在发布时，我国还没有开始大规模建设生活垃圾焚烧设施。2001年版标准内容多借鉴工业窑炉的烟气排放标准，很多内容不适应生活垃圾焚烧的特性。如烟气排放指标采用"黑度"是借鉴燃煤锅炉烟气排放指标；颗粒物限值与二噁英类物质限值不匹配，即两个限值无法同时满足；烟气中重金属指标仅汞、镉、铅3项❶。从表6-1-2能够看出修订后的标准大幅提高了对排放烟气中污染物限值的要求。

表6-1-2 生活垃圾焚烧污染控制标准的变化

2001年版		2014年版	
烟尘（mg/m³）	80	颗粒物（mg/m³）	30（1小时均值）
			20（24小时均值）
烟气黑度（林格曼黑度，级）	1	—	—
一氧化碳（mg/m³）	150	一氧化碳（mg/m³）	100（1小时均值）
			80（24小时均值）
氮氧化物（mg/m³）	400	氮氧化物（mg/m³）	300（1小时均值）
			250（24小时均值）
二氧化硫（mg/m³）	260	二氧化硫（mg/m³）	100（1小时均值）
			80（24小时均值）
氯化氢（mg/m³）	75	氯化氢（mg/m³）	60（1小时均值）
			50（24小时均值）
汞（mg/m³）	0.2	汞及其化合物（mg/m³）	0.05
镉（mg/m³）	0.1	镉、铊及其化合物（mg/m³）	0.1
铅（mg/m³）	1.6	锑、砷、铅、铬、钴、铜、锰、镍及其化合物（mg/m³）	1.0
二噁英类（ng-TEQ/m³）	1.0	二噁英类（ng-TEQ/m³）	0.1

---

❶ 王琪. 我国生活垃圾焚烧污染控制标准的发展与进步［J］. 环境保护，2014，42（19）：25-28.

从表6-1-3主要国家和地区生活垃圾焚烧污染控制标准对比可以看出,中国新标准的排放限值虽然有了很大的提高,但是除了汞和二噁英达到欧盟标准外,其他方面还是宽松于欧盟标准。相比于美国,除了二噁英和氮氧化物的排放严于美国外,其他方面也是宽松于美国标准[1]。考虑对环保要求的严格,并不排除中国生活垃圾焚烧污染控制标准中的排放标准进一步趋严的可能。

表6-1-3　生活垃圾焚烧污染控制标准主要国家和地区对比

污染物项目	单位	中国	欧盟	美国(>250t/d)	美国(35~250t/d)
颗粒物	mg/m^3	20	10	14	17
HCl	mg/m^3	50	10	29	29
SO$_2$	mg/m^3	80	50	61	61
NOx	mg/m^3	250	200	264	220
CO	mg/m^3	80	50	—	—
Hg	mg/m^3	0.05	0.05	0.036	0.057
二噁英类	ng-TEQ/m^3	0.1	0.1	换算后约0.14	换算后约0.14
	ng/m^3	—	—	9.3	9.3
镉、铊及其化合物（以镉+铊计）	mg/m^3	0.1	0.05	0.007	0.014（仅镉）
锑、砷、铅、铬、钴、铜、锰、镍及其化合物	mg/m^3	1.0	0.5	0.1	0.14（仅铅）
HF	mg/m^3	—	1	—	—
总有机碳（气态有机物）	mg/m^3	—	10	—	—

注：表中美国的数值为标准状态下11%氧含量（干烟气）为参考换算,检测时间均为24小时均值；美国针对日处理量不同的焚烧炉（>250t/d, 35~250t/d）有不同的标准。

6.1.3.3　关于财政补贴

垃圾焚烧发电项目的补贴主要分两部分,一部分作为环保政策的垃圾处理费,一部分作为电价补贴,纳入国家可再生能源补贴之内。财政部对全国人大代表王毅在2019年第十三届全国人民代表大会第二次会议上提出的"关于保障垃圾处理产业健康稳定发展的建议"的答复函（财建函〔2019〕61号）[2]指出,考虑垃圾焚烧发电项目效率低、生态效益欠佳等情况,将逐步减少新增项目纳入补贴范围的比例,引导通过

---

[1] 刘汝杰,戴仪,屠健.国内外垃圾焚烧排放标准比较[J].电站系统工程,2017,33（1）：21-23.
[2] 财政部.财政部对十三届全国人大二次会议第8443号建议的答复（财建函〔2019〕61号）[EB/OL].(2019-07-10) [2020-10-15]. http://jjs.mof.gov.cn/jytafwgk_8360/2017jytafwgk_9467/2018rddbjyfwgk/201909/t20190927_3393800.htm.

垃圾处理费等市场化方式对垃圾焚烧发电产业予以支持。

2020年，财政部进一步提高了对垃圾焚烧发电项目的电价补贴的标准。2020年6月19日，财政部、生态环境部联合发布《关于核减环境违法垃圾焚烧发电项目可再生能源电价附加补助资金的通知》（财建〔2020〕199号）。按照《生活垃圾焚烧发电厂自动监测数据应用管理规定》（生态环境部令第10号）和《可再生能源电价附加资金管理办法》（财建〔2020〕5号）有关规定，垃圾焚烧厂因污染物排放超标等环境违法行为被依法处罚的，核减或暂停拨付国家可再生能源电价附加补助资金。通知要求：待垃圾焚烧发电项目向社会公开自动监测数据后，电网企业可拨付补助资金，并在结算时将未向社会公开自动监测数据期间的补助资金予以核减；纳入补助范围的垃圾焚烧发电项目，出现管理规定第10条、第11条违法情形被处罚的，电网企业应核减其相应焚烧炉违法当日上网电量的补助金额。

其中，管理规定第10条又限定了特殊情况下不认为污染物排放超标：①一个自然年内，每台焚烧炉标记为"启炉""停炉""故障""事故"，且颗粒物浓度的小时均值不大于 $150mg/m^3$（这一数据远高于《生活垃圾焚烧发电》（GB 18485—2014）中的正常运行状态下的小时均值 $30mg/m^3$）的时段，累计不超过60小时的；②一个自然年内，每台焚烧炉标记为"烘炉""停炉降温"的时段，累计不超过700h的；③标记为"停运"的。按照标记规则及时在自动监控系统企业端如实标记的，上述情形不被认定为污染物排放超标。

6.2 垃圾焚烧排放与飞灰无害化处理现状

从中国政策和标准的变化能够看出，对垃圾焚烧的污染物排放要求越来越严格。烟气排放的国家标准已经接近国外发达国家标准。对焚烧产物飞灰的处理明确写在"十三五"规划中。本节根据政策、标准的变化，从国内主要垃圾焚烧企业有关污染物排放和处理、国内飞灰处理两个方面研究垃圾焚烧污染产物处理的专利技术以及与法律、政策以及标准的符合性。

6.2.1 国内主要垃圾焚烧企业专利技术现状

本节根据《生活垃圾焚烧污染控制标准》（GB 18485—2014）对污染物排放控制以及运行的要求，分析了主要垃圾焚烧企业在这两方面的专利技术现状。排放控制要求包括了气态和固态污染物，运行要求包括了启炉、停炉、监测和故障（事故）。

中国垃圾焚烧行业的市占率集中度并不高，其中只有光大环境（光大国际于2020年更名为光大环境）市占率超过10%[1]，其余企业相差不大。本节研究的企业包括光大环境、高能时代、瀚蓝环境、康恒环境、绿色动力、启迪桑德、三峰环境、上海环境、伟明环保、盈峰环境、粤丰环保、中国恩菲、中国环境保护、中国天楹等大型国

---

[1] 焚烧龙头受益垃圾分类加速大固废整合［R］. 申港证券，2019。

有企业及上市企业的涉及排放控制要求与运行要求的专利申请。需要说明的是，上述专利数据包括了各企业子公司的专利申请。

6.2.1.1 技术构成和趋势

图6-2-1示出了中国垃圾焚烧企业各技术分支的占比情况。从图上可以看出，涉及排放控制和运行的专利申请共742件，数量并不多。气态领域的占比最高，达到了总申请量的50%，其次是固态领域，占比为32%，再次为监测领域，占比为12%，故障（事故）领域的占比为6%，而启炉/停炉领域的申请量占比最小，极少有企业关注在焚烧炉的启炉/停炉这一阶段改进焚烧过程。虽然启炉、停炉、事故、故障（事故）等在管理规定中作了污染排放标准的"豁免"，但是仍然对颗粒物浓度作了限定。

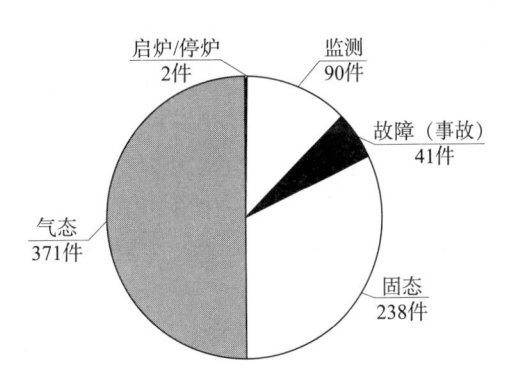

图6-2-1 中国垃圾焚烧企业技术分支专利申请构成

图6-2-2示出了上述企业关于排放控制以及运行的专利申请趋势。从图中可以看出，上述企业从2000年开始就已经有相关领域的专利申请，但一直到2007年，其申请量均处在一个比较低的水平，年申请量在10件以下。2008～2014年，申请量虽然有所增长，但是增长较为缓慢，数量也不多。而从2015年开始，相关领域的专利申请数量出现了井喷式的增长，到2018年，其申请量达到359件，2019年的申请量在部分专利申请可能未公开的情况下，已经达到351件，依然保持了较高的申请数量。

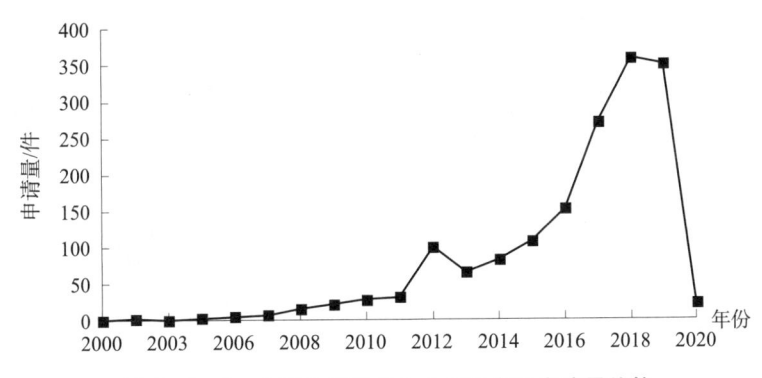

图6-2-2 中国垃圾焚烧企业相关专利申请量趋势

《生活垃圾焚烧污染控制标准》（GB 18485—2001）的污染控制标准远低于现行标准，这一标准的执行持续到2014年6月。这也就能解释在2014年以前企业没有动力改善排放，申请量常年较低。而随着国家对环保的重视，从"十三五"规划的颁布和《生活垃圾焚烧污染控制标准》（GB 18485—2014）实施的时间节点上看，企业开始着力通过运行控制和尾气排放控制的技术改进使得排放符合相关法律、政策和标准。企业在污染物排放控制以及运行方面的申请趋势很好地体现了政策的指导作用和标准的强制作用。

6.2.1.2 研发重点

图6-2-3为中国垃圾焚烧主要企业申请量占比,从图6-2-3可以看出,光大环境的申请量占比最高,达到20%,这与其在该行业的领头羊地位是相符的。其次是中国天楹以及康恒环境,占比均达到12%,再次是中国恩菲,其占比达到10%,高能时代的占比也达到6%。上述几家企业是申请量占比较多的企业。

图6-2-4示出了国内主要环保企业在不同技术分支的专利布局情况。从图中可以看出,固态和气态是主要企业重点研发的分支,其专利申请数量最多,而监测和故障(事故)的申请量相对要小一些。申请量最少的是启炉/停炉,只有瀚蓝环境和光大环境两家企业有涉及。瀚蓝环境和光大环境也是仅有的两家在固态、气态、故障(事故)、监测和启炉/停炉5个分支均有专利申请的企业。

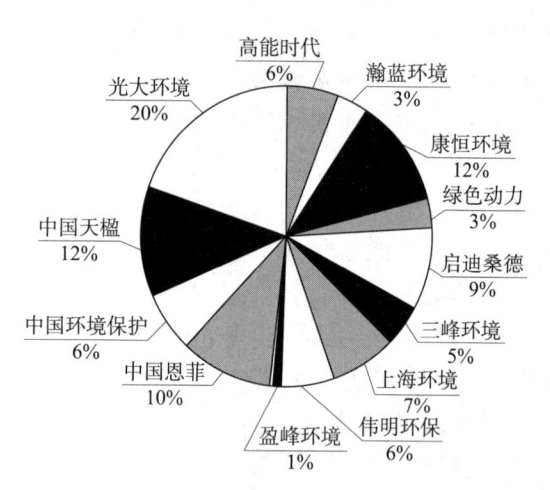

图6-2-3 中国垃圾焚烧企业相关专利申请量占比

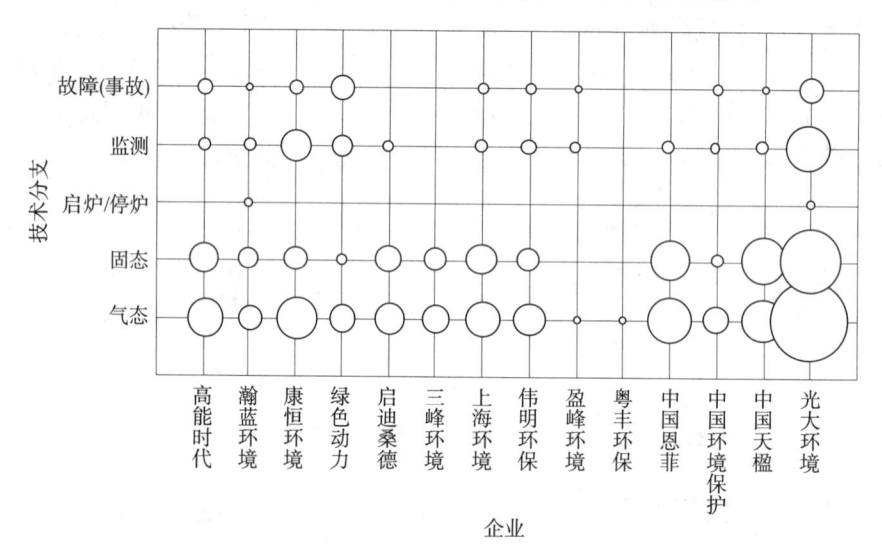

图6-2-4 中国垃圾焚烧企业相关专利技术重点分布

注:图中圆圈大小表示申请量多少。

在光大环境的申请中,气态领域的申请占比最大,其次是固态领域,再次是监测领域,在故障(事故)领域和启炉/停炉领域也都有布局。而中国恩菲在故障(事故)领域和启炉/停炉领域均没有进行专利布局,其研发重点在于气态领域和固态领域,另外在监测领域有少数申请。盈峰环境和粤丰环保的申请量较少,粤丰环保仅在气态领域有少量专利布局。由图6-2-4可知,上述企业的研发重点基本在于气态领域和固态领域。而在监测领域，光大环境、康恒环境以及绿色动力相比其他企业具有一定的技术优势，光大环境、绿色动力在故障（事故）领域申请量较多。

图6-2-5示出了光大环境、康恒环境、中国恩菲、中国天楹、高能时代、上海环境等企业各个技术领域的专利申请占比。光大环境在气态领域的申请占比最高，达到了50%，其次是固态领域，其申请量达到30%，而在监测领域，其申请量占比为15%，另外还有5%的申请布局在故障领域，在启炉/停炉领域的申请量占比几乎为0，图中并未显示；康恒环境在气态领域的专利申请量占比最高，为48%，其次为监测领域的申请数量，占比达到30%，而在固态领域，其专利申请数量占比为16%，另外在故障（事故）领域还有6%的专利申请占比。中国恩菲申请主要集中在气态和固态两

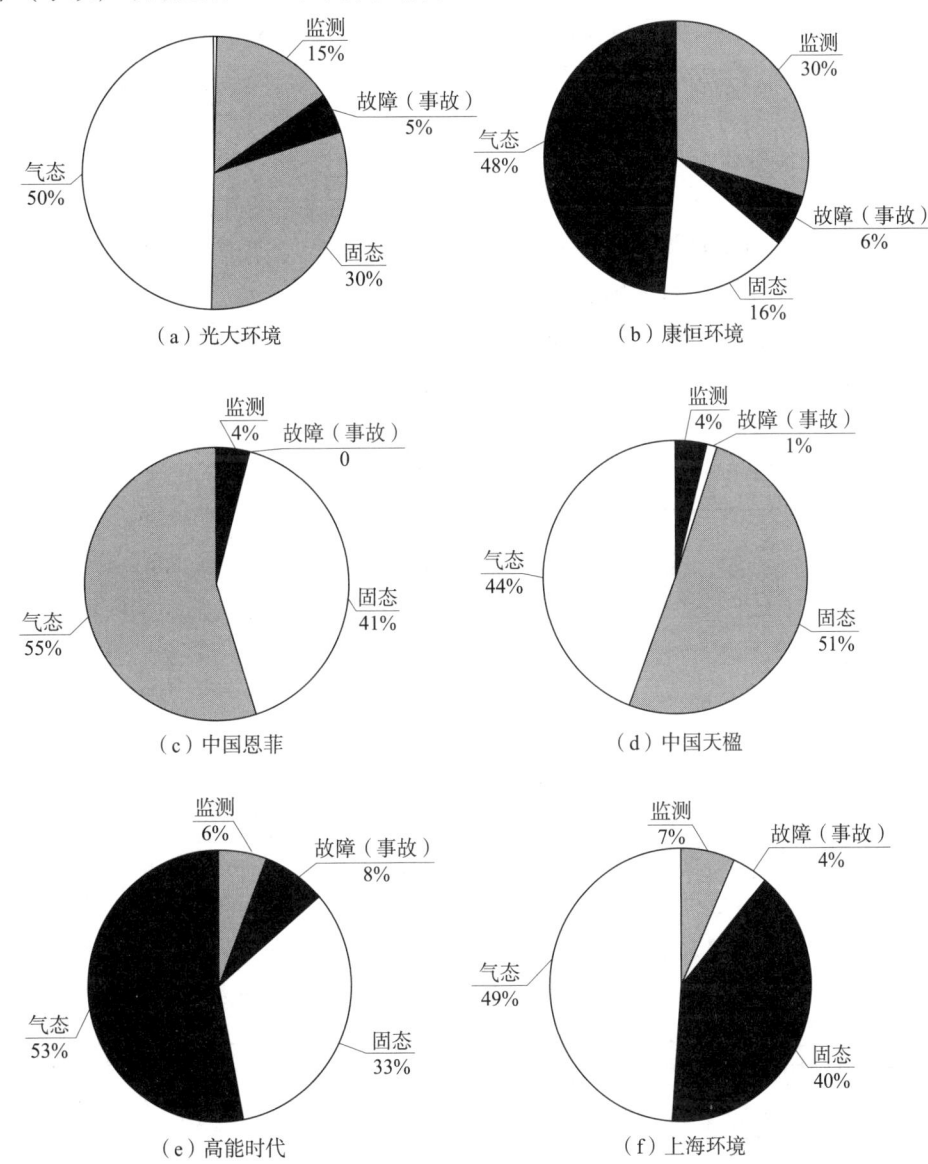

（a）光大环境

（b）康恒环境

（c）中国恩菲

（d）中国天楹

（e）高能时代

（f）上海环境

图6-2-5 中国垃圾焚烧部分企业技术构成

个领域,其中,气态领域的申请占比为55%,而固态领域的占比为41%,另外还有4%的申请在监测领域;中国天楹在固态领域的专利申请占比最高,达到51%,在气态领域的占比为44%,在监测领域有4%占比,在故障(事故)领域的专利申请占比最少,仅为1%。高能时代的研发重点在于气态和固态领域,其在气态领域的申请量占总申请量的53%,气态领域的申请量占比为33%,其在故障(事故)领域有8%的专利申请占比,而在监测领域的专利申请占比最少,为6%。上海环境的申请也主要集中在气态和固态领域,分别占49%和40%。

6.2.1.3 重点专利介绍

专利CN102748765A公开了一种焚烧炉炉排和给料装置控制方法、装置和系统,所述方法包括:利用模拟量输入模块及开关量输入模块针对炉排和给料装置进行运行状态数据采集并处理,生成运行状态数据流;将所述运行状态数据流通过现场总线输入至DCS控制单元进行处理;DCS控制单元处理得到的模拟量处理结果通过与所述炉排和给料装置上受控设备对应设置的模拟量输出模块输出,所述模拟量处理结果用于控制所述炉排和给料装置的受控设备运行参数。与垃圾焚烧厂的其他基于DCS技术的设备进行DCS模拟量处理结果的交互及并可对相应设备的DCS控制,克服通信故障时检修难度高的缺陷(见图6-2-6)。

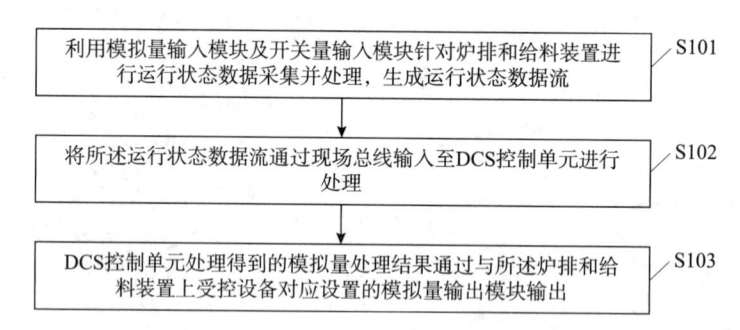

图6-2-6 专利CN102748765A附图

专利CN103349902A公开了一种烟气处理方法,烟气含有二氧化硫,该方法包括:将氧化锌颗粒进行调浆处理,以便获得氧化锌浆液;利用氧化锌浆液对含有二氧化硫的烟气进行处理,以便吸收烟气中的二氧化硫,其中,氧化锌浆液采用喷淋方式与含有二氧化硫的烟气逆流接触。由此利用该方法可以有效避免设备堵塞,同时能够达到较高的脱硫效率(见图6-2-7)。

专利CN103127795A公开了一种处理烟气的方法和系统。该处理烟气的方法包括:将烟气与石灰乳接触,以便对烟气进

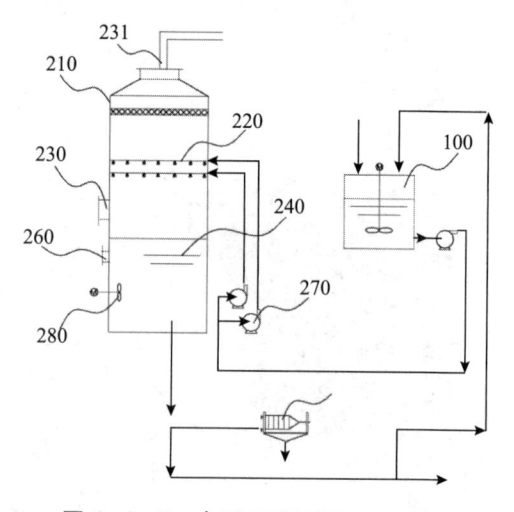

图6-2-7 专利CN103349902A附图

行一次净化,得到经过一次净化的烟气;以及将经过一次净化的烟气与固体形式的活性炭和消石灰接触,以便对经过一次净化的烟气进行二次净化,得到经过二次净化的烟气。利用该方法可以有效地对垃圾焚烧烟气进行净化处理(见图6-2-8)。

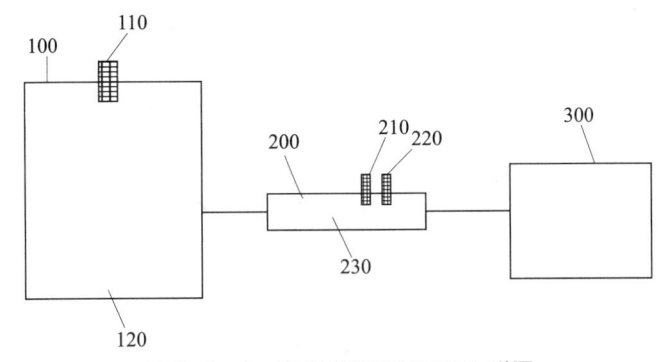

图6-2-8 专利CN103127795A附图

专利CN102872680A公开了一种节能的烟气脱硫系统。该系统包括:吸收塔,吸收塔包括壳体、用于将烟气供给到壳体内的烟气入口、用于将含有脱硫剂的贫液供给到壳体内的贫液入口、用于排出脱去二氧化硫的净烟气的净烟气出口和用于排出在预定温度吸收了二氧化硫的富液的富液出口;再生塔,再生塔包括本体、用于排出再生气的再生气出口、用于将一部分富液供给到本体内的富液入口、位于本体底部且用于排出解析出二氧化硫的贫液的贫液出口,其中再生塔的富液入口与吸收塔的富液出口相连,再生塔的贫液出口与吸收塔的贫液入口相连;富液循环泵,富液循环泵与吸收塔的富液出口和贫液入口相连,用于使从吸收塔排出的另一部分富液返回吸收塔(见图6-2-9)。

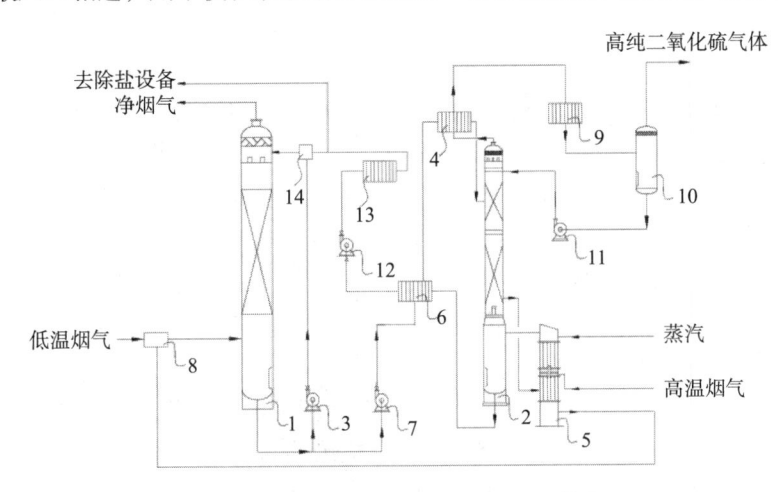

图6-2-9 专利CN102872680A附图

专利CN102389705A公开了一种氧化锌脱硫系统,该系统包括:吸收塔,所述吸收塔设有进气口、出气口、吸收液进口和吸收液出口;与吸收液出口连通的沉降槽;浆化槽,所述浆化槽与沉降槽连通以对吸收剂与上清液搅拌后送入吸收塔内;酸化槽,所述酸化槽与沉降槽的含固浆液出口相连;二氧化硫脱吸塔,所述二氧化硫脱吸塔与所述酸化槽相连。根据该发明的氧化锌脱硫系统，通过控制吸收塔内的吸收液的含固量和pH，从而明显地减少了设备堵塞及结垢问题且不会影响到二氧化硫的吸收效率。另外，没有任何废气、废液和废固的排放，实现了全封闭的操作。此外，设备简单，便于操作和维护且成本低，相比传统氧化锌脱硫，流程短且操作方便，能实现连续运转（见图6-2-10）。

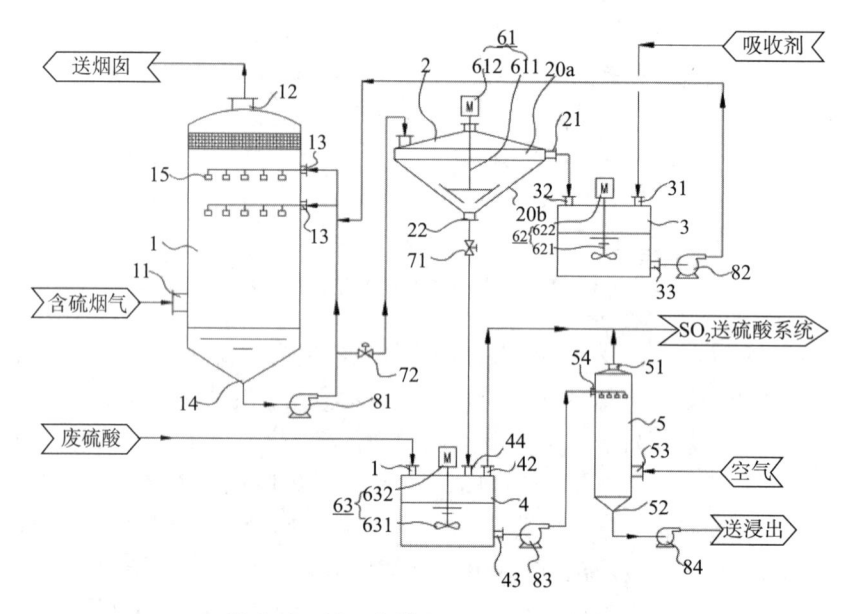

图 6-2-10　专利 CN102389705A 附图

专利 CN105278567A 公开了一种基于模糊控制的垃圾焚烧烟气净化控制方法及系统。该方法包括：接收检测装置发送的检测输入量，并计算检测输入量与给定值之间的偏差以及偏差的变化率以作为模糊控制的输入变量；将输入变量模糊化为模糊输入量、基于模糊输入量进行模糊推理和决策以得到模糊输出量并将模糊输出量解模糊化为控制输出量；将控制输出量输出至半干法烟气处理系统的对应参数控制器以控制对应参数的量。其中，检测输入量包括垃圾焚烧炉烟囱出口的二氧化硫流量和氯化氢流量，与二氧化硫流量和氯化氢流量相对应的控制输出量分别为石灰浆流量和活性炭流量。上述方法及系统可解决烟气净化控制系统中参数多变、变量众多、变量之间强耦合的情况（见图6-2-11）。

专利 CN105159092A 公开了一种用于除尘器清灰的模糊控制方法及系统，该方法包括：接收检测装置发送的检测输入量，并计算检测输入量与给定值之间的偏差以及偏差的变化率以作为模糊控制的输入变量；将输入变量模糊化为模糊输入量、基于模糊输入量进行模糊推理和决策以得到模糊输出量，并将模糊输出量解模糊化为控制输出量；以及将控制输出量输出至除尘器脉冲阀控制器以控制除尘器的脉冲阀的开关，其中，检测输入量包括除尘器进出口压差和除尘器各个仓室进出口压差，控制输出量为除尘器各个仓室清灰时间。上述方法及系统采用模糊控制策略实现对除尘器各个仓室的清灰控制，可解决在各个仓室滤袋过滤负荷不均匀的情况下清灰的难题（见图6-2-12）。

第6章 垃圾处理政策标准与专利分析

图 6-2-11 专利 CN105278567A 附图

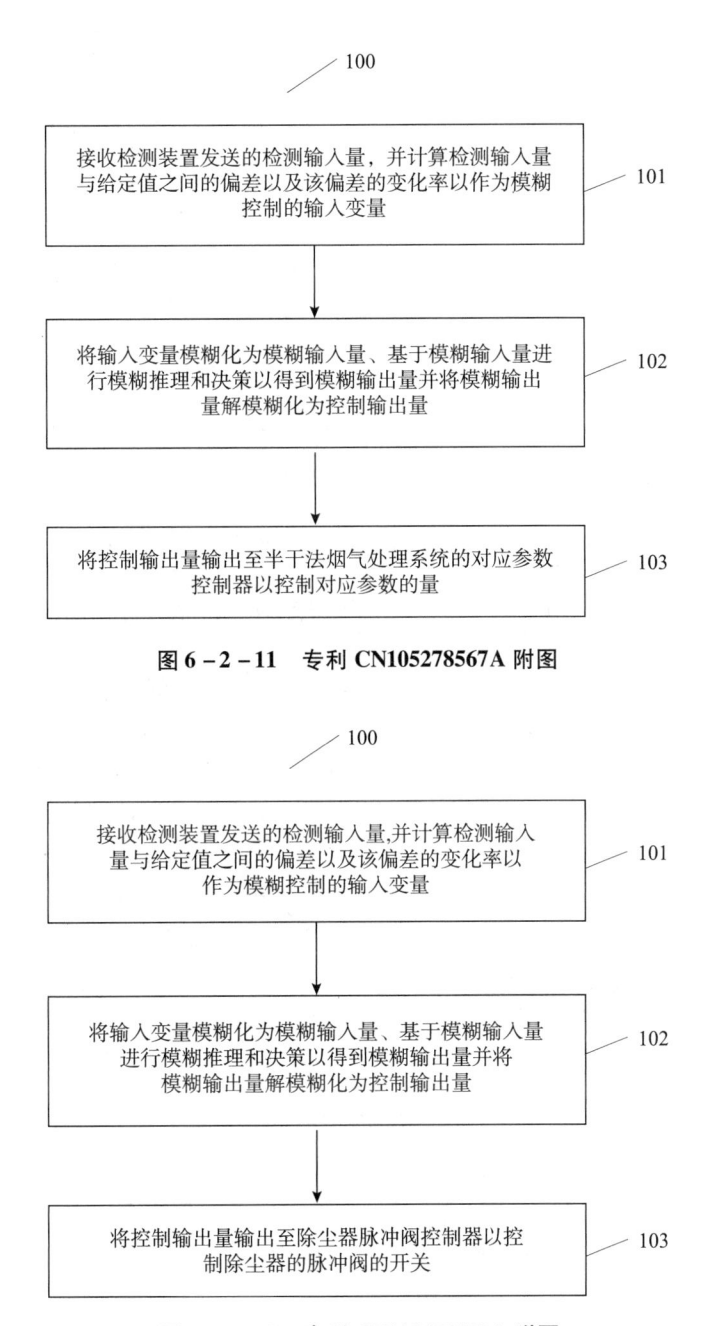

图 6-2-12 专利 CN105159092A 附图

专利 CN102294171A 公开了一种烟气净化系统，该系统包括设置在烟气进口的除尘器、引风机及排烟烟囱；在除尘器与引风机之间顺序通过烟道相连通设置脱硝用的喷氨装置；除去二噁英及氮氧化物的催化反应器；脱酸、消白烟的反应塔；所述的反应塔为洗涤塔，包括塔体底部设置的水箱、塔体上设置进烟气的二次侧低温烟道、塔体上部设置出烟气的二次侧高温烟道；塔体内上部至少设置一组的喷淋装置；所述的喷淋装置上方还设置吸热及阻隔水烟气的填料；所述的水箱与喷淋装置连接管路上设置的循环泵；所述的水箱上还设置有补水装置及排污装置。还可在除尘器出口设置烟气加热器，在催化反应器与反应塔之间设置烟-烟热交换器。解决烟气净化系统存在飞灰量大、二噁英未分解、氨水需要量大及白烟视觉污染问题（见图6-2-13）。

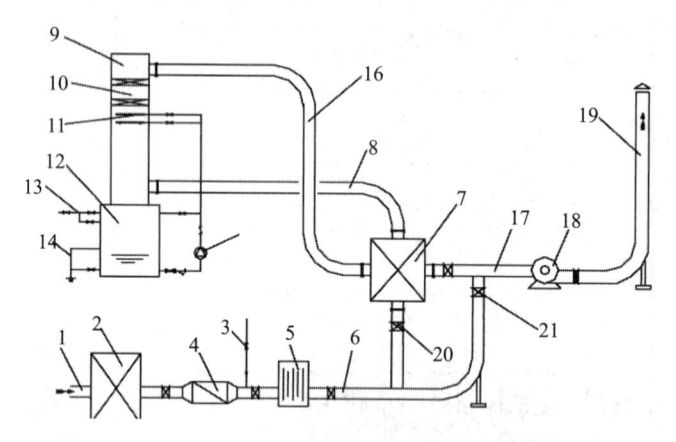

图6-2-13 专利CN102294171A附图

专利CN102235676A公开一种机械炉排焚烧炉燃烧控制系统和控制方法。该系统包括给料炉排控制系统，用于对机械炉排焚烧炉中的给料炉排的给料行程和给料炉排向前的给料速度，利用PID控制器进行调节控制；焚烧炉排控制系统，用于对机械炉排焚烧炉的焚烧炉排中的翻转炉瓦和滑动炉瓦在每个控制周期内控制滑动炉瓦的滑动次数及翻转炉瓦的翻转次数；风量控制系统，用于在整个燃烧过程中，利用PID控制器调节控制一次风机和二次风机的转速和风量；温度控制系统，用于在整个燃烧过程中，利用PID控制器调节控制一次风和炉墙温度进行控制。其既能达到环保、发电要求，又能减少成本开支（见图6-2-14）。

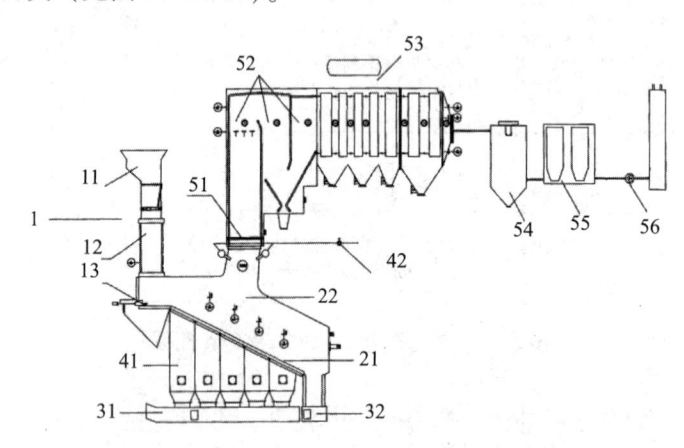

图6-2-14 专利CN102235676A附图

专利 CN108628291A❶ 公开了一种垃圾焚烧厂基于仿真平台的专家智能诊断系统，该系统包括：数据采集系统，用于采集所述垃圾焚烧厂的现场控制平台数据；仿真平台，接收所述现场控制平台数据，并接收控制指令，然后通过仿真数学模型进行仿真和显示，所述仿真数学模型为根据所述垃圾焚烧厂的被控车间设备而进行数学建模的仿真模型；专家诊断系统，接收所述数据采集系统所采集的现场控制平台数据和所述仿真平台通过仿真数学模型进行仿真计算后的仿真数据，然后进行数据分析和诊断，并调用专家库服务器的知识库生成信息或任务单。可以通过离线仿真实现对人员的培训，也可以在线实现对实际生产数据与仿真平台的理论计算数据的比较，以尽量避免事故，提高生产效率（见图 6-2-15）。

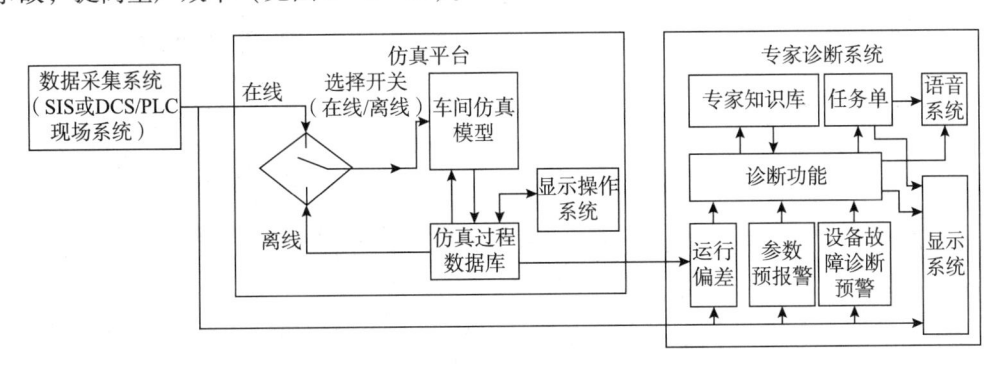

图 6-2-15 专利 CN108628291A 附图

6.2.2 国内飞灰无害化处理分析

"十三五"规划明确对焚烧产生的飞灰进行相应的处理。飞灰指烟气净化系统的捕集物和烟道及烟囱底部沉降的底灰，是垃圾焚烧后产生的二次污染物。垃圾焚烧后，在烟气冷却过程中，重金属化合物发生冷凝，部分二噁英类燃烧后的产物也会重新生成，两者富集在飞灰颗粒表面，因此生活垃圾经过高效"减量"后产生的飞灰中会含有丰富的重金属、二噁英类，其中，重金属占飞灰组分的 0.5%~3%❷。飞灰中主要的重金属元素有 Cd、Cr、Pb、Cu、Zn、Hg、As、Ni 等。飞灰因其重金属浸出毒性在《国家危险废物名录》（2021 年版）中被列为危险废物焚烧处置残渣（HW18）进行管理。《生活垃圾填埋场污染控制标准》（GB 18485—2014）中要求飞灰如入生活垃圾填埋场处理，应满足《生活垃圾填埋场污染控制标准》（GB 16889—2008）的要求；如进入水泥窑处理，应满足《水泥窑协同处置固体废物污染控制标准》（GB 30485—2013）的要求。到 2020 年底预计城市垃圾产生量约 2.5 亿吨，结合"十三五"规划对设市城

---

❶ CN108628291A 为住房和城乡建设部在 2020 年生活垃圾清洁焚烧技术装备与标准体系研究项目中提名国家科学技术进步奖二等奖的专利［EB/OL］.（2020-01-09）［2020-11-10］. http：//www.mohurd.gov.cn/wjfb/202001/t20200110_243496.html.

❷ 杨凤玲，李鹏飞，叶泽甫，等. 城市生活垃圾焚烧飞灰组成特性及重金属熔融固化处理技术研究［J/OL］. 洁净煤技术：1-28［2021-03-25］. https：//kns.cnki.net/kcms/detail/11.3676.TD.20200804.1645.002.html.

市焚烧处理能力占无害化处理总能力的比例，未来每年产生的飞灰约486万吨。而炉型、燃烧条件、生活垃圾成分等条件的不同会造成重金属含量分布有很大不同，对于产生如此大量的飞灰，探索适合我国国情的飞灰处理处置方法至关重要。

6.2.2.1 技术构成和趋势

图6-2-16给出了飞灰无害化处理各技术分支专利申请构成。飞灰无害化处理技术共1125件。其中涉及重金属治理的专利申请最多，为516件，占比达到46%，其次是同时处理重金属和二噁英的相关专利，为396件，占比为35%，二者占到飞灰处理的绝大部分。再次是涉及脱氯的专利申请，占比为10%，处理二噁英的申请为39件，占比为4%。此外，还有1%的专利申请是涉及同时处理重金属和脱氯。

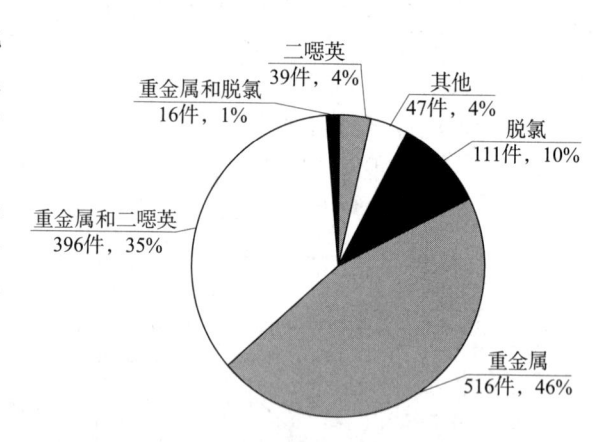

图6-2-16 飞灰无害化处理专利申请技术构成

图6-2-17给出了飞灰无害化处理总申请量及两个主要技术分支专利申请量趋势。1996~2005年，飞灰无害化处理申请量维持在一个较低的水平，年申请量均在5件以下。2006~2014年，申请量有所增长，增速仍然缓慢，申请量较少。2015年之后飞灰无害化处理的专利申请出现明显的增长，74%的专利申请是在2015年以后提交的。结合"十三五"规划对飞灰处理的要求，基本可以确定该申请趋势的变化是由政策出台引起的。重金属以及同时处理重金属和二噁英的专利申请构成了飞灰无害化处理申请的主体。

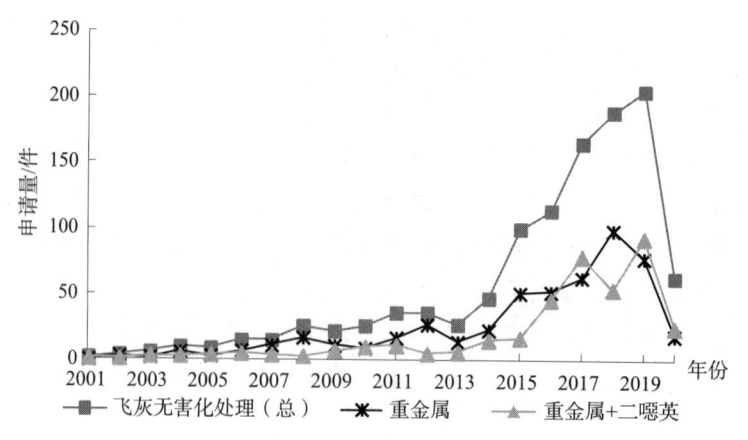

图6-2-17 飞灰无害化处理总申请及主要技术分支专利申请量趋势

图6-2-18为重金属领域各个技术分支相关专利申请的分布。涉及重金属的申请共516件。其中占比最多的为固化/稳定化，约为74%，其也是现有技术中处理飞灰中

重金属的主要手段之一；其次为重金属提取技术，约为5%，此外，4%的专利申请涉及飞灰-渗滤液协同处理，3%的专利申请涉及水热处理，2%的专利申请涉及电化学方法。其他图中未列出的重金属处理方法还包括飞灰熔盐热处理、生物技术、其他协同处理技术、酸洗等。

图6-2-19示出了同时处理重金属和二噁英领域的专利申请技术分布。涉及重金属和二噁英处理的共396件申请。

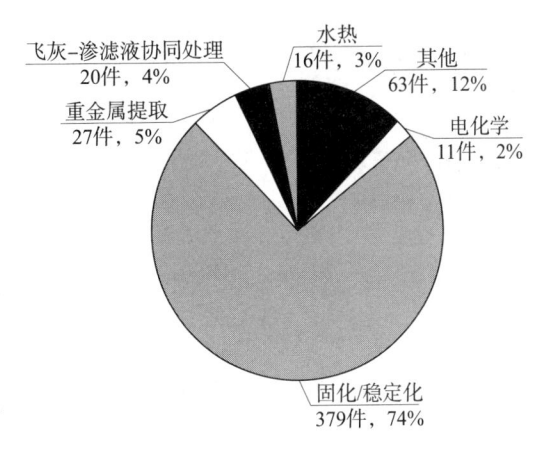

图6-2-18 重金属分支专利申请技术分布

该分支的主流技术是高温熔融，其相关专利的占比达到63%，而水泥窑协同处理（其中包含了少部分回转窑技术）相关专利的占比为17%。此外，高温烧结相关专利申请约占为4%，冶炼协同处理约占为3%，机械化学法约占为2%。其他未列明的处理方法约占为11%。

图6-2-20示出了脱氯处理领域的专利申请技术分布。涉及脱氯处理的申请共111件，其中采用水洗方法的相关专利占据了绝大部分，其占比达到97%。电化学、多种方法联用以及其他方式的相关专利申请占比均为1%。

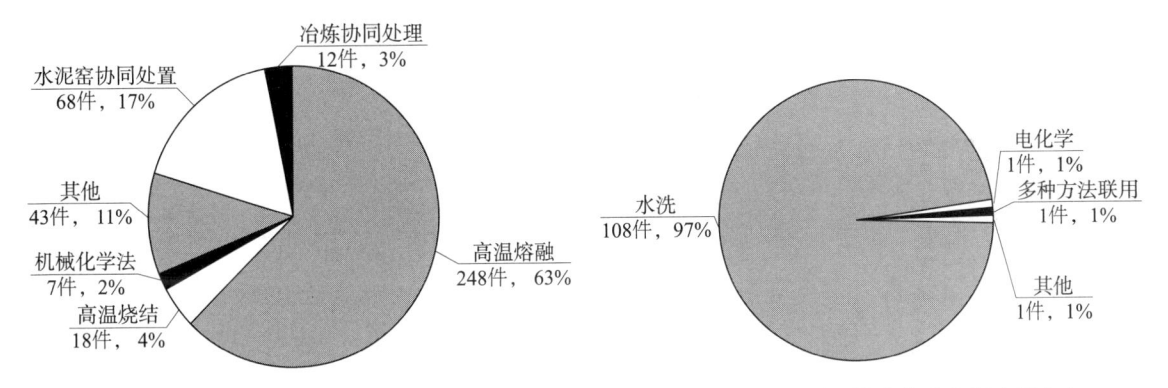

图6-2-19 重金属和二噁英技术分支专利申请分布

图6-2-20 脱氯技术分支专利申请分布

图6-2-21示出了二噁英处理领域的专利申请技术分布。涉及二噁英处理的申请共39件。其中采用低温热分解方式的相关专利的占比最大，为49%，其次是采用其他方式的专利申请，占比为26%，而采用高温处理的相关专利占比为15%，采用催化加氢方法的专利占比为8%，此外，还有2%的专利申请涉及机械化学法。

图6-2-22示出了同时处理重金属和脱氯领域的专利申请技术分布。其中多种方法联用占比最高，为56%，其次还包括占比为13%的酸洗技术，以及占比为12%的回转窑技术，其他技术占为19%。

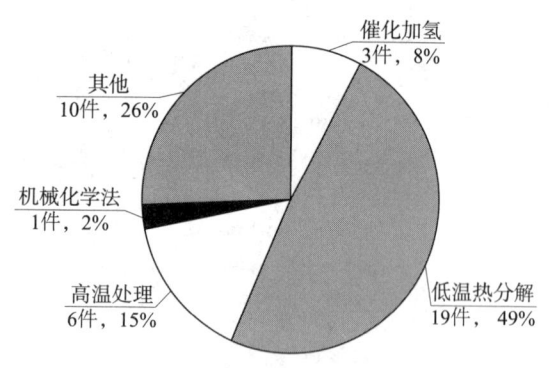

图6-2-21 二噁英技术分支专利申请分布

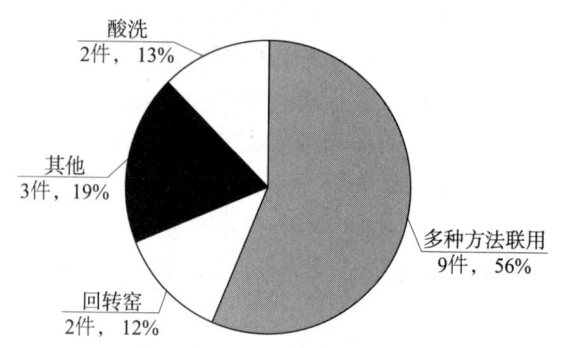

图6-2-22 处理重金属和脱氯技术分支专利申请分布

6.2.2.2 申请人分析

图6-2-23给出了飞灰无害化处理技术的申请人来源国分布。可见申请人大多数来自中国，共申请1086件。其他国家申请人的申请量很少，仅39件，其中还包括了4件江苏天楹环保能源成套设备有限公司与加拿大艾浦莱斯有限公司（其为中国天楹的全资子公司）的联合申请。而垃圾焚烧炉的主要供应商三菱在中国申请的关于飞灰熔融的灰熔融炉的4件专利也都是20年前申请的。飞灰处理并不能给国外企业在中国市场带来明显经济效益，所以国外企业在这方面很少布局。

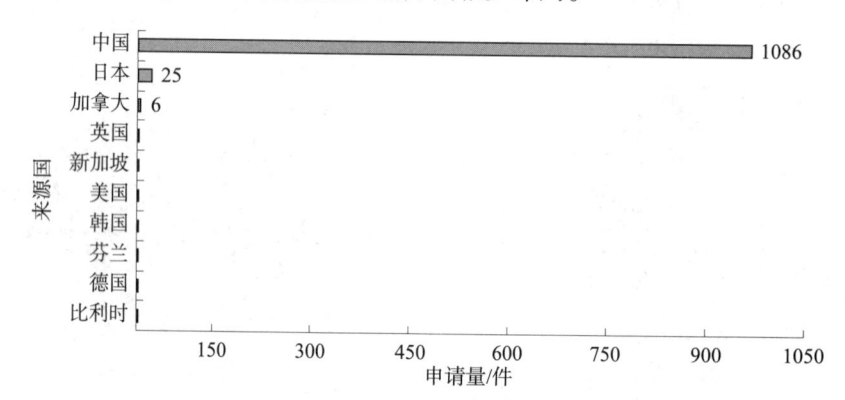

图6-2-23 飞灰无害化处理技术来源国专利申请排名

图6-2-24给出了飞灰无害化处理技术专利申请人类别的占比。在所有飞灰无害化处理的相关专利申请中，申请人为企业的占比最多，达到61%，而申请人为科研院所（包括联合企业申请）的相关专利申请占比为33%，个人申请的占比为6%。由图6-2-24可知，飞灰无害化处理领域的主要技术贡献者为企业申请

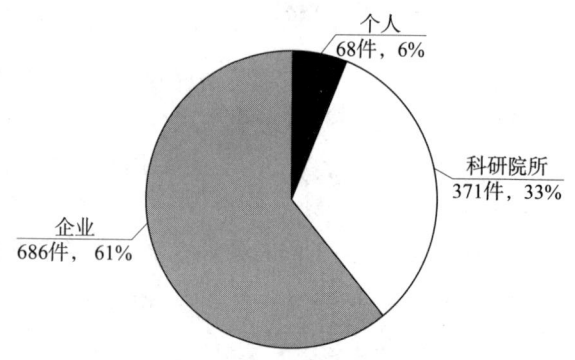

图6-2-24 飞灰无害化处理技术申请人类别

人。科研院所对国内研究热点比较敏感，科研院所所占比例高达 1/3，表明在政策的指引下飞灰无害化处理正成为研究热点。

图 6-2-25 和表 6-2-1 分别为飞灰无害化处理技术排名前 16 位申请人和申请人申请占比情况。从图中可以看出，排名第一位的是中国天楹，其在飞灰无害化处理方面共申请了 35 件相关专利，第二位为中国恩菲，其申请量为 34 件，再次是金隅公司和同济大学，两者申请量均为 23 件。其中，金隅公司建成了国内首条水泥窑协同处置飞灰示范线。此外，中国科学院申请了 22 件相关专利，光大环境则申请了 21 件相关专利。排名前 16 位的申请人，有 4 所大学、3 个科研院所。

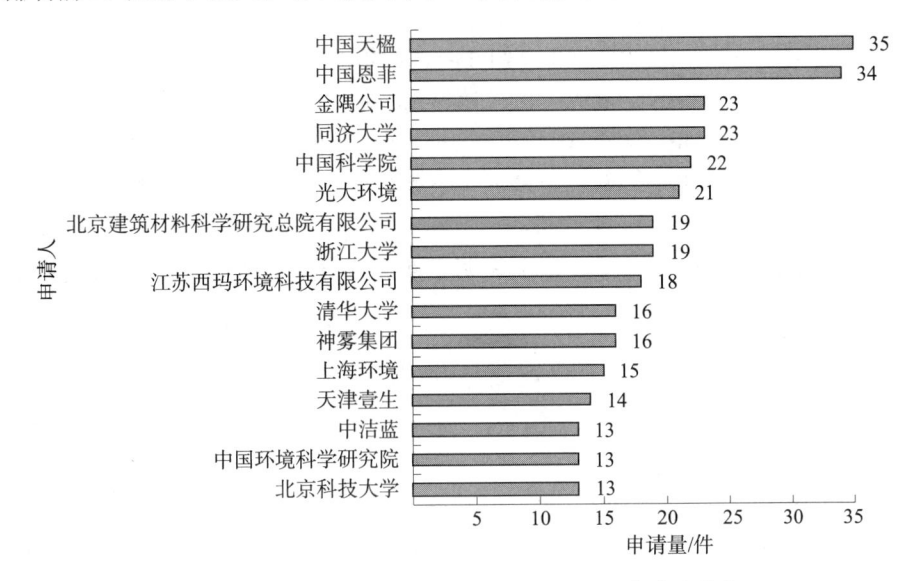

图 6-2-25 飞灰无害化处理技术前 16 位申请人排名

如表 6-2-1 所示，飞灰无害化处理领域的专利申请人申请量均不大，各申请人之间的申请量差距较小。即使是申请量最大的中国天楹，其飞灰处理相关专利占比也很小，仅有 3.1%[1]，从而可以看出，这一技术领域申请量极为分散，这一方面说明飞灰治理领域的技术门槛较低，相关研发较为容易，另一方面也说明现有的飞灰治理领域还没有形成有规模和实力的龙头企业或科研院所。

表 6-2-1 飞灰无害化处理技术主要申请人申请占比

主要申请人	占比/%	主要申请人	占比/%
中国天楹	3.1	中国科学院	2.0
中国恩菲	3.0	光大环境	1.9
金隅公司	2.0	北京建筑材料科学研究总院	1.7
同济大学	2.0	浙江大学	1.7

---

[1] 由于存在联合申请的情况，百分比总和略大于 100%。

续表

主要申请人	占比/%	主要申请人	占比/%
江苏西玛	1.6	中洁蓝	1.2
清华大学	1.4	中国环境科学研究院	1.2
神雾集团	1.4	北京科技大学	1.2
上海环境	1.3	其他	74.4
天津壹生	1.2		

图 6-2-26 为飞灰无害化处理技术每年首次申请的申请人数量趋势。从图 6-2-26 可见，1996~2014 年的首次申请的申请人数量是缓慢增长的，从每年不到 10 个新申请人增长到超过 20 个新申请人。从 2015 年开始，每一年的新申请人数量快速增加，直到 2018 年已经超过了每年 140 个新的申请人。由此可以说明，飞灰处理领域的门槛较低，越来越多的新申请人进入这一领域进行专利布局。2016 年是"十三五"规划的第一年，申请人数量快速增加的这一特点也表明飞灰无害化处理的变化是受政策影响和推动的。

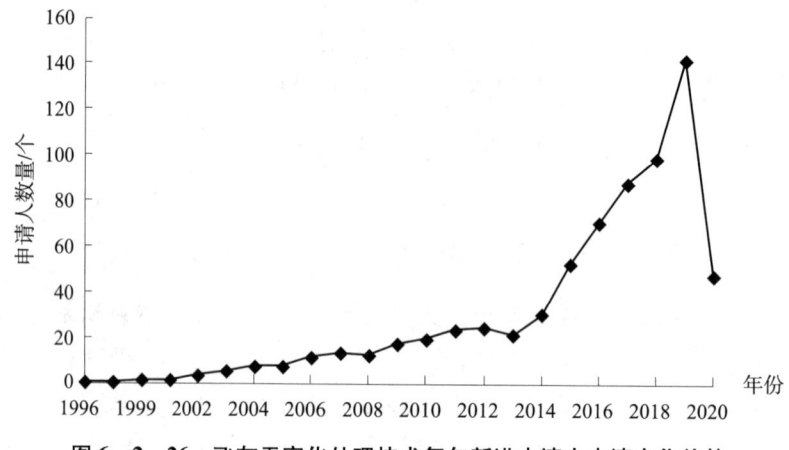

图 6-2-26 飞灰无害化处理技术每年新进申请人申请变化趋势

6.2.2.3 重点技术介绍

（1）水泥窑协同处理技术

水泥窑协同处理飞灰技术是飞灰资源化处理的常见技术，也是国家政策鼓励的一种有效处理飞灰的方法。金隅公司旗下北京市琉璃河水泥有限公司首次实现了飞灰水洗预处理与水泥窑共处置技术相结合的工业化生产[1]，建成了国内首条中试生产线，生产工艺包括飞灰水洗预处理、污水处理、水泥窑煅烧等，如图 6-2-27 所示。由于北京市琉璃河水泥有限公司的专利往往通过转让等方式变更为同为金隅公司旗下的北京

---

[1] 赵向东，练礼彩，张国亮，等. 国内首条水泥窑协同处置飞灰示范线技术研究［J］. 中国水泥，2015（12）：69-72.

金隅琉水环保科技有限公司，因此统一使用金隅公司表述。

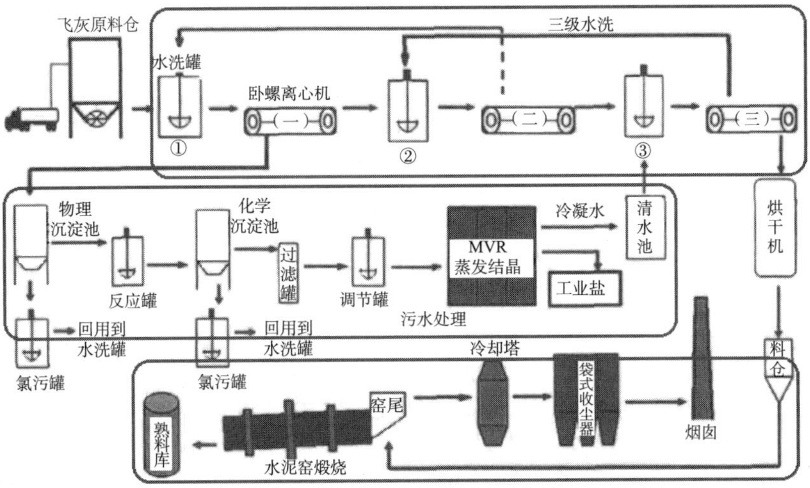

图 6-2-27 水泥窑协同处置垃圾焚烧飞灰生产线工艺流程

金隅公司 2010 年 5 月 4 日就水泥窑协同处置焚烧飞灰申请了发明专利（CN101817650A）并获得授权。该专利基本与图 6-2-28 工艺相同，也包括三级水洗预处理、污水处理以及水泥窑煅烧。

该专利处理飞灰的方法主要包括以下步骤：①飞灰水洗预处理工序，包括用由水洗罐和真空过滤机组合的三级水洗处理装置进行飞灰水洗的步骤，具体操作为：在所述的飞灰中加入水，其水与飞灰以 2∶1~3∶1 的重量比混合，在一级水洗罐中通入 CO_2 搅拌成水洗料浆，然后将其送入一级真空过滤机过滤脱水，固液分离出滤液与滤饼；其中，滤液直接排入污水池，滤饼送入二级水洗罐进行第二次水洗；水洗料浆经搅拌后，送入二级真空过滤机过滤脱水，二次固液分离出滤液与滤饼，得到的滤液回流至一级水洗罐，重复水洗；得到的滤饼送入三级水洗罐进行第三次水洗；该水洗料浆经搅拌后，送入三级真空过滤机过滤脱水；三次固液分离出滤液与滤饼，得到的滤液回流至二级水洗罐，重复洗涤；得到的滤饼经烘干机烘干后送入水洗飞灰储仓中待用；②污水处理工序，具体操作为：A）将步骤①排入污水池的滤液经反应沉淀池进行反应沉淀，并同时加入化学药剂，通过化学共沉法去除滤液中的重金属且分层出上清液和沉淀物；B）将步骤 A）中的沉淀物送入离心机进行固液分离，得到的滤液返回至反应沉淀池，重复沉淀处理；得到的滤饼直接送入烘干机烘干后待用；步骤 A）中的上清液通入 CO_2 进行酸碱中和，中和的液体进入沉淀池沉淀，再次分层出上清液与沉淀物；C）将步骤 B）中的上清液经三效蒸发结晶器进行脱盐处理；结晶出的盐送入结晶盐储仓，蒸发出的水蒸气冷凝后得到冷凝水，冷凝水汇集至一清水池后再回流至所述三级水洗罐，重复使用；步骤 B）中的沉淀物经离心机固液分离出滤液和滤饼，所述滤饼经烘干机烘干后待用；所述滤液回流至所述反应沉淀池中重复步骤 A）；③煅烧水泥熟料；将步骤①所述水洗飞灰储仓中的滤饼和步骤②烘干后的所述滤饼经计量输

（a）工艺流程

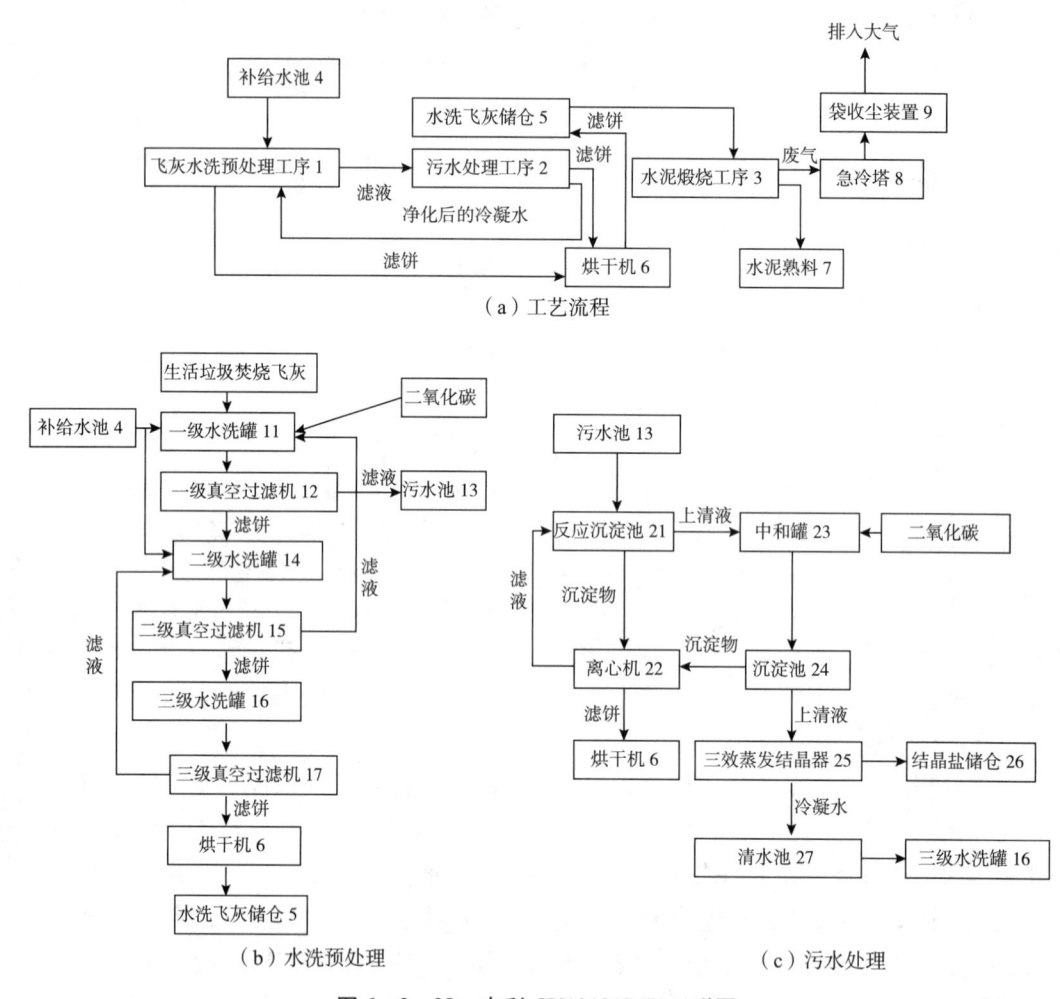

（b）水洗预处理

（c）污水处理

图 6-2-28　专利 CN101817650A 附图

送设备从窑尾 1000℃以上高温段进入水泥窑煅烧；其中，经烘干机烘干后的滤饼含水率为 1%～3%；所述水泥窑窑内的煅烧温度可达 1750℃。经化学反应沉淀前处理后经蒸发结晶器形成结晶盐和冷凝水，冷凝水回到三级水洗罐加以循环利用。

与中试生产线中采用卧螺离心机进行固液分离不同的是，该专利采用了真空过滤机对水洗后的料浆进行固液分离。在金隅公司 2014 年提交的发明专利申请（CN104478122A、CN105461096A）中，对水洗系统进行改进，采用了卧螺离心机对水洗浆液进行固液分离。

为了解决水洗系统使用搅拌罐和卧螺机实现水洗和分离两个功能而带来的占地面积大、装机功率大、运行成本高、附属设备多、投资成本高等问题，金隅公司在 2020 年提交了发明专利申请 CN111111274A（一种循环梯度飞灰水洗系统和方法），具体工艺如图 6-2-29 所示。

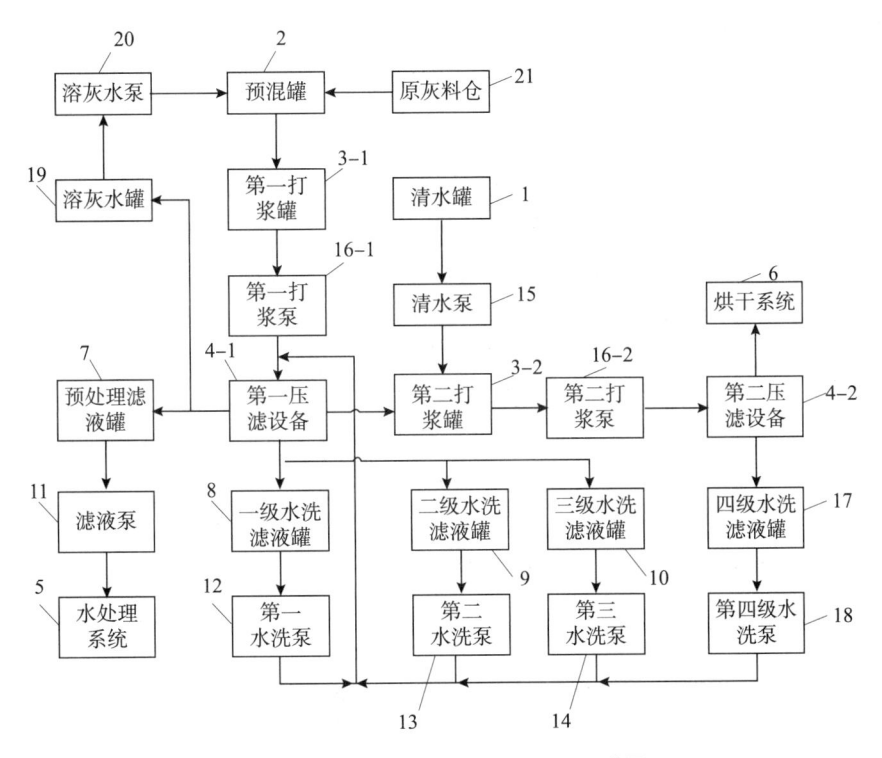

图 6-2-29 专利 CN111111274A 附图

此外，由于飞灰中氧化钙含量高、粒径小、比表面积大，使得经过固液分离得到的飞灰滤饼含水率高，黏性大且结块，造成飞灰滤饼在烘干过程中，烘干机内部频繁出现结壁、堵塞问题，严重影响了烘干的正常进行，降低了飞灰处理的效率。为了解决烘干系统堵塞的情况，金隅公司于 2014 年提交的发明专利申请 CN105333697A（一种生活垃圾焚烧飞灰滤饼烘干系统和方法）中提出：将飞灰成品仓的烘干飞灰与固液分离后的含水飞灰滤饼送入犁刀混合机进行混合，控制烘干飞灰与飞灰滤饼重量之比≥1∶2；混合时间为 0.5~3min。2017 年提交的实用新型专利 CN206897216U（飞灰干湿料混合机、飞灰烘干系统及飞灰处理系统）、2019 年提交的发明专利申请 CN110595154A（飞灰烘干系统及飞灰烘干工艺）均是在 CN105333697A 的基础上进行的改进。

（2）高温熔融处理技术

高温熔融指将飞灰或其处理产物与其他硅铝质组分、助熔剂进行混合后，通过高温使其完全熔融，再经过水淬等急冷处理，形成致密玻璃体产物的过程。高温熔融处理以其减容效果好、无废液产生、熔渣可用作高质量的建筑材料的优势已经成为主要的垃圾焚烧飞灰处理方式。

中国恩菲提出"危险废物逆流焚烧-高温熔融"工艺，如图 6-2-30 所示。该工艺包括危险废物预处理、逆流焚烧以及高温熔融[1]，在处理危险废物的同时也能处理焚烧飞灰，实现了焚烧与熔融的有机衔接。该工艺已在湖北省孝感市固废处置中心等得到应用。

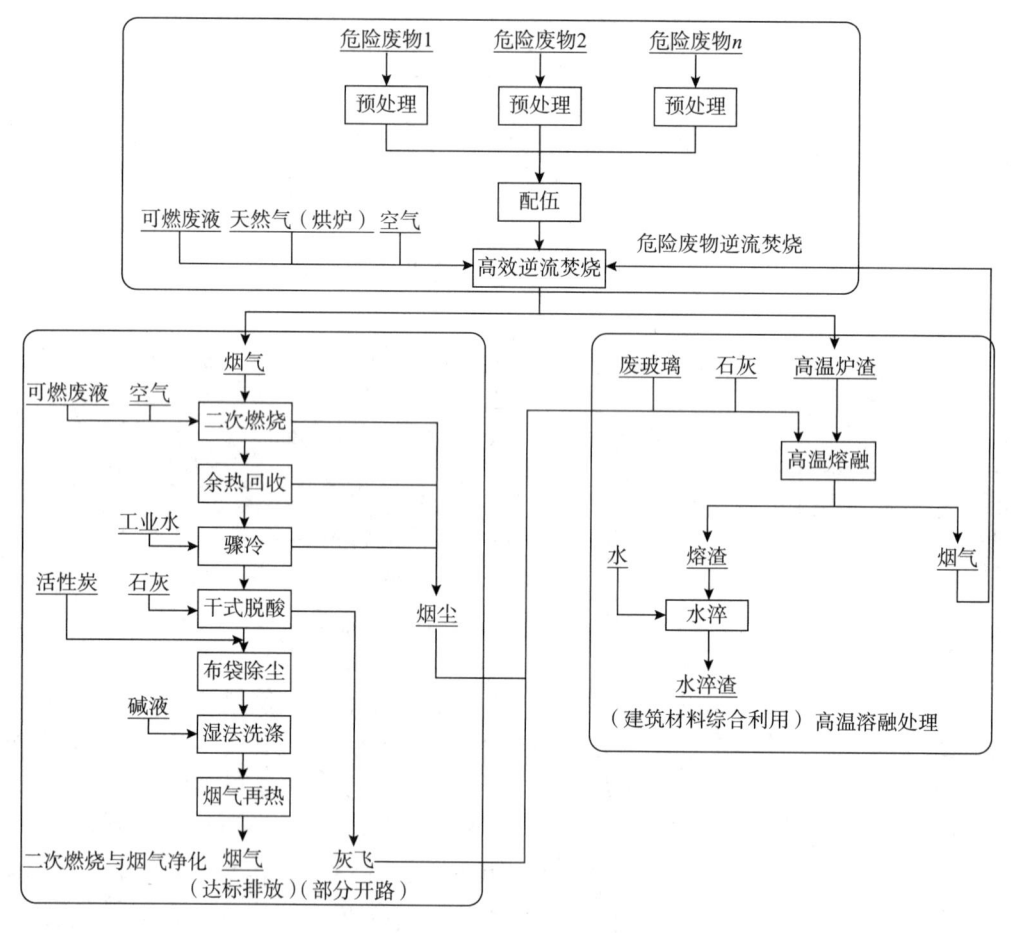

图 6-2-30　危险废物逆流焚烧-高温熔融工艺流程

针对该工艺，中国恩菲于 2019 年 4 月 18 日提交了发明专利申请 CN109959016A（一种危险废物的处理系统），如图 6-2-31 所示。该处理系统的固态危险废物的物料自加料口 14 进入经推杆 15 进入逆流回转窑 11~13，所述逆流回转窑的进料方向与烟气排放方向相反，回转窑窑头罩 12 排出的烟气进入二燃室 21 进行焚烧处理，燃烧温度为 1200℃；二燃室 21 内剩余的飞灰进入电熔融单元 51；烟气净化单元与二燃室 21 相连，包括余热锅炉 31、骤冷塔 32、干式脱酸塔 33、布袋除尘器 34 以及单级或多级洗涤塔 351、352，洗涤塔排出的烟气经过烟气加热器 36 加温至 135℃，由引风机 37 通过烟囱 38 排至大气中。烟气净化单元 31~34 产生的飞灰输送至熔融单元 51。熔融单元 51 产生的烟气通过烟管通入逆流回转窑窑尾罩 13 内，对回转窑进行补热。中国恩菲于

---

[1] 姚建明，陈德喜. 危险废物逆流焚烧_高温熔融新工艺 [J]. 中国有色冶金，2020，49（4）：58-60，65.

同日提交了发明专利申请CN110030560A（一种危险废物的处理方法），是与上述"逆流焚烧-高温熔融"工艺和专利CN109959016A的处理系统相对应的危险废物的处理方法。

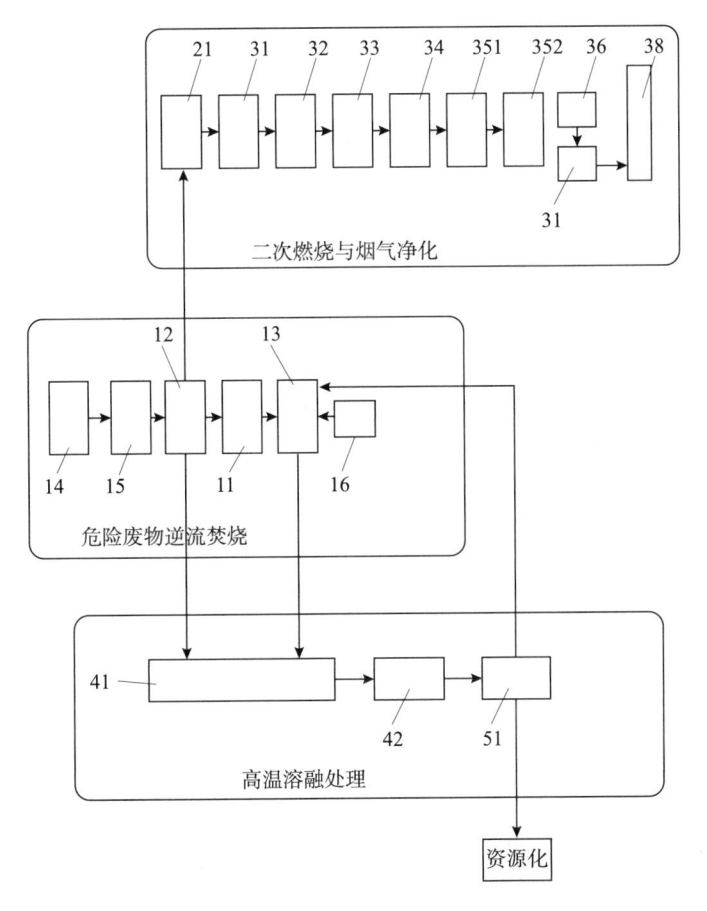

图6-2-31　专利CN109959016A附图

（3）熔盐热处理技术

为解决现有垃圾焚烧飞灰高温熔融处理技术中处理温度较高和能耗大的问题，华中科技大学于2016年11月18日提交了名称为一种垃圾焚烧飞灰熔盐热处理方法的发明专利申请（CN106378352A），如图6-2-32所示。通过该方法，熔融热处理温度可以为400~850℃。该方法包括①将碳酸盐组、氯化盐组中的一组或两组进行混合，加热得到混合熔盐；两组进行混合时，两组之间的质量百分比任意；或者将氢氧化钠与碳酸盐组、氯化盐组中的一组或两组进行混合，加热得到混合熔盐；将氢氧化钠与碳酸盐组、氯化盐组中的一组进行混合时，氢氧化钠的质量百分比≤10%，其余为碳酸盐组或氯化盐组；将氢氧化钠与碳酸盐组、氯化盐组中的两组进行混合时，氢氧化钠的质量百分比≤10%，其余为碳酸盐组和氯化盐组，碳酸盐组和氯化盐组之间的质量百分比任意；②在所述混合熔盐中加入垃圾焚烧飞灰，进行熔融热处理，得到的反应物经过分离，得到二级熔盐及残渣；所述混合熔盐与垃圾焚烧飞灰的质量比为3:1~

20∶1；③所述残渣经处理后进行建材化利用或者安全填埋；对所述二级熔盐，检验其中 Pb、Zn 或 Cu 的含量是否分别达到已加入的垃圾焚烧飞灰总质量的 0.7%、1%、0.4%，是则进行步骤④，否则将其作为混合熔盐，转步骤②；④对所述二级熔盐进行重金属的提取回收。

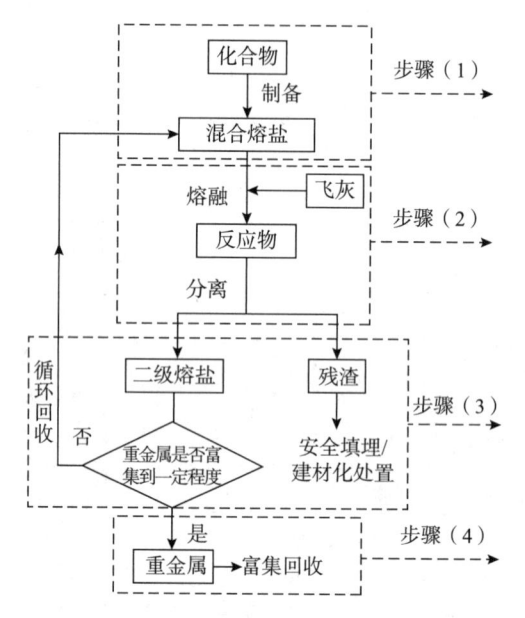

图 6-2-32　专利 CN106378352A 附图

该专利申请的发明人在自己的实验结果中表明，熔盐热处理技术更容易对重金属进行氯化处理，熔融盐中溶解的重金属在热处理过程中表现出良好的稳定性，所有被测重金属的挥发均小于 5%，熔融盐热处理后的重金属得到较好的稳定性[1]。

随后，华中科技大学于 2017 年 10 月 11 日提交了名称为一种垃圾焚烧飞灰熔盐热处理系统的发明专利申请（CN107931301A），如图 6-2-33 所示。该系统包括原料进料系统、飞灰热处理系统、出料控制系统、余热回收系统和烟气净化系统。原料进料系统包括熔盐存储仓 3、飞灰存储仓 1、给料装置 20，存储仓设置搅拌器一 2 和搅拌器二 4，给料装置 20 将熔盐存储仓 3、飞灰存储仓 1 与飞灰热处理系统连接并用于向飞灰热处理系统输送熔盐和飞灰。飞灰热处理系统包括反应炉 19、电加热棒 6、搅拌器三 5、温度控制器 9，反应炉 19 炉盖 7 设有烟气出口，反应炉 19 炉体设有与给料装置连接的进样口，反应炉 19 炉底与出料控制系统连接。熔盐加热到热处理温度后，给料装置 20 将一定总量的飞灰分批次加入到反应炉 19。反应炉 19 底部阀门 10 打开熔渣排入恒温渣包 12，粒渣在被捕集过程中与布置在捕集器上的导热油换热器 13 内的导热油进行热交换，温度升高后的导热油经热油循环泵及配套管路 16 输送到飞灰存储仓 1 对飞

---

[1] XIE K, HU H Y, XU S H, et al. Fate of heavy metals during molten salts thermal treatment of municipal solid waste incineration fly ashes [J]. Waste Management, 2020, 103: 334-341.

灰进行预热，预热过程中产生的热空气由引风机 18 经净化设备 17 后引出。

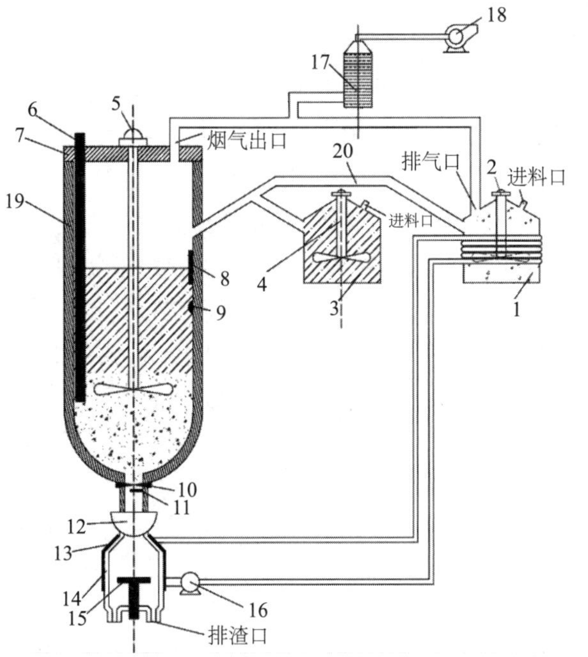

图 6-2-33 专利 CN107931301A 附图

此外，长安大学在 2017 年 2 月 15 日提交的专利申请 CN106830732A 和 CN106964628A 中，也提出了采用氯化钠、氯化钾、氯化钙、氯化镁、碳酸钠和硫酸钠中的一种或者两种以上组合物的熔盐处理焚烧飞灰的方法。

（4）冶炼协同处理技术

为避免采用表面熔融炉、电弧熔融炉、等离子体熔融炉、旋风炉等设备的建设及运行成本极高的问题，有申请人采用冶炼炉对飞灰进行处理。

重庆瑞帆再生资源开发有限公司在 2009 年 5 月 20 日提交了发明专利申请 CN200910103892.7 并获得授权。该申请提出利用炼铁高炉对垃圾飞灰进行无害化、再生循环处理，以炼铁高炉为处理装置，将垃圾飞灰在高炉喷吹煤粉前混入煤粉中，通过高炉喷煤工艺将煤粉与垃圾飞灰的混合物送入高炉炉缸内，利用高炉炉缸区域的高温和还原性气氛，达到飞灰处理及再生利用的目的；所述垃圾飞灰的混入量是总喷吹重量的 1%～10%。

中国恩菲于 2016 年 7 月 16 日提交了 3 件发明专利申请（CN106048248A、CN106048237A、CN106048249A），分别涉及在铅的冶炼的不同阶段（氧化炉中对铅原料的氧化熔炼阶段、还原炉中对氧化炉渣的还原熔炼阶段、烟化炉中对含锌炉渣的烟化处理阶段）添加 1%～5% 的少量飞灰，实现对飞灰的无害化处理。

广东环境保护工程职业学院 2018 年 4 月 16 日提交的 3 件发明专利申请（CN108517418A、CN108486387A、CN108486389A）分别提出在铜冶炼、铅冶炼、锡冶炼中添加少量飞灰。

6.3 小　　结

随着经济的发展，生活垃圾产生量越来越大，垃圾焚烧因其能起到显著的减量化、无害化的效果，已经逐渐取代填埋成为中国处理生活垃圾的主要的有效手段之一。2012 年，党的十八大报告首次将生态文明建设纳入中国特色社会主义事业"五位一体"总体布局，生态文明建设已上升到国家战略新高度。在此之后，垃圾焚烧行业开始步入快速发展通道。与此同时，对垃圾焚烧产生的污染物控制也变得愈发重要与严格。在政策的引导和鼓励下，越来越多的企业进入这一行业，除光大环境在这个行业具有一定的领先优势外，其他企业的市场占有率并不高。虽然垃圾焚烧能起到一定发电效果，但是目前垃圾焚烧发电项目效率低，垃圾焚烧的兴起主要是解决"垃圾围城"这一涉及民生的环保问题，发电只是"额外红利"。从财政部关于垃圾焚烧发电补贴政策的表述也能看出，垃圾焚烧本质上属于环保行业的范畴。

本章根据《生活垃圾焚烧污染控制标准》（GB 18485—2014）的变化以及"十三五"规划中对飞灰处理趋严的政策性表述，研究了国内主要垃圾焚烧企业在污染物排放控制和运行以及国内飞灰无害化处理的专利技术现状。

从国内主要企业在污染物排放控制和运行的申请量变化上看，基本与《生活垃圾焚烧污染控制标准》（GB 18485—2014）的实施节点相一致，略晚于垃圾焚烧增长元年（2012 年）。政策的指导作用和标准的强制作用使企业加大了在污染物排放控制以及运行方面的研发并转化为专利成果。但是从总申请量上看，企业申请数量并不多。关注故障（事故）运行和启炉/停炉更是少之又少。排放标准的严格、监管和处罚力度的加强使焚烧产生的有害污染物越来越少，与国外发达国家差异不大。这使技术上打造"邻利型"社区成为可能。《生活垃圾焚烧污染控制标准》（GB 18485—2014）中对垃圾焚烧厂的选址要求并没有对大众关注的至居民区的距离作进一步明确，这也不能不说为打造"邻利型"社区创造了可能。

对于焚烧后产生的飞灰，由于其富集重金属和二噁英，在填埋时容易发生二次污染。通过对飞灰无害化处理的专利分析可知，飞灰无害化处理技术有着显著的特点。从申请量的增长情况看，基本反映了"十三五"规划中对飞灰无害化处理的政策要求：2015 年以前申请量很少，之后申请量激增。从申请人角度看，有以下特点：①以国内申请人为主，国外申请人只占极少数；②申请人中的科研院校占比很高；③申请人数量众多，申请极为分散，排名第一位的中国天楹与排名第二位的中国恩菲在申请人占比中各占 3% 左右；④每年新进申请人数量众多，新进申请人数量增长的变化也与"十三五"规划的时间点相符。申请人的上述特点表明，飞灰无害化处理技术的专利申请具有明显的中国特色。

本章根据文献中对飞灰处理对象的侧重描述进行了技术分解。二噁英虽然是重要污染源，但是在飞灰无害化处理阶段对其进行专门处理的专利文献比较少，相比较重金属含量和成分的复杂性，二噁英的处理相对容易。从整体上看，重金属的处理是飞灰的重中之重。对重金属的固化/稳定化处理的专利文献虽然很多，但这种处理方法有明显的缺点：增容明显，一定程度上削弱了垃圾焚烧减量化的效果；从长期看，仍然存在重金属浸出危险。相比较而言，高温熔融和水泥窑协同处理能起到很好的效果。但是两者均存在成本问题。我国入炉垃圾的氯含量相比国外偏高，这点与欧美国家熔融处理低浓度氯的飞灰有很大不同。同时，氯含量较高使得水泥窑协同处置飞灰必须完成脱氯才能入窑。冶炼协同处理飞灰虽然能一定程度解决成本问题，但是其处理量很小，可以作为一种辅助的处理方式。

从专利申请的表现看，垃圾焚烧行业的技术发展受政策影响很大，具有明显的中国特色，飞灰的无害化处理尤其明显。飞灰处理需要纳入政策通盘考虑。国外与我国处理垃圾不同的是从源头避免产生垃圾，之后对垃圾进行回收利用，这使得入炉垃圾的成分会有很大差异，也能很大程度上降低后端处理难度。飞灰无害化处理的解决首先还是应当从源头开始，切实贯彻执行垃圾分类和再生资源回收利用，解决垃圾入炉成分复杂的问题。

此外，在环保趋严的背景下，尾气排放控制和飞灰处理要求极高。高温熔融和水泥窑协同处置飞灰由于能有效处理飞灰中的重金属和二噁英，有其技术上的优势。但是其处理成本高昂的问题，会严重压缩垃圾焚烧企业利润。在焚烧发电补贴可能取消的背景下，飞灰处理应该纳入垃圾处理费的考量，从政策补贴、税收优惠给予一定的支持。

第 7 章 初创公司与传统巨头的经营策略
——Rubicon 公司和美国废物管理公司

本章选取了两家非常具有代表性的垃圾处理公司,一个是代表新生创新力量的、被称为垃圾领域优步(Uber)的 Rubicon 公司,另一个是全球最大的垃圾处理企业美国废物管理公司(Waste Management Inc,以下简称"WM 公司"),这两家企业分别代表了初创公司和传统巨头,通过分析这两家企业的专利布局以及市场经营战略等方面,希望能给国内相关领域的创新主体提供专利战略、市场拓展和技术研发上的启示和帮助。

7.1 初创公司成功之道

7.1.1 Rubicon 公司概况

(1)公司简介

Rubicon 公司是北美废料回收利用产业的领头羊,于 2009 年成立,属于线上垃圾处理交易平台,被称为垃圾领域的优步。高盛集团(Goldman Sachs)、威灵顿管理公司(Wellington Management Company)、KKR 集团(Kohlberg Kravis Roberts & Co.)的创始人之一亨利·克拉维斯(Henry Kravis)、都铎投资公司(Tudor Investment Corporation)的创始人保罗·都铎·琼斯二世(Paul Tudor Jones Ⅱ)、著名演员莱昂纳多·迪卡普里奥(Leonardo Dicaprio)等均对其进行了投资。Rubicon 公司同时还宣布了大卫·普劳夫(David Plouffe)将会加入公司的顾问委员会。大卫·普劳夫是优步的首席战略顾问和董事会成员。Rubicon 公司最新估值已上升到 500 亿美元,并入选全球"公益创新"十大案例。

Rubicon 公司基于云技术设计各类可持续的废料回收方案。利用 Rubicon 公司提供的创新平台,垃圾回收公司可以减少运营成本,追踪关键的指数,不必费心于垃圾填埋,并可长期为可持续发展的目标努力。通过与众不同的激励机制,以及帮助独立运输和回收的从业者来发展它们的业务,Rubicon 公司正在颠覆整个行业的运作方式。作为 B 公司社区(B Corporation Community,由来自于 29 个国家的超过 900 家公司组成,致力于公益事业的团体)的一员,Rubicon 公司认为社会和环境发展背后的最大推力就是企业。

Rubicon 公司的平台把清理垃圾的人(有卡车的搬运工)与制造垃圾的人(办公楼

或公司，甚至是某个家庭）相连，这样便保证了垃圾处理顺畅运行。对于清理垃圾的人来说，Rubicon公司的App能帮助检测垃圾车的无效收集，并查明在工作时分神的人。通过这个App，清理垃圾的人能知道他们的卡车在哪，以及谁在工作时休息得最多。而制造垃圾的人能知道他们产生了多少垃圾，以及他们需要这项服务的频率——这能够帮助其减少支出。Rubicon公司对两者都进行收费，因为他们都使用了公司开发的新科技。Rubicon公司的技术平台促进了对废料的回收利用，提高了效率，同时降低了客户的成本，此外，帮助了北美的运输产业和回收产业的发展。为了实现一个无须填埋垃圾的未来，Rubicon公司为用户量身定制的废物转化策略不但降低了成本，也减少了对环境的污染。

（2）发展历程

内特·莫里斯（Nate Morris）和他的童年好友马克·施皮格尔（Mark spiegel）创立了Rubicon公司。Rubicon公司已经与5000多家小型垃圾处理公司展开合作，并拥有"7-11"便利店和韦格曼斯食品超市（Wegmans food market）等大客户。在过去的几年中，Rubicon公司的税收也增加了3倍，并超过了3亿美元。Rubicon公司吸引了诸如高盛投资、威灵顿管理公司这样的顶级投资者，并继续在硅谷挖掘各种人才。拥有150亿美元的法国公司——苏伊士环境集团（Suez Environnement）迫切地与Rubicon公司展开合作，与此同时，Rubicon公司计划在价值600亿美元的美国固废领域有所发展——此领域被WM公司（其税收为130亿美元）及共和服务公司（Republic Services，其税收为90亿美元）所掌控。

2017年，Rubicon公司获得了苏伊士环境集团投资的5000万美元，这使公司估值上涨到了8亿美元。但竞争者WM公司的资产已遍布海外，Rubicon公司与苏伊士环境集团的合作使两家公司拥有最佳的技术，以及莫里斯所认为的最宝贵的财产——数据。对于Rubicon公司来说，与苏伊士环境集团的交易使Rubicon公司开拓海外市场交易的路径更清晰（见表7-1-1）。

表7-1-1 Rubicon公司融资历程

序号	披露日期	交易金额	融资轮次	投资方
1	2018-05-14	6500万美元	战略融资	The New Zealand Superannuation Fund
2	2017-08-29	5000万美元	战略融资	Promecap Oscar Salazar, Nima Capital, Henry Kravis, Goldman Sachs
3	2017-01-10	5000万美元	战略融资	SUEZ Environnement, Nathaniel de Rothschild, Justin Rockefeller
4	2015-09-18	5800万美元	C轮	Wellington Management, Paul Tudor Jones II, Nima Capital, Leonardo Dicaprio, Henry Kravis, Goldman Sachs, Fifth Third Bancorp, Andrew Jassy

续表

序号	披露日期	交易金额	融资轮次	投资方
5	2015-01-16	3200万美元	B轮	QuarterMoore, Oscar Salazar, Marc Benioff, Fifth Third Bancorp, CM" Bill" Gatton, Brad Kelley, Barry Sternlicht
6	2012-07-30	500万美元	A轮	Rotunda Capital Partners, Joel Moxley, CM" Bill" Gatto
7	2009-01-01	100万美元	天使轮	QuarterMoore

内特·莫里斯跟优步的首席技术官奥斯卡·萨拉扎（Oscar Salazar）成为朋友。奥斯卡·萨拉扎不仅是一位投资家，他还是优步董事会的一员，积极协助 Rubicon 公司引入高科技人才，例如优步的前任首席财务官（CFO），布伦特·卡里尼克斯（Brent Callinicos）。除此之外，奥斯卡·萨拉扎还帮助莫里斯招募到菲尔·罗多尼（Phil Rodoni）——易保公司（Esurance）首屈一指的人才，并在之后帮助 Rubicon 公司创建了名为 Shake 的 App。这个 App 能够测量垃圾搬运卡车与垃圾桶的距离、垃圾桶的垃圾填装速度以及垃圾桶的状态，并将这些信息反馈给服务中心。这种无人监控的方法，让卡车司机能全神贯注地开车，并减少了垃圾车发生致命事故的概率。

菲尔·罗多尼还帮助 Rubicon 公司开发了软件管理套件。这个软件最初的名字叫凯撒（Caesar），之后改名为奥古斯都（Augustus）。这个管理软件能追踪卡车及其驾驶路线。除此之外，菲尔·罗多尼还开发了一个名叫 Rubicon Pro 的电子商务方案，它能给顾客提供一个与供货及贷款相关的市场，而这个市场通常都有折扣。

有垃圾要处理的物业或企业，通过手机在 Rubicon 公司的平台预约，发送请求回收垃圾的信息并传送到平台的运输公司系统。该系统会优先调派那些计划经过该用户所在地区或已经有卡车正在作业的公司。同时，平台会估量有回收需求企业的垃圾流量，并为垃圾建立目录，为那些埋藏在垃圾堆中的有价值材料寻找新的销售机会，例如一些使用过的活性炭如果经过评判，不属于危险废物，并有利用价值，那么 Rubicon 公司的系统就会匹配合适的买家卖掉它。在这个过程中，Rubicon 公司会从销售额中收取一部分提成。当然上述那些卡车并不是 Rubicon 公司自家的，Rubicon 公司通过运营科技平台，致力于对接大大小小的运输公司、产生垃圾又有削减处理成本需求的公司、强化资源回收需求的大公司，通过向美国各地的回收和升级再造合作伙伴出售有价值材料而营利。

与此同时，Rubicon 公司寻找机会减少客户每周的收垃圾次数，从而帮助客户降低回收垃圾的成本，在这个过程中，Rubicon 公司获得的报酬基于其能够给客户节省的费用，以及变现的可回收利用材料数量。

Rubicon 公司垃圾运输模型的大部分都直接取自优步的运行模式。由于 Rubicon 公司并不是垃圾运输车的管理者，而且它也不对垃圾处理中心进行管理，所以，这种模式能降低风险并减少开发成本。布伦特·卡里尼克斯也是 Rubicon 公司董事会的一员。他声称由于 Rubicon 公司为众多的小公司提供了平台，所以成长潜力巨大。

7.1.2 专利申请情况

截至 2020 年 8 月 6 日，检索到 Rubicon 公司的全球专利申请共计 201 件，无中国专利申请。

（1）申请趋势

图 7-1-1 为 Rubicon 公司的专利申请趋势。Rubicon 公司虽然于 2009 年创立，但从 2015 年才开始进行专利申请，且大部分专利申请的发明人是菲尔·罗多尼，可见菲尔·罗多尼的加入大大提升了 Rubicon 公司的技术实力，从中也能发现创始公司的知识产权保护意识很强，对其核心的技术进行了较大力度的保护。2015~2017 年，该公司的专利申请量逐年增加，于 2017 年达到顶峰，这个阶段可以称为增长期，Rubicon 公司也在这个阶段完成原始的技术积累和保护壁垒，为后续的快速发展建起了一道强有力的护城河。2017 年之后专利申请开始逐年下降，可能原因在于该公司的技术研发遇到了一定瓶颈，或者依据目前已有的技术成果已经能够满足业务需要，完成了初步的专利积累。

（2）国家、地区和组织布局/申请类型

图 7-1-2 和图 7-1-3 给出了 Rubicon 公司历年申请趋势和国家、地区和组织占

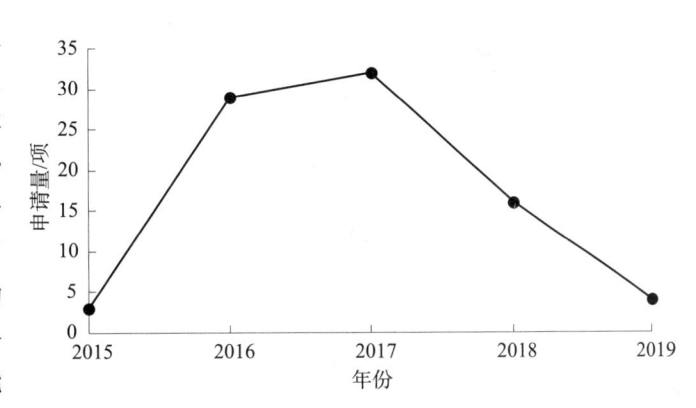

图 7-1-1 Rubicon 公司专利申请趋势

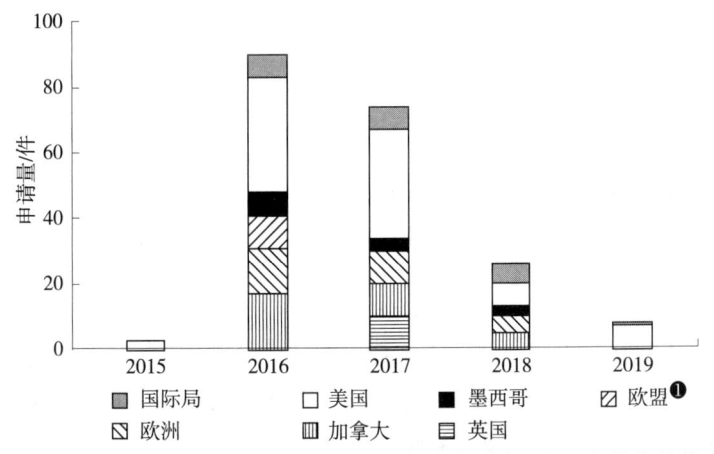

图 7-1-2 Rubicon 公司专利申请主要国家、地区和组织分布趋势

---

❶ 本章图中欧盟专利数据为向欧盟知识产权局（EUIPO）提交申请的外观设计专利，欧洲专利数据来自 EPO 的专利申请。

比。2015年，Rubicon公司最先开始布局了3件美国临时申请，并陆续以该3件申请为优先权提交了一系列的正式申请，且专利布局的重点主要在于美国本土，其专利申请的目标国绝大多数都是美国，在美国的申请量占其专利申请总量的42%。

Rubicon公司在专利申请目标国家、地区和组织方面也非常具有长远眼光，或者说现实需要，其目标国家、地区和组织主要有加拿大、欧洲、墨西哥和巴西，而在亚洲等地基本无专利布局，这也跟公司业务发展的区域在上述国家有关，也可以看出该公司业务发力点主要在欧洲和美国，并没有将亚洲等地（例如中国）作为其主要目标市场。这对国内相关公司和科研院所也是利好信息，由于专利保护的地域性，中国申请人可以充分借鉴或者直接利用Rubicon公司的相关先进专利技术，在中国无须考虑侵权的问题，但需要关注其在中国的专利布局是否发生变化。

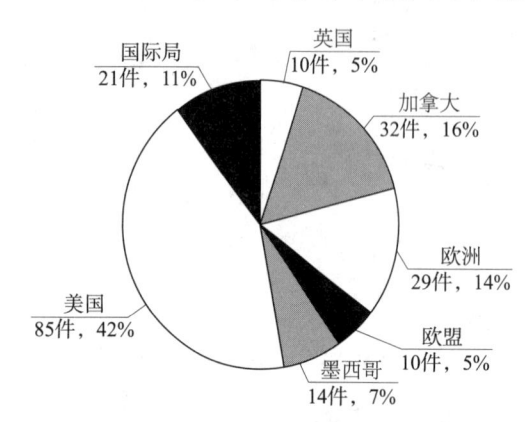

图7-1-3 Rubicon公司专利申请国家、地区和组织占比

在专利申请类型上，Rubicon公司主要是以发明专利申请为主，占其总量的85%，外观设计专利申请为辅，如图7-1-4所示。其中，外观设计专利意在保护系统界面、App界面等，即涉及用户界面的外观设计保护，这点值得国内相关企业学习，尤其是在中国外观设计专利对用户界面加强保护的环境下，应对自身开发的系统进行全方位的保护，增加图形界面的企业辨识度，而不能仅限于采取发明或实用新型对技术方案进行的保护。

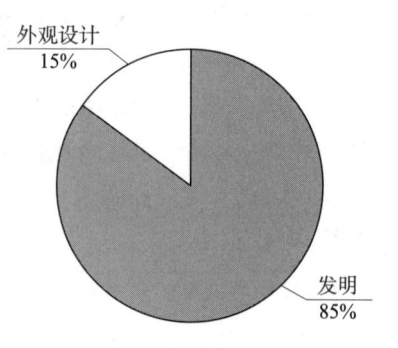

图7-1-4 Rubicon公司专利申请类型占比

图形用户界面（Graphic User Interface，GUI）通常是指采用图形方式显示的计算机操作用户界面。外观设计专利制度下的图形用户界面，在其固有属性的基础上，还应当满足两个额外的条件，即以实现产品功能为目的，同时具备人机交互的功能。人机交互是指人与机器之间，通过一定的交互方式（点击、触摸、滑动、显示等），完成信息（指令、反馈、状态等）传递的过程。实现产品功能是指使产品能发挥有利作用，包括实现产品自身功能和借助应用程序实现的功能。在外观设计专利申请中，最常见的GUI应用领域包括手机、计算机领域和数码终端（如媒体播放器等），占申请总量的3/4。

在包含GUI设计的外观设计专利申请中，还有一种较为常见的现象，就是该系统或者软件的GUI设计是按照一定规律进行动态变化的。这类产品的外观设计专利申请应当提交整个过程的起止帧，以及中间重要变化阶段的关键帧视图。在专利审查过程中，虽然没有对关键帧数量作具体要求，但综合申请人所提交的所有视图，应能唯一确定动态图案中动画的变化趋势。

例如 Rubicon 公司的外观设计申请 USD794680S，其具有显示显示屏幕部分图像的前视图，带有显示新设计的图标，如图 7－1－5 所示。

Rubicon 公司的外观设计专利申请 USD802017S，其涉及由显示屏的装饰功能和图形用户界面组成，如图 7－1－6 所示，图中的点画线部分不构成设计的一部分，（a）是第一帧，（b）是第二帧。

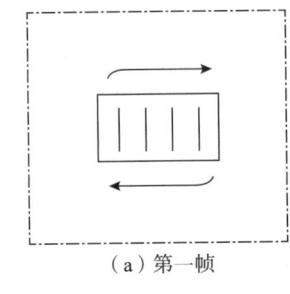

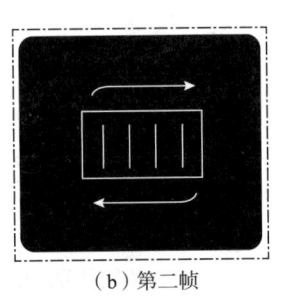

图 7－1－5　专利 USD794680S 附图

图 7－1－6　专利 USD802017S 附图

7.1.3　Rubicon 公司美国专利申请策略

为了全面、有效地获取专利保护，Rubicon 公司充分利用了美国的临时申请、继续申请程序，合理配置其专利分布，维护其专利的稳固性、有效性。

临时申请的效力是建立一个申请日的优先权，属于非正式申请，美国专利商标局（USPTO）不会对其进行审查，自申请日起 12 个月内，可以提交正式申请，享受临时申请的申请日。临时申请的特点是：收费低，申请文件要求低，申请时无需提交权利要求书，这些文件可于随后提出的正式申请中提交，其目的是简化手续；正式申请的专利保护期限不受上述 12 个月的影响，可以作为申请国外专利的优先权基础，但不可以要求其他在先申请的优先权。❶

完全继续申请的说明书应当与母案申请完全一致，即不能含有任何新的主题，同时，其权利要求应当不同于母案申请。在这种情况下，其全部主题都可享有母案申请的申请日。通常有下列两种情况可以提出完全继续申请：①当权利要求在母案中已被全部驳回，申请人提出新的修改意见或意见陈述，当出现新的问题或需要进一步探讨时，申请人可以提出继续申请以获得进一步审查的机会；②在母案中的部分权利要求被要求删除，这样母案可获得授权。申请人可以修改这些从母案中删除的权利要求或维持这些权利要求，再次提出一个继续申请。

继续申请的做法对于申请人非常有利，申请人可以不断通过继续申请完善权利要求，以获取合理的保护范围。很多美国专利申请通过这种方式，始终处于等待授权公开的状态。在这种状态下，公众是无法获知其专利内容的，也就是所谓的"潜水艇"

---

❶ 蔡萍. 美国专利申请类型和授权后程序 [J]. 中国发明与专利，2007（9）：71-72.

式的专利。申请人完全可以按照技术的变化和市场的变化，及时进行调整，从而使"潜水艇"专利公开时，能够给竞争对手以致命打击。

部分继续申请既包含了母案申请已经公开的内容，又增加了新的内容，其依赖于母案申请的公开具有两个或多个有效申请日。母案申请中的权利要求也出现在部分继续申请的权利要求中，或者第一次出现在部分继续申请中，如果其可以得到母案申请说明书的支持，则享有母案申请的申请日；否则，只能是部分继续申请的实际申请日。新增加内容的申请日以实际提交日为准，所涉及权利要求的保护期限自该实际提交日起算❶。

图7-1-7所显示的是 Rubicon 公司关于废物管理系统总体、App、废物容器及监测、废物跟踪等几个分支的申请策略，共涉及申请18件，其中临时申请5件，继续申请6件，时间涵盖了2015～2019年，这也是 Rubicon 公司在技术上取得突飞猛进的一个时期。

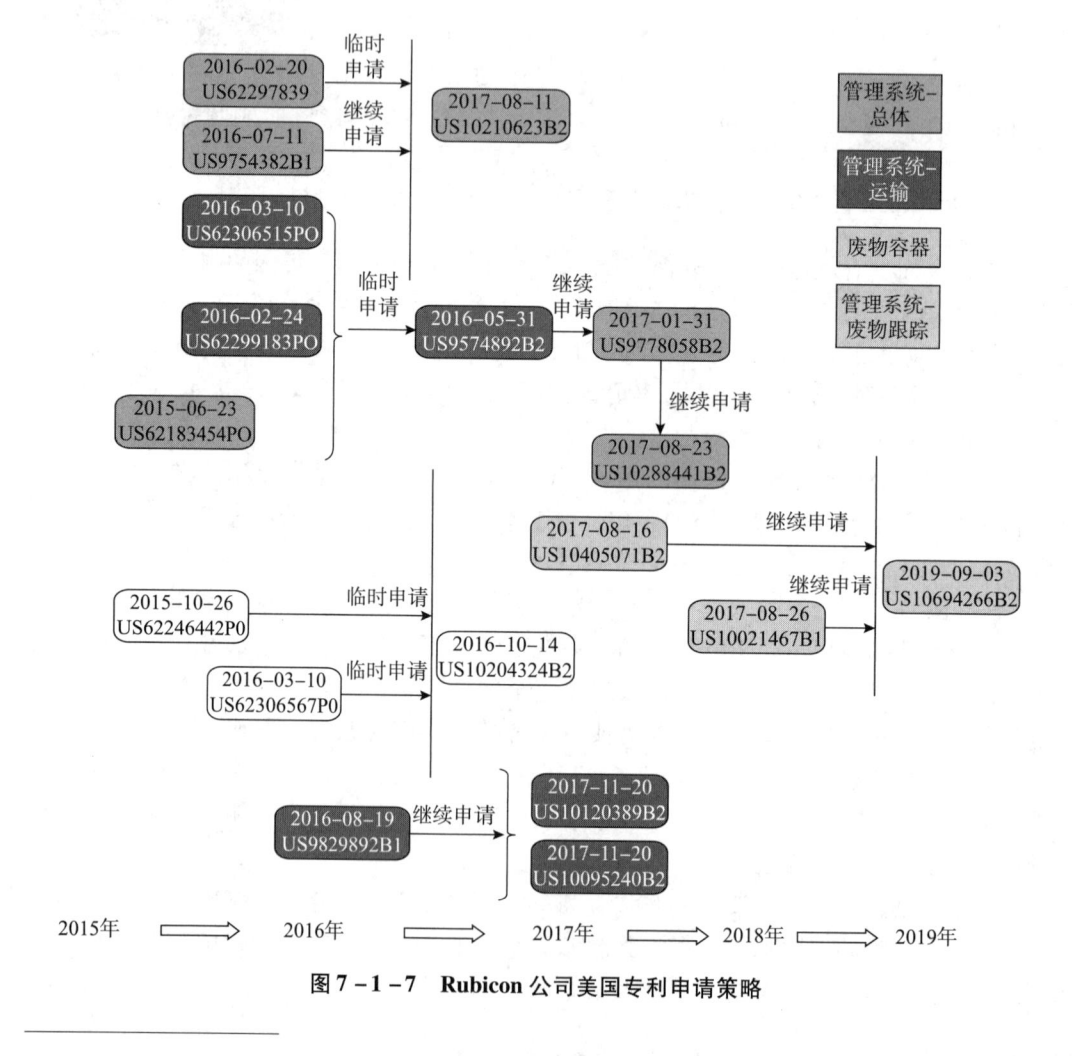

图7-1-7 Rubicon 公司美国专利申请策略

---

❶ 蔡萍. 美国专利申请类型和授权后程序［J］. 中国发明与专利, 2007（9）：71-72.

由图 7-1-7 可知，Rubicon 公司在美国采用了灵活的多种专利申请策略，例如通过提交 1 件甚至多件临时申请，抢先占领申请日，其后再通过进一步完善、整合的方式提交正式申请，正式申请时将该多件临时申请的内容加以整合；或者同时结合临时申请和继续申请，或同时结合多件继续申请来完善技术方案的保护。这些申请策略的使用，不但可以使企业的新技术尽快获得有效保护，同时可以不断扩展和完善自身专利的保护范围。对于国内创新主体来说，如果需要进入美国市场，则可以借鉴 Rubicon 公司的专利申请策略，充分利用美国专利制度，进行专利布局。另外，中国专利制度中，也有与上述美国专利申请中类似的制度，例如本国优先权、分案申请等，国内创新主体也可以灵活使用。

US9574892B2 是 Rubicon 公司的基础性专利，其涉及一种用于提供废物管理应用的系统，从 2015 年提交临时申请开始，2016~2017 年陆续对该基础性专利进行了继续申请，不断改变和扩大权利要求的保护范围，实现对该技术方案的全方位保护（见图 7-1-8）。

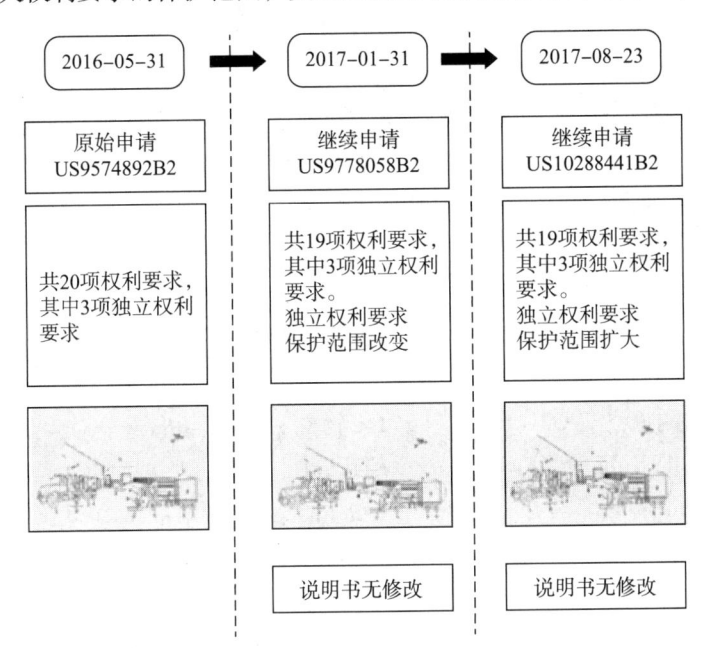

图 7-1-8　Rubicon 公司关于专利 US9574892B2 的申请保护策略

US9574892B2 包括 3 项权利要求，分别保护管理系统、方法以及计算机程序，其中授权的产品独立权利要求为：

一种用于提供废物管理 App 的系统，包括：定位装置，设置在服务车辆上，并被配置为产生指示服务车辆的位置的第一信号；输入装置；至少一个传感器，其设置在所述服务车辆上，并且被配置为产生与正在执行的废弃服务之一相关联的第二信号，其中所述至少一个传感器是声学传感器和加速度计之一；以及与所述定位装置，所述输入装置和所述至少一个传感器通信的控制器，所述控制器被配置为：接收包括要由服务车辆执行的废弃服务的路由分配；基于所述第一信号在执行所述废弃服务期间跟踪所述服务车辆的移动；基于所述第二信号确定所述一个废弃服务的完成；提供用于在输入设备上显示的图形用户界面,列出来自要由服务车辆执行的路线分配的废弃服务,并显示出服务车辆相对于至少一个要执行废弃服务位置的位置;以及使图形用户界面基于第二信号在输入设备上显示哪个废弃服务已经完成的指示。

在继续申请 US9778058B2 中,Rubicon 公司为弥补在先申请权利要求保护范围的不足,改变了权利要求的技术特征,删除了输入装置相关特征,并增加了移动设备的相关特征,目的在于将权利要求保护的范围尽可能涵盖日后可能出现的技术方案,其独立权利要求如下:

一种用于提供废物管理 App 的系统,包括:定位装置,设置在服务车辆上,并被配置为产生指示服务车辆的位置的第一信号;移动设备,具有位于所述移动设备内部的传感器,所述移动设备被设置在所述服务车辆上,并且其中所述传感器被配置为产生与由所述服务车辆执行的废弃服务相关联的第二信号;与所述定位装置、所述移动装置和所述传感器通信的控制器,所述控制器被配置为:接收包括要由服务车辆执行的废弃服务的路由分配;在执行废弃服务期间,基于所述第一信号跟踪所述服务车辆的移动;基于所述第二信号确定废弃服务的完成;使图形用户界面在移动设备上显示,从要由服务车辆执行的路线分配中列出废弃服务,示出服务车辆相对于要执行废弃服务位置的位置,并且提供哪些废弃服务已经完成的指示。

在 2017 年继续提交的申请 US10288441B2 中,相对于在先申请 US9778058B2,删除了"所述控制器被配置为:接收包括要由服务车辆执行的废弃服务的路由分配;在执行废弃服务期间,基于所述第一信号跟踪所述服务车辆的移动;以及从要由服务车辆执行的路线分配中列出废弃服务,示出服务车辆相对于要执行废弃服务位置的位置,并且提供哪些废弃服务已经完成的指示。"进一步扩大专利的保护范围,几乎涵盖了绝大部分采用互联网概念(O2O)形式回收废物的方案,阻止竞争对手进入该领域,因此能够更有效保护 Rubicon 公司目前采用的运营方式,其独立权利要求如下:

一种用于提供废物管理应用程序的系统,包括:定位装置,设置在服务车辆上,并被配置为产生指示服务车辆的位置的第一信号;具有位于移动设备内部的传感器的移动设备,所述移动设备设置在服务车辆上,并且其中所述传感器被配置为生成与服务车辆正在执行的废物服务相关联的第二信号;与定位装置、所述移动设备和所述传感器通信的控制器,所述控制器被配置为基于所述第二信号来确定浪费服务的完成,并且使图形用户界面显示在所述移动设备上,所述浪费服务的指示已经完成。

可见,围绕一项原始技术方案,Rubicon 公司始终在不断调整其申请的实体内容,通过各种形式修改权利要求书,有效扩大了权利要求的保护范围,最终形成以原始申请为核心的专利族,最大限度地维护自身权益。

7.1.4 专利布局分析

专利布局是指企业综合产业、市场和法律等因素,围绕某一技术主题,有目的、有策略地构建专利组合的过程,通过对专利进行有机组合,涵盖了企业利害相关的时间、地域、技术和产品等维度,构建严密高效的专利保护网,最终形成对企业有利格局的专利组合。

专利布局最低限度的目的，是应当能够获得足以覆盖自身产品的专利权利，以防止他人进行仿制，更进一步地，还应当以能够覆盖简单的变形和后续的微改进为目标，扩大专利布局防御的权利覆盖范围和时间覆盖范围，从而为自身产品争取更大的获利空间。

凭借单件专利打天下的时代早已过去，以专利组合的方式进行更有效的保护已经是当下的时代主流。通过构建专利组合，依照技术上的关联性和权利间的互补性，对专利产品或技术的不同角度和不同层次的技术改进，形成在结构和数量上不同的专利集合，可以有效打破单件专利在技术和时间上的局限性，消除权利覆盖的间隙。

Rubicon 公司的专利申请主要涉及废物管理系统，其不仅对废物处理系统总体的技术方案进行了多项专利申请布局，还在构成系统总体各部分的应用程序 App、运输车辆、系统路径优化、废物容器、废物跟踪等分支上，均进行较强的专利申请布局，如图 7-1-9 所示（见文前彩色插图第 6 页），其所申请的专利涵盖了废物管理系统的各个方面，有效保护了整个废物管理系统的技术，构造了竞争对手进入相关市场的专利壁垒。

7.1.5 专利质押融资

在检索中发现，Rubicon 公司将其所有专利以权益担保的方式质押给了 Encina Business Credit（以下简称"Encina"）和 Pathlight Capital LP（以下简称"Pathlight"）以获取足够的资金来扩大企业的经营。Encina 是美国最主要的基于资产的独立贷款平台之一，可为中间市场借款人提供融资。该公司总部位于美国芝加哥，在美国各地设有办事处，提供循环授信额度和定期贷款，1亿～10亿美元不等，以应收账款、库存、机械和设备以及房地产作为担保。Encina 向包括制造业、零售业、汽车业、石油和天然气、服务业、分销业务和消费品产业在内的广泛行业的私人和上市公司提供贷款。Pathlight 是一家私人信贷投资管理公司，致力于通过提供以有形和无形资产为第一或第二留置权基础的资产贷款来满足各行各业公司的需求。Pathlight 提供创新的融资解决方案，允许管理团队获取增量流动性，用于为营运资本、债务再融资、增长、收购、股息和周转战略提供资金。

专利权质押是指专利权人将自己的有效专利权作为质押标的，出质给债权人，当债务人不履行到期义务或发生约定的实现质权的情形时，债权人有权就该专利权优先受偿的物权担保行为。专利权质押是知识产权运用的重要方式，推行知识产权质押融资，把政府对科技型中小企业的直接资助转变为间接帮助企业从市场获得资金，这不仅有助于创新成果的实施和产业化，更有助于缓解政府压力，拓宽企业融资渠道，解决企业融资难题，实现知识资本与金融资本的有效结合。

专利权质押融资主要涉及企业、银行、政府、担保机构和评估机构等。如图 7-1-10 所示，基本流程为在政府鼓励和引导下，企业把经过专业评估机构评估后的专利权质押给银行以获取贷款（授信）。

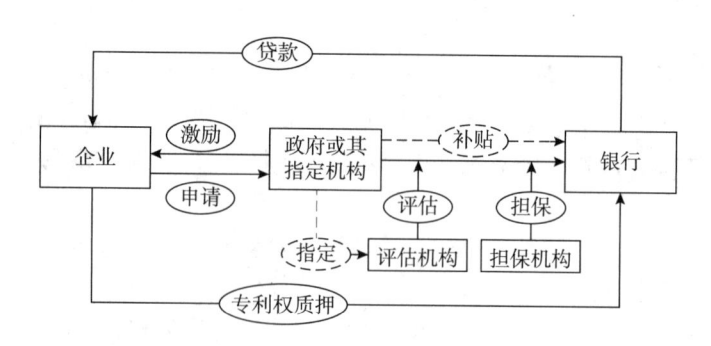

图 7-1-10 专利权质押融资流程

根据在专利权质押融资中各机构的作用，大致可把现阶段国内专利权质押融资模式分为北京模式、上海浦东模式、武汉模式和湖北模式 4 种模式。北京模式是"银行+企业专利权/商标专用权质押"的直接质押融资模式；浦东模式是"银行+政府基金担保+专利权反担保"的间接质押模式；武汉模式则是在借鉴北京和上海浦东两种模式的基础上推出"银行+科技担保公司+专利权反担保"的混合模式；湖北模式是"专利+股权"的双质押模式。政府除了在相关融资市场规范方面发挥作用外，还通过积极建立专利投融资服务平台，引导和建立专利权质押融资的创新机制，并通过为企业提供担保、利息补贴的形式来鼓励和引导专利权质押融资。

中国银行保险监督管理委员会、国家知识产权局、国家版权局于 2019 年发布了《关于进一步加强知识产权质押融资工作的通知》（银保监发〔2019〕34 号），指出鼓励银行保险机构积极开展知识产权质押融资业务，支持具有发展潜力的创新型（科技型）企业。鼓励商业银行在风险可控的前提下，通过单列信贷计划、专项考核激励等方式支持知识产权质押融资业务发展，力争知识产权质押融资年累放贷款户数、年累放贷款金额逐年合理增长。鼓励商业银行对企业的专利权、商标专用权、著作权等相关无形资产进行打包组合融资，提升企业复合型价值，扩大融资额度。鼓励商业银行以外的银行业金融机构以及经银保监会或银保监局批准设立的其他金融机构参照本通知的规定，积极开展知识产权质押融资业务，支持具有发展潜力的创新型（科技型）企业。各银保监局、地方知识产权管理部门、地方版权管理部门应当积极为商业银行与创新型（科技型）企业创造对接机会与平台。推动建立知识产权资产评估机构库、专家库和知识产权融资项目数据库，推进知识产权作价评估标准化，为商业银行开展知识产权质押融资创造良好条件。地方知识产权管理部门和地方版权管理部门应当加强对商业银行知识产权押品动态管理的专项服务，联合商业银行探索知识产权质物处置、流转的有效途径，充分发挥国家知识产权运营公共服务平台等各类知识产权交易平台作用，做好质物处置工作。知识产权管理部门、版权管理部门推动建立统一的专利权、商标专用权、著作权质押登记公示信息平台，便于商业银行、社会公众等进行查询。对于商业银行行使质权获得的知识产权等，可按程序减免维持费用。知识产权质权登记机构应当不断优化知识产权质押登记流程，缩短登记时间。

2019 年，我国专利、商标质押融资总额达到 1515 亿元，同比增长 23.8%。其中，

专利质押融资金额达 1105 亿元，同比增长 24.8%，质押项目 7060 项，同比增长 30.5%。❶

尽管现阶段我国专利权质押融资还处于初步发展阶段，但是其对企业技术创新并最终促进专利申请的作用是积极的，专利权质押融资能够有效解决企业融资问题。国内创新主体应该充分发挥自身专利的价值，除专利保护、许可收费等用途外，还可以用来解决企业融资问题。

7.1.6　重点专利介绍

（1）废物管理系统

专利 US10296855B2 涉及用于管理废弃服务的系统和方法。该专利公开了一种用于管理废物服务的系统，所述系统可具有：定位装置，其经配置以产生指示服务车辆位置的信号；运动跟踪装置，其可由所述服务车辆的管理人员佩戴；以及控制器，其与所述定位和运动跟踪装置通信。控制器可被配置为基于信号确定服务车辆到要执行废物服务的目标位置的接近度，以及当服务车辆的接近度在目标位置的阈值接近度内时，经由运动跟踪装置监视管理人员的活动。控制器还可以被配置为基于管理人员的监控活动将存储器中的目标位置自动标记为已经被服务（见图 7-1-11）。

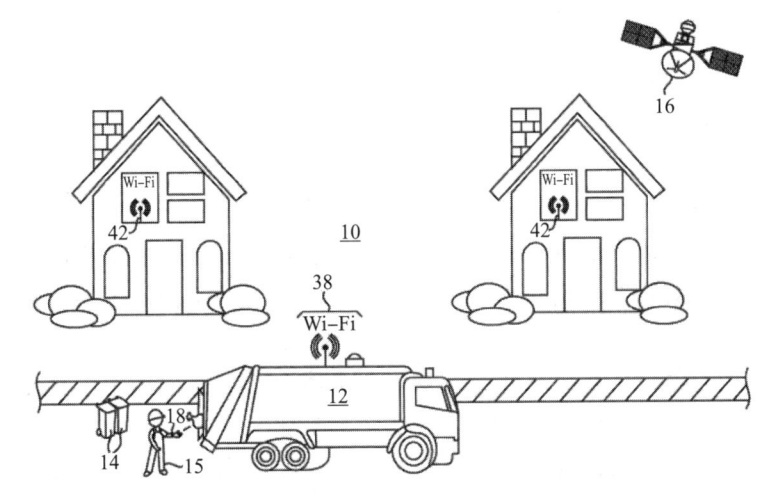

图 7-1-11　专利 US10296855B2 附图

（2）容器相关

专利 US10185935B2 涉及提供使用激励的智能废物容器。该专利公开了一种用于容纳废物的容器，所述废物容器可以具有至少一个开口的容器，以及被配置为产生指示垃圾通过所述至少一个开口被沉积的信号的传感器。所述废物容器还可以具有可操作地连接到所述容器的公共使用装置，以及与所述传感器和所述公共使用装置通信的控制器。控

---

❶ 财新网. 中国 2019 年知识产权质押融资总额突破 1500 亿元［EB/OL］.（2020-01-15）［2021-01-30］. http://www.caixin.com/2020-01-15/101504227.html.

制器可以被配置为基于信号选择性地提供对公共使用设备的访问（见图7-1-12）。

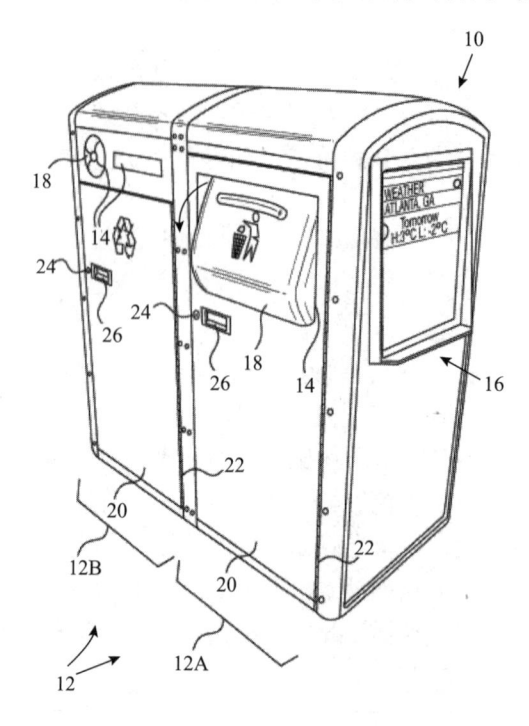

图7-1-12 专利US10185935B2附图

（3）垃圾车辆运输相关

专利US9803994B1涉及具有自动路线生成和优化系统。该专利公开了一种用于由服务车辆管理废物服务的系统，所述系统可以具有配置成产生指示所述服务车辆位置的位置信号的定位装置、配置成产生指示由所述服务车辆执行的废物服务的服务信号的传感器、输入装置和与所述定位装置、传感器和输入装置通信的处理单元。所述处理单元可以被配置为基于所述位置和服务信号来确定所述服务车辆已经进行了多个服务停止，并且自动生成包括所述多个服务停止的至少一个服务路线。所述处理单元还可以被配置为在所述输入设备上的至少一个图形用户界面中的地图上显示所述至少一个服务路由和所述多个服务站点（见图7-1-13）。

（4）App

专利US20190265062A1涉及用于管理废弃服务的系统、方法和应用程序。该专利公开了一种用于提供废物管理应用的系统，所述系统可以具有定位装置、输入装置和控制器，所述定位装置设置在服务车辆上并且被配置为生成指示服务车辆位置的第一信号。控制器可以被配置为接收包括将由服务车辆执行的废物服务的路线分配，并且基于第一信号跟踪在执行废物服务期间服务车辆的移动。控制器还可以被配置为提供用于在输入设备上显示的图形用户界面，从要由服务车辆执行的路线分配中列出废物服务，并显示出服务车辆相对于要执行废物服务的至少一个位置的位置（见图7-1-14）。

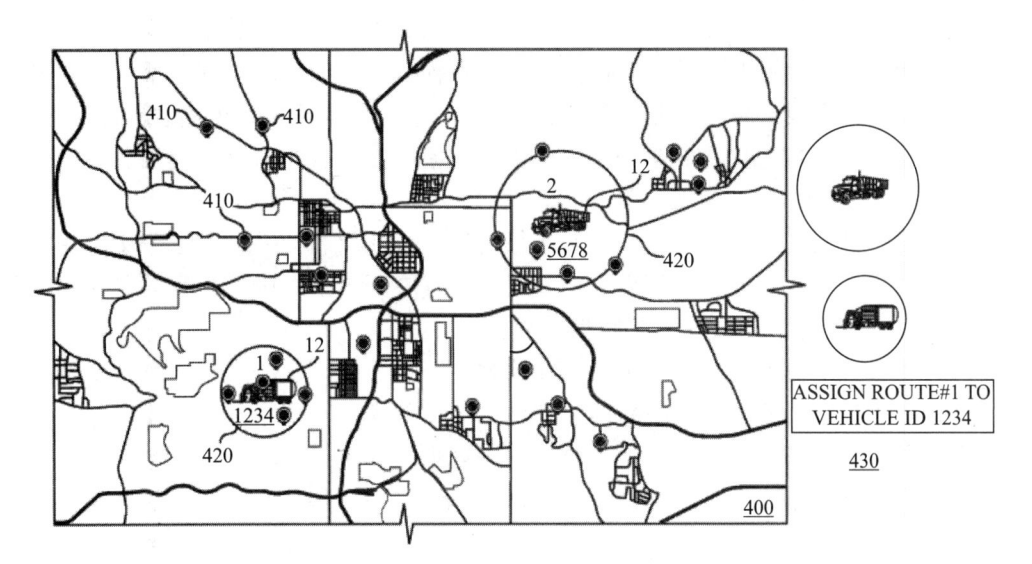

图 7 – 1 – 13　专利 US9803994B1 附图

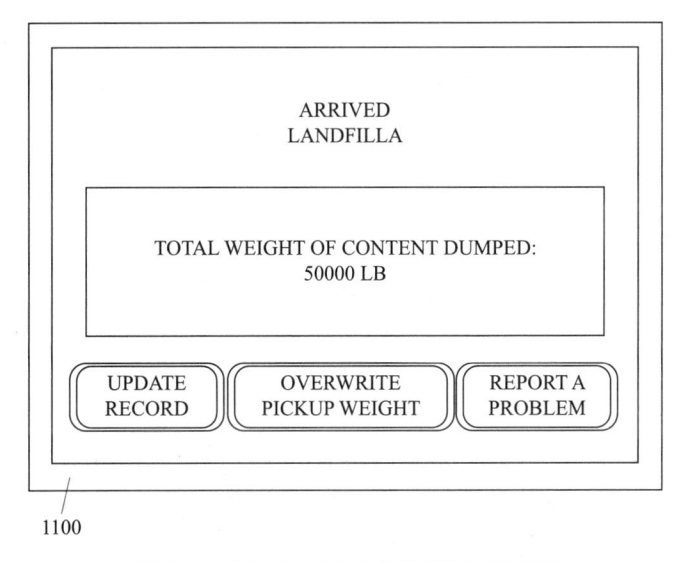

图 7 – 1 – 14　专利 US20190265062A1 附图

纵观国内垃圾收集回收行业，实际上也出现了环保 O2O 形式的市场模式，例如启迪桑德在环卫车上安装了传感系统，并连接到后台的云平台管理系统，通过智能终端设备可实时监控车辆位置、油耗、空气质量（温度、湿度、PM2.5）等状态信息，它还可以进行环境监测。同时，启迪桑德开发了"好嘞"App，在安徽蚌埠试点已实现了环卫工人上门回收废品，在未来，物流、广告等都将成为其环卫产业链的延伸。

格林美开发的全方位 O2O 分类回收平台"回收哥"，于 2015 年 7 月 22 日在武汉和天津同步启动。该平台由格林美携手各地方供销社打造，计划用两年时间在全国范围内建成"互联网+分类回收"的城市废物分类回收体系,以解决城市垃圾分类回收的难题,同时为格林美等再生资源企业提供原料保障。"回收哥"O2O平台直接面向居民生活中的全部可回收废品,实现居民线上交投废品与"回收哥"线下回收的深度融合,手机即可预约"回收哥"上门服务;"回收哥"是网络时代的城市分类回收的环保服务员,通过手机App可以实现抢单。

瀚蓝环境开发了广东省佛山市南海区餐厨垃圾智能化收运系统,结合物联网技术和车联网技术,并具有本地定制化的功能服务,可应用于南海区大多数需要对收运严格监控的企业,包括下属企业绿电的其他项目。

2015年8月,联想在线回收平台"乐疯收"正式上线。平台采用O2O线上线下联动模式:线上推出精准的数码产品回收评估系统,保证回收价格透明;线下利用专业的回收人员,上门回收,让消费者足不出户完成回收交易。

百度和TCL奥博推出的"回收站"。2014年8月,百度跨界进入废旧电器回收行业,与传统企业TCL奥博合作,开发了一款轻应用"百度回收站"。居民通过手机将自己的旧电器拍照上传,就可接到客服电话,继而完成类似快递上门取件的回收服务。

但是国内的这几种商业模式和Rubicon公司的还是有差别的,国内相关创新主体或有意向进入垃圾回收处理领域的企业,可以基于国内垃圾分类回收政策、市场环境等实际情况,引入Rubicon公司相关专利技术和经营模式。如前文对Rubicon公司的专利分析可见,该公司目前并未在中国进行专利布局,中国企业对其专利技术可以放心使用以及在此基础上进行研发。

7.2 行业巨头发展之路——WM公司

7.2.1 公司概况

WM公司是目前北美最大的废弃物综合处理公司,于1968年成立,1971年在纽约证券交易所上市,公司总部位于美国休斯敦。其主要通过战略并购的方式进行营收增长,在其扩张的高峰期共有2000多家子公司,约250个各地分支机构。公司主要经营业务包括垃圾回收、转运、填埋、焚烧发电、生产沼气以及回收再制造等业务,涉及固废行业各个领域,业务遍布美国和加拿大。

截至2020年11月6日,WM公司市值达505.82亿美元。❶ 公司于2017年实现营业收入145亿美元,固废营业收入居全球第一,领先第二名威立雅高达70%,❷ 而这一切都建立在公司仅在美国和加拿大运营的基础上,充分展现出公司在固废领域的绝对统治力。

---

❶ 参见https:stock.finance.sina.cn/usstock/quotes/ww.html.

❷ 年入145亿美元,靠处理垃圾,这家公司问鼎世界第一:起底美国废物管理巨头WM[EB/OL].(2019-02-18)[2021-01-30].http://www.sohu.com/a/295474042_825950.

WM 公司设有 4 个分公司，分别为西部分公司（Western Group）、中西部分公司（Midwest Group）、东部分公司（Eastern Group）和南部分公司（Southern Group），分别负责不同区域的环境管理服务。西部分公司负责美国西部 13 个州（包括夏威夷州和阿拉斯加州）和加拿大不列颠哥伦比亚省的业务；中西部分公司负责美国中部 14 个州和加拿大除不列颠哥伦比亚省以外其余所有省的业务；东部分公司负责美国东北部 12 个州的业务；南部分公司负责美国南部 13 个州的业务。

WM 公司旗下拥有 2 家全资子公司，分别为：

（1）WM 回收美国有限责任公司（WM Recycle America LLC，WMRA）

WMRA 主要从事工业和市政生活垃圾的收运处置，以及原材料再制造和销售业务，同时为学校和社区提供各种教育和推广计划。WMRA 在美国和加拿大 140 多个地区建立了近 100 家回收处，此外还有 1 座塑料回收厂和 3 座电子产品回收厂在运营。❶

（2）维尔贝莱特科技公司（Wheelabrator Technologies，Inc.，WT）

WT 主要从事将城市固废和废弃燃料转化为清洁能源业务，是集设计、建设和运营为一体的公司，成立于 1975 年。WT 拥有 18 座垃圾发电厂，总处理能力达 2.3 万吨/日，发电能力 678MW。WT 还拥有 4 座独立的电厂，发电能力为 184MW。❷

7.2.2 专利申请概况

（1）申请趋势

经检索，WM 公司共有专利申请量 355 项，相较于公司的市场占有率、行业地位、营业收入、组织机构的体量等，是相当少的。2010 年之前，WM 公司的申请呈现较为平稳的态势，每年 10 项左右的申请量，主要原因可能在于该行业属于传统行业，无论是垃圾焚烧、填埋、回收利用等技术都非常成熟，非技术密集型企业；2010～2015 年有一个增长期，通过分析这个阶段的专利申请技术方案，可以发现，其增长主要在于互联网等新技术的引入对传统垃圾收集、转运和处理带来的改变。

2015 年之后，公司的申请量大幅下降，平均每年 10 项左右，开始进入另一个技术成熟期，主要原因在于公司的发展策略以不断兼并、扩大市场为主，技术方面的改进空间不多（见图 7-2-1）。

---

❶ 美国废物管理公司 Waste Management 相关资料［EB/OL］.（2014-12-30）［2021-01-30］. https://wenku.baidu.com/view/836cbe64f78a6529657d5302.html.

❷ 美国废物管理公司 Waste Management 相关资料［EB/OL］.（2014-12-30）［2021-01-30］. https://wenku.baidu.com/view/836cbe64f78a6529657d5302.html.

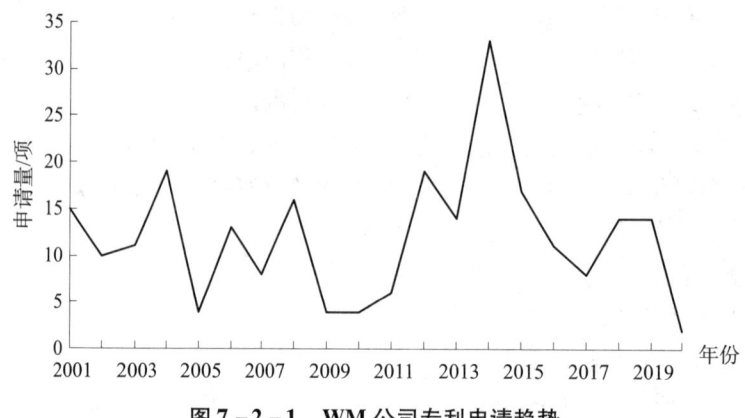

图 7-2-1　WM 公司专利申请趋势

(2) 布局国家、地区和组织

WM 公司专利申请目标地主要在美国和欧洲，在加拿大、英国、澳大利亚也有部分专利申请，而在亚洲等地基本无专利布局，这也跟其公司业务发展的目标市场地有关，也可以看出该公司业务发力点主要在欧美，并没有将亚洲（例如中国）等地作为其目标市场。这对国内相关公司和科研院所也是利好信息，由于专利保护的地域性，国内申请人可以充分借鉴或者直接利用 WM 公司的相关先进专利技术，但需要关注其在中国的专利布局是否发生变化（见图 7-2-2）。

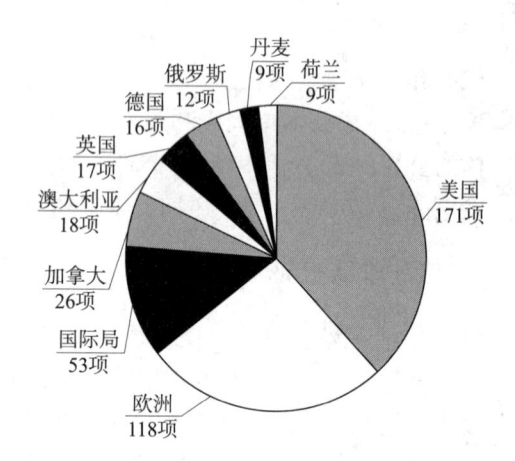

图 7-2-2　WM 公司专利申请国家、地区和组织

美国 171 项；欧洲 118 项；国际局 53 项；加拿大 26 项；澳大利亚 18 项；英国 17 项；德国 16 项；俄罗斯 12 项；丹麦 9 项；荷兰 9 项

7.2.3　并购分析

(1) WM 公司的并购发展历史

WM 公司在发展过程中注重外延并购，迅速抢占市场。通过 1970~1990 年的大肆并购扩张，从传统的收集转运领域拓展到回收、危险废物等市场，WM 公司成功成为全球第一的固废公司。

纵观 WM 公司的发展史，兼并和收购一直贯穿其中。改变 WM 公司历史的一次兼并发生在 1998 年，WM 公司与美国废物处理公司（USA Waste Services Inc.，UW）合并，新公司名称保留为 Waste Management。值得注意的是，此次兼并的提出方并不是当时美国的固废龙头 WM 公司，而是由当时美国第三大的 UW 提出兼并，同时新公司的首席执行官（CEO）也由原 UW 的 CEO 约翰·E. 德鲁里（John E. Drary）担任。为了更好地分析 WM 公司的并购发展，我们将分别研究 WM 公司（合并后）、原 WM 公司

（WMI），以及 UW 的并购发展史。❶

WMI 的成长十分迅猛，借着美国个人经济发展和固废行业发展的东风，WMI 从 1968 年成立开始，通过十分激进的收购策略收购了全美各地的小型垃圾收运公司。WMI 在 1971 年成功上市，并在 1972 年进行了多达 133 次收购，营收提升至 8200 万美元。❷

在 1984 年，WMI 通过收购美国服务公司（Service Corporation of America），在大力发展危险废物市场的同时，成为美国第一大垃圾转运商。随后，WMI 先后通过 1988 年收购垃圾焚烧支柱 WT 公司和 1990 年初与斯通货柜（Stone Container）联合，分别打开了垃圾焚烧和垃圾回收的市场。1991 年成立纸业回收公司，逐步成为北美最大的资源回收商。至此确立了垃圾收集转运、垃圾焚烧与垃圾回收利用"三轮驱动"的发展方式。

在美国成功扩张的同时，WMI 也抓住了在国际市场上发展的机遇。1975 年，WMI 通过与当地企业成立合资公司的方式，成功打开了沙特首都利雅得的环卫市场，这也是世界上第一个跨国的环卫合作。这个合作的示范效应给了 WMI 世界范围的关注。1980 年，WMI 先后成功进入了阿根廷、委内瑞拉、澳大利亚以及部分欧洲国家和地区的危废及环卫市场，并于 1990 年成为世界最大的固废企业。

进入 20 世纪 90 年代，WMI 不满足于现有的业务模式，意图通过继续并购开拓多元化市场。然而结果却超出了 WMI 的预想，并于 1993 年更名为 WMX Technologies，意在体现公司多元化的业务范围，通过收购，先后进入危险废物、石棉移除、金属腐蚀处理，甚至是草坪养护市场。与之前的垃圾焚烧和垃圾回收不同的是，上述行业在初期均需要大量资金投入，回报却极其有限。

与行业龙头 WMI 相比，UW 则是固废行业的新生力量。1984 年，UW 成立之时，WMI 已经是全美第一大垃圾转运商。然而，UW 通过采用与 WMI 初期发展相同的策略，即通过大量的并购来抢占市场，扩张其核心业务，成功在 1996 年成为美国第三大的垃圾转运商。与 WMI 不同的是，UW 并没有被有着广阔市场但成本相对较高的危险废物和垃圾回收业务所影响，而是坚持收购垃圾回收转运公司，在核心业务扩张的同时维持高利润。在 1997 年，UW 虽然营业收入为 26 亿美元，远低于 WMI 的 92 亿美元，但是净利润 267 万美元使 UW 成为全美最赚钱的固废公司❸。

两家公司于 1998 年正式合并，合并后的 WM 公司在美国固废市场的占有份额也增长至 20%，WM 自此开始了第二轮的发展。

合并后的 WM 公司并没有完全摒弃 WMI 的收购思路，在原有垃圾收运的基础上，利用公司在危险废物和垃圾焚烧、回收领域的基础，重新拓展以上领域；同时，公司也在积极谋求转型，将目光锁定新兴业务市场。WM 公司的收购策略分为以下两种：

---

❶❷ 年入 145 亿美元，靠处理垃圾，这家公司问鼎世界第一：起底美国废物管理巨头 WM［EB/OL］.（2019-02-18）［2021-01-30］. http：//www.sohu.com/a/295474042_825950.

❸ 美国废物管理公司 Waste Management 相关资料［EB/OL］.（2014-12-30）［2021-01-30］. https：//wenku.baidu.com/view/836cbe64f78a6529657d5302.html.

第一是收购大体量的核心业务。公司核心业务在美国已占据领先地位，合并后，公司先是迅速拿下了美国第二大固废公司布朗宁费里斯工业公司（Browning-Ferris Industries Corp.，BFI）在加拿大的全部业务，紧接着又收购了美国第九大固废公司东方环境服务公司（Eastern Environmental Services）。公司在稳固开展自有优势垃圾收运业务的基础上，先是在1999年收购垃圾焚烧领域支柱公司WT的剩余33%股权，随后分别在2011年和2013年收购美国最大的固废第三方服务运营商奥克莱夫全球控股（Oakleaf Global Holding）和私营回收绿星公司（Greenstar），稳固提高WM公司在垃圾收运、转运以及垃圾回收等核心业务上的领先地位。

第二是收购专业化的新生业务。随着固废传统市场业务趋于饱和，WM公司也在积极求变。一方面，WM公司利用自有团队积极研发已有业务的转型，另一方面，WM公司在2009~2016年，先后通过多次收购成熟的专业化新生公司，拓展了医疗垃圾、有机垃圾、建筑垃圾、电子回收等市场，并取得了一定成绩。需要注意的是，WM公司的以上收购虽涉及不同细分领域，但核心观念一致，即加大资源回收再利用，这也契合美国固废市场的转型，进一步优化完善固废处理全产业链发展。

2009年，WM公司收购上海城投（集团）有限公司子公司上海城投环境（集团）有限公司40%股权，同时持续提供技术服务，以期打开中国广阔的垃圾焚烧市场，这也是目前我国固废行业规模最大的引进境外战略投资项目。然而，随着中国国内生产总值（GDP）增速自2012年起逐步放缓，固废市场的成长趋势也有所缓解。虽然中国对于固废业务的需求和服务价格的增长是WM公司极为看中的，但是同时也会面临两方面的问题：一是中国固废市场竞争激烈，WM公司作为外来者并不具有太多优势；二是固废行业的前期拓展需要长期且大量的投资来推动基础设施项目的落地，更多业务的开展和市场份额的扩张，有违WM公司聚焦北美主业的核心理念。所以WM公司在2014年正式退出了中国市场。

WM公司为了获得更充裕的自由现金流，对WM公司的核心固废业务作出进一步地投资布局，在2014年以13亿美元的交易对价将WT出售剥离。

2019年4月15日，WM公司以约30亿美元现金收购非危险性固废处理商高级服务处理公司（Advanced Disposal Service）。

（2）合并后WM公司并购中的专利情况

1999年收购的BFI公司共计有专利17项，其申请日最早为1974年，最晚为1994年，专利权均已失效。该公司专利主要涉及污水污泥处理、管道清洗、废物容器等。

1999年收购的垃圾焚烧领域巨头WT公司共有专利11项，主要涉及城市固废的焚烧系统与方法，例如，EP09756384A1用于一种垃圾焚烧炉的模块化炉排，US20150211732A1城市固废蒸汽发生器回火空气系统。

2009年收购的医废处理公司光谱环境（Spectrum Environmental），共有专利5项，代表性专利US6576188B1涉及使用紫外光和超声波的表面和空气消毒，US6090346A涉及使用紫外光和超声波的灭菌。

高级服务处理公司共有相关专利3项，涉及医用针头的处理。

而其余收购的公司如东方环境服务、奥克莱夫全球控股等,均未检索到有相关专利申请。

从 WM 公司并购后的专利情况来看,数量均不多,这也反映了在垃圾回收处理行业中,企业对专利的依赖性在一定时期不是特别高。WM 公司从并购中也获得了涉及医疗垃圾、有机垃圾、建筑垃圾、电子回收等新生业务的专利技术,为其以后的发展也奠定了技术上的优势。

7.2.4 创新商业模式

面对行业发展趋于成熟,固废产量增速放缓等情形,WM 公司积极创新商业模式,多方位提高垃圾回收量,同时积极布局未来发展潜力巨大的资源回收利用技术。

(1) "Single Stream" 回收技术

WM 公司最为知名且成功的创新便是 "Single Stream" 回收技术。早在 1990 年初,WM 公司便开始了 "Single Stream" 回收技术的市场研究。"Single Stream" 回收技术有很多优点,它可以减少垃圾车运输时间和成本,减少人工劳力,提高居民回收热情,最重要的是可以有效提高垃圾回收量,多达 40%。公司一直在扩大 "Single Stream" 回收技术的使用力度,截至 2016 年,公司运营的 96 家回收厂中有 43 家使用 "Single Stream" 回收技术,占比近 45%。

(2) 填埋沼气发电技术

WM 公司一直走在废物能源化利用的前列。在 1980 年建成了美国第一个商业化垃圾焚烧发电厂,并于 1990 年领先研发了填埋沼气发电的技术。截至 2019 年,公司的填埋沼气发电量占美国填埋沼气发电量的 60%,可见其在填埋沼气利用的市场霸主地位。在此基础上,WM 公司也在研究填埋沼气—天然气的市场化进程。WM 公司先是于 2005 年在加利福尼亚州建立了全球最大的填埋沼气—LNG 处理厂,随后分别于 2014 年和 2016 年在俄亥俄州和伊利诺伊州建立了两座填埋沼气—压缩天然气处理厂。上述天然气的产出在两方面得到利用:一是用于 WM 公司自有的垃圾收集车(40%),二是进入天然气管网销售,在降低 WM 公司运营成本的同时也提供了一定营收。

(3) 电子回收和上门回收的有机结合

固废处理的源头来自于固废收集,WM 公司依靠其在传统固废收集/转运上的龙头优势,在收集物的种类和方式上进行了优化:在种类方面,电子废物的分类化收集成为公司突破口;在方式方面,一站式上门回收成公司创新点。电子废物(手机、硒鼓、电脑等)随着科技进步的发展呈大幅上涨趋势。不得当的处理电子废物会造成严重的环境污染。WM 公司通过整合原有家居用品的回收市场,将电子废物回收业务合并,形成了"产品回收集团"。"产品回收集团"通过邮寄小件、再销售,以及拆解再利用等三方面业务实现了电子废物的回收和再利用。在此基础上,WM 公司通过与高级别的第三方处理中心合作,将该项业务拓展到加拿大,真正实现了北美地区的电子废物回收全覆盖。在电子废物回收业务加速发展的同时,其他危险废物处理也是公司关注的重点。公司的 "At Your Door Special Collection SM" 服务正是专门为居民用户处理危险废物而推出的一站式服务。包括车用产品、电池、园林化学物质，特别是荧光灯等危险废物均可通过 WM 公司专用的危险废物收集车上门收取。WM 公司的固废收集车（包括危险废物）也是 WM 公司的一大亮点，截至 2016 年，已有多达 18500 辆固废收集车使用天然气驱动，在为环保服务的同时也真正做到了自我环保价值的体现。涉及环卫车辆的专利有 US5145305A、US4304516A、CA2041350A1、US4960355A、AU4386401A、GB2255547A。

（4）有机废物集中回收

在维持传统回收行业市场领先地位的同时，WM 公司积极拓展其他领域，先后在建筑垃圾和有机垃圾（包括餐厨和庭院垃圾）领域实现突破，成功占据一定市场份额。WM 公司的有机垃圾技术研究始于 2008 年，通过成功试点及推广，WM 公司的有机物回收处理厂从 2008 年的单厂试点运营增长到 2011 年的 36 个厂投产使用，有机垃圾处理量从 2010 年的 125 万吨增长到 2011 年的 250 万吨，1 年内便实现了翻倍增长。WM 公司还在传统堆肥处理有机垃圾的基础上进行了新技术的研发，在 2013 年新研发的有机废物集中回收系统（CORe），通过对有机废物的处理，制成泥浆后送至污水处理厂的厌氧消化池，可以提升多达 70% 的厌氧消化的能量产生量。WM 公司在 2015 年已有 3 家处理厂使用 CORe 系统处理 8000 吨的有机废物，未来仍有扩张计划。涉及有机废物集中回收系统的专利有 US8926841B2。

（5）飞灰回收系统

美国的燃煤电厂如今采用活性炭注入法用以去除废气中的汞元素，而使用后的活性炭会随飞灰一起排出。对于一般飞灰，普遍做法是回收利用于混凝土中，但夹杂活性炭的飞灰由于碳含量增多，会对混凝土的耐久性有较大影响。WM 公司通过新研发的碳阻断剂（Carbon BlockerSM）飞灰回收系统，通过一次性安装在燃煤电厂后，利用液相化学和散装粉体处理的方法对燃煤电厂的飞灰进一步处置，提高其本身的质量后再行回收利用于混凝土生产中，以保证混凝土本身的耐久性。随着活性炭注入法在美国燃煤电厂的推广，WM 公司在 2012 年研发的飞灰回收系统在 2015 年的处理飞灰量达 100 万吨，收入相较 2012 年已翻 4 倍，成为公司另一个可观的业绩增长点。❶ 飞灰处理的专利有 US4804147A，相关企业可以参考。

7.2.5 WM 知识产权控股公司

（1）知识产权控股公司介绍❷

在具有母公司和子公司的传统公司结构的大集团中，无论有没有共同管理，每家公司都是一个单独的法人实体，可能拥有其创建的全部知识产权的一部分。除非有效分配给母公司，否则子公司可能拥有其所有知识产权。如果一家公司希望退出该集团，

---

❶ 年入 145 亿美元，靠处理垃圾，这家公司问鼎世界第一：起底美国废物管理巨头 WM［EB/OL］. （2019 - 02 - 18）［2021 - 01 - 30］. https：//www.sohu.com/a/295474042_825950.

❷ Lynn Lazaro. India：Intellectual Property Holding Companies And Their Benefits［EB/OL］（2018 - 08 - 20）［2021 - 01 - 30］. https：//www.mondaq.com/india/trademark/729364/intellectual - property - holding - companies - and - their - benefits.

那么谁拥有该知识产权以及如何转让该知识产权就可能变得复杂。如果尽职调查显示专利和商标注册是以多个实体的名义提交的，或者如果知识产权所有者不是交易的当事方，则有利可图的交易可能会被延迟甚至取消。

知识产权控股公司（Intellectual Poperty Holding Corporation，IPHC）的优点之一是可以保护知识产权资产免受诉讼或运营公司可能发生的财务灾难的影响。如果企业被起诉，那么知识产权不受任何债权人索赔的保护。根据这种安排，即使知识产权是由子公司或关联公司开发的，IPHC 还是知识产权资产的专有所有者。这种结构的最大优点是知识产权受保护。当公司停止在所有贸易公司之间分配公司知识产权产品组合并将其集中在一家公司中时，风险将大大降低。如果任何子公司发生法律纠纷或破产，则该公司的知识产权资产不会受到威胁。通常，在破产程序中，将破产公司的知识产权资产出售，或通过将公司的资产转让给控股公司，公司的知识产权仍然安全。

例如你发明了一个新的小部件，并创建了一个新的业务实体"XYZ 小部件营销有限公司"来制造和销售这些小部件。然后，成立拥有该知识产权资产的第二家公司 XYZ IPHC（在美国内华达州或特拉华州）。特许权使用费支付给获得税收优惠的 XYZ IPHC。如果对 XYZ 小部件营销有限公司提起诉讼并且破产，则 XYZ IPHC 可让您保持知识产权完整并继续产生许可收入。

为了使这种安排有效，假设知识产权的所有者是 IPHC 的子公司，则需要将其所有所有权分配给 IPHC，这反过来将回许可知识产权的使用权和子许可，和/或分发子公司的销售权。子公司必须获得许可才能正常运行。反过来，子公司或贸易公司将向 IPHC 支付许可费。对于第三方、外部分销商、转售商等，将需要安排相同的安排。IPHC 将从子公司及其外部分销公司、转售商等处获得特许权使用费并收取许可费。

IPHC 另一个优点是降低税收。由于知识产权产生的利润仅在注册地征税，因此 IPHC 如果在该地注册，将获得额外的税收优惠。由于可以将子公司支付给 IPHC 的特许权使用费和许可费扣除为子公司的运营成本，因此集团内部知识产权的商业化变得可以管理。

大公司将数十亿美元的特许权使用费留给了 IPHC 税收优惠的国家。这就是谷歌通过在开曼群岛和爱尔兰使用 IPHC 将某些地方的税率降低到 2% 或 3% 的方式。唐纳德·特朗普（Donald Trump）将他的商标（超过 110 个）转移到了特拉华州有限责任公司（Delaware LLC），后者是他的 IPHC，这使他免除了被许可人支付的数千万美元特许权使用费所得的税收。但这并不是他的 IPHC 的唯一用途。IPHC 还可以保护商标免遭诉讼，将其合并以用作知识产权资金的抵押，以及作为将知识产权所有权转让给其继承人的房地产规划工具。

世界上许多拥有大量知识产权资产的大公司将它们合并为单独的控股公司，其中包括苹果、谷歌、迪士尼、宝洁、麦当劳、雅虎、亚马逊和微软等知名公司。它们将其知识产权资产（包括特许权使用费收入）存储在海外，以简化管理，利用其价值并节省大量税款。

知识产权资产价值的增长及其产生的收入是许多公司组建和使用 IPHC 的最大原因

之一。美国公司每年在全球范围内产生数千亿美元的知识产权许可。根据美国经济分析局的数据，知识产权（及其产生的收入）是美国在旅行和商务服务之后的第三大出口产品。USPTO 的一项研究报告称，知识产权许可每年产生的收入超过 1000 亿美元，知识产权密集型企业（包括知识产权产品和服务）的出口每年产生超过 8000 亿美元。

IPHC 也用于知识产权融资交易。保留对知识产权的所有权和控制权，并且融资交易可以包括全部或部分知识产权资产。IPHC，也称为特殊目的实体（SPV）的专用工具持有知识产权资产，收取特许权使用费并管理对投资者或贷方的支付。如果公司被起诉或破产，IPHC 还可以保护知识产权免受债权人的侵害。西尔斯控股公司（Sears Hdding Corporation）利用这一策略对公司进行了注资。它们使用自己的顶级品牌肯莫尔（Kenmore）、工匠（Craftsman）和戴哈德（Diehard）设立了 SPV，并通过发行债券获得了 18 亿美元❶。它们获得了品牌的许可，并向 SPV 支付了特许权使用费，SPV 则向债券持有人付款。

总之，设置和运行 IPHC 可以节省大量税款，可以提高管理和使用知识产权资产的效率，并可以保护它们免受潜在的诉讼威胁和债权人的侵害。

尽管拥有一家 IPHC 有明显的好处，但是在试图追回专利侵权损害赔偿时可能会成为一个障碍。如果被许可人是非排他性被许可人，则该经营公司或公司集团的子公司如果为损失的利润寻求损害赔偿，则可能会失败。只有持有人、专有被许可人或权利的受让人才可以要求专利侵权赔偿。

(2) WM 知识产权控股公司专利分析

WM 知识产权控股公司（WM Intellecture Property Holdings LLC）是 WM 公司于 2014 年成立的控股子公司，其主要管理 WM 公司重要的专利、商标等知识产权资产及其运营。目前拥有重要授权专利 11 项，商标 139 个，从数量上来看，专利的数量非常少，但经过对该 11 项专利进行分析以及通过专利的引证和被引证次数均可看出，这些专利均具有很高的专利质量和市场价值。

例如，美国授权专利 US7096161B2 涉及一种制药危险废物识别管理系统，该专利被引证次数高达 48 次；专利 US10750134B1 涉及保护一种用于管理与废物收集，处置和/或再循环车辆相关联的服务和非服务相关活动的系统和方法，该专利的引用次数高达 291 次。

从专利权转让来看，在该 11 项专利中，有 9 项是通过转让获得的，其中最多的转让人为 WM 知识产权控股公司的母公司，即 WM 公司自身或者其子公司，总共为 6 项，这说明了 WM 公司显然也是在利用 IPHC 的自身优势，通过将母公司的重要专利资产通过转让给下属的 IPHC 的方式，获得相关利益。而其余 3 项重要专利 US10793798B2、US10750134B1、US10594991B1，均为其他创新主体转让所得（见表 7-2-1）。

---

❶ Lynn Lazaro. India：Intellectual Property Holding Companies And Their Benefits［EB/OL］.（2018-08-20）［2021-01-30］. https：//www.mondaq.com/india/trademark/729364/intellectual-property-holding-companies-and-their-benefits.

表 7-2-1　WM 知识产权控股公司重要专利汇总

公开（公告）号	申请日	发明名称	转让人	引证次数/次	被引证次数/次
US10793798B2	2019-08-30	用于生产工程燃料的方法和系统	Richard A. Toberman	137	0
US10750134B1	2020-03-04	用于废物管理与收集，处置和/或再循环车辆相关联的服务和非服务相关活动的系统和方法	Barry S. Skolnick	291	0
US20200171547A1	2019-11-27	从混合废物中分选和回收可再循环材料的系统和方法	Torriere BoB	0	0
US10594991B1	2019-01-09	用于废物管理与收集，处置和/或再循环车辆相关联的服务和非服务相关活动的系统和方法	Barr S. Skolnick	290	2
US10486995B2	2017-02-16	将有机废物转化为甲烷和其他有用产物的系统和方法	James L. Denson, JR	19	0
AU2016283116A1	2016-06-24	制备过程设计燃料的方法	Richard A. Toberman	0	0
US8926841B2	2011-06-27	用于将有机废物转化为甲烷和其他有用产品的系统和方法	James L. Denson, JR	18	1
US20140306037A1	2014-03-14	用于分离城市固体废物中纤维和塑料的系统和方法	John Shideler, JR; Robert Hallenbeck	1	3
US8706574B2	2008-03-19	药品废物识别系统	Charlotte A. Smith; James R. Mocauley	17	0

续表

公开（公告）号	申请日	发明名称	转让人	引证次数/次	被引证次数/次
US20120325739A1	2011-06-27	用于将有机废物转化为甲烷和其他有用产品的系统和方法	Jame L. Denson, JR	8	5
US7096161B2	2002-12-12	制药危险废物识别和管理系统	Charlotte A. Smith	11	48

其中值得注意的是，该转让所得的两项专利 US10750134B1 和 US10594991B1，主要涉及废物的管理与收集，处置和/或再循环车辆相关联的服务和非服务相关活动的系统和方法，供废物收集、处置及再循环使用的废物收集车辆上的光学传感器连续记录所拍摄的视频/静止图像，以作营运及客户服务用途。光学传感器被集成到驾驶室内监视器、车载计算机、数字录像机和其他外部设备中。

其中，专利 US10750134B1 的权利要求 1 限定了：一种用于管理由废物服务车辆执行的服务活动的系统，所述系统包括：光学传感器，其设置在所述废物服务车辆的车载，并且被配置为捕获所述废物服务车辆的驾驶室外的区域的连续视频记录，其中所述连续视频记录是在所述废物服务车辆的整个服务操作时间段捕获的；记录装置，其设置在所述废物维修车辆的车载上，并且被配置为存储来自所述光学传感器的连续视频记录；计算设备，其设置在所述废物服务车辆上，并且被配置为识别废物服务客户的物理位置；以及中央计算设备，其不在所述废物服务车辆上，并且可操作地连接到所述光学传感器，记录设备和计算设备；其中，一旦发生预定义的触发事件，中央计算设备被配置为从连续视频记录中捕获章节，并且所述中央计算设备被配置为与所述废物服务客户的物理位置的可视指示以及所述废物服务车辆的日期，时间和识别号码中的一个或多个相关联地在电子查看门户上显示所述章节。

该两项专利与本章之前提到的 Rubicon 公司的废物收集运营即其主体业务的相关专利有相似之处，但同时在技术上又较其有一定的先进性，例如 WM 公司的技术记载了通过光学传感器可以捕获废物服务车辆的驾驶室外的区域，并可以采用连续的视频记录，一旦发生预定义的触发事件，中央计算设备被配置为从连续视频记录中捕获章节。

虽然 WM 公司的业务中尚未有与 Rubicon 公司重合的类型，结合 WM 公司一贯的市场经营作风和追求商业模式创新的发展历史，可以预见 WM 公司有可能在未来与 Rubicon 公司在废物收集管理处理方面形成竞争关系，该两项转让所得的授权专利也为其以后可能的市场竞争提供了有力的武器，不至于被 Rubicon 公司完全阻止在市场之外。

7.3 小　　结

本章通过对美国两家最具代表性的废物处理企业：代表新生力量的创新性企业

Rubicon 公司以及传统行业巨头 WM 公司，进行全方位的专利申请布局、申请策略、并购、市场运营等剖析，可发现这两家企业在专利战略方面各有千秋，能够根据企业自身情况，灵活运用各种专利申请、运营策略，值得国内创新主体学习借鉴。

（1）Rubicon 公司根据业务发展的需要，选择专利布局的区域，其目标市场地主要有加拿大、欧洲、墨西哥和巴西，而在亚洲等地基本无专利布局。

在专利申请类型上，Rubicon 公司主要以发明申请为主，外观设计专利申请为辅。外观设计专利意在保护系统界面、App 界面等，在中国外观设计专利对用户界面加强保护的环境下，企业对自身开发的系统，应进行全方位的保护，而不能仅限于发明或实用新型专利申请。

Rubicon 公司的专利申请主要涉及废物管理系统，其所申请的专利涵盖了废物管理系统的各个方面，尤其围绕一项核心技术方案，不断调整其申请的实体内容，通过各种形式修改权利要求书，有效扩大了权利要求的保护范围，最终形成以原始申请为核心的专利族，以最大限度地维护自身权益，有效保护整个废物管理系统的技术，阻止了竞争对手进入相关的市场。国内企业如果要对自身的产品形成壁垒，也应当构建严密高效的专利保护网，最终形成对企业有利格局的专利组合。

Rubicon 公司灵活采用了临时申请、继续申请等多种专利申请策略，抢占申请日，同时不断完善技术方案的保护。对于国内创新主体来说，如果需要进行美国市场，则可以借鉴相应的专利申请策略进行专利布局。中国专利制度中，也有与上述美国专利申请中类似的制度，例如本国优先权、分案申请等，国内创新主体也可以灵活使用。

另外，Rubicon 公司利用其专利进行了质押融资，助力企业发展。尽管现阶段我国专利权质押融资还处于初步发展阶段，但是其对企业技术创新并最终促进专利申请的作用是积极的，专利权质押融资能够有效解决企业融资问题。国内创新主体应该充分发挥自身专利的价值，除专利保护和许可等用途外，还可以用来解决企业融资问题。

（2）WM 公司发展的历史，是一部并购史，通过历经大大小小的并购，抢占市场份额，稳固龙头地位，享受到外部经济和行业高速发展所带来的广阔市场，这种市场发展模式在垃圾处理行业也许具有典型的意义。虽然 WM 公司自身的专利申请量不大，但通过不断的并购，也吸收了很多相关领域的专利资产，给不断拓展的市场保驾护航。

在不断并购的同时，面对行业发展趋于成熟、固废产量增速放缓等情形，WM 公司也积极创新商业模式，多方位提高垃圾回收量，同时积极布局未来发展潜力巨大的资源回收利用技术，在创新模式和新技术研发的同时，也进行了相应的专利申请保护。

此外，WM 公司在专利运营方面也比较有特点，通过设立 IPHC，保护知识产权资产免受诉讼或运营公司可能发生的财务灾难的影响，降低税收，提高管理和使用知识产权资产的效率。对于我国相关企业来说，可以综合考虑 IPHC 的优缺点、中国的相关法律法规，结合企业自身情况，决定是否将自身知识产权资产由设立的 IPHC 管理。

第8章 主要结论和建议

8.1 主要结论

8.1.1 医疗垃圾处理技术分析

(1) 中国起步晚，发展快

医疗垃圾具有极强的传染性、生物毒性和腐蚀性，早期专利申请主要集中在美国、日本、德国等发达国家，20世纪90年代初和2015年处于快速发展期，中国在这方面则起步较晚，但是中国专利申请量后来居上，从1999年开始波动增加，目前已成为医疗废弃物处理专利申请量最多的国家。我国专利申请量分别在2004年和2014年出现了申请高峰，这可能是由于"非典"和禽流感的暴发所导致社会对医疗废弃物处理的需求增加。

(2) 国内外对感染性废物处理方式及技术功效关注点各有侧重

在2020年新型冠状病毒性肺炎席卷全球的情况下，可以确定，在今后的一段时期内，感染性医疗废弃物的处理技术将成为一个新的研究热点。该技术分支的主要目标包括降低成本、提高环境友好性、安全性、处理效率、处理质量、资源利用率、及时性方面；其主要处理手段为焚烧、高温灭菌、高温蒸汽、微波、热解、熔融、水解等。对该领域处于领先地位的美国、日本、德国进行分析可知，日本在该领域的活跃程度较高，对降低成本、环境友好性以及提高安全性这三方面功效的关注度较为均衡，处理手段也是多种多样；美国的关注点主要聚焦在降低成本，环境友好性和提高安全性次之；德国在感染性废弃物处理领域采取的处理手段主要为高温蒸汽，热解也稍有涉及。技术功效方面相对更加关注环境友好性。

我国处理感染性废物的方式，主要采用焚烧和高温蒸汽，其中焚烧技术占据绝对的优势，但技术成熟和环境污染之间存在的矛盾，驱使有关焚烧技术的专利申请更注重环境友好性这一技术功效，从这个角度来看，我国技术发展趋势与国外主流技术一致，国内创新主体逐渐意识到热解处理的优势，因此对其加大研究和专利布局将成为未来一段时间的发展方向。

8.1.2 垃圾分类收集关键技术分析

(1) 整体呈增长态势，近期以中国申请居多，申请量分布较为分散

垃圾分类收集领域的全球专利申请总体上呈增长态势，我国在垃圾分类回收方面也给予了足够重视，推动该领域申请量呈现快速增长，特别是2012~2020年专利申请

量呈爆发式增长；从国内申请量分布来看，呈现出长三角、珠三角和京津冀三大城市群领跑全国，中部地区发展较为均衡，其他地区发展较为缓慢的总体形态。

虽然该领域申请量基数较大，但分布较为分散，并未出现具有绝对优势的创新主体，这与后端垃圾处理的分布存在较大差异，前端分类收集较后端处理的技术门槛低，研发成本、技术深度、集中度也相对较低。企业参与度较高，排名靠前的创新主体以日本企业居多，这也与日本较早实行垃圾分类收集及相关配套政策制定更加完善有关；国内有代表性企业有浙江联运、启迪桑德环境、中联重科、弓叶科技和小黄狗等，既有传统固废处置领域的大企业，也有近几年发展起来的新兴市场主体。在技术构成方面，以厨余分类预处理装置占比较大，这也与厨余垃圾、餐饮垃圾的高含水量、高油脂含量的特殊性有关；其次是智能分类投放垃圾桶/站和自动分拣装置；另外，"互联网+"垃圾分类收集运营是基于互联网技术的分类收集运营，互联网技术迅猛发展也很大程度上促进了分类收集运营的发展。

（2）光学探测技术是自动分拣的重要技术，各国技术功效发展各有侧重

垃圾分类自动分拣装置方面，前期主要是较早实施垃圾分类的日本、美国、德国等专利申请较多，自2012年起，随着中国专利申请数量出现爆发式增长。申请人中企业依然占据了绝对的主导地位，国外申请人全部为企业，而我国对这一领域进行研究的企业数量较少，但排名靠前的华侨大学、福建南纺路面机械有限公司以及弓叶科技是专注于该方向的垃圾分类回收创新主体。

鉴于技术简单、成本投入低的优势，基于密度、硬度、磁性等物理属性的申请量占比最大，而基于光学探测/图像识别是目前比较主流的智能分拣技术。在光学探测技术的识别方式中，颜色识别、光源感应、视觉图像识别、红外探测和光谱识别是主要的识别方式，特别是视觉图像识别、颜色传感和光谱识别是本领域的研究和布局的热点；提高精细分拣效率、提高识别精度/可靠性和实现材质细分分拣是本领域的重点需求。中国申请中视觉图像识别、光谱识别和红外探测是布局较多的技术，特别是视觉图像识别是我国研究热点，也是我国自动分拣装置所采用的主流方法；而在功效方面，提高分拣效率是中国申请最关注的。而美国、日本和德国各有侧重，其中，美国申请在视觉图像识别、颜色传感识别的布局相对较多，德国在视觉图像识别和光谱识别的申请较多；日本和德国更加重视材质细分。

（3）"互联网+"垃圾分类收集运营专利申请量增长较快，中国后来者居上

"互联网+"垃圾分类收集运营方面，早期主要为德国和日本两个国家的专利申请；而中国是在2005年以后逐渐关注该技术的，近些年申请量出现快速增长，中国逐渐取代日本，成为主要的申请国家。从技术构成上来看，整体运营管理相关技术占比最大，其次为商业运营模式，而分类软件/平台的专利申请量较少。

"互联网+"垃圾分类收集运营方面，在排名前20位的申请人中，有8位日本申请人，大部分是实力雄厚的综合性企业，它们在早期的发展中实现了大量的技术储备；中国有10位申请人，均为企业，大部分属于本领域的新兴企业，具有较大的发展潜力。运营模式方面中主要分为有偿回收模式、积分奖励/返现模式和扣费收费模式三

种,目前国内采用更多的是积分奖励模式。以积分奖励模式为例,在分类投放的用户识别、积分奖励种类、积分赋值方法、积分兑换模式都处于不断创新及优化中。虽然政策导向给予垃圾分类的前端市场很好的发展机遇,但多数互联网回收企业要实现营利仍需较长时间;因此,互联网回收企业仍需加大创新力度、优化运营模式和相关资源配置,来实现企业生存及真正营利。

8.1.3　餐厨垃圾处理技术分析

(1) 中国成为新的增长极,但专利创新水平有待提高

餐厨垃圾全球专利申请处于增长态势,中国是影响全球增长的主要因素,但中国国内专利的技术含量和创新水平还有很大的提升空间;主要国家和地区原创技术基本在本国市场进行布局,这给中国在国外市场布局提供了一定的空间。全球整体申请量排名前十位的创新主体主要集中在日本和美国,日本申请人主要是松下、日立、三菱等公司,而美国申请人则是艾默生;同样,从在华专利申请的申请人类型来看,企业是专利活动中最活跃的创新主体。

(2) 厌氧消化技术成为研究热点,各国工艺发展存在差异

堆肥、粉碎直排、焚烧和厌氧消化技术是餐厨垃圾后端处理的主流技术,其中粉碎直排技术在早期比较活跃,但在近10年来看,堆肥、焚烧和厌氧消化技术成为布局热点,特别是厌氧消化技术及其与其他技术的联合处理将是国内餐厨垃圾处理未来的发展方向。

餐厨垃圾厌氧消化处理技术方面,湿式厌氧发酵技术最先发展起来,到目前为止湿式厌氧消化仍为主流技术。进入21世纪后,餐厨垃圾干式厌氧消化技术呈现出了明显的快速增长,在2005~2015年,干式与湿式厌氧发酵技术旗鼓相当,干式厌氧消化成为研究热点。国内干式和湿式发展较为同步,湿式申请量略高于干式,但干式近年来增速明显,已有超越湿式的趋势。湿式厌氧是日本和韩国餐厨垃圾厌氧消化采用的主流技术,而在德国、欧洲和中国的餐厨垃圾厌氧消化专利申请中,湿式和干式厌氧发酵技术比较均衡;美国则相反,干式厌氧发酵技术在美国餐厨垃圾厌氧消化处理市场中属于主流技术。德国是厌氧消化技术最大的技术产出国,其次是日本和中国;中国、日本、欧洲是餐厨垃圾厌氧消化技术的主要市场。技术的取舍和发展也与各国的前端垃圾分类细化规则和垃圾原料的不同相关。

日本餐厨垃圾厌氧消化处理技术以湿式处理为主,一直占据绝对领先水平。日本餐厨垃圾厌氧消化处理技术主要从污泥厌氧消化技术发展而来,相关专利申请集中在原料适用范围更广的通用型技术。

餐厨垃圾干式厌氧发酵工艺在以德国为首的欧洲国家和地区发展十分迅速。按照进料和运行方式的不同,干式厌氧发酵可分为间歇式和连续式。相比于连续干式厌氧发酵工艺,间歇式起步相对较晚,且在实际应用中其市场应用份额相比于连续式要小。近年来,连续干式厌氧发酵技术的热点主要包括进出料装置和搅拌装置;间歇干式厌氧发酵技术的热点包括提高产气的连续性和系统的安全性方面。

多种有机废弃物、多种处理技术协同处理是厌氧发酵发展的新方向。焚烧与厌氧发酵协同处理从厂区布局、生产管理、能源物料、三废处理4个方面将餐厨垃圾厌氧发酵和生活垃圾焚烧发电有机地结合在一起，产生较高的经济和环境效益。

8.1.4 再生资源回收利用技术分析

（1）发达国家的废弃塑料回收利用进入成熟期，而中国起步较晚尚在活跃期

目前国外该领域研发不活跃，申请量呈下降趋势，2007年之前全球专利申请趋势基本由日本决定，但从2000年以后，其专利申请量不断下滑，说明该领域在日本不再是热点技术，其市场青睐发生转移，但总体来说，日本仍然在全球范围内占据举足轻重的地位。因为日本是循环回收经济立法最全面的国家，其法律法规对塑料包装的回收利用作出了严格的规定。通过详细的分类，垃圾的处理和回收就更加方便，收集成本也就越低，正是由于日本有着较完善的废弃塑料回收立法政策，促使它们在废弃塑料回收利用领域有较多的研究，其申请量非常可观。

中国在2000年前技术发展刚刚起步，但2008年之后专利申请量快速增长，也决定了全球申请趋势走向。废弃塑料回收利用技术原创性的区域主要分布于日本、中国、欧洲、美国和韩国，这些区域是废弃塑料回收利用技术布局的重点地区。

废弃塑料回收利用技术分支主要集中于机械回收和化学回收，能量回收相对较少。日本、中国、欧洲、美国和韩国的专利申请均主要以机械回收和化学回收为主，其中，日本在3个技术分支的专利申请比较均衡；与之相对应的，日本企业在该领域的技术实力雄厚，该领域申请人主要集中于日本，全球申请量排名前20位的申请人中有17位为日本申请人。国内申请方面，江苏、安徽、广东和浙江排名前四位，体现了这4个省份在废弃塑料回收利用技术领域具有绝对的领先地位。国外申请人主要来自日本、美国；排名前20位中的申请人中有3位国外申请人，分别为巴斯夫、国际壳牌研究有限公司和杰富意钢铁。

三菱、日立涉及机械回收技术的专利申请占比更大，为其公司主流或传统优势技术；杰富意钢铁或太平洋水泥，以能量回收模式进行废弃塑料回收是其主流研究方向，这与上述公司的主营业务相关。巴斯夫是世界领先的苯乙烯聚合物和工程塑料的制造商，应用于各类注塑制品。巴斯夫正在推进"化学循环项目"，开辟了循环利用塑料废弃物的全新领域。

（2）中国在电子废物回收利用技术发展势头迅猛，代表性企业初具规模

从全球来看，专利申请量整体呈波动式增长态势，全球专利申请数量排名前七位申请人均为日本申请人，分别是三菱、松下、日立、JX金属、夏普、东芝和索尼，这与日本对废弃电器电子产品的回收利用具有非常迫切的需求，以及日本政府和企业对废弃电器电子产品回收非常重视有关。研发投入大，设备、方法的创新发明多，同时日本企业有对技术各个方面改进都申请专利的良好习惯，即使非常细微的改进也会申请专利。因此，日本的申请量在该领域仍处于优势地位。美国、欧洲、韩国虽然在废弃电器电子产品领域占有重要地位，但较低的专利申请占比表明其不太热衷废

弃电器电子产品回收利用产业。中国虽然起步较晚，但从2002年开始专利申请量稳步增长，目前已经成为专利申请数量最多的国家，且远高于其他国家和地区，特别是2016~2019年申请总量达到2553件，这与我国近年来对知识产权的重视密切相关，同时随着我国大量废弃电器电子产品的产生，我国对废弃电器电子产品的回收再利用技术的需求非常迫切，国内废弃电器电子产品回收龙头企业的专利申请量也在逐年增长。

从技术主题看，废弃电池回收利用分支申请占比最大，其次为废弃线路板回收利用分支，整机拆分领域占比为13%，阴极射线管领域占比7%，液晶领域占比最少。废弃电器电子产品回收利用技术领域中，国外在华的申请并不多，仅占4%；电池分支申请量超过总量的一半，达到59%，是主要的技术分支领域；从主要省市申请量来看，广东处于第一位，占比为18%，其余依次是江苏、湖南、北京、湖北、安徽。

格林美公司申请量最大，是中国专利申请申请人代表。格林美公司的核心业务是废弃电器电子产品回收利用，专利申请紧密结合公司核心业务；2016年开始，电池原料和电池材料板块营收占比大幅增加，而电池回收是电池原料和材料的重要来源，因而从2016年开始格林美申请了大量的电池回收相关专利。该公司注重研发投入，专利申请质量较高，对专利权保护较为重视，其通过进行专利转让、专利权质押等市场交易行为，使创新成果转化收益能够为企业研发实现反哺，整体实现了企业研发的良性发展。

8.1.5 垃圾焚烧处理政策与专利相关性分析

（1）专利申请量变化节点与政策实施时间趋于一致

专利申请增长和布局重点与政策要求相符。有关垃圾焚烧政策有两方面的变化：一是2014年版将排放污染控制标准大幅提升；与之呼应的是"十三五"规划中加强了监测、管理，其中对飞灰处理提出要求。该领域专利申请量的增长情况和申请人分析基本反映了政策要求和标准变化。政策的指导作用和标准的强制作用使企业加大了在污染物排放控制以及运行方面的研发并转化为专利成果。但是从总申请量上看，企业申请数量并不多，且以国内申请人为主，国外申请人并不重视在中国布局相关专利；科研院校占比很高；申请人数量众多，申请极为分散；每年新进申请人数量众多，新进申请人数量增长的变化与"十三五"规划的时间点相符。

（2）相关政策及标准促进并规范飞灰处理技术发展

飞灰无害化处理的专利分析可知，申请量的增长情况基本反映了"十三五"规划中对飞灰处理的政策要求。焚烧飞灰的处理难点主要在于重金属的处理，涉及重金属处理占了飞灰无害化专利技术的绝大部分。与固化/稳定化相比，水泥窑协同、高温熔融能有效处理重金属，但成本较高。高温熔融和水泥窑协同处理能起到很好的效果，在技术上存在优势，但存在成本高的问题。提取重金属以及与渗滤液协同处理能够对飞灰进行资源化利用和污染物联合治理，是值得注意的研究方向。

飞灰垃圾作为垃圾后处理的"结晶"具有自身显著的特色。飞灰垃圾的处理需要纳入政策制订中进行通盘考虑。飞灰无害化处理首先应当从源头开始，切实贯彻执行垃圾分类和再生资源回收利用政策，解决垃圾入炉成分复杂的问题，降低后端飞灰处理的难度。另外，采用高温熔融和水泥窑协同处理飞灰能够有效处理飞灰中的重要金属和二噁英，但是其成本高昂，如果焚烧发电补贴一旦取消，垃圾焚烧企业的利润将会进一步压缩，影响企业生存发展，建议从政策补贴、税收优惠给予一定的支持。

8.2 主要建议

8.2.1 政策建议

政策法规和市场的发展相互制约、相互影响。市场的发展过热或过缓会促使政策法规的出台，而政策法规的出台也会影响市场的长期走向。分析中国、美国、日本和欧洲在固废行业的发展，基本是逐渐完善固废最大化利用产业链的过程。中国的垃圾填埋和垃圾焚烧技术已经相对成熟，"十三五"规划中也规定了2020年城市垃圾无害化处理达到100%的指标要求。但是在处置前端的垃圾分类，以及后端的回收利用，中国与发达国家仍有较大的差距。美国拥有完善的固废收运和处理系统，但是由于前端垃圾分类的不彻底，导致后端回收利用率受限。日本和欧洲则是目前行业发展金字塔的顶端，拥有完善的前端垃圾分类和收运转运体系。

政策方面，国家应加强垃圾后端处理市场的政策引导和标准规范。通过前期报告分析以及调研，可以发现，垃圾前端分类环节极大影响后端处理的技术路线选择、产业发展等，而后端处理市场的发展反过来也能促使前端分类的规范化和精细化，加强垃圾后端处理市场的政策引导和标准规范，有利于我国现阶段垃圾分类处理的技术和市场发展。

对于医疗垃圾，应注重医疗垃圾的分类分级，控制处理成本。对于不会造成病毒病菌等传染的医疗垃圾，按照普通垃圾进行处理，以提高处理效率，降低处理成本。对具有传染性、生物毒性和腐蚀性的医疗垃圾则进行专门处理，对投放、收集、转运、处理以及处理后产物的排放或利用进行严格的管理，在全流程均应做到防污染防泄漏。积极开发引进垃圾生态化处理、热解等新技术，为避免医院垃圾及有毒有害工业固废进入生活垃圾，各地区应尽快建设特种垃圾处理处置中心，垃圾处理方式也应因地制宜。同时，可考虑为医院设置小型轻型化在感染性废物源头进行处理，使感染性废物在医院等感染性废物发生源头处被快速处理，杜绝危害操作人员健康以及污染环境的可能。

对于餐厨垃圾的处理和回收利用，针对我国居民的饮食习惯和所产生垃圾的特点制定相应的处理规范，同时，针对不同的食品生产加工企业、餐饮企业以及家庭建立与其相适应的处理、排放标准和所使用设备的标准，推动粉碎直排技术的应用，加大研发投入和政策资金的引导，将餐厨处理设备的应用成为企业和家庭生活的标配，从源头上减少需要集中处理餐厨垃圾量。

对于再生资源垃圾，国外对废弃塑料垃圾的回收利用已经研究得比较成熟，其中，日本在该领域的技术实力雄厚，作为在近十年才进入该领域的中国创新主体，建议在充分分析国外研究成果的基础上，针对中国塑料回收现状，促进相关重要专利在中国的应用，并规避侵权风险；对于废弃电子产品回收，由于近年来电子产品的应用不断增加，且电子产品更新换代较快，所产生的废弃元件较多且能重复利用，该领域的竞争将进一步激烈，建议国内企业一方面关注该领域的趋势，当有革命性产品出现的时候，加强对被替代产品的回收进行研究（如液晶显示器对阴极射线显像管的替代），占得先机，并注重国内产业政策、环保政策的变化，充分布局，加快创新成果的转化并提高回报率。

飞灰垃圾具有自身显著的特色，作为垃圾后处理的"结晶"。飞灰的处理需要纳入政策全面考虑。飞灰无害化处理首先应当从源头开始，切实贯彻执行垃圾分类和再生资源回收利用，解决垃圾入炉成分复杂的问题，降低后端飞灰处理的难度。其次，采用高温熔融和水泥窑协同处理飞灰能够有效处理飞灰中的重金属和二噁英，但是其成本高昂，如果焚烧发电补贴取消，垃圾焚烧企业的利润将会进一步压缩，影响企业生存发展，建议从政策补贴、税收优惠给予一定的支持。

8.2.2 技术建议

（1）横向上注重相近技术的借鉴，纵向上关注产业技术发展动向

垃圾处理包括多个环节，这些环节各具特色，但也可向相关领域借鉴技术。在垃圾分类自动分拣技术方面：注重对自动识别技术相关/相近领域发展成熟技术的借鉴，使之适应于垃圾分类智能化识别的特定需求，加速技术研发及成果转化；应注重"基于密度、硬度、磁性等物理属性"分拣与"光学探测/图像识别""声学探测"等识别技术的组合应用，在前端利用"物理属性"实现初级分拣，后续高价值回收物进行自动识别实现精细分拣，从而兼顾成本和效率；光学探测方面，光谱识别和光源感应仍有发展空间，特别是在特定来源垃圾的分拣识别中具有材质细分的技术优势；目前垃圾分类自动分拣技术中涉及机器深度学习的专利申请较少，但其是提高智能化、识别精度和效率的重要途径，建议相关企业根据垃圾分类实际需求进行机器深度学习方面的重点研发。

在某些领域，国外企业起步较早，在发展过程中不断对技术路线进行调整，以寻求最适宜的发展方向，对此，我国创新主体应当在技术上进行梳理和借鉴，结合我国国情，避免走弯路。例如，对于感染性废物处理，高温灭菌和高温蒸汽这两项处理手段，1972~1987年已经开始起步并发展，但是由于这两项处理技术在灭菌后仍需要填埋等处理，无法实现处理过程的一步到位，因此在2012~2019年文献数量大幅回落，不再是感染性废物处理的主流技术手段，焚烧同样起步较早，但是由于焚烧会产生高温烟气，同时存在飞灰和气体污染物这两种会对环境造成影响的最终产物，随着国外企业对环保问题的关注度逐步提高，该项技术迅速走向衰落；相反的，起步较晚的热解既可以像焚烧一样对感染性废弃物进行彻底消解灭菌，同时在处理感染性废弃物时

气体产物能够进行二次燃烧，不会产生危害环境的有害物质，逐渐成为行业的主流方向。国内相关企业可以根据国情、市场等情况，对国外研究热点技术进行分析借鉴。

在废弃电器电子产品回收领域，废旧电池和线路板回收是当前研究的重点，线路板回收从传统简单的金属和非金属材料回收，转向扩展金属回收种类，提升回收效率和环保绿色回收，电池回收则从简单金属回收，转向高纯度、高回收率的金属回收，特别近几年，回收材料直接重新用作电池原料是电池回收研发热点。

在废旧塑料回收领域，中国近几年内在该领域十分活跃，而其他发达国家进入技术成熟期。根据全球主要申请人技术构成分析，杰富意钢铁、太平洋水泥等申请人的申请中能量回收占比较大，与其钢铁企业具有能量回收优势技术有关，值得我国钢铁企业借鉴，拓展更多业务。巴斯夫通过"化学循环项目"开辟了循环利用塑料废弃物的全新领域，国内申请人也可以借鉴其先进技术。中国申请中机械回收占比已经非常高，且技术含金量低，国内企业可以关注回收效能更高的能量回收和化学回收技术领域，寻求技术突破。

飞灰无害化处理的兴起受政策影响比较大，其主要处理手段包括水泥窑协同处理、高温处理（熔融、烧结、冶炼协同、热解）、固化稳定化等，成本与无害化程度、资源化利用存在一定的矛盾。虽然飞灰无害化处理存在申请人分散的特点，但是仍有具有技术优势的企业。例如，金隅公司在水泥窑协同处理方面具有成功的技术和经验，并持续改进；中国恩菲、光大环境、中国天楹等在高温熔融方面具有一定的研发优势。对于技术的持续改进可关注这些企业的专利申请方向。飞灰因其难以处理的特点成为当前研究热点。申请人当中，国内科研院所占了很大的比例，一方面可以关注科研院所现有的成功常规技术，另一方面可以关注科研院所正在研究的新技术，例如华中科技大学提出的熔盐热处理技术。加强产学研的结合，也是改进飞灰无害化处理技术、降低处理成本的一种值得选择的途径。国内已有企业在关注和研究利用冶炼炉对飞灰进行处理，冶炼炉处理飞灰可以作为一种辅助处理方式。此外，由于飞灰富含重金属，应适当关注重金属的提取技术的发展动向，国内科研院所较多关注重金属提取这一方向。

(2) 关注国外技术发展，重点突破关键技术

通过专利分析可以挖掘发达国家垃圾处理的先进经验、技术发展路线，以供我国相关企业和研究机构借鉴。例如餐厨垃圾后端处理技术整体国内专利的技术含量和创新水平还有很大的提升空间；各国作为原创国基本都在本国市场进行布局，国内申请人可以利用这一点，在国外基础技术和专利的基础上结合本国的具体国情进行有针对性的技术改进。

餐厨垃圾厌氧消化技术属于目前较为主流的技术，国内餐厨垃圾厌氧消化处理技术虽然申请人和申请量增长迅速，活跃度越来越高，但由于基础相对薄弱，整体技术水平仍处于较低阶段，未形成完整成熟的发展体系。而国外厌氧消化处理技术在经历两次集中发展后，目前已经进入一个相对成熟和平稳的阶段，通过对国外技术进行梳理和分析研究，可以对国内技术的发展提供一定的参考。例如在物料控制方面，一方面，积极推进严格的垃圾分类，在源头上减少餐厨垃圾中的油脂和非生物质杂质；另

一方面，针对我国餐厨垃圾分类较差、高油脂高盐分的现状，加强餐厨垃圾前端破碎、分选的预处理研究，降低后续工艺负荷，提高发酵效率。

在湿式厌氧发酵方面，日本以较为成熟的污水污泥厌氧消化技术为基础，将餐厨垃圾与污水污泥联合厌氧消化的技术路线，研究热点主要集中在处理流程（如可溶化、单相、两相、单槽、多槽、不同温度等）、发酵罐搅拌方式、提高/稳定微生物浓度方式、氨氮控制方式和涉油涉盐等方面的改进。

国内餐厨垃圾厌氧消化处理工艺主要引进欧洲干式厌氧发酵技术，干式厌氧发酵可分为间歇式和连续式，连续干式厌氧发酵工艺的研究热点主要集中在对进、出料装置以及搅拌装置所做的改进，而间歇干式厌氧发酵工艺的研究热点则集中在产气的连续性、自动定量进料、发酵罐结构、物料均质预处理以及系统运行的安全性等方面的改进。此外，由于国内外垃圾收运政策、餐厨垃圾成分等存在差异，特别是针对国内餐厨垃圾具有成分复杂、含盐量高的特点，在引入国外基础技术时，可以着重考虑在进料组分调节、厌氧罐运行条件控制、参数控制等方面作出改进和优化，并进行相应的专利布局。

联合和协同处理是厌氧消化处理新的研究方面，研究方向主要集中在物料和工艺方面。农林有机废弃物、人畜粪尿和污泥均是与餐厨垃圾联合厌氧消化处理的研究热点。厌氧消化及其与其他技术的联合处理将是未来国内餐厨垃圾处理的发展方向。

（3）根据市场变化积极创新，寻求突破

WM 公司采用了三大策略确保高速发展，即兼并收购、维持价格领袖地位、探索差异化路线。其中兼并收购、维持价格领袖地位主要是市场运营行为，国内企业可根据自身情况以及国内垃圾处理行业现状、政策等参考是否采纳。探索差异化路线则是技术上的创新和转向。在保持传统固废收集和转运业务上体量和优势的同时，WM 公司积极在绿色能源、特殊垃圾回收、太阳能研发等新生业务领域进行拓展。其最为知名且成功的创新便是 Single Stream 回收，同时公司一直走在废物能源化利用的前列，在1980 年建成了美国第一个商业化垃圾焚烧发电厂，并于 1990 年领先研发了填埋沼气发电的技术。另外，WM 公司依靠其在传统固废收集和转运业务上的龙头优势，在收集物的种类和方式上进行了优化，采用电子废物的分类化收集以及一站式上门回收。WM公司还在传统堆肥处理有机垃圾的基础上进行了新技术的研发，2013 年新研发的有机废物集中回收系统，通过对有机废物的处理，制成泥浆后送至污水处理厂的厌氧消化池，可以提升多达 70% 的厌氧消化的能量产生量。可见，企业的发展壮大离不开技术的不断创新，我国企业应积极应对市场变化和需求，在借鉴利用国内外技术的基础上，加大投入力度，发展新兴垃圾处理技术。

8.2.3 专利建议

（1）紧抓市场热点，合理进行专利布局

申请人应着重发展企业特色和技术优势，基于目前的研发热点分布，可以适当考虑在相关技术空白点进行研发和申请布局，这也是专利丛林中适合中小企业发展的蓝海。例如，随着我国垃圾分类政策的推行，国内的一些互联网企业采用"互联网+智能回收"模式，针对我国城市人口居住集中，移动通信网络覆盖面广的特点，研发具有实时定位、智能分类和预约上门回收功能的系统，打通可回收物的投放、收运、处置的一体化网络，建立资源化处置中心，设定区域化的回收方案，实现了模块化的管理网络，借助物联网、智能设备等降低回收成本，探索如何通过运营模式创新实现企业生存及真正营利，并进行相应的专利布局。例如进一步丰富智能回收设备的附加功能，在箱体宣传屏增加附属收益，尝试在智能回收设备上复合线下商品兑换+销售双重功能的自助设备等，通过提高用户体验度来巩固市场地位，逐步实现营利；随着垃圾分类的市场化发展，对于低价值不可回收垃圾的收集可能会实行收费以促进减量化，因此国内市场主体在运营模式方面，要注意在扣费收费模式上的布局；自动收集设备方面应进一步丰富用户识别途径、积分奖励种类、积分精确赋值方法、积分兑换模式，提高用户体验度；建议企业根据自身技术优势，进一步优化专利布局，使相关设备及运营模式的核心技术得到全方位保护。

另外，随着我国环境问题的日益突出，用热解处理医疗垃圾具有降低环境污染、安全可靠、资源利用率高等优势，建议申请人重点突破关键技术，加强对热解的研发。随着新冠肺炎疫情常态化趋势，建议企业将如何及时、彻底地处理大量感染性废物作为研发重点，并进行专利布局。

（2）灵活运用专利申请和使用策略，提升专利质量和应用价值

初创企业 Rubicon 公司对其核心技术废物管理系统进行了面面俱到的专利布局；同时通过灵活利用美国临时申请、继续申请等多种申请策略，抢占申请日，并围绕核心技术方案，不断调整其申请的实体内容，有效完善技术方案的保护，最终形成以原始申请为核心的专利族，以最大限度的维护自身权益。

在中国专利制度中，也有与上述美国专利申请中类似的制度，例如本国优先权、分案申请等，国内创新主体也可以灵活使用。建议国内初创企业，尤其是技术引领型企业，应当就其核心技术，构建严密高效的专利保护网，形成市场壁垒，提升企业市场竞争力。

对于企业的专利布局和技术研发，国内龙头企业格林美的专利策略也值得国内相关企业借鉴，专利申请要紧密结合公司核心业务，国内企业应当保证研发金额和研发人员数量，从而保证专利申请质量，对于企业的核心专利也要注重专利权的维持，专利的高质量和高维持年限，才能充分发挥专利的商业价值，通过专利转让等市场交易行为，回收研发投资，从而获得超额收益，通过专利权质押可以实现融资，为企业提供发展的资金，而创新成果转化收益又能够为企业研发提供充足的资金，实现企业研发的良性发展。

附录 主要申请人名称约定表

约定名称	申请人名称
日立	HITACHI LTD
	HITACHI DENSHI SERVICE KK
	HITACHI CABLE
	HITACHI ULSI SYS CO LTD
	HITACHI INSTR SERVICE CO LTD
	HITACHI CONSTRUCTION MACHINERY
	HITACHI MEDICAL CORP
	HITACHI ZOSEN CORP
	HITACHI SHIPBUILDING ENG CO
	HITACHI IND CO LTD
	HITACHI KIDEN KOGYO LTD
	HITACHI DISPLAY DEVICES LTD
	HITACHI ENG CO LTD
	HITACHI ENG SERVICE
	HITACHI KOKI CO LTD
	HITACHI METALS LTD
	HITACHI MAXELL KK
	HITACHI PLANT TECHNOLOGIES LTD
	HITACHI PLANT ENG CONSTR CO
	HITACHI SERVICE ENGINEERING
	HITACHI SEISAKUSHO KK
	HITACHI TECHNO ENG
	BABCOCK HITACHI KK
广船国际有限公司	广船国际有限公司
	广船环保科技有限公司

续表

约定名称	申请人名称
东芝	TOSHIBA LOGISTICS CORP
	TOSHIBA AUTOM EQUIP ENG LTD
	TOSHIBA CONSUMER ELECT HOLDING
	TOSHIBA CORP
	TOSHIBA EMI LTD
	TOSHIBA ENG CONSTR CO LTD
	TOSHIBA ENVIRONMENTAL SOLUTIONS CORP
	TOSHIBA HOME APPLIANCES CORP
	TOSHIBA KAWASAKI KK
	TOSHIBA MACHINE CO LTD
	TOSHIBA PLANT KENSETSU CO LTD
	TOSHIBA PLANT SYS SERVICES
	TOSHIBA SYSTEMS DEV CO LTD
	TOSHIBA TEC KK
	YOSHIMASA TOMOO
富士重工	FUJI HEAVY IND LTD
日本钢管	NIPPON STEEL CORP
	NIPPON TOKUSHU KOGYO KK
	NIPPON KOKAN KK
	NIPPON TELEGRAPH TELEPHONE
	JX NIPPON MINING METALS CORP
	NIPPON KYODO KIKAKU KK
	NIPPON STEEL ENG CO LTD
	NIPPON DENSO CO
	NKK PLANT ENG CORP
	NKK CORP JP
	NKK CORP TOKIO/TOKYO JP
浙江联运	浙江联运知慧科技有限公司
	浙江联运环境工程股份有限公司
NEC	NEC CORP
	NEC TOKIN CORP

续表

约定名称	申请人名称
三洋电器	SANYO ELECTRIC CO
	SANYO ELECTRIC CO LTD
维尔利	维尔利环保科技集团股份有限公司
	江苏维尔利环保科技股份有限公司
	维尔利环境工程（常州）有限公司
恩华特	恩华特环境技术（天津）有限公司
	恩华特远东有限公司
	广州恩华特环境技术有限公司
	ENVAC CO LTD
	ENVAC AB
	ENVAC OPTIBAG AB
	ENVAC CENTRALSUG AB
中联重科	中联重科股份有限公司
	长沙中联重科环卫机械有限公司
	长沙中联重科环境产业有限公司
	中联重科物料输送设备有限公司
弓叶科技	东莞弓叶互联科技有限公司
	广东弓叶科技有限公司
现代城市	现代城市环境服务（深圳）有限公司
	现代城市数据科技（深圳）有限公司
富士电机	FUJI ELECTRIC CO LTD
	FUJI ELECTRIC SYSTEMS CO LTD
	FUJI ELECTRIC HOLDINGS
久保田	KUBOTA KK
	KUBOTA CORP
	KUBOTA KANKYO SERVICE KK
	株式会社久保田
	久保田株式会社
栗田工业	KURITA WATER IND LTD
	栗田工业株式会社

续表

约定名称	申请人名称
住友重机	SUMITOMO HEAVY INDUSTRIES
	SUMITOMO HEAVY INDUSTRIES LTD
	SUMITOMO HEAVY IND ENVIRONMENT CO LTD
	住友重机械工业株式会社
荏原制作所	EBARA INFILCO
	EBARA CORP
	EBARA RES CO LTD
	株式会社荏原制作
蓝德环保	北京水气蓝德环保科技有限公司
	郑州蓝德环保科技有限公司
	天津水气蓝德环保设备制造有限公司
	蓝德环保科技集团股份有限公司
	廊坊市水气蓝德机械设备制造有限责任公司
	北京兴业蓝德环保科技有限公司
贝肯	BEKON GMBH
	BEKON HOLDING AG
	BEKON ENERGY TECHNOLOGIES GMBH
	贝肯能量科技两合公司
	贝肯控股有限公司
	贝肯能量科技股份两合公司
	贝肯能源科技有限责任两合公司
瓦洛加	VALORGA PROCESS SA
	VALORGA SA
	VALORGA INTERNAT SOC PAR ACTIO
	瓦洛加国际公司
艾克斯波康波格斯股份有限公司	KOMPOGAS AG
	AXPO KOMPOGAS ENG AG
大阪瓦斯	OSAKA GAS CO LTD
	OSAKA GAS ENG CO LTD
	大阪瓦斯株式会社

续表

约定名称	申请人名称
鹿岛建设	KAJIMA CORP
	鹿岛建设株式会社
SCHMACK BIOGAS	SCHMACK BIOGAS GMBH
	SCHMACK BIOGAS AG
艾尔旺	安阳艾尔旺新能源环境有限公司
	安阳艾尔旺环境工程有限公司
天紫	天紫环保装备制造（天津）有限公司
	天紫再生资源加工（天津）有限公司
	天紫环保投资控股有限公司
美的	美的集团股份有限公司
	美的集团有限公司
宁波开诚生态	宁波开诚生态技术有限公司
艾默生	EMERSON ELECTRIC CO
	艾默生电气公司
	美国艾默生电气公司
三菱	MITSUBISHI CABLE IND LTD
	MITSUBISHI CHEM CORP
	MITSUBISHI CHEM AMERICA INC
	MITSUBISHI CHEM MKV CO
	MITSUBISHI ELECTRIC CORP
	MITSUBISHI ENG PLASTICS CORP
	MITSUBISHI FUSO TRUCK BUS
	MITSUBISHI GAS CHEMICAL COMPANY INC
	MITSUBISHI HEAVY IND LTD
	MITSUBISHI HEAVY IND ENVIRONMENT & CHEM
	MITSUBISHI HEAVY IND ENVIRONMENT ENG CO
	MITSUBISHI JUKOGYO KK
	MITSUBISHI KAKOKI KK
	MITSUBISHI KAGAKU KK
	MITSUBISHI KASEI CORP
	MITSUBISHI KASEI ENG KK

续表

约定名称	申请人名称
三菱	MITSUBISHI MATERIALS CORP
	MITSUBISHI MOTORS CORP
	MITSUBISHI NAGASAKI KIKO KK
	MITSUBISHI OIL CO
	MITSUBISHI PETROCHEMICAL CO
	MITSUBISHI PLASTICS INC
	MITSUBISHI POLYESTER FILM GMBH
	MITSUBISHI PAPER MILLS LTD
	MITSUBISHI RAYON CO LTD
	MITSUBISHI SHOJI PLASTICS CORP
	MITSUBISHI SHINDO KK
杰富意钢铁	KAWASAKI STEEL CORP
	KAWASAKI KIKO KK
	KAWASAKI HEAVY IND LTD
	JFE STEEL CORP
	JFE ENG KK
	JFEPLASTIC RESOURCE CORP
太平洋水泥	TAIHEIYO CEMENT CORP
	ONODA CEMENT CO LTD
松下	MATSUSHITA DENKI SANGYO KK
	MATSUSHITA ELECTRIC IND CO LTD
	MATSUSHITA ELECTRIC WORKS LTD
	MATSUSHITA ECOTECHNOLOGY CT KK
	MATSUSHITA ECOLOGY SYS CO
	MATSUSHITA REFRIGERATION
	MATSUSHITA SEIKO KK
	KMEW KUBOTA MATSUSHITA DENKO
拜耳	BAYER AG
	BAYERISCHE MOTOREN WERKE AKTIENGESELL–SCHAFT
	SUMITOMO BAYER URETHANE CO

续表

约定名称	申请人名称
夏普	SHARP CORP
	SHARP KK
	MERCK SHARP DOHME CORP
巴斯夫	BASF AG
	BASF COATINGS AG
	BASF CORP
	BASF CATALYSTS LLC
	BASF SE
	BASF AKTIENGESELLSCHAFT
	BASF MAGNETICS GMBH
索尼	SONY CORP
	SONY INTERNATIONAL（EUROPE）GMBH
伊士曼	EASTMAN CHEM CO
中国石化	中国石油化工股份有限公司
	中国石油化工总公司抚顺石油化工研究院
	中国石油化工股份有限公司北京化工研究院
	中国石油化工集团公司
	中国石化上海石油化工股份有限公司
	中国石油化工股份有限公司青岛安全工程研究院
	中国石油化工股份有限公司石油工程技术研究院
	中国石油化工总公司上海石油化工总厂
格林美	格林美股份有限公司
	深圳市格林美高新技术股份有限公司
	深圳市格林美高新技术有限公司
	格林美（武汉）城市矿产循环产业园开发有限公司
	格林美（无锡）能源材料有限公司
	江西格林美资源循环有限公司
	格林美（天津）城市矿产循环产业发展有限公司
	格林美（武汉）新能源汽车服务有限公司
	江苏凯力克钴业股份有限公司
	回收哥（武汉）互联网有限公司

续表

约定名称	申请人名称
格林美	格林美（江苏）钴业股份有限公司
	荆门德威格林美钨资源循环利用有限公司
	江西格林美报废汽车循环利用有限公司
	武汉格林美城市矿产装备有限公司
	扬州宁达贵金属有限公司
	浙江德威硬质合金制造有限公司
	湖南格林美映鸿资源循环有限公司
	河南格林美资源循环有限公司
	余姚市兴友金属材料有限公司
	武汉格林美资源循环有限公司
	SHENZHEN GEM HIGH TECH CO LTD
	JINGMEN GEM NEW MATERIAL CO LTD
	JINGMEN GEM CO LTD
	JIANGXI GEM RESOURCES RECYCLING CO LTD
JX 金属	JX NIPPON MINING & METALS CORP
	NIPPON MINING & METALS CO LTD
	NIPPON MINING HOLDINGS INC
	NIPPON MINING CO
	NIPPON MINING MATERIAL CO LTD
	NIKKO MATERIALS CO LTD
	NIPPON MINING & METAL PROCESSING CO LTD
	NIKKO KINZOKU KAKO KK
	NIKKO METAL MFG CO LTD
	NIPPON MINING & METALS PROC CO
光大环境	光大环境科技（中国）有限公司
	光大环保（中国）有限公司
	光大环保工程技术有限公司
	光大环保技术研究院有限公司
	光大环保技术装备（常州）有限公司
	光大环保科技发展（北京）有限公司
	光大环保能源有限公司

续表

约定名称	申请人名称
光大环境	光大环保设备制造（常州）有限公司
	光大环保危废处置（淄博）有限公司
	光大环保固废处置有限公司
	光大环境修复（江苏）有限公司
	光大生态环境设计研究院有限公司
高能时代	科领环保股份有限公司
	南京中船绿洲环保有限公司
	阳新鹏富矿业有限公司
	北京高能时代环境技术股份有限公司
	宁夏瑞银铅资源再生有限公司
	宁夏瑞银有色金属科技有限公司
	贵州宏达环保科技有限公司
	苏州市伏泰信息科技股份有限公司
	宁波大地化工环保有限公司
	南京中船绿洲环保有限公司
	南京中船绿洲环保设备工程有限责任公司
瀚蓝环境	瀚蓝环境股份有限公司
	瀚蓝固废处理有限公司
	瀚蓝绿电固废处理佛山有限公司
	瀚蓝生物环保科技有限公司
	佛山市南海绿电再生能源有限公司
康恒环境	上海康恒环境股份有限公司
	上海康恒环境修复有限公司
	上海康恒环境工程有限公司
	无锡方菱环保科技有限公司
	宁波明州环境能源有限公司
绿色动力	常州绿色动力环保热电有限公司
	绿色动力环保集团股份有限公司
	广东博海昕能环保有限公司
	武汉绿色动力再生能源有限公司
	深圳绿色动力环境工程有限公司
	海宁绿动海云环保能源有限公司

续表

约定名称	申请人名称
启迪桑德	启迪环境科技发展股份有限公司
	启迪桑德（宁波）环境资源有限公司
	重庆绿能新能源有限公司
	宜昌桑德环保科技有限公司
	启迪桑德环境资源股份有限公司
	北京桑德环境工程有限公司
	桑德环境资源股份有限公司
	北京桑德环保集团有限公司
	北京桑德新环卫投资有限公司
三峰环境	重庆三峰环境集团股份有限公司
	重庆三峰科技有限公司
	重庆三峰卡万塔环境产业有限公司
	重庆三峰环境产业集团有限公司
上海环境	上海环境集团股份有限公司
	上海环境卫生工程设计院有限公司
	上海金山环境再生能源有限公司
	上海市环境工程设计科学研究院有限公司
	上海城投瀛洲生活垃圾处置有限公司
	上海环境卫生工程设计院有限公司
	上海环境绿色生态修复科技有限公司
	上海东石塘再生能源有限公司
	漳州环境再生能源有限公司
	上海老港再生能源有限公司
	威海环境再生能源有限公司
	上海友联竹园第一污水处理投资发展有限公司
	上海环境工程建设项目管理有限公司
伟明环保	浙江伟明集团有限公司
	浙江伟明环保股份有限公司
	温州嘉伟环保科技有限公司
	上海嘉伟环保科技有限公司
	伟明环保设备有限公司
	伟明环保科技有限公司
	温州市伟明环保工程有限公司

续表

约定名称	申请人名称
盈峰环境	盈峰环境科技集团股份有限公司
	广东盈峰科技有限公司
	深圳市绿色东方环保有限公司
粤丰环保	粤丰环保电力有限公司
	东莞市科伟环保电力有限公司
	厦门坤跃环保有限公司
中国恩菲	中国恩菲工程技术有限公司
中国环境保护	中国环境保护集团有限公司
	中节能环保能源有限公司
	瑞科际再生能源股份有限公司
	中节能生物质能发电有限公司
	鞍山西玛环保有限公司
中国天楹	中国天楹股份有限公司
	江苏天楹环保能源成套设备有限公司
	江苏天楹环保能源有限公司
	江苏天楹环保能源股份有限公司
	海安天楹环保能源有限公司
三井	MITSUI BUSSAN
	MITSUI CHEMICALS INC
	MITSUI CHEMICALS ENGINEERING CORP
	MITSUI ENG & SHIPBUILD CO LTD
	MITSUI ENG SHIPBUILD CO LTD
	MITSUI KAGAKU PLATECH CO LTD
	MITSUI MINING CO LTD
	MITSUI MIIKE MACH CO LTD
	MITSUI NORIO
	MITSUI DU PONT POLYCHEMICAL
	MITSUI PETROCHEM IND LTD
	MITSUI SHIPBUILDING ENG
	MITSUI SEKITAN EKIKA KK
	MITSUI SEISAKUSHO KK
	MITSUI TOATSU CHEM INC
	DU PONT MITSUI POLYCHEM CO LTD

续表

约定名称	申请人名称
旭化成	ASAHI CHEMICAL IND
	ASAHI KASEI KK
	ASAHI KASEI CORP
	ASAHI KASEI CHEMICALS CORP
	ASAHI KASEI CONSTRUCTION MATERIALS CO
	ASAHI KASEI E MATERIALS CORP
	ASAHI KASEI LIFE & LIVING CORP
	ASAHI DAIYAMONDO KOGYO KK
	ASAHI DENKA KOGYO KK
	ASAHI DIAMOND IND
	ASAHI HANSOKI KOGYO KK
	ASAHI GIKEN KOGYO KK
	ASAHI GLASS CO LTD
	ASAHI FIBREGLASS CORP
	ASAHI FIBRE GLASS CO
	ASAHI TSUSHO KK
宇部兴产	UBE IND LTD
IHI	石川岛播磨重工业株式会社
	ISHIKAWAJIMA HARIMAHEAVY IND
天津壹生	天津壹生环保科技有限公司
中洁蓝	中洁蓝环保科技有限公司
金隅公司	北京金隅集团有限责任公司
TCL奥博	TCL奥博（天津）环保发展有限公司
威立雅	威利雅环境集团
万容	湖南万容科技股份有限公司
东陶	日本东陶机器株式会社

图 索 引

图 2-2-1 医疗垃圾处理全球及中国专利申请趋势 (17)
图 2-2-2 医疗垃圾处理美国、日本、德国专利申请趋势 (18)
图 2-2-3 医疗垃圾全球主要国家专利申请排名 (18)
图 2-3-1 国外感染性废物技术功效占比 (19)
图 2-3-2 国外感染性废物处理手段技术功效 (20)
图 2-3-3 国外感染性废物处理技术手段专利年代分布 (21)
图 2-3-4 国外感染性废物功效专利年代分布 (22)
图 2-3-5 日本、美国、德国感染性废物处理技术功效对照 (彩图1)
图 2-3-6 中国感染性废物处理申请趋势 (23)
图 2-3-7 中国感染性废物处理技术手段专利构成分布 (24)
图 2-3-8 中国感染性废物处理技术功效占比以及申请趋势 (26)
图 2-3-9 中国感染性废物专利申请技术手段和技术功效占比 (27)
图 2-4-1 专利 DE2603206C3 附图 (28)
图 2-4-2 专利 US5602298A 附图 (29)
图 2-4-3 专利 JPH11218313A 附图 (30)
图 2-4-4 专利 CN108826302A 附图 (31)
图 2-4-5 专利 JPH07101547A 附图 (32)
图 2-4-6 专利 JP2003343822A 附图 (33)
图 2-4-7 专利 JPH066145B2 附图 (34)
图 2-4-8 专利 JP2006046879A 附图 (35)
图 2-4-9 专利 DE4128854C1 附图 (36)
图 2-4-10 专利 US5424033A 附图 (37)
图 2-4-11 专利 JP2007289548A 附图 (38)
图 2-4-12 专利 CN102699010A 附图 (39)
图 2-4-13 专利 CN107073143A 附图 (41)
图 2-5-1 损伤性废物处理技术专利发展路线 (42)
图 2-5-2 病理性废物处理技术专利发展路线 (43)
图 2-5-3 化学性废物处理技术发展路线 (45)
图 3-1-1 全球和中国近30年垃圾分类收集技术专利申请趋势 (49)
图 3-1-2 全球垃圾分类收集主要技术分支的专利申请趋势 (49)
图 3-1-3 全球垃圾分类收集技术前20位申请人排名 (50)
图 3-1-4 全球垃圾分类收集技术构成分析 (52)
图 3-1-5 垃圾分类收集技术主要申请人的专利技术布局对比分析 (53)
图 3-1-6 垃圾分类收集技术中国申请人申请量主要省市分布 (54)
图 3-2-1 全球和中国自动分拣装置专利申请趋势 (55)
图 3-2-2 主要国家自动分拣装置专利申请趋势对比 (55)
图 3-2-3 全球自动分拣装置的专利技术分支分布 (56)
图 3-2-4 全球自动分拣装置的前20位申请人排名 (57)
图 3-2-5 全球自动分拣装置的光学探测技术的技术功效分析 (彩图2)
图 3-2-6 中国、美国、日本、德国自动分拣装置的光学探测技术功效对比分析 (彩图3)

图 索 引

图 3-2-7　垃圾分类自动分拣装置中光学探测技术的技术发展路线　(彩图4)

图 3-2-8　专利 US3650396A 附图　(60)

图 3-2-9　专利 US5314071A 附图　(60)

图 3-2-10　专利 US6313423B1 附图　(61)

图 3-2-11　专利 CN101391693A 附图　(61)

图 3-2-12　专利 CN104148301A 附图　(62)

图 3-2-13　专利 CN110743818A 附图　(62)

图 3-3-1　"互联网+"垃圾分类收集运营全球和中国的专利申请趋势　(63)

图 3-3-2　"互联网+"垃圾分类收集运营的主要国家专利申请趋势　(63)

图 3-3-3　"互联网+"垃圾分类收集运营的专利技术分布　(64)

图 3-3-4　"互联网+"垃圾分类收集运营领域重要申请人专利数量排名　(64)

图 3-3-5　"互联网+"垃圾分类收集运营中商业运营模式重要申请人专利数量排名　(65)

图 3-3-6　"互联网+"垃圾分类收集运营领域商业运营模式及分类软件/平台技术发展路线　(68)

图 3-3-7　专利 US7044052B2 附图　(69)

图 3-3-8　专利 CN109063851A 附图　(69)

图 3-3-9　专利 WO9943579A1 附图　(70)

图 3-3-10　专利 CN101269739A 附图　(70)

图 3-3-11　专利 JP2005067850A 附图　(71)

图 3-3-12　专利 CN205221658U 附图　(71)

图 3-3-13　专利 JP2002104607A 附图　(72)

图 3-3-14　专利 CN103440607A 附图　(73)

图 3-3-15　专利 CN107481412A 附图　(74)

图 3-3-16　专利 CN109255655A 附图　(75)

图 3-3-17　小黄狗公司相关运营事件及专利申请概况　(77)

图 3-3-18　小黄狗公司与智能垃圾分类回收机相关功能部件的布局情况　(79)

图 4-2-1　餐厨垃圾后端处置技术国内外专利申请量占比　(84)

图 4-2-2　餐厨垃圾后端处置技术全球申请趋势　(84)

图 4-2-3　餐厨垃圾后端处置技术国外主要国家和地区申请趋势　(85)

图 4-2-4　餐厨垃圾后端处置技术全球主要原创国和市场国的申请流向　(85)

图 4-2-5　餐厨垃圾后端处置技术全球专利各技术分支构成　(86)

图 4-2-6　7种餐厨垃圾后端处置技术申请量占比发展趋势　(86)

图 4-2-7　餐厨垃圾后端处置技术全球前十位重点申请人排名　(87)

图 4-2-8　餐厨垃圾后端处置技术全球前十位申请人的技术构成　(88)

图 4-3-1　餐厨垃圾后端处置技术在华专利申请量趋势　(89)

图 4-3-2　餐厨垃圾后端处置技术在华发明专利申请法律状态分布　(89)

图 4-3-3　餐厨垃圾后端处置技术在华实用新型专利申请法律状态分布　(90)

图 4-3-4　餐厨垃圾后端处置技术在华申请国内外占比　(91)

图 4-3-5　餐厨垃圾后端处置技术在华申请主要原创国家分布　(91)

图 4-3-6　餐厨垃圾后端处置技术在华申请技术构成　(93)

图 4-3-7　餐厨垃圾后端处置技术中国、美国、日本、韩国、德国和法国申请人在华申请技术分布　(94)

图 4-4-1　餐厨垃圾厌氧消化技术全球专利申请量趋势　(100)

图 4-4-2　餐厨垃圾厌氧消化技术主要来源国家和地区申请量分布　(101)

图 4-4-3　餐厨垃圾厌氧消化技术主要目标国家、地区和组织申请量分布　(101)

图 4-4-4　餐厨垃圾厌氧消化处理技术主要国家和地区的专利申请流向　(102)

图 4-4-5　餐厨垃圾干式、湿式以及联合厌氧发酵技术分支全球专利申请分布　(102)

图 4-4-6　餐厨垃圾厌氧消化各技术分支全球专利申请量趋势　(103)

图 4-4-7　餐厨垃圾厌氧消化各技术分支在主

249

图 4-4-8 餐厨垃圾厌氧消化技术全球前 15 位申请人排名（104）

图 4-4-9 餐厨垃圾厌氧消化技术在华专利申请量趋势（105）

图 4-4-10 餐厨垃圾厌氧消化技术各技术分支在华专利申请量占比（105）

图 4-4-11 餐厨垃圾厌氧消化技术在华申请的申请人类型构成及对应技术分支分布（106）

图 4-4-12 餐厨垃圾厌氧消化技术国内前十位省市专利申请量排名（106）

图 4-4-13 餐厨垃圾厌氧消化技术国内主要省市专利申请量年度趋势（107）

图 4-4-14 餐厨垃圾厌氧消化技术在华专利申请人构成（107）

图 4-4-15 餐厨垃圾厌氧消化技术国内外申请人的在华申请趋势（108）

图 4-4-16 餐厨垃圾厌氧消化处理技术在华创新主体前十位排名及各分支分布（108）

图 4-5-1 厌氧消化处理技术分支在日本的专利申请趋势（110）

图 4-5-2 厌氧消化处理技术分支在日本的申请量占比（110）

图 4-5-3 厌氧消化技术日本的前十位专利申请人及其技术构成（110）

图 4-5-4 日本湿式厌氧发酵技术专利发展路线（一）（112）

图 4-5-5 日本湿式厌氧发酵技术专利发展路线（二）（113）

图 4-6-1 厌氧消化处理技术在欧洲的专利申请趋势（117）

图 4-6-2 厌氧消化处理技术在欧洲的专利申请量占比（117）

图 4-6-3 厌氧消化处理技术在欧洲的创新主体前 15 位排名及其技术构成（118）

图 4-6-4 欧洲连续干式厌氧发酵工艺技术路线（彩图 5）

图 4-6-5 欧洲间歇干式厌氧发酵工艺技术路线（119）

图 4-6-6 Valorga 工艺代表专利 US4780415A 附图（一）（120）

图 4-6-7 Valorga 工艺代表专利 US4780415A 附图（二）（120）

图 4-6-8 Dranco 工艺代表专利 US4684468A 附图（121）

图 4-6-9 Kompogas 工艺代表专利 EP1841853A1 附图（122）

图 4-6-10 Laran 工艺代表专利 DE102005057979A1 附图（123）

图 4-6-11 Bioferm 工艺代表专利 DE10050623A1 附图（123）

图 4-6-12 Bekon 工艺代表专利 EP1301583A2 附图（124）

图 4-6-13 Gicon 工艺代表专利 EP1907139A1 附图（125）

图 4-7-1 焚烧和厌氧消化协同处理餐厨垃圾的工作过程（126）

图 4-7-2 焚烧和厌氧消化协同处理餐厨垃圾相关专利情况（127）

图 5-1-1 废弃塑料回收利用全球专利申请趋势（132）

图 5-1-2 废弃塑料回收利用全球专利申请区域分布比例（133）

图 5-1-3 废弃塑料回收利用全球主要国家和地区专利申请变化趋势（133）

图 5-1-4 废弃塑料回收利用全球、国外和中国各技术主题专利申请分布（135）

图 5-1-5 废弃塑料回收利用全球各技术分支专利申请分布趋势（136）

图 5-1-6 废弃塑料回收利用国外各技术分支分布趋势（136）

图 5-1-7 废弃塑料回收利用主要国家和地区专利申请的技术分支（137）

图 5-1-8 废弃塑料回收利用技术主要来源国家和地区的专利申请流向情况（137）

图 5-1-9 废弃塑料回收利用国外主要专利申请人排名（138）

图 5-1-10　废弃塑料回收利用国外主要专利申请人技术构成　(139)
图 5-1-11　废弃塑料回收利用技术领域中国专利申请趋势　(140)
图 5-1-12　废弃塑料回收利用技术主要国家和地区在华申请占比　(140)
图 5-1-13　废弃塑料回收利用技术领域中国专利申请人前20位排名　(141)
图 5-1-14　废弃塑料回收利用中国各技术分支专利申请分布趋势　(142)
图 5-1-15　废弃塑料回收利用技术中国排名前十位省市分布情况　(144)
图 5-1-16　废弃塑料回收利用技术中国主要排名前十位省市申请趋势　(144)
图 5-1-17　废弃塑料回收利用技术中国排名前十位省市发明授权率及申请类型占比　(144)
图 5-1-18　废弃塑料回收利用技术中国排名前十位省市实用新型申请占比　(145)
图 5-2-1　废弃电器电子产品回收利用全球专利申请趋势　(146)
图 5-2-2　废弃电器电子产品回收利用主要国家和地区专利申请量占比和趋势　(148)
图 5-2-3　废弃电器电子产品回收利用主要国家和地区各技术分支申请量　(149)
图 5-2-4　废弃电器电子产品回收利用主要国家和地区技术分支占比　(149)
图 5-2-5　废弃电器电子产品回收利用国外主要申请人申请量排名　(151)
图 5-2-6　废弃电器电子产品回收利用国外主要申请人各技术分支分布　(151)
图 5-2-7　废弃电器电子产品回收利用国外主要申请人申请趋势　(152)
图 5-2-8　废弃电器电子产品回收利用主要国家和地区在华专利申请变化趋势　(154)
图 5-2-9　废弃电器电子产品回收利用主要国家和地区在华专利申请技术分支分布　(155)
图 5-2-10　废弃电器电子产品回收利用在华专利各技术分支申请趋势　(155)
图 5-2-11　废弃电器电子产品回收利用在华各技术分支专利申请分布　(156)
图 5-2-12　废弃电器电子产品回收利用主要省市专利申请趋势和分布　(157)
图 5-2-13　废弃电器电子产品回收利用中国专利申请人类型分布　(158)
图 5-2-14　废弃电器电子产品回收利用国内排名前19位申请人　(159)
图 5-2-15　废弃电器电子回收利用格林美专利申请趋势　(160)
图 5-2-16　格林美研发人员和研发金额年度变化趋势　(160)
图 5-2-17　废弃电器电子回收利用格林美各技术分支专利申请量分布　(160)
图 5-2-18　电器电子废弃物回收利用格林美各技术分支申请量趋势　(161)
图 5-2-19　格林美营业收入年度变化趋势　(161)
图 5-2-20　格林美各技术分支占营业收入比例变化趋势　(161)
图 5-2-21　废弃电器电子回收利用格林美专利申请主要省市分布　(162)
图 5-2-22　废弃电器电子回收利用格林美专利申请有效性和法律状态　(162)
图 5-2-23　废弃电器电子回收利用格林美专利维持时间分布　(163)
图 6-1-1　设市城市垃圾焚烧与卫生填埋的变化趋势　(171)
图 6-2-1　中国垃圾焚烧企业技术分支专利申请构成　(177)
图 6-2-2　中国垃圾焚烧企业相关专利申请量趋势　(177)
图 6-2-3　中国垃圾焚烧企业相关专利申请量占比　(178)
图 6-2-4　中国垃圾焚烧企业相关专利技术重点分布　(178)
图 6-2-5　中国垃圾焚烧部分企业技术构成　(179)

图6-2-6	专利CN102748765A附图（180）
图6-2-7	专利CN103349902A附图（180）
图6-2-8	专利CN103127795A附图（181）
图6-2-9	专利CN102872680A附图（181）
图6-2-10	专利CN102389705A附图（182）
图6-2-11	专利CN105278567A附图（183）
图6-2-12	专利CN105159092A附图（183）
图6-2-13	专利CN102294171A附图（184）
图6-2-14	专利CN102235676A附图（184）
图6-2-15	专利CN108628291A附图（185）
图6-2-16	飞灰无害化处理专利申请技术构成（186）
图6-2-17	飞灰无害化处理总申请及主要技术分支专利申请量趋势（186）
图6-2-18	重金属分支专利申请技术分布（187）
图6-2-19	重金属和二噁英技术分支专利申请分布（187）
图6-2-20	脱氯技术分支专利申请分布（187）
图6-2-21	二噁英技术分支专利申请分布（188）
图6-2-22	处理重金属和脱氯技术分支专利申请分布（188）
图6-2-23	飞灰无害化处理技术来源国专利申请排名（188）
图6-2-24	飞灰无害化处理技术申请人类别（188）
图6-2-25	飞灰无害化处理技术前16位申请人排名（189）
图6-2-26	飞灰无害化处理技术每年新进申请人申请变化趋势（190）
图6-2-27	水泥窑协同处置垃圾焚烧飞灰生产线工艺流程（191）
图6-2-28	专利CN101817650A附图（192）
图6-2-29	专利CN111111274A附图（193）
图6-2-30	危险废物逆流焚烧-高温熔融工艺流程（194）
图6-2-31	专利CN109959016A附图（195）
图6-2-32	专利CN106378352A附图（196）
图6-2-33	专利CN107931301A附图（197）
图7-1-1	Rubicon公司专利申请趋势（203）
图7-1-2	Rubicon公司专利申请主要国家、地区和组织分布趋势（203）
图7-1-3	Rubicon公司专利申请国家、地区和组织占比（204）
图7-1-4	Rubicon公司专利申请类型占比（204）
图7-1-5	专利USD794680S附图（205）
图7-1-6	专利USD802017S附图（205）
图7-1-7	Rubicon公司美国专利申请策略（206）
图7-1-8	Rubicon公司关于专利US9574892B2的申请保护策略（207）
图7-1-9	Rubicon公司废物管理系统专利申请布局（彩图6）
图7-1-10	专利权质押融资流程（210）
图7-1-11	专利US10296855B2附图（211）
图7-1-12	专利US10185935B2附图（212）
图7-1-13	专利US9803994B1附图（213）
图7-1-14	专利US20190265062A1附图（213）
图7-2-1	WM公司专利申请趋势（216）
图7-2-2	WM公司专利申请国家、地区和组织（216）

表 索 引

表 1-4-1　医疗垃圾分支技术分解　(10)
表 1-4-2　垃圾分类收集分支技术分解　(11)
表 1-4-3　餐厨垃圾处理分支技术分解　(11)
表 1-4-4　废弃塑料再生回收利用分支技术分解　(12)
表 1-4-5　技术分支专利检索汇总　(13)
表 1-4-6　查全查准率　(13~14)
表 4-1-1　餐厨垃圾不同后端处置技术特点对比　(83)
表 4-3-1　餐厨垃圾后端处置技术专利申请国内区域申请人类型分布　(91~92)
表 4-3-2　餐厨垃圾后端处置技术专利申请国外申请人类型分布　(93)
表 4-3-3　餐厨垃圾后端处置技术在华专利申请量排名前十位的国内企业专利申请情况　(95)
表 4-3-4　餐厨垃圾后端处置技术在华专利申请量排名前十位的国内高校、科研机构专利申请情况　(96~97)
表 4-3-5　餐厨垃圾后端处置技术在华专利申请量排名前五位的国外申请人专利申请情况　(98)
表 4-4-1　厌氧消化工艺比较　(98~99)

表 4-7-1　焚烧和厌氧消化协同处理主要内容　(126)
表 5-1-1　废弃塑料回收利用技术领域主要申请人在华有效专利　(142~143)
表 5-2-1　格林美国外专利申请技术分析　(163)
表 5-2-2　格林美线路板技术分支专利申请汇总　(164)
表 5-2-3　格林美电池技术分支专利申请汇总　(165~166)
表 6-1-1　"十二五"规划与"十三五"规划中关于垃圾焚烧政策的表述　(172~173)
表 6-1-2　生活垃圾焚烧污染控制标准的变化　(174)
表 6-1-3　生活垃圾焚烧污染控制标准主要国家和地区对比　(175)
表 6-2-1　飞灰无害化处理技术主要申请人占比　(189~190)
表 7-1-1　Rubicon公司融资历程　(201~202)
表 7-2-1　WM知识产权控股公司重要专利汇总　(223~224)

书 号	书 名	产业领域	定价	条 码
9787513006910	产业专利分析报告（第1册）	薄膜太阳能电池 等离子体刻蚀机 生物芯片	50	
9787513007306	产业专利分析报告（第2册）	基因工程多肽药物 环保农业	36	
9787513010795	产业专利分析报告（第3册）	切削加工刀具 煤矿机械 燃煤锅炉燃烧设备	88	
9787513010788	产业专利分析报告（第4册）	有机发光二极管 光通信网络 通信用光器件	82	
9787513010771	产业专利分析报告（第5册）	智能手机 立体影像	42	
9787513010764	产业专利分析报告（第6册）	乳制品生物医用 天然多糖	42	
9787513017855	产业专利分析报告（第7册）	农业机械	66	
9787513017862	产业专利分析报告（第8册）	液体灌装机械	46	
9787513017879	产业专利分析报告（第9册）	汽车碰撞安全	46	
9787513017886	产业专利分析报告（第10册）	功率半导体器件	46	
9787513017893	产业专利分析报告（第11册）	短距离无线通信	54	
9787513017909	产业专利分析报告（第12册）	液晶显示	64	
9787513017916	产业专利分析报告（第13册）	智能电视	56	
9787513017923	产业专利分析报告（第14册）	高性能纤维	60	
9787513017930	产业专利分析报告（第15册）	高性能橡胶	46	
9787513017947	产业专利分析报告（第16册）	食用油脂	54	
9787513026314	产业专利分析报告（第17册）	燃气轮机	80	
9787513026321	产业专利分析报告（第18册）	增材制造	54	
9787513026338	产业专利分析报告（第19册）	工业机器人	98	
9787513026345	产业专利分析报告（第20册）	卫星导航终端	110	
9787513026352	产业专利分析报告（第21册）	LED照明	88	

书　号	书　名	产业领域	定价	条　码
9787513026369	产业专利分析报告（第22册）	浏览器	64	
9787513026376	产业专利分析报告（第23册）	电池	60	
9787513026383	产业专利分析报告（第24册）	物联网	70	
9787513026390	产业专利分析报告（第25册）	特种光学与电学玻璃	64	
9787513026406	产业专利分析报告（第26册）	氟化工	84	
9787513026413	产业专利分析报告（第27册）	通用名化学药	70	
9787513026420	产业专利分析报告（第28册）	抗体药物	66	
9787513033411	产业专利分析报告（第29册）	绿色建筑材料	120	
9787513033428	产业专利分析报告（第30册）	清洁油品	110	
9787513033435	产业专利分析报告（第31册）	移动互联网	176	
9787513033442	产业专利分析报告（第32册）	新型显示	140	
9787513033459	产业专利分析报告（第33册）	智能识别	186	
9787513033466	产业专利分析报告（第34册）	高端存储	110	
9787513033473	产业专利分析报告（第35册）	关键基础零部件	168	
9787513033480	产业专利分析报告（第36册）	抗肿瘤药物	170	
9787513033497	产业专利分析报告（第37册）	高性能膜材料	98	
9787513033503	产业专利分析报告（第38册）	新能源汽车	158	
9787513043083	产业专利分析报告（第39册）	风力发电机组	70	
9787513043069	产业专利分析报告（第40册）	高端通用芯片	68	
9787513042383	产业专利分析报告（第41册）	糖尿病药物	70	
9787513042871	产业专利分析报告（第42册）	高性能子午线轮胎	66	
9787513043038	产业专利分析报告（第43册）	碳纤维复合材料	60	
9787513042390	产业专利分析报告（第44册）	石墨烯电池	58	

书 号	书 名	产业领域	定价	条 码
9787513042277	产业专利分析报告（第45册）	高性能汽车涂料	70	
9787513042949	产业专利分析报告（第46册）	新型传感器	78	
9787513043045	产业专利分析报告（第47册）	基因测序技术	60	
9787513042864	产业专利分析报告（第48册）	高速动车组和高铁安全监控技术	68	
9787513049382	产业专利分析报告（第49册）	无人机	58	
9787513049535	产业专利分析报告（第50册）	芯片先进制造工艺	68	
9787513049108	产业专利分析报告（第51册）	虚拟现实与增强现实	68	
9787513049023	产业专利分析报告（第52册）	肿瘤免疫疗法	48	
9787513049443	产业专利分析报告（第53册）	现代煤化工	58	
9787513049405	产业专利分析报告（第54册）	海水淡化	56	
9787513049429	产业专利分析报告（第55册）	智能可穿戴设备	62	
9787513049153	产业专利分析报告（第56册）	高端医疗影像设备	60	
9787513049436	产业专利分析报告（第57册）	特种工程塑料	56	
9787513049467	产业专利分析报告（第58册）	自动驾驶	52	
9787513054775	产业专利分析报告（第59册）	食品安全检测	40	
9787513056977	产业专利分析报告（第60册）	关节机器人	60	
9787513054768	产业专利分析报告（第61册）	先进储能材料	60	
9787513056632	产业专利分析报告（第62册）	全息技术	75	
9787513056694	产业专利分析报告（第63册）	智能制造	60	
9787513058261	产业专利分析报告（第64册）	波浪发电	80	
9787513063463	产业专利分析报告（第65册）	新一代人工智能	110	
9787513063272	产业专利分析报告（第66册）	区块链	80	
9787513063302	产业专利分析报告（第67册）	第三代半导体	60	

书 号	书 名	产业领域	定价	条 码
9787513063470	产业专利分析报告（第68册）	人工智能关键技术	110	
9787513063425	产业专利分析报告（第69册）	高技术船舶	110	
9787513062381	产业专利分析报告（第70册）	空间机器人	80	
9787513069816	产业专利分析报告（第71册）	混合增强智能	138	
9787513069427	产业专利分析报告（第72册）	自主式水下滑翔机技术	88	
9787513069182	产业专利分析报告（第73册）	新型抗丙肝药物	98	
9787513069335	产业专利分析报告（第74册）	中药制药装备	60	
9787513069748	产业专利分析报告（第75册）	高性能碳化物先进陶瓷材料	88	
9787513069502	产业专利分析报告（第76册）	体外诊断技术	68	
9787513069229	产业专利分析报告（第77册）	智能网联汽车关键技术	78	
9787513069298	产业专利分析报告（第78册）	低轨卫星通信技术	70	
9787513076210	产业专利分析报告（第79册）	群体智能技术	99	
9787513076074	产业专利分析报告（第80册）	生活垃圾、医疗垃圾处理与利用	80	
9787513075992	产业专利分析报告（第81册）	应用于即时检测关键技术	80	
9787513075961	产业专利分析报告（第82册）	基因治疗药物	70	
9787513075817	产业专利分析报告（第83册）	高性能吸附分离树脂及应用	90	
9787513041539	专利分析可视化		68	
9787513016384	企业专利工作实务手册		68	
9787513057240	化学领域专利分析方法与应用		50	
9787513057493	专利分析数据处理实务手册		60	
9787513048712	专利申请人分析实务手册		68	
9787513072670	专利分析实务手册（第2版）		90